西门子
S7-200 SMART
PLC
完全自学手册

陈忠平 编著

化学工业出版社

·北京·

内 容 提 要

本书从基础入门和工程应用出发，系统讲解了西门子 S7-200 SMART PLC 编程及应用，内容主要包括：PLC 的基础知识、西门子 S7-200 SMART PLC 的硬件系统、西门子 S7-200 SMART PLC 编程软件的使用方法、西门子 S7-200 SMART PLC 的基本指令及应用实例、西门子 S7-200 SMART PLC 的功能指令及应用、西门子 S7-200 SMART PLC 数字量控制程序设计、西门子 S7-200 SMART PLC 模拟量功能与 PID 控制、西门子 S7-200 SMART PLC 的通信与网络、西门子 S7-200 SMART PLC 的安装维护与系统设计等内容。本书内容全面、通俗易懂、实例丰富、实用性和针对性强，特别适合初学者使用，对有一定 PLC 基础的读者也有很大帮助。

本书可供从事 PLC 的技术人员学习使用，也可作为大中专院校电气、自动化等相关专业的教材和参考用书。

图书在版编目（CIP）数据

西门子 S7-200 SMART PLC 完全自学手册/陈忠平编著 . —北京：化学工业出版社，2020.8（2024.5 重印）
ISBN 978-7-122-36756-3

Ⅰ.①西…　Ⅱ.①陈…　Ⅲ.①PLC 技术-技术手册
Ⅳ.①TM571.61-62

中国版本图书馆 CIP 数据核字（2020）第 077913 号

责任编辑：李军亮　徐卿华　　　　　　　　　　　装帧设计：芊晨文化
责任校对：宋　玮

出版发行：化学工业出版社（北京市东城区青年湖南街 13 号　邮政编码 100011）
印　　装：北京天宇星印刷厂
787mm×1092mm　1/16　印张 29　字数 722 千字　　2024 年 5 月北京第 1 版第 4 次印刷

购书咨询：010-64518888　　　　　　　　　　　售后服务：010-64518899
网　　址：http://www.cip.com.cn

凡购买本书，如有缺损质量问题，本社销售中心负责调换。

定　　价：98.00 元

前　言

可编程逻辑控制器（Programmable Logic Controller，简称 PLC），是以微处理器为基础，综合了计算机技术、自动控制技术和通信技术而发展起来的一种工业自动控制装置。随着时代的发展、科技的进步，PLC 已具有 PID、A/D、D/A、算术运算、数字量智能控制、监控及通信联网等多方面的功能，逐渐变成了实际意义上的工业控制计算机，现在广泛应用在机械、冶金、化工、电力、运输、建筑、通信等众多领域。

S7-200 SMART PLC 是德国西门子公司于 2013 年推出的一种小型整体式 PLC，其结构紧凑，具有机型丰富、以太互联、软件编程高效、运动控制便捷、性能卓越等特点。为便于读者系统学习 S7-200 SMART PLC 编程及应用，特编写本书。

本书特点：

（1）由浅入深，循序渐进

本书在内容编排上采用由浅入深、由易到难的原则，在介绍 PLC 的组成及工作原理、硬件系统构成、软件的使用等基础上，在后续章节中结合具体的实例，逐步讲解相应指令的应用等相关知识。

（2）技术全面，内容充实

全书重点突出，层次分明，注重知识的系统性、针对性和先进性。对于指令的讲解，不是泛泛而谈，而是辅以简单的实例，使读者更易于掌握；注重理论与实践相结合，培养读者的工程应用能力。本书的大部分实例取材于实际工程项目或其中的某个环节，对从事 PLC 应用和工程设计的读者具有较强的实践指导意义。

（3）分析原理，步骤清晰

对于每个实例，都分析其设计原理，总结实现的思路和步骤。读者可以根据具体步骤实现书中的例子，将理论与实践相结合。

本书内容：

第 1 章　PLC 概述。介绍 PLC 的定义、基本功能与特点、应用和分类及西门子 PLC 简介，还介绍了 PLC 的组成及工作原理，并将 PLC 与其他顺序逻辑控制系统进行了比较。

第 2 章　西门子 S7-200 SMART PLC 的硬件系统。主要介绍了西门子 S7-200 SMART PLC 的特点及硬件系统组成、基本模块、扩展模块、数据存储器以及存储系统与寻址方式等内容。

第 3 章　西门子 S7-200 SMART PLC 编程软件的使用。介绍了 PLC 编程语言的种类、S7-200 SMART PLC 编程软件的使用、S7-200 SMART PLC 的软件仿真等内容。

第 4 章　西门子 S7-200 SMART PLC 的基本指令及应用实例。基本指令是 PLC 编程时最常用的指令。介绍基本位操作指令、定时器指令、计数器指令和程序控制类指令，并通过多个实例讲解基本指令的综合应用。

第 5 章　西门子 S7-200 SMART PLC 的功能指令及应用。功能指令使 PLC 具有强大的数据处理和特殊功能。主要讲解了数据传送指令、数据转换指令、移位控制指令、数学运算指令、逻辑运算指令、表功能指令、字符串指令、比较指令、中断指令、高速处理指令、实时时钟指令及其应用。

第 6 章　西门子 S7-200 SMART PLC 数字量控制程序设计。介绍梯形图的翻译设计方法与经验设计法、顺序控制设计法与顺序功能图、常见的启保停与转换中心方式编写梯形图的方法、S7-200 SMART PLC 顺序控制，并通过多个实例重点讲解单序列的 S7-200 SMART PLC 顺序控制、选择序列的 S7-200 SMART PLC 顺序控制、并行序列的 S7-200 SMART PLC 顺序控制的应用。

第 7 章　西门子 S7-200 SMART PLC 模拟量功能与 PID 控制。介绍模拟量的基本概念、S7-200 SMART 模拟量扩展模块、模拟量控制的使用、PID 控制及其应用等内容。

第 8 章　西门子 S7-200 SMART PLC 的通信与网络。介绍通信的基本知识、工业局域网的基础知识、S7-200 SMART PLC 的通信部件及协议、S7-200 SMART PLC 的 Modbus 通信、S7-200 SMART PLC 的自由口通信、S7-200 SMART PLC 的 PPI 通信、S7-200 SMART PLC 的 USS 通信等内容。

第 9 章　西门子 S7-200 SMART PLC 的安装维护与系统设计。讲解 PLC 的安装和维护、PLC 应用系统的设计步骤与调试方法，并通过 3 个不同类型的实例讲解其设计方法。

读者对象：

· PLC 初学人员；

· 自动控制工程师、PLC 工程师、硬件电路工程师及 PLC 维护人员；

· 大中专院校电气、自动化相关专业的师生。

本书由湖南工程职业技术学院陈忠平编著，参与本书内容整理工作的还有湖南涉外经济学院侯玉宝和高金定，衡阳技师学院胡彦伦，湖南航天诚远精密机械有限公司刘琼，湖南科技职业技术学院高见芳，湖南工程职业技术学院李锐敏、周少华、龙晓庆和龚亮，湖南三一重工集团王汉其等。全书由湖南工程职业技术学院陈建忠教授主审。

由于编者水平和经验所限，书中难免有疏漏之处，敬请广大读者批评指正。

编著者

目 录

第 3 章 西门子 S7-200 SMART PLC 编程软件的使用

第 4 章 西门子 S7-200 SMART PCL 的基本指令及应用实例

第 5 章　西门子 S7-200 SMART PLC 的功能指令及应用

第6章 西门子 S7-200 SMART PLC 数字量控制程序设计

第 7 章　西门子 S7-200 SMART PLC 模拟量功能与 PID 控制

第 8 章　西门子 S7-200 SMART PLC 的通信与网络

参考文献

第1章

PLC概述

1.1 PLC 简介

1.1.1 PLC 的定义

可编程控制器是在继电器控制和计算机控制的基础上开发出来的，并逐渐发展以微处理器为基础，综合计算机技术、自动控制技术和通信技术等现代科技为一体的新型工业自动控制装置。目前广泛应用于各种生产机械和生产过程的自动控制系统中。

因早期的可编程控制器主要用于代替继电器实现逻辑控制，因此将其称为可编程逻辑控制器（Programmable Logic Controller），简称 PLC。随着技术的发展，许多厂家采用微处理器（Micro Processer Unit，即 MPU）作为可编程控制的中央处理单元（Central Processing Unit，即 CPU），大大加强了 PLC 功能，使它不仅具有逻辑控制功能，还具有算术运算功能和对模拟量的控制功能。据此美国电气制造协会（National Electrical Manufacturers Association，即 NEMA）于 1980 年将它正式命名为可编程序控制器（Programmable Controller），简称 PC，且对 PC 作如下定义："PC 是一种数字式的电子装置，它使用了可编程序的存储器以存储指令，能完成逻辑、顺序、计时、计数和算术运算等功能，用以控制各种机械或生产过程"。

国际电工委员会（IEC）在 1985 年颁布的标准中，对可编程序控制器作如下定义："可编程序控制器是一种专为工业环境下应用而设计的数字运算操作的电子系统。它采用可编程序的存储器，用来在其内部存储执行逻辑运算、顺序控制、定时、计数和算术运算等操作的指令，并通过数字式、模拟式的输入和输出，控制各种机械或生产过程"。

PC 可编程序控制器在工业界使用了多年，但因个人计算机（Personal Computer）也简称为 PC，为了对两者进行区别，现在通常把可编程序控制器简称为 PLC，所以本书中也将其称为 PLC。

1.1.2 PLC 的基本功能与特点

（1）PLC 的基本功能

① 逻辑控制功能　逻辑控制又称为顺序控制或条件控制，它是 PLC 应用最广泛的领域。逻辑控制功能实际上就是位处理功能，使用 PLC 的"与"（AND）、"或"（OR）、"非"（NOT）等逻辑指令，取代继电器触点的串联、并联及其它各种逻辑连接，进行开关控制。

② 定时控制功能　PLC 的定时控制，类似于继电-接触器控制领域中的时间继电器控

制。在 PLC 中有许多可供用户使用的定时器，这些定时器的定时时间可由用户根据需要进行设定。PLC 执行时根据用户定义时间长短进行相应限时或延时控制。

③ 计数控制功能　PLC 为用户提供了多个计数器，PLC 的计数器类似于单片机中的计数器，其计数初值可由用户根据需求进行设定。执行程序时，PLC 对某个控制信号状态的改变次数（如某个开关的动合次数）进行计数，当计数到设定值时，发出相应指令以完成某项任务。

④ 步进控制功能　步进控制（又称为顺序控制）功能是指在多道加工工序中，使用步进指令控制在完成一道工序后，PLC 自动进行下一道工序。

⑤ 数据处理功能　PLC 一般具有数据处理功能，可进行算术运算、数据比较、数据传送、数据移位、数据转换、编码、译码等操作。中、大型 PLC 还可完成开方、PID 运算、浮点运算等操作。

⑥ A/D、D/A 转换功能　有些 PLC 通过 A/D、D/A 模块完成模拟量和数字量之间的转换、模拟量的控制和调节等操作。

⑦ 通信联网功能　PLC 通信联网功能是利用通信技术，进行多台 PLC 间的同位链接、PLC 与计算机链接，以实现远程 I/O 控制或数据交换。可构成集中管理、分散控制的分布式控制系统，以完成较大规模的复杂控制。

⑧ 监控功能　监控功能是指利用编程器或监视器对 PLC 系统各部分的运行状态、进程、系统中出现的异常情况进行报警和记录，甚至自动终止运行。通常小型低档 PLC 利用编程器监视运行状态；中档以上的 PLC 使用 CRT 接口，从屏幕上了解系统的工作状况。

（2）可编程控制器的特点

① 可靠性高、抗干扰能力强　继电-接触器控制系统使用大量的机械触点，连接线路比较繁杂，且触点通断时有可能产生电弧和机械磨损，影响其寿命，可靠性差。PLC 中采用现代大规模集成电路，比机械触点继电器的可靠性要高。在硬件和软件设计中都采用了先进技术以提高可靠性和抗干扰能力。比如，用软件代替传统继电-接触器控制系统中的中间继电器和时间继电器，只剩下少量的输入输出硬件，将触点因接触不良造成的故障大大减小，提高了可靠性；所有 I/O 接口电路采用光电隔离，使工业现场的外电路与 PLC 内部电路进行电气隔离；增加自诊断、纠错等功能，使其在恶劣工业生产现场的可靠性、抗干扰能力提高了。

② 灵活性好、扩展性强　继电-接触器控制系统由继电器等低压电器采用硬件接线实现的，连接线路比较繁杂，而且每个继电器的触点有数目有限。当控制系统功能改变时，需改变线路的连接，所以继电-接触器控制系统的灵活性、扩展性差。而由 PLC 构成的控制系统中，只需在 PLC 的端子上接入相应的控制线即可，减少接线。当控制系统功能改变时，有时只需编程器在线或离线修改程序，就能实现其控制要求。PLC 内部有大量的编程元件，能进行逻辑判断、数据处理、PID 调节和数据通信功能，可以实现非常复杂的控制功能，若元件不够时，只需加上相应的扩展单元即可，因此 PLC 控制系统的灵活性好、扩展性强。

③ 控制速度快、稳定性强　继电-接触器控制系统是依靠触点的机械动作来实现控制的，其触点的动断速度一般在几十毫秒，影响控制速度，有时还会出现抖动现象。PLC 控制系统由程序指令控制半导体电路来实现的，响应速度快，一般执行一条用户指令在很短的微秒范围内即可，PLC 内部有严格的同步，不会出现抖动现象。

④ 延时调整方便，精度较高　继电-接触器控制系统的延时控制是通过时间继电器来完

成的，而时间继电器的延时调整不方便，且易受环境温度和湿度和影响，延时精度不高。PLC 控制系统的延时是通过内部时间元件来完成的，不受环境的温度和湿度的影响，定时元件的延时时间只需改变定时参数即可，因此其定时精度较高。

⑤ 系统设计安装快、维修方便　继电-接触器实现一项控制工程，其设计、施工、调试必须依次进行，周期长，维修比较麻烦。PLC 使用软件编程取代继电-接触器中的硬件接线而实现相应功能，使安装接线工作量减小，现场施工与控制程序的设计还可同时进行，周期短、调试快。PLC 具有完善的自诊断、履历情报存储及监视功能，对于其内部工作状态、通信状态、异常状态和 I/O 点的状态均有显示，若控制系统有故障，工作人员通过它即可迅速查出故障原因，及时排除故障。

1.1.3　PLC 的应用和分类

（1）可编程控制器的应用

以前由于 PLC 的制造成本较高，其应用受到一定的影响。随着微电子技术的发展，PLC 的制造成本不断下降，同时 PLC 的功能大大增强，因此 PLC 目前已广泛应用于冶金、石油、化工、建材、机械制造、电力、汽车、造纸、纺织、环保等行业。从应用类型看，其应用范围大致归纳以下几种。

① 逻辑控制　PLC 可进行"与""或""非"等逻辑运算，使用触点和电路的串、并联代替继电-接触器系统进行组合逻辑控制、定时控制、计数控制与顺序逻辑控制。这是 PLC 应用最基本、最广泛的领域。

② 运动控制　大多数 PLC 具有拖动步进电动机或伺服电动机的单轴或多轴位置的专用运动控制模块，灵活运用指令，使运动控制与顺序逻辑控制有机结合在一起，广泛用于各种机械设备，如对各种机床、装配机械、机械手等进行运动控制。

③ 过程控制　现代中、大型 PLC 都具有多路模拟量 I/O 模块和 PID 控制功能，有的小型 PLC 也具有模拟量输入输出模块。PLC 可将接收到的温度、压力、流量等连续变化的模拟量，通过这些模块实现模拟量和数字量的 A/D 或 D/A 转换，并对被控模拟量进行闭环 PID 控制。这一控制功能广泛应用于锅炉、反应堆、水处理、酿酒等方面。

④ 数据处理　现代 PLC 具有数学运算（如矩阵运算、函数运算、逻辑运算等）、数据传送、转换、排序、查表、位操作等功能，可进行数据采集、分析、处理，同时可通过通信功能将数据传送给别的智能装置，如 PLC 对计算机数值控制 CNC 设备进行数据处理。

⑤ 通信联网控制　PLC 通信包括 PLC 与 PLC、PLC 与上位机（如计算机）、PLC 与其它智能设备之间的通信。PLC 通过同轴电缆、双绞线等设备与计算机进行信息交换，可构成"集中管理、分散控制"的分布式控制系统，以满足工厂自动化 FA 系统、柔性制造系统FMS、集散控制系统 DCS 等发展的需要。

（2）可编程控制器的分类

PLC 种类繁多，性能规格不一，通常根据其流派、结构形式、性能高低、控制规模等方面进行分类。

① 按流派分　世界上有 200 多个 PLC 厂商，400 多个品种 PLC 产品。这些产品，根据地域的不同，主要分成 3 个流派：美国流派产品、欧洲流派产品和日本流派产品。美国和欧洲的 PLC 技术是在相互隔离情况下独立研究开发的，因此美国和欧洲的 PLC 产品有明显的差异性。而日本的 PLC 技术是由美国引进的，对美国的 PLC 产品有一定的继承性，但日本

的主推产品定位在小型 PLC 上。美国和欧洲以大中型 PLC 而闻名，但日本的主推产品以小型 PLC 著称。

a. 美国 PLC 产品　美国是 PLC 生产大国，有 100 多家 PLC 厂商，著名的有 A-B、通用电气（GE）公司、莫迪康（MODICON）公司、得州仪器（TI）公司、西屋公司等。

A-B（Allen-Bradley，艾伦-布拉德利）是 Rockwell（罗克韦尔）自动化公司的知名品牌，其 PLC 产品规格齐全、种类丰富。A-B 小型 PLC 为 MicroLogix PLC，主要型号有 MicroLogix1000、MicroLogix1100、MicroLogix1200、MicroLogix1400、MicroLogix1500，其中 MicroLogix1000 体积小巧、功能全面，是小型控制系统的理想选择；MicroLogix1200 能够在空间有限的环境中，为用户提供强大的控制功能，满足不同应用项目的需要；MicroLogix1500 不仅功能完善，而且还能根据应用项目的需要进行灵活扩展，适用于要求较高的控制系统。A-B 中型 PLC 为 CompactLogix PLC，该系列 PLC 可以通过 EtherNet/IP、控制网、设备网来远程控制输入/输出和现场设备，实现不同地点的分布式控制。A-B 大型 PLC 为 ControlLogix PLC，该系列 PLC 提供可选的用户内存模块（750K～8M 字节），能解决有大量输入输出点数系统的应用问题（支持多达 4000 点模拟量和 128000 点数字量）；可以控制本地输入输出和远程输入输出；可以通过以太网 EtherNet/IP、控制网 ControlNet、设备网 DeviceNet 和远程输入输出 Universal Remote I/O 来监控系统中的输入和输出。

GE 公司的 PLC 代表产品是：小型机 GE-1、GE-1/J、GE-1/P 等，除 GE-1/J 外，均采用模块结构。GE-1 用于开关量控制系统，最多可配置到 112 个 I/O 点。GE-1/J 是更小型化的产品，其 I/O 点最多可配置到 96 点。GE-1/P 是 GE-1 的增强型产品，增加了部分功能指令（数据操作指令）、功能模块（A/D、D/A 等）、远程 I/O 功能等，其 I/O 点最多可配置到 168 点。中型机 GE-Ⅲ，它比 GE-1/P 增加了中断、故障诊断等功能，最多可配置到 400 个 I/O 点。大型机 GE-Ⅴ，它比 GE-Ⅲ 增加了部分数据处理、表格处理、子程序控制等功能，并具有较强的通信功能，最多可配置到 2048 个 I/O 点。GE-Ⅵ/P 最多可配置到 4000 个 I/O 点。

得州仪器（TI）公司的小型 PLC 产品有 510、520 和 TI100 等，中型 PLC 产品有 TI300、5TI 等，大型 PLC 产品有 PM550、530、560、565 等系列。除 TI100 和 TI300 无联网功能外，其它 PLC 都可实现通信，构成分布式控制系统。

莫迪康（MODICON）公司有 M84 系列 PLC。其中 M84 是小型机，具有模拟量控制、与上位机通信功能，最多 I/O 点为 112 点。M484 是中型机，其运算功能较强，可与上位机通信，也可与多台联网，最多可扩展 I/O 点为 512 点。M584 是大型机，其容量大、数据处理和网络能力强，最多可扩展 I/O 点为 8192。M884 是增强型中型机，它具有小型机的结构、大型机的控制功能，主机模块配置 2 个 RS-232C 接口，可方便地进行组网通信。

b. 欧洲 PLC 产品　德国的西门子（SIEMENS）公司、AEG 公司、法国的 TE 公司是欧洲著名的 PLC 制造商。德国的西门子的电子产品以性能精良而久负盛名。在中、大型 PLC 产品领域与美国的 A-B 公司齐名。

c. 日本 PLC 产品　日本的小型 PLC 最具特色，在小型机领域中颇具盛名，某些用欧美的中型机或大型机才能实现的控制，日本的小型机就可以解决。在开发较复杂的控制系统方面明显优于欧美的小型机，所以格外受用户欢迎。日本有许多 PLC 制造商，如三菱、欧姆龙、松下、富士、日立、东芝等，在世界小型 PLC 市场上，日本产品约占有 70% 的份额。

三菱公司的 PLC 是较早进入中国市场的产品。其小型机 F1/F2 系列是 F 系列的升级产品，早期在我国的销量也不小。F1/F2 系列加强了指令系统，增加了特殊功能单元和通信功能，比 F 系列有了更强的控制能力。继 F1/F2 系列之后，20 世纪 80 年代末三菱公司又推出 FX 系列，在容量、速度、特殊功能、网络功能等方面都有了全面的加强。FX2 系列是在 20 世纪 90 年代开发的整体式高功能小型机，它配有各种通信适配器和特殊功能单元。FX2N 为高功能整体式小型机，它是 FX2 的换代产品，各种功能都有了全面的提升。近年来还不断推出满足不同要求的微型 PLC，如 FX0S、FX1S、FX0N、FX1N 及 α 系列等产品。

三菱公司的大中型机有 A 系列、QnA 系列、Q 系列，具有丰富的网络功能，I/O 点数可达 8192 点。其中 Q 系列具有超小的体积、丰富的机型、灵活的安装方式、双 CPU 协同处理、多存储器、远程口令等特点，是三菱公司现有 PLC 中最高性能的 PLC。

欧姆龙（OMRON）公司的 PLC 产品，大、中、小、微型规格齐全。微型机以 SP 系列为代表，其体积极小，速度极快。小型机有 P 型、H 型、CPM1A 系列、CPM2A 系列、CPM2C、CQM1 等。P 型机现已被性价比更高的 CPM1A 系列所取代，CPM2A/2C、CQM1 系列内置 RS-232C 接口和实时时钟，并具有软 PID 功能，CQM1H 是 CQM1 的升级产品。中型机有 C200H、C200HS、C200HX、C200HG、C200HE、CS1 系列。C200H 是前些年畅销的高性能中型机，配置齐全的 I/O 模块和高功能模块，具有较强的通信和网络功能。C200HS 是 C200H 的升级产品，指令系统更丰富、网络功能更强。C200HX/HG/HE 是 C200HS 的升级产品，有 1148 个 I/O 点，其容量是 C200HS 的 2 倍，速度是 C200HS 的 3.75 倍，有品种齐全的通信模块，是适应信息化的 PLC 产品。CS1 系列具有中型机的规模、大型机的功能，是一种极具推广价值的新机型。大型机有 C1000H、C2000H、CV（CV500/CV1000/CV2000/CVM1）等。C1000H、C2000H 可单机或双机热备运行，安装带电插拔模块，C2000H 可在线更换 I/O 模块；CV 系列中除 CVM1 外，均可采用结构化编程，易读、易调试，并具有更强大的通信功能。

进入 21 世纪后，OMRON PLC 技术的发展日新月异，升级换代呈明显加速趋势，在小型机方面已推出了 CP1H/CP1L/CP1E 等系列机型。其中，CP1H 系列 PLC 是 2005 年推出的，与以往产品 CPM2A 40 点 PLC 输入输出型尺寸相同，但处理速度可达其 10 倍。该机型外形小巧，速度极快，执行基本命令只需 $0.1\mu s$，且内置功能强大。

松下公司的 PLC 产品中，FP0 为微型机，FP1 为整体式小型机，FP3 为中型机，FP5/FP10、FP10S（FP10 的改进型）、FP20 为大型机，其中 FP20 是最新产品。松下公司近几年 PLC 产品的主要特点是：指令系统功能强；有的机型还提供可以用 FP-BASIC 语言编程的 CPU 及多种智能模块，为复杂系统的开发提供了软件手段；FP 系列各种 PLC 都配置通信机制，由于它们使用的应用层通信协议具有一致性，这给构成多级 PLC 网络和开发 PLC 网络应用程序带来方便。

② 按结构形式进行分类　根据 PLC 的硬件结构形式，将 PLC 分为整体式、模块式和混合式三类。

a. 整体式 PLC　整体式 PLC 是将电源、CPU、I/O 接口等部件集中配置装在一个箱体内，形成一个整体，通常将其称为主机或基本单元。采用这种结构的 PLC 具有结构紧凑、体积小、重量轻、价格较低、安装方便等特点，但主机的 I/O 点数固定，使用不太灵活。一般小型或超小型的 PLC 通常采用整体式结构。

b. 模块式 PLC　模块式结构 PLC 又称为积木式结构 PLC，它是将 PLC 各组成部分以独立模块的形式分开，如 CPU 模块、输入模块、输出模块、电源模块有各种功能模块。模块式 PLC 由框架或基板和各种模块组成，将模块插在带有插槽的基板上，组装在一个机架内。采用这种结构的 PLC 具有配置灵活、装配方便、便于扩展和维修的特点。大、中型 PLC 一般采用模块式结构。

c. 混合式 PLC　混合式结构 PLC 是将整体式的结构紧凑、体积小、安装方便和模块式的配置灵活、装配方便等优点结合起来的一种新型结构 PLC。例如 SIEMENS 公司生产的 S7-200 系列 PLC 就是采用这种结构的小型 PLC，SIEMENS 公司生产的 S7-300 系列 PLC 也是采用这种结构的中型 PLC。

③ 按性能高低进行分类　根据性能的高低，将 PLC 分为低档 PLC、中档 PLC 和高档 PLC 三类。

a. 低档 PLC　低档 PLC 具有基本控制和一般逻辑运算、计时、计数等基本功能，有的还具有少量模拟量输入/输出、算术运算、数据传送和比较、通信等功能。这类 PLC 只适合于小规模的简单控制，在联网中一般作为从机使用。如 SIEMENS 公司生产的 S7-200 就属于低档 PLC。

b. 中档 PLC　中档 PLC 有较强的控制功能和运算能力，它不仅能完成一般的逻辑运算，也能完成比较复杂的三角函数、指数和 PID 运算，工作速度比较快，能控制多个输入/输出模块。中档 PLC 可完成小型和较大规模的控制任务，在联网中不仅可作从机，也可作主机，如 S7-300 就属于中档 PLC。

c. 高档 PLC　高档 PLC 有强大的控制和运算能力，不仅能完成逻辑运算，三角函数、指数、PID 运算，还能进行复杂的矩阵运算、制表和表格传送操作。可完成中型和大规模的控制任务，在联网中一般作主机，如 SIEMENS 公司生产的 S7-400 就属于高档 PLC。

④ 按控制规模进行分类　根据 PLC 控制器的 I/O 总点数的多少可分为小型机、中型机和大型机。

a. 小型机　I/O 总点数在 256 点以下的 PLC 称为小型机，如 SIEMENS 公司生产的 S7-200 系列 PLC、三菱公司生产的 FX2N 系列 PLC、欧姆龙公司生产的 CP1H 系列 PLC 均属于小型机。小型 PLC 通常用来代替传统继电-接触器控制，在单机或小规模生产过程中使用，它能执行逻辑运算、定时、计数、算术运算、数据处理和传送、高速处理、中断、联网通信及各种应用指令。I/O 总点数等于或小于 64 点的称为超小型或微型 PLC。

b. 中型机　I/O 总点数在 256～2048 点之间的 PLC 称为中型机，如 SIEMENS 公司生产的 S7-300 系列 PLC、欧姆龙公司生产的 CQM1H 系列 PLC 属于中型机。中型 PLC 采用模块化结构，根据实际需求，用户将相应的特殊功能模块组合在一起，使其具有数字计算、PID 调节、查表等功能，同时相应的辅助继电器增多，定时、计数范围扩大，功能更强，扫描速度更快，适用于较复杂系统的逻辑控制和闭环过程控制。

c. 大型机　I/O 总点数在 2048 以上的 PLC 称为大型机，如 SIEMENS 公司生产的 S7-400 系列 PLC、欧姆龙公司生产的 CS1 系列 PLC 属于大型机。I/O 总点数超过 8192 的称为超大型 PLC 机。大型 PLC 具有逻辑和算术运算、模拟调节、联网通信、监视、记录、打印、中断控制、远程控制及智能控制等功能。目前有些大型 PLC 使用 32 位处理器，多CPU 并行工作，具有大容量的存储器，使其扫描速度高速化，存储容量大大加强。

1.1.4 西门子 PLC 简介

德国西门子（SIEMENS）公司是欧洲最大的电子和电气设备制造商之一，生产的 SIMATIC 可编程控制器在欧洲处于领先地位。其第一代可编程控制器是 1975 年投放市场的 SIMATIC S3 系列的控制系统。

在 1979 年，微处理器技术被广泛应用于可编程控制器中，产生了 SIMATIC S5 系列，取代了 S3 系列，之后在 20 世纪末又推出了 S7 系列产品。

经过多年的发展，西门子公司最新的 SIMATIC 产品可以归结为 SIMATIC S7、M7 和 C7 等几大系列。

M7-300/400 采用与 S7-300/400 相同的结构，它可以作为 CPU 或功能模块使用。具有 AT 兼容计算机的功能，其显著特点是具有 AT 兼容计算机功能，使用 S7-300/400 的编程软件 STEP7 和可选的 M7 软件包，可以用 C，C++或 CFC（连续功能图）等语言来编程。M7 适用于需要处理数据量大，对数据管理、显示和实时性有较高要求和系统使用。

C7 由 S7-300PLC、HMI（人机接口）操作面板、I/O、通信和过程监控系统组成。整个控制系统结构紧凑，面向用户配置/编程、数据管理与通信集成于一体，具有很高的性价比。

现今应用最为广泛的 S7 系列 PLC 是德国西门子公司在 S5 系列 PLC 基础上，于 1995 年陆续推出的性能价格比较高的 PLC 系统。

西门子 S7 系列 PLC 体积小、速度快、标准化，具有网络通信能力，功能更强，可靠性更高。S7 系列 PLC 产品可分为微型 PLC（如 S7-200）、小规模性能要求的 PLC（如 S7-300）和中、高性能要求的 PLC（如 S7-400）等。

S7-200 PLC 是超小型化的 PLC，由于其具有紧凑的设计、良好的扩展性、低廉的价格和强大的指令系统，它能适用于各行各业，各种场合中的自动检测、监测及控制等。S7-200 PLC 的强大功能使其无论单机运行或联网都能实现复杂的控制功能。

S7-300 是模块化小型 PLC 系统，能满足中等性能要求的应用。各种单独的模块之间可进行广泛组合构成不同要求的系统。与 S7-200 PLC 比较，S7-300 PLC 采用模块化结构，具备高速（0.6～0.1μs）的指令运算速度；用浮点数运算比较有效地实现了更为复杂的算术运算；一个带标准用户接口的软件工具方便用户给所有模块进行参数赋值；方便的人机界面服务已经集成在 S7-300 操作系统内，人机对话的编程要求大大减少。SIMATIC 人机界面（HMI）从 S7-300 中取得数据，S7-300 按用户指定的刷新速度传送这些数据。S7-300 操作系统自动地处理数据的传送；CPU 的智能化的诊断系统连续监控系统的功能是否正常、记录错误和特殊系统事件（例如超时、模块更换等）；多级口令保护可以使用户高度、有效地保护其技术机密，防止未经允许的复制和修改；S7-300 PLC 设有操作方式选择开关，操作方式选择开关像钥匙一样可以拔出，当钥匙拔出时，就不能改变操作方式，这样就可防止非法删除或改写用户程序。具备强大的通信功能，S7-300 PLC 可通过编程软件 Step 7 的用户界面提供通信组态功能，这使得组态非常容易、简单。S7-300 PLC 具有多种不同的通信接口，并通过多种通信处理器来连接 AS-I 总线接口和工业以太网总线系统；串行通信处理器用来连接点到点的通信系统；多点接口（MPI）集成在 CPU 中，用于同时连接编程器、PC 机、人机界面系统及其他 SIMATIC S7/M7/C7 等自动化控制系统。

S7-400 PLC 是用于中、高档性能范围的可编程控制器。该系列 PLC 采用模块化无风扇的设计、可靠耐用，同时可以选用多种级别（功能逐步升级）的 CPU，并配有多种通用功能的模板，这使用户能根据需要组合成不同的专用系统。当控制系统规模扩大或升级时，只要适当地增加一些模板，便能使系统升级和充分满足需要。

随着技术和工业控制的发展，西门子在技术层面上对 S7 系列 PLC 进一步升级。近几年推出了 S7-200 SMART、S7-1200、S7-1500 系列 PLC 产品。

S7-200 SMART 是西门子公司于 2012 年推出的专门针对我国市场的高性价比微型 PLC，可作为国内广泛使用的 S7-200 系列 PLC 的替代产品。S7-200 SMART 的 CPU 内可安装一块多种型号的信号板，配置较灵活，保留了 S7-200 的 RS-485 接口，集成了一个以太网接口，还可以用信号板扩展一个 RS-485/RS-232 接口。用户通过集成的以太网接口，可以用 1 根以太网线，实现程序的下载和监控，也能实现与其他 CPU 模块、触摸屏和计算机的通信和组网。S7-200 SMART 的编程语言、指令系统、监控方法和 S7-200 兼容。与 S7-200 的编程软件 STEP 7-Micro/WIN 相比 S7-200 SMART 的编程软件融入了新颖的带状菜单和移动式窗口设计，先进的程序结构和强大的向导功能，使编程效率更高。S7-200 SMART 软件自带 Modbus RTU 指令库和 USS 协议指令库，而 S7-200 需要用户安装这些库。

S7-200 SMART 主要应用于小型单机项目，而 S7-1200 定位于中低端小型 PLC 产品线，可应用于中型单机项目或一般性的联网项目。S7-1200 是西门子公司于 2009 年推出的一款紧凑型、模块化的 PLC。S7-1200 的硬件由紧凑模块化结构组成，其系统 I/O 点数、内存容量均比 S7-200 多出 30%，充分满足市场针对小型 PLC 的需求，可作为 S7-200 和 S7-300 之间的替代产品。本书以 S7-200 SMART 为例，讲述 PLC 的相关知识。

1.2 PLC 的组成及工作原理

1.2.1 PLC 的组成

PLC 的种类很多，但结构大同小异，PLC 的硬件系统主要由中央处理器（CPU）、存储器、I/O（输入/输出）接口、电源、通信接口、扩展接口等单元部件组成，这些单元部件都是通过内部总线进行连接，如图 1-1 所示。

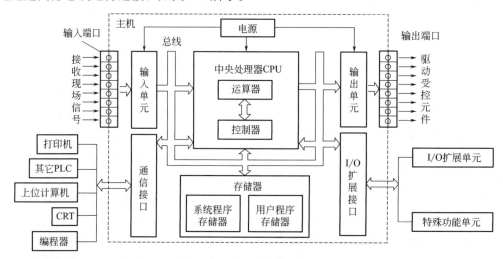

图 1-1　PLC 内部硬件结构框图

1.2.1.1 中央处理器 CPU

PLC 的中央处理器与一般的计算机控制系统一样，由运算器和控制器构成，是整个系统的核心，类似于人类的大脑和神经中枢。它是 PLC 的运算、控制中心，用来实现逻辑和算术运算，并对全机进行控制，按 PLC 中系统程序赋予的功能，有条不紊地指挥 PLC 进行工作，主要完成以下任务。

① 控制从编程器、上位计算机和其它外部设备键入的用户程序数据的接收和存储。

② 用扫描方式通过输入单元接收现场输入信号，并存入指定的映像寄存器或数据寄存器。

③ 诊断电源和 PLC 内部电路的工作故障和编程中的语法错误等。

④ PLC 进入运行状态后，执行相应工作：a. 从存储器逐条读取用户指令，经过命令解释后，按指令规定的任务产生相应的控制信号去启闭相关控制电路，通俗讲就是执行用户程序，产生相应的控制信号；b. 进行数据处理，分时、分渠道执行数据存取、传送、组合、比较、变换等动作，完成用户程序中规定的逻辑运算或算术运算等任务；c. 根据运算结果，更新有关标志位的状态和输出寄存器的内容，再由输入映像寄存器或数据寄存器的内容，实现输出控制、制表、打印、数据通信等。

1.2.1.2 存储器

PLC 中存储器的功能与普通微机系统的存储器的结构类似，它由系统程序存储器和用户程序存储器等部分构成。

（1）系统程序存储器

系统程序存储器是用 EPROM 或 E^2PROM 来存储厂家编写的系统程序，系统程序是指控制和完成 PLC 各种功能的程序，相当于单片机的监控程序或微机的操作系统，在很大程度上它决定该系列 PLC 的性能与质量，用户无法更改或调用。系统程序有系统管理程序、用户程序编辑和指令解释程序、标准子程序和调用管理程序这三种类型。

① 系统管理程序：由它决定系统的工作节拍，包括 PLC 运行管理（各种操作的时间分配安排）、存储空间管理（生成用户数据区）和系统自诊断管理（如电源、系统出错，程序语法、句法检验等）。

② 用户程序编辑和指令解释程序：编辑程序能将用户程序变为内码形式以便于程序的修改、调试。解释程序能将编程语言变为机器语言便于 CPU 操作运行。

③ 标准子程序和调用管理程序：为了提高运行速度，在程序执行中某些信息处理（I/O 处理）或特殊运算等都是通过调用标准子程序来完成的。

（2）用户程序存储器

用户程序存储器是用来存放用户的应用程序和数据，它包括用户程序存储器（程序区）和用户数据存储器（数据区）两种。

程序存储器用以存储用户程序。数据存储器用来存储输入、输出以及内部接点和线圈的状态以及特殊功能要求的数据。

用户存储器的内容可以由用户根据需要任意读/写、修改、增删。常用的用户存储器形式有高密度、低功耗的 CMOS RAM（由锂电池实现断电保护，一般能保持 5～10 年，经常带负载运行也可保持 2～5 年）、EPROM 和 E^2PROM 三种。

1.2.1.3 输入/输出单元（I/O 单元）

输入/输出单元又称为输入/输出模块，它是 PLC 与工业生产设备或工业过程连接的接口。现场的输入信号，如按钮开关、行程开关、限位开关以及各传感器输出的开关量或模拟量等，都要通过输入模块送到 PLC 中。由于这些信号电平各式各样，而 PLC 的 CPU 所处理的信息只能是标准电平，所以输入模块还需要将这些信号转换成 CPU 能够接受和处理的数字信号。输出模块的作用是接收 CPU 处理过的数字信号，并把它转换成现场的执行部件所能接收的控制信号，以驱动负载，如电磁阀、电动机、灯光显示等。

PLC 的输入/输出单元上通常都有接线端子，PLC 类型不同，其输入/输出单元的接线方式不同，通常分为汇点式、分组式和隔离式这三种接线方式，如图 1-2 所示。

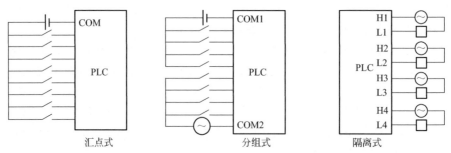

图 1-2　输入/输出单元 3 种接线方式

输入/输出单元分别只有 1 个公共端 COM 的称为汇点式，其输入或输出点共用一个电源；分组式是指将输入/输出端子分为若干组，每组的 I/O 电路有一个公共点并共用一个电源，组与组之间的电路隔开；隔离式是指具有公共端子的各组输入/输出点之间互相隔离，可各自使用独立的电源。

PLC 提供了各种操作电平和驱动能力的输入/输出模块供用户选择，如数字量输入/输出模块、模拟量输入/输出模块。这些模块又分为直流与交流型、电压与电流型等。

（1）数字量输入模块

数字量输入模块又称为开关量输入模块，它是将工业现场的开关量信号转换为标准信号传送给 CPU，并保证信息的正确和控制器不受其干扰。它一般是采用光电耦合电路与现场输入信号相连，这样可以防止使用环境中的强电干扰进入 PLC。光电耦合电路的核心是光电耦合器，其结构由发光二极管和光电三极管构成。现场输入信号的电源可由用户提供，直流输入信号的电源也可由 PLC 自身提供。数字量输入模块根据使用电源的不同分为直流输入模块（直流 12V 或 24V）和交流输入模块（交流 100～120V 或 200～240V）两种。

① 直流输入模块　当外部检测开关接点接入的是直流电压时，需使用直流输入模块对信号进行检测。下面以某一输入点的直流输入模块进行讲解。

直流输入模块的原理电路如图 1-3 所示。外部检测开关 S 的一端接外部直流电源（直流 12V 或 24V），S 的另一端与 PLC 的输入模块的一个信号输入端子相连，外部直流电源的另一端接 PLC 输入模块的公共端 COM。虚线框内的是 PLC 内部输入电路，R1 为限流电阻；R2 和 C 构成滤波电路，抑制输入信号中的高频干扰；LED 为发光二极管。当 S 闭合后，直流电源经 R1、R2、C 的分压、滤波后形成 3V 左右的稳定电压供给光电隔离 VLC 耦合器，LED 显示某一输入点有无信号输入。光电隔离 VLC 耦合器另一侧的光电三极管接通，此时 A 点为高电平，内部＋5V 电压经 R3 和滤波器形成适合 CPU 所需的标准信号送入内部电路中。

内部电路中的锁存器将送入的信号暂存，CPU执行相应的指令后，通过地址信号和控制信号读取锁存器中的数据信号。

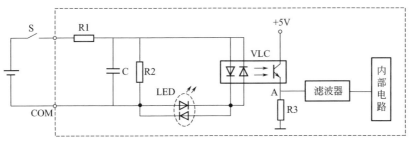

图1-3　直流输入电路

当输入电源由PLC内部提供时，外部电源断开，将现场检测开关的公共接点直接与PLC输入模块的公共输入点COM相连即可。

② 交流输入模块　当外部检测开关接点加入的是交流电压时，需使用交流输入模块进行信号的检测。

交流输入模拟的原理电路如图1-4所示。外部检测开关S的一端接外部交流电源（交流100～120V或200～240V），S的另一端与PLC的输入模块的一个信号输入端子相连，外部交流电源的另一端接PLC输入模块的公共端COM。虚线框内的是PLC内部输入电路，R1和R2构成分压电路，C为隔直电容，用来滤掉输入电路中的直流成分，对交流相当于短路；LED为发光二极管。当S闭合时，PLC可输入交流电源，其工作原理与直流输入电路类似。

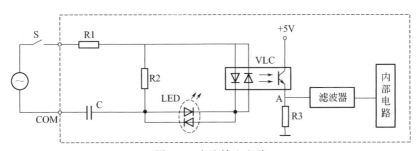

图1-4　交流输入电路

③ 交直流输入模块　当外部检测开关接点加入的是交流或直流电压时，需使用交直流输入模块进行信号的检测，如图1-5所示。从图中看出，其内部电路与直流输入电路类似，只不过交直流输入电路的外接电源除直流电源外，还可用12～24V的交流电源。

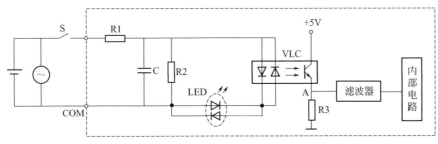

图1-5　交直流输入电路

（2）数字量输出模块

数字量输出模块又称为开关量输出模块，它是将 PLC 内部信号转换成现场执行机构所能接收的各种开关信号。数字量输出模块按照使用电源（即用户电源）的不同，分为直流输出模块、交流输出模块和交直流输出模块三种。按照输出电路所使用的开关器件不同，又分为晶体管输出、晶闸管（即可控硅）输出和继电器输出，其中晶体管输出方式的模块只能带直流负载；晶闸管输出方式的模块只能带交流负载；继电器输出方式的模块既可带交流也可带直流的负载。

① 直流输出模块（晶体管输出方式）　PLC 某 I/O 点直流输出模块电路如图 1-6 所示，虚线框内表示 PLC 的内部结构。它由 VLC 光电隔离耦合器件、LED 二极管显示、VT 输出电路、V 稳压管、FU 熔断器等组成。当某端需输出时，CPU 控制锁存器的对应位为 1，通过内部电路控制 VLC 输出，晶体管 VT 导通输出，相应的负载接通，同时输出指示灯 LED 亮，表示该输出端有输出。当某端不需要输出时，锁存器相应位为 0，VLC 光电隔离耦合器没有输出，VT 晶体管截止，使负载失电，此时 LED 指示灯熄灭，负载所需直流电源由用户提供。

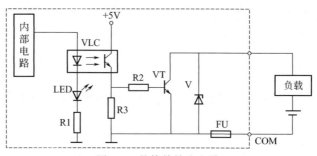

图 1-6　晶体管输出电路

② 交流输出模块（晶闸管输出方式）　PLC 某 I/O 点交流输出模块电路如图 1-7 所示，虚线框内表示 PLC 的内部结构。图中双向晶闸管（光控晶闸管）为输出开关器件，由它和发光二极管组成的固态继电器 T 有良好的光电隔离作用；电阻 R2 和 C 构成了高频滤波电路，减少高频信号的干扰；浪涌吸收器起限幅作用，将晶闸管上的电压限制在 600V 以下；负载所需交流电源由用户提供。当某端需输出时，CPU 控制锁存器的对应位为 1，通过内部电路控制 T 导通，相应的负载接通，同时输出指示灯 LED 亮，表示该输出端有输出。

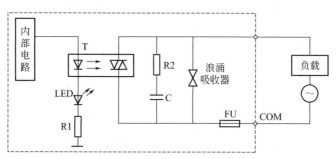

图 1-7　晶闸管输出电路

③ 交直流输出模块（继电器输出方式）　PLC 某 I/O 点交直流输出模块电路如图 1-8 所示，它的输出驱动是 K 继电器。K 继电器既是输出开关，又是隔离器件；R2 和 C 构成灭弧

电路。当某端需输出时，CPU 控制锁存器的对应位为 1，通过内部电路控制 K 吸合，相应的负载接通，同时输出指示灯 LED 亮，表示该输出端有输出。负载所需交直流电源由用户提供。

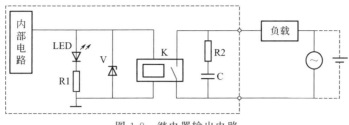

图 1-8　继电器输出电路

通过上述分析可知，为防止干扰和保证 PLC 不受外界强电的侵袭，I/O 单元都采用了电气隔离技术。晶体管只能用于直流输出模块，它具有动作频率高，响应速度快，驱动负载能力小的特点；晶闸管只能用于交流输出模块，它具有响应速度快，驱动负载能力不大的特点；继电器既能用于直流也能用于交流输出模块，它的驱动负载能力强，但动作频率和响应速度慢。

（3）模拟量输入模块

模拟量输入模块是将输入的模拟量如电流、电压、温度、压力等转换成 PLC 的 CPU 可接收的数字量。在 PLC 中将模拟量转换成数字量的模块又称为 A/D 模块。

（4）模拟量输出模块

模拟量输出模块是将输出的数字量转换成外部设备可接收的模拟量，这样的模块在 PLC 中又称为 D/A 模块。

1.2.1.4　电源单元

PLC 的电源单元通常是将 220V 的单相交流电源转换成 CPU、存储器等电路工作所需的直流电，它是整个 PLC 系统的能源供给中心，电源的好坏直接影响 PLC 的稳定性和可靠性。对于小型整体式 PLC，其内部有一个高质量的开关稳压电源，为 CPU、存储器、I/O 单元提供 5V 直流电源，还可为外部输入单元提供 24V 直流电源。

1.2.1.5　通信接口

为了实现微机与 PLC、PLC 与 PLC 间的对话，PLC 配有多种通信接口，如打印机、上位计算机、编程器等接口。

1.2.1.6　I/O 扩展接口

I/O 扩展接口用于将扩展单元或特殊功能单元与基本单元相连，使 PLC 的配置更加灵活，以满足不同控制系统的要求。

1.2.2　PLC 的工作原理

PLC 虽然以微处理器为核心，具有微型计算机的许多特点，但它的工作方式却与微型计算机有很大不同。微型计算机一般采用等待命令或中断的工作方式，如常见的键盘扫描方式或 I/O 扫描方式，当有键按下或 I/O 动作，则转入相应的子程序或中断服务程序；无键按下，则继续扫描等待。而 PLC 采用循环扫描的工作方式，即"顺序扫描，不断循环"。

用户程序通过编程器或其它输入设备输入存放在 PLC 的用户存储器中。当 PLC 开始运行时，CPU 根据系统监控程序的规定顺序，通过扫描，完成各输入点状态采集或输入数据采集、用户程序的执行、各输出点状态的更新、编程器键入响应和显示器更新及 CPU 自检等功能。

PLC 的扫描可按固定顺序进行，也可按用户程序规定的顺序进行。这不仅仅因为有的程序不需要每扫描一次，执行一次，也因为在一个大控制系统，需要处理的 I/O 点数较多。通过不同的组织模块的安排，采用分时分批扫描执行方法，可缩短扫描周期和提高控制的实时性。

PLC 采用集中采样、集中输出的工作方式，减少了外界干扰的影响。PLC 的循环扫描过程分为输入采样（或输入处理）、程序执行（或程序处理）和输出刷新（或输出处理）三个阶段。

（1）输入采样阶段

在输入采样阶段，PLC 以扫描方式按顺序将所有输入端的输入状态进行采样，并将采样结果分别存入相应的输入映像寄存器中，此时输入映像寄存器被刷新。接着进入程序执行阶段，在程序执行期间即使输入状态变化，输入映像寄存器的内容也不会改变，输入状态的变化只在下一个工作周期的输入采样阶段才被重新采样到。

（2）程序执行阶段

在程序执行阶段，PLC 是按顺序对程序进行扫描执行，如果程序用梯形图表示，则总是按先上后下、先左后右的顺序进行。若遇到程序跳转指令时，则根据跳转条件是否满足来决定程序的跳转地址。当指令中涉及输入、输出状态时，PLC 从输入映像寄存器将上一阶段采样的输入端子状态读出，从元件映像寄存器中读出对应元件的当前状态，并根据用户程序进行相应运算，然后将运算结果再存入元件寄存器中，对于元件映像寄存器来说，其内容随着程序的执行而发生改变。

（3）输出刷新阶段

当所有指令执行完后，进入输出刷新阶段。此时，PLC 将输出映像寄存器中所有与输出有关的输出继电器的状态转存到输出锁存器中，并通过一定的方式输出，驱动外部负载。

PLC 工作过程除了包括上述三个主要阶段外，还要完成内部处理、通信处理等工作。在内部处理阶段，PLC 检查 CPU 模块内部的硬件是否正常，将监控定时器复位，以及完成一些别的内部工作。在通信服务阶段，PLC 与其它的带微处理器的智能装置实现通信。

1.3　PLC 与其它顺序逻辑控制系统的比较

1.3.1　PLC 与继电器控制系统的比较

PLC 控制系统与电器控制系统相比，有许多相似之处，也有许多不同。现将两控制系统进行比较。

（1）从控制逻辑上进行比较

继电器控制系统控制逻辑采用硬件接线，利用继电器机械触点的串联或并联等组合成控制逻辑，其连线多且复杂、体积大、功耗大，系统构成后，想再改变或增加功能较为困难。

另外，继电器的触点数量有限，所以继电器控制系统的灵活性和可扩展性受到很大限制。而PLC采用了计算机技术，其控制逻辑是以程序的方式存放在存储器中，要改变控制逻辑只需改变程序，因而很容易改变或增加系统功能。PLC控制系统连线少、体积小、功耗小，而且PLC中每只软继电器的触点数理论上是无限制，因此其灵活性和可扩展性很好。

（2）从工作方式上进行比较

在继电器控制电路中，当电源接通时，电路中所有继电器都处于受制约状态，即该吸合的继电器都同时吸合，不该吸合的继电器受某种条件限制而不能吸合，这种工作方式称为并行工作方式。而PLC的用户程序是按一定顺序循环执行，所以各软继电器都处于周期性循环扫描接通中，受同一条件制约的各个继电器的动作次序决定于程序扫描顺序，同它们在梯形图中的位置有关，这种工作方式称为串行工作方式。

（3）从控制速度上进行比较

继电器控制系统依靠机械触点的动作以实现控制，工作频率低，触点的开关动作一般在几十毫秒数量级，且机械触点还会出现抖动问题。而PLC通过程序指令控制半导体电路来实现控制的，一般一条用户指令的执行时间在微秒数量级，因此速度较快，PLC内部还有严格的同步控制，不会出现触点抖动问题。

（4）从定时和计数控制上进行比较

继电器控制系统采用时间继电器的延时动作进行时间控制，时间继电器的延时时间易受环境温度和温度变化的影响，定时精度不高且调整时间困难。而PLC采用半导体集成电路作定时器，时钟脉冲由晶体振荡器产生，精度高，定时范围一般从0.1s到若干分钟甚至更长，用户可根据需要在程序中设定定时值，修改方便，不受环境的影响。PLC具有计数功能，而继电器控制系统一般不具备计数功能。

（5）从可靠性和可维护性上进行比较

由于继电器控制系统使用了大量的机械触点，连线多。触点开闭时存在机械磨损、电弧烧伤等现象，触点寿命短，所以可靠性和可维护性较差。而PLC采用半导体技术，大量的开关动作由无触点的半导体电路来完成，其寿命长、可靠性高，PLC还具有自诊断功能，能查出自身的故障，随时显示给操作人员，并能动态地监视控制程序的执行情况，为现场调试和维护提供了方便。

（6）从价格上进行比较

继电器控制系统使用机械开关、继电器和接触器，价格较便宜。而PLC采用大规模集成电路，价格相对较高。一般认为在少于10个继电器装置中，使用继电器控制逻辑比较经济；在需要10个以上的继电器场合，使用PLC比较经济。

从上面的比较可知，PLC在性能上比继电器控制系统优异。特别是它具有可靠性高、设计施工周期短、调试修改方便，且体积小、功耗低、使用维护方便的优点，但其价格高于继电器控制系统。

1.3.2　PLC与微型计算机控制系统的比较

虽然PLC采用了计算机技术和微处理器，但它与计算机相比也有许多不同。现将两控制系统进行比较。

（1）从应用范围上进行比较

微型计算机除了用在控制领域外，还大量用于科学计算、数据处理、计算机通信等方面，而 PLC 主要用于工业控制。

（2）从工作环境上进行比较

微型计算机对工作环境要求较高，一般要在干扰小，具有一定温度和湿度的室内使用，而 PLC 是专为适应工业控制的恶劣环境而设计的，适应于工程现场的环境。

（3）从程序设计上进行比较

微型计算机具有丰富的程序设计语言，如汇编语言、VC、VB 等，其语法关系复杂，要求使用者必须具有一定水平的计算机软硬件知识，而 PLC 采用面向控制过程的逻辑语言，以继电器逻辑梯形图为表达方式，形象直观、编程操作简单，可在较短时间内掌握它的使用方法和编程技巧。

（4）从工作方式上进行比较

微型计算机一般采用等待命令方式，运算和响应速度快，PLC 采用循环扫描的工作方式，其输入、输出存在响应滞后，速度较慢。对于快速系统，PLC 的使用受扫描速度的限制。另外，PLC 一般采用模块化结构，可针对不同的对象和控制需要进行组合和扩展，具有很大的灵活性和很好的性能价格比，维修也更简便。

（5）从输入输出上进行比较

微型计算机系统的 I/O 设备与主机之间采用微型计算机联系，一般不需要电气隔离。PLC 一般控制强电设备，需要电气隔离，输入输出均用"光-电"耦合，输出还采用继电器、晶闸管或大功率晶体管进行功率放大。

（6）从价格上进行比较

微型计算机是通用机，功能完备，价格较高。PLC 是专用机，功能较少，价格相对较低。

从以上几个方面的比较可知，PLC 是一种用于工业自动化控制的专用微机控制系统，结构简单，抗干扰能力强，易于学习和掌握，价格也比一般的微机系统便宜。在同一系统中，一般 PLC 集中在功能控制方面，而微型计算机作为上位机集中在信息处理和 PLC 网络的通信管理上，两者相辅相成。

1.3.3　PLC 与单片机控制系统的比较

单片机具有结构简单、使用方便、价格便宜等优点，一般用于弱电控制。PLC 是专门为工业现场的自动化控制而设计的，现将两控制系统进行比较。

（1）从使用者学习掌握的角度进行比较

单片机的编程语言一般为汇编语言或单片机 C 语言，这就要求设计人员具备一定的计算机硬件和软件知识，对于只熟悉机电控制的技术人员来说，需要相当的时间的学习才能掌握。PLC 虽然配置上是一种微型计算机系统，但它提供给用户使用的是机电控制员所熟悉的梯形图语言，使用的术语仍然是"继电器"一类的术语，大部分指令与继电器触点的串并联相对应，这就使得熟悉机电控制的工程技术人员一目了然。对于使用者来说，不必去关心微型计算机的一些技术问题，只需用较短时间去熟悉 PLC 的指令系统及操作方法，就能应用到工程现场。

（2）从简易程序上进行比较

单片机用来实现自动控制时，一般要在输入/输出接口上做大量工作。例如要考虑现场与单片机的连接、接口的扩展、输入/输出信号的处理、接口工作方式等问题，除了要设计控制程序外，还要在单片机的外围做很多软硬件工作，系统的调试也较复杂。PLC 的 I/O 口已经做好，输入接口可以与输入信号直接连线，非常方便，输出接口也具有一定的驱动能力。

（3）从可靠性上进行比较

单片机进行工业控制时，易受环境的干扰。PLC 是专门应用于工程现场的自动控制装置，在系统硬件和软件上都采取了抗干扰措施，其可靠性较高。

（4）从价格上进行比较

单片机价格便宜功能强大，既可以用于价格低廉的民用产品也可用于昂贵复杂的特殊应用系统，自带完善的外围接口，可直接连接各种外设，有强大的模拟量和数据处理能力。PLC 的价格昂贵，体积大，功能扩展需要较多的模块，并且不适合大批量重复生产的产品。

从以上分析可知，PLC 在数据采集、数据处理通用性和适应性等方面不如单片机，但 PLC 用于控制时稳定可靠，抗干扰能力强，使用方便。

1.3.4　PLC 与 DCS 的比较

DCS（Distributed Control System），集散控制系统，又称分布式控制系统，它是集计算机技术、控制技术、网络通信技术和图形显示技术于一体的系统。PLC 是由早期继电器逻辑控制系统与微型计算机技术相结合而发展起来的，它是以微处理器为主，融计算机技术、控制技术和通信技术于一体，集顺序控制、过程控制和数据处理于一身的可编程逻辑控制器，现将 PLC 与 DCS 两者进行比较。

（1）从逻辑控制方面进行比较

DCS 是从传统的仪表盘监控系统发展而来。它侧重于仪表控制，比如 ABB Freelance2000 DCS 系统甚至没有 PID 数量的限制（PID，比例微分积分算法，是调节阀、变频器闭环控制的标准算法，通常 PID 的数量决定了可以使用的调节阀数量）。PLC 从传统的继电器回路发展而来，最初的 PLC 甚至没有模拟量的处理能力，因此，PLC 从开始就强调的是逻辑运算能力。

DCS 开发控制算法采用仪表技术人员熟悉的风格，仪表人员很容易将 P&I 图（Pipe-Instrumentation diagram，管道仪表流程图）转化成 DCS 提供的控制算法，而 PLC 采用梯形图逻辑来实现过程控制，对于仪表人员来说相对困难。尤其是复杂回路的算法，不如 DCS 实现起来方便。

（2）从网络扩展方面进行比较

DCS 在发展的过程中各厂家自成体系，但大部分的 DCS 系统，比如西门子、ABB、霍尼韦尔、GE、施耐德等，虽说系统内部（过程级）的通信协议不尽相同，但这些协议均建立在标准串口传输协议 RS232 或 RS485 协议的基础上。DCS 操作级的网络平台不约而同选择了以太网络，采用标准或变形的 TCP/IP 协议。这样就提供了很方便的可扩展能力。在这种网络中，控制器、计算机均作为一个节点存在，只要网络到达的地方，就可以随意增减节点数量和布置节点位置。另外，基于 Windows 系统的 OPC、DDE 等开放协议，各系统也可很方便地通信，以实现资源共享。

目前，由于 PLC 把专用的数据高速公路（HIGH WAY）改成通用的网络，并采用专用的网络结构（比如西门子的 MPI 总线型网络），使 PLC 有条件和其它各种计算机系统和设备实现集成，以组成大型的控制系统。PLC 系统的工作任务相对简单，因此需要传输的数据量一般不会太大，所以 PLC 不会或很少使用以太网。

（3）从数据库方面进行比较

DCS 一般都提供统一的数据库，也就是在 DCS 系统中一旦一个数据存在于数据库中，就可在任何情况下引用，比如在组态软件中，在监控软件中，在趋势图中，在报表中等，而 PLC 系统的数据库通常都不是统一的，组态软件和监控软件甚至归档软件都有自己的数据库。

（4）从时间调度方面进行比较

PLC 的程序一般是按顺序进行执行（即从头到尾执行一次后又从头开始执行），而不能按事先设定的循环周期运行。虽然现在一些新型 PLC 有所改进，不过对任务周期的数量还是有限制，而 DCS 可以设定任务周期，比如快速任务等。同样是传感器的采样，压力传感器的变化时间很短，可以用 200ms 的任务周期采样，而温度传感器的滞后时间很大，可以用 2s 的任务周期采样。这样，DCS 可以合理地调度控制器的资源。

（5）从应用对象方面进行比较

PLC 一般应用在小型自控场所，比如设备的控制或少量的模拟量的控制及联锁，而大型的应用一般都是 DCS。当然，这个概念不太准确，但很直观，习惯上把大于 600 点的系统称为 DCS，小于这个规模叫作 PLC。热泵及 QCS、横向产品配套的控制系统一般就称为 PLC。

总之 PLC 与 DCS 发展到今天，事实上都在向彼此靠拢，严格地说，现在的 PLC 与 DCS 已经不能一刀切，很多时候它们之间的概念已经模糊了。

第2章

西门子S7-200 SMART PLC 的硬件系统

西门子 S7-200 SMART 系列 PLC 是在 S7-200 PLC 的基础上发展起来的小型整体式可编程逻辑控制器，其结构紧凑、组态灵活、指令丰富、功能强大、可靠性高，具有体积小、运算速度快、性价比高、易于扩展等特点，适用于自动化工程中的各种应用场合，尤其是在生产制造工程中的应用更加得心应手。

2.1 西门子 S7-200 SMART PLC 的特点及硬件系统组成

2.1.1 西门子 S7-200 SMART PLC 的特点

西门子 S7-200 SMART 是西门子公司于 2012 年推出的可替代 S7-200 系列 PLC 的产品，该产品具有以下特点，使其成为经济型自动化市场的理想选择。

（1）机型丰富，选择更多

该产品可以提供不同类型、I/O 点数丰富的 CPU 模块。产品配置灵活，在满足不同需求的同时，又可最大限度地控制成本，是小型自动化系统的理想选择。

（2）选件扩展，配置灵活

西门子 S7-200 SMART PLC 新型的信号板设计，在不额外占用控制柜空间的前提下，可实现通信端口、数字量通道、模拟量通道的扩展，其配置更加灵活。

（3）以太互联，经济便捷

CPU 模块的本身集成了以太网接口（经济型 CPU 模块除外），用一根以太网线，便可以实现程序的下载和监控，省去了购买专用编程电缆的费用；同时，强大的以太网功能，可以实现与其它 CPU 模块、触摸屏和计算机的通信和组网。

（4）软件友好，编程高效

STEP 7-Micro/WIN SMART 编程软件融入了新颖的带状菜单和移动式界面窗口设计，先进的程序结构和强大的向导功能等，使编程效率更高。

（5）运动控制功能强大

西门子 S7-200 SMART PLC 的 CPU 模块本身最多集成 3 路高速脉冲输出，支持 PWM/PO 输出方式以及多种运动模式。配以方便易用的向导设置功能，快速实现设备调速和定位。

（6）完美结合，无缝集成

西门子 S7-200 SMART PLC、Smart Line 系列触摸屏和 SINAMICS V20 变频器和

SINAMICS V90 伺服驱动系统完美结合，可以满足用户人机交互、控制和驱动等功能的全方位需要。

2.1.2　西门子 S7-200 SMART PLC 的硬件系统组成

西门子 S7-200 SMART PLC 控制系统由 CPU 模块、数字量扩展模块、模拟量扩展模块、热电偶与热电阻模块和相关设备组成。CPU 模块、扩展模块及信号板如图 2-1 所示。

图 2-1　西门子 S7-200 SMART PLC 的 CPU 模块、信号板及扩展模块

CPU 模块指的是西门子 S7-200 SMART PLC 基本模块，而不是中央处理器 CPU。它是一个完整的控制系统，可以单独地完成一定的控制任务，主要功能是采集输入信号，执行程序，发出输出信号和驱动外部负载。

当 CPU 模块数字量 I/O 点数不能满足控制系统的需求时，用户可根据实际情况对数字量 I/O 点数进行扩展。数字量扩展模块不能单独使用，需要通过自带的连接器插在 CPU 模块上。

模拟量扩展模块为主机提供了模拟量输入/输出功能，适用于复杂控制场合。它通过自带的连接器与主机相连，并且可以直接连接变送器和执行器。

西门子 S7-200 SMART PLC 有 4 种信号板，分别为模拟量输入/输出信号板、数字量输入/输出信号板、RS485/RS232 信号板和电池信号板。模拟量输入信号板型号为 SB AE01，1 点模拟量输入。模拟量输出信号板型号为 SB AQ0 ，1 点模拟量输出，输出量程为−10～10V 或 0～20mA，对应的数字量值为−27648～27648 或 0～27648。数字量输入/输出信号板型号为 SB DT04，2 点输入/2 点输出晶体管输出型，输出端子每点最大额定电流为0.5A。RS485/RS232 信号板型号为 SB CM01，可以组态 RS485 或 RS232 通信接口。电池信号板型号为 SB BA01，可支持 CR1025 钮扣电池，保持时钟大约 1 年。

热电偶或热电阻扩展模块是模拟量模块的特殊形式，可直接连接热电偶或热电阻测量温度。热电偶或热电阻扩展模块可以支持多种热电偶或热电阻。热电阻扩展模块型号为 EM AR02，温度测量分辨率为 0.1℃/0.1℉，电阻测量精度为 15 位＋符号位；热电偶扩展模块型号为 EM AT04，温度测量分辨率和电阻测量精度与热电阻相同。

2.2　基本模块

西门子 S7-200 SMART 系列 PLC 的基本模块又称为 CPU 模块和主机，它将微处理器、集成电源、输入电路和输出电路集成在一个紧凑的外壳中，从而形成了一个功能强大的Micro PLC。

2.2.1 基本模块的类别及性能

西门子 S7-200 SMART PLC 的基本模块有经济型和标准型两大类型共 12 种型号，其中经济型的基本模块主要有 CPU CR20、CPU CR30、CPU CR40、CPU CR60；标准型的基本模块主要有 CPU SR20、CPU ST20、CPU SR30、CPU ST30、CPU SR40、CPU ST40、CPU SR60、CPU ST60。西门子 S7-200 SMART PLC 的基本模块的命名方法如图 2-2 所示。

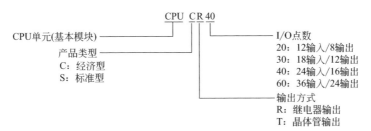

图 2-2　基本模块的命名方法

西门子为顺应市场需求而推出的经济型基本模块，具备高性价比，其主要技术性能如表 2-1 所示。该类型的产品没有以太网端口，只能使用 RS485 端口进行编程，不支持数据日志，没有实时时钟，不提供信号板的支持，不能进行运动控制。

表 2-1　经济型基本模块的主要技术性能

性能参数		CPU CR20	CPU CR30	CPU CR40	CPU CR60
外形尺寸($W\times H\times D$)/mm		$90\times100\times81$	$110\times100\times81$	$125\times100\times81$	$175\times100\times81$
用户存储器	程序存储器	12KB	12KB	12KB	12KB
	数据存储器	8KB	8KB	8KB	8KB
	保持存储器	2KB	2KB	2KB	2KB
本机 I/O 数		12 输入/8 输出	18 输入/12 输出	24 输入/16 输出	36 输入/24 输出
数字量 I/O 映像区		256 位入/256 位出	256 位入/256 位出	256 位入/256 位出	256 位入/256 位出
高速计数器	单相/kHz	100(4 路)	100(4 路)	100(4 路)	100(4 路)
	正交/kHz	50(2 路)	50(2 路)	50(2 路)	50(2 路)
RS485 端口		1 个	1 个	1 个	1 个
以太网接口		无	无	无	无
信号板		无	无	无	无
扩展模块		无	无	无	无
PID 回路		8	8	8	8
实时时钟		无	无	无	无

标准型基本模块可满足不同行业、不同用户、不同设备的各种需求，其主要技术性能如表 2-2 所示。相较于经济型基本模块而言，该类型的产品自带以太网端口，能够进行工业以太网通信，可扩展 6 个扩展模块和 1 个信号板，适用于 I/O 点数较多，逻辑控制较为复杂的应用场合。

表 2-2　标准型基本模块的主要技术性能

性能参数		CPUSR20/ST20	CPUSR30/ST30	CPUSR40/ST40	CPUSR60/ST60
外形尺寸($W \times H \times D$)/mm		$90 \times 100 \times 81$	$110 \times 100 \times 81$	$125 \times 100 \times 81$	$175 \times 100 \times 81$
用户存储器	程序存储器	12KB	18KB	24KB	30KB
	数据存储器	8KB	12KB	16KB	20KB
	保持存储器	10KB	10KB	10KB	10KB
本机 I/O 数		12 输入/8 输出	18 输入/12 输出	24 输入/16 输出	36 输入/24 输出
数字量 I/O 映像区		256 位入/256 位出	256 位入/256 位出	256 位入/256 位出	256 位入/256 位出
模拟映像		56 字入/56 字出	56 字入/56 字出	56 字入/56 字出	56 字入/56 字出
高速计数器	单相/kHz	200(4 路)	200(5 路)	200(4 路)	200(4 路)
	正交/kHz	30(2 路)	30(1 路)	30(2 路)	30(2 路)
RS485 端口		1 个	1 个	1 个	1 个
以太网接口		1 个	1 个	1 个	1 个
信号板		1 个	1 个	1 个	1 个
扩展模块		最多 6 个	最多 6 个	最多 6 个	最多 6 个
PID 回路		8	8	8	8
实时时钟		有	有	有	有

2.2.2　基本模块的外形结构

西门子 S7-200 SMART PLC 主机单元的外形如图 2-3 所示。它们的硬件结构如图 2-4 所示，是将微处理器、集成电源和若干数字量 I/O 点集成在一个紧凑的封装中。当系统需要扩展时，可选用需要的扩展模块与基本模块连接。

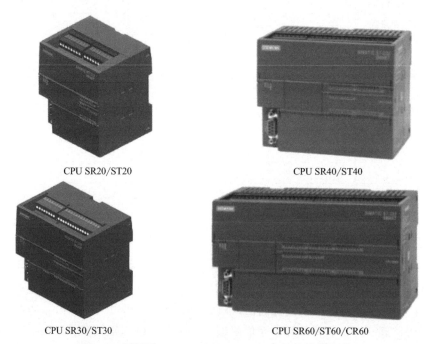

CPU SR20/ST20

CPU SR40/ST40

CPU SR30/ST30

CPU SR60/ST60/CR60

图 2-3　西门子 S7-200 SMART PLC 主机单元的外形

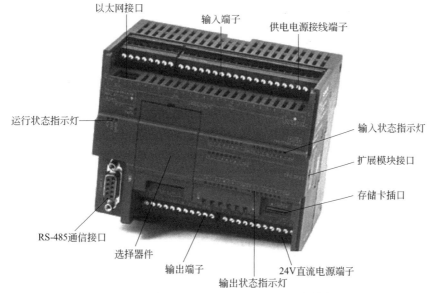

图 2-4 西门子 S7-200 SMART PLC 硬件结构

① 输入端子是外部输入信号与 PLC 连接的接线端子，在顶部端盖下面。此外，顶部端盖下面还有输入公共端子和 PLC 工作电源接线端子。

② 输出端子是外部负载与 PLC 连接的接线端子，在底部端盖下面。此外，底部端盖下面还有输出公共端子和 24V 直流电源端子，24V 直流电源为传感器和光电开关等提供能量。

③ 输入状态指示灯（LED）用于显示是否有输入控制信号接入 PLC。当指示灯亮时，表示有控制信号接入 PLC；当指示灯不亮时，表示没有控制信号接入 PLC。

④ 输出状态指示灯（LED）用于显示是否有输出信号驱动外部执行设备。当指示灯亮时，表示有输出信号驱动外部设备；当指示灯不亮时，表示没有输出信号驱动外部设备。

⑤ 运行状态指示灯包含 RUN、STOP、ERROR 三个，其中 RUN、STOP 指示灯用于显示当前工作状态。若 RUN 指示灯亮，表示 PLC 处于运行状态；当 STOP 指示灯亮，表示 PLC 处于停止状态。ERROR 指示灯亮时，表示系统故障，PLC 停止工作。

⑥ 存储卡插口仅限于标准型基于模块，该插口可插入 Micro SD 卡，可以下载程序和 PLC 固件版本的更新。

⑦ 选择器件仅限于标准型基本模块，可用于连接扩展模块。它采用插针式连接，使模块连接更加紧密。

⑧ 以太网接口仅限于标准型基本模块，可用于程序下载和设备组态。程序下载时，只需要 1 条以太网线即可，不需要购买专用的程序下载线。

2.2.3　基本模块的 I/O

西门子 S7-200 SMART 系列 PLC 基本模块的 I/O 包括输入端子和输出端子，作为数字量 I/O 时，输入方式分为直流 24V 源型和漏型输入；输出方式分为直流 24V 源型的晶体管输出和交流 120/240V 的继电器输出，它们的接线方式如图 2-5 所示。基本模块的型号不同，它们的 I/O 端子数和输出方式不同，其具体情况如表 2-3 所示。表中前 8 种型号为标准型，其余为经济型。

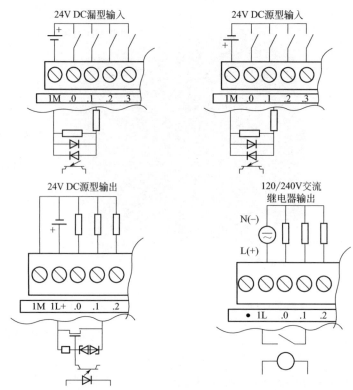

图 2-5　基本模块的接线方式

表 2-3　西门子 S7-200 SMART PLC 基本模块的 I/O 点数及相关参数

型号	I/O点数	电源供电方式	公共端	输入类型	输出类型
CPU ST20	12 入/8 出	DC 电源 20.4～28.8V	输入端 I0.0～I1.3 共用 1M；输出端 Q0.0～Q0.7 共用 2L＋、2M	DC 24V 漏型输入	晶体管输出
CPU ST30	18 入/12 出	DC 电源 20.4～28.8V	输入端 I0.0～I2.1 共用 1M；输出端 Q0.0～Q0.7 共用 2L＋、2M，Q1.0～Q1.3 共用 3L＋、3M	DC 24V 漏型输入	晶体管输出
CPU ST40	24 入/16 出	DC 电源 20.4～28.8V	输入端 I0.0～I2.7 共用 1M；输出端 Q0.0～Q0.7 共用 2L＋、2M，Q1.0～Q1.7 共用 3L＋、3M	DC 24V 漏型输入	晶体管输出
CPU ST60	36 入/24 出	DC 电源 20.4～28.8V	输入端 I0.0～I4.3 共用 1M；输出端 Q0.0～Q0.7 共用 2L＋、2M，Q1.0～Q1.7 共用 3L＋、3M，Q2.0～Q2.7 共用 4L＋、4M	DC 24V 漏型输入	晶体管输出
CPU SR20	12 入/8 出	AC 电源 85～264V	输入端 I0.0～I1.3 共用 1M；输出端 Q0.0～Q0.3 共用 1L，Q0.4～Q0.7 共用 2L	DC 24V 漏型输入	继电器输出
CPU SR30	18 入/12 出	AC 电源 85～264V	输入端 I0.0～I2.1 共用 1M；输出端 Q0.0～Q0.3 共用 1L，Q0.4～Q0.7 共用 2L，Q1.0～Q1.3 共用 3L	DC 24V 漏型输入	继电器输出
CPU SR40	24 入/16 出	AC 电源 85～264V	输入端 I0.0～I2.7 共用 1M；输出端 Q0.0～Q0.3 共用 1L，Q0.4～Q0.7 共用 2L，Q1.0～Q1.3 共用 3L，Q1.4～Q1.7 共用 4L	DC 24V 漏型输入	继电器输出
CPU SR60	36 入/24 出	AC 电源 85～264V	输入端 I0.0～I4.3 共用 1M；输出端 Q0.0～Q0.3 共用 1L，Q0.4～Q0.7 共用 2L，Q1.0～Q1.3 共用 3L，Q1.4～Q1.7 共用 4L，Q2.0～Q2.3 共用 5L，Q2.4～Q2.7 共用 6L	DC 24V 漏型输入	继电器输出

型号	I/O 点数	电源供电方式	公共端	输入类型	输出类型
CPU CR20	12 入/8 出	AC 电源 85～264V	输入端 I0.0～I1.3 共用 1M；输出端 Q0.0～Q0.3 共用 1L,Q0.4～Q0.7 共用 2L	DC 24V 漏型输入	继电器输出
CPU CR30	18 入/12 出	AC 电源 85～264V	输入端 I0.0～I2.1 共用 1M；输出端 Q0.0～Q0.3 共用 1L,Q0.4～Q0.7 共用 2L,Q1.0～Q1.3 共用 3L	DC 24V 漏型输入	继电器输出
CPU CR40	24 入/16 出	AC 电源 85～264V	输入端 I0.0～I2.7 共用 1M；输出端 Q0.0～Q0.3 共用 1L,Q0.4～Q0.7 共用 2L,Q1.0～Q1.3 共用 3L,Q1.4～Q1.7 共用 4L	DC 24V 漏型输入	继电器输出
CPU CR60	36 入/24 出	AC 电源 85～264V	输入端 I0.0～I4.3 共用 1M；输出端 Q0.0～Q0.3 共用 1L,Q0.4～Q0.7 共用 2L,Q1.0～Q1.3 共用 3L,Q1.4～Q1.7 共用 4L,Q2.0～Q2.3 共用 5L,Q2.4～Q2.7 共用 6L	DC 24V 漏型输入	继电器输出

CPU ST20 为 12 点输入、8 点输出，端子编号采用 8 进制，其中输入端子为 I0.0～I1.3，输出端子为 Q0.0～Q0.7。它们 I/O 都采用汇点式接线，如图 2-6 所示。CPU ST20 由外部电源供电，其电压范围为 DC 20.4～28.8V。CPU ST20 的输入端为 DC 24V 漏型输入，公共端为 1M；输出端为晶体管输出方式，公共端为 2L＋和 2M，且 2L＋接 DC 24V 的正极。L＋、M 为 PLC 向外额定输出 DC 24V/300mA 直流电源，L＋为电源正极，M 为电源负极，该电源既可作为输入端电源使用，也可作为传感器供电电源。

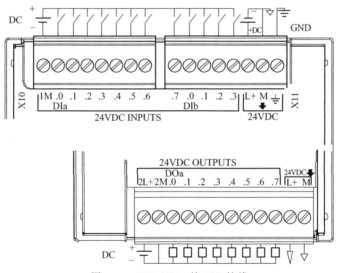

图 2-6　CPU ST20 的 I/O 接线

CPU ST30 为 18 点输入、12 点输出，端子编号采用 8 进制，其中输入端子为 I0.0～I2.1，输出端子为 Q0.0～Q1.3。CPU ST30 的输入采用汇点式接线，输出采用分组式接线，如图 2-7 所示。CPU ST30 的输入端为 DC 24V 漏型输入，公共端为 1M。输出端为晶体管输出方式，共分 2 组，其中 Q0.0～Q0.7 为 1 组，公共端为 2L＋和 2M；Q1.0～Q1.3 为第 2 组，公共端为 3L＋和 3M。

CPU ST40 为 24 点输入、16 点输出，端子编号采用 8 进制，其中输入端子为 I0.0～I2.7，输出端子为 Q0.0～Q1.7。CPU ST40 的输入采用汇点式接线，输出采用分组式接线，

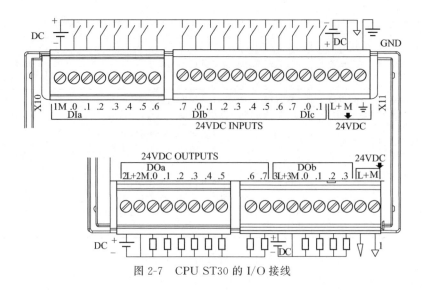

图 2-7　CPU ST30 的 I/O 接线

如图 2-8 所示。CPU ST40 的输入端为 DC 24V 漏型输入，公共端为 1M。输出端为晶体管输出方式，共分 2 组，其中 Q0.0～Q0.7 为 1 组，公共端为 2L＋和 2M；Q1.0～Q1.7 为第 2 组，公共端为 3L＋和 3M。

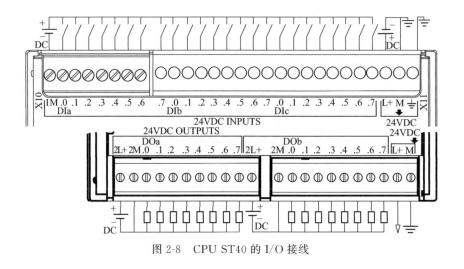

图 2-8　CPU ST40 的 I/O 接线

CPU ST60 为 36 点输入、24 点输出，端子编号采用 8 进制，其中输入端子为 I0.0～I4.3，输出端子为 Q0.0～Q2.7。CPU ST60 的输入采用汇点式接线，输出采用分组式接线，如图 2-9 所示。CPU ST60 的输入端为 DC 24V 漏型输入，公共端为 1M。输出端为晶体管输出方式，共分 3 组，其中 Q0.0～Q0.7 为 1 组，公共端为 2L＋和 2M；Q1.0～Q1.7 为第 2 组，公共端为 3L＋和 3M；Q2.0～Q2.7 为第 3 组，公共端为 4L＋和 4M。

CPU SR20 为 12 点输入、8 点输出，端子编号采用 8 进制，其中输入端子为 I0.0～I1.3，输出端子为 Q0.0～Q0.7。CPU SR20 的输入采用汇点式接线，输出采用分组式接线，如图 2-10 所示。CPU SR20 的 L1、N 端子接外部交流电源以给自身供电，其电压范围为 AC 85～264V。CPU SR20 的输入端为 DC 24V 漏型输入，公共端为 1M。输出端为继电器输出方式，共分 2 组，其中 Q0.0～Q0.3 为 1 组，公共端为 1L；Q0.4～Q0.7 为第 2 组，公

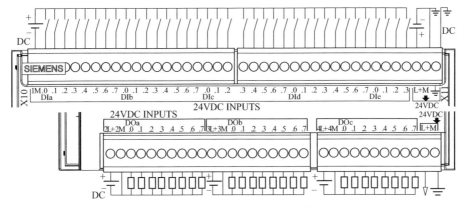

图 2-9　CPU ST60 的 I/O 接线

共端为 2L。L＋、M 为 PLC 向外额定输出 DC 24V/300mA 直流电源，L＋为电源正极，M 为电源负极，该电源既可作为输入端电源使用，也可作为传感器供电电源。根据负载性质的不同，输出回路电源支持交流和直流。

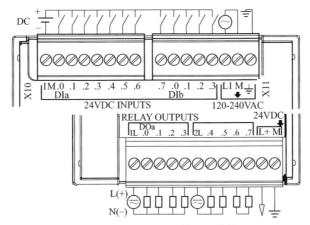

图 2-10　CPU SR20 的 I/O 接线

　　CPU SR30 为 18 点输入、12 点输出，端子编号采用 8 进制，其中输入端子为 I0.0～I2.1，输出端子为 Q0.0～Q1.3。CPU SR30 的输入采用汇点式接线，输出采用分组式接线，如图 2-11 所示。CPU SR30 的输入端为 DC 24V 漏型输入，公共端为 1M。输出端为继电器输出方式，共分 3 组，其中 Q0.0～Q0.3 为 1 组，公共端为 1L；Q0.4～Q0.7 为第 2 组，公共端为 2L；Q1.0～Q1.3 为第 3 组，公共端为 3L。

　　CPU SR40 为 24 点输入、16 点输出，端子编号采用 8 进制，其中输入端子为 I0.0～I2.7，输出端子为 Q0.0～Q1.7。CPU SR40 的输入采用汇点式接线，输出采用分组式接线，如图 2-12 所示。CPU SR40 的输入端为 DC 24V 漏型输入，公共端为 1M。输出端为继电器输出方式，共分 4 组，其中 Q0.0～Q0.3 为 1 组，公共端为 1L；Q0.4～Q0.7 为第 2 组，公共端为 2L；Q1.0～Q1.3 为第 3 组，公共端为 3L；Q1.4～Q1.7 为第 4 组，公共端为 4L。

　　CPU SR60 为 36 点输入、24 点输出，端子编号采用 8 进制，其中输入端子为 I0.0～I4.3，输出端子为 Q0.0～Q2.7。CPU SR60 的输入采用汇点式接线，输出采用分组式接线，如图 2-13 所示。CPU SR60 的输入端为 DC 24V 漏型输入，公共端为 1M。输出端为继电器

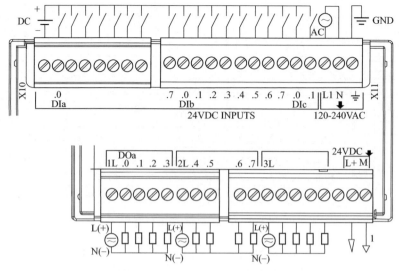

图 2-11　CPU SR30 的 I/O 接线

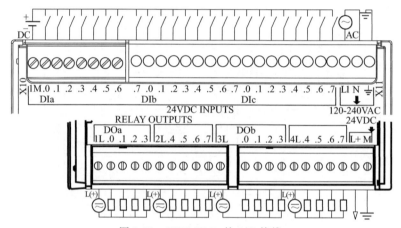

图 2-12　CPU SR40 的 I/O 接线

输出方式，共分 6 组，其中 Q0.0～Q0.3 为 1 组，公共端为 1L；Q0.4～Q0.7 为第 2 组，公共端为 2L；Q1.0～Q1.3 为第 3 组，公共端为 3L；Q1.4～Q1.7 为第 4 组，公共端为 4L；Q2.0～Q2.3 为第 5 组，公共端为 5L；Q2.4～Q2.7 为第 6 组，公共端为 6L。

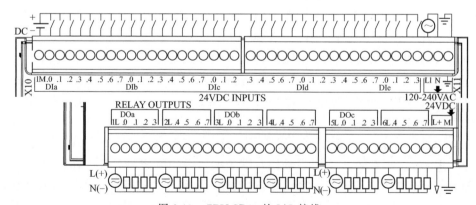

图 2-13　CPU SR60 的 I/O 接线

经济型基本模块 CPU CR20、CPU CR30、CPU CR40、CPU CR60 的 I/O 端子编号、I/O 接线方式、公共端等，分别与标准型基本模块 CPU SR20、CPU SR30、CPU SR40、CPU SR60 的相同，在此不再赘述。

2.3 扩展模块

除了主机单元外，西门子 S7-200 SMART PLC 还提供了相应的外部扩展模块。扩展模块主要有数字量扩展模块、模拟量扩展模块、通信扩展模块等。

2.3.1 数字量扩展模块

西门子 S7-200 SMART PLC 的数字量输入扩展模块包括两种类型：8 点 24V 直流电源输入、16 点 24V 直流电源输入。输入方式分为直流 24V 源型、漏型输入。这两种数字量输入扩展模块类型的型号分别为 EM DE08 和 EM DE16，其主要技术参数如表 2-4 所示。

表 2-4　数字量输入扩展模块的主要技术参数

型号	EM DE08	EM DE16
尺寸(W×H×D)/mm	45×100×81	45×100×81
功耗	1.5W	2.3W
数字量输入点数	8	16
输入类型	漏型/源型	漏型/源型
额定输入电压	DC 24V/4mA	DC 24V/4mA
输入隔离组数	2	4

西门子 S7-200 SMART PLC 的数字量输出扩展模块包括 2 种类型：8/16 点 DC 24V 晶体管输出、8/16 点继电器输出。输出方式分为直流 24V 源型输出以及交流 120/230V 的继电器输出。这 2 种数字量输出扩展模块类型的型号分别为 EM DR08、EM DT08、EM QR16 和 EM QT16，其主要技术参数如表 2-5 所示。

表 2-5　数字量输出扩展模块的主要技术参数

型号	EM DR08	EM DT08	EM QR16	EM QT16
尺寸(W×H×D)/mm	45×100×81	45×100×81	45×100×81	45×100×81
功耗	4.5W	1.5W	4.5W	1.7W
数字量输出点数	8	8	16	16
输出类型	继电器，干触点	固态 MOSFET(源型)	继电器，干触点	固态 MOSFET(源型)
输出电压范围	DC 5~30V 或 AC 5~250V	DC 20.4~28.8V	DC 5~30V 或 AC 5~250V	DC 20.4~28.8V
每点输出额定电流	2.0A	0.75A	2.0A	0.75A
通态触点电阻	0.2Ω	0.6Ω	0.2Ω	0.6Ω
输出隔离组数	2	2	4	4
每个公共端最大电流	8A	3A	8A	3A

西门子 S7-200 SMART PLC 的数字量输入/输出扩展模块包括 4 种类型：①8 点 24V 直流输入，8 点直流 24V 源型输出；②8 点 24V 直流输入，8 点交流 120/230V 的继电器输出；③16 点 24V 直流输入，16 点直流 24V 源型输出；④16 点 24V 直流输入，16 点交流 120/230V 的继电器输出。它们的型号分别为 EM DR16、EM DT16、EM DR32 和 EM DT32，其主要技术参数如表 2-6 所示。

表 2-6 数字量输入/输出扩展模块的主要技术参数

型号		EM DR16	EM DT16	EM DR32	EM DT32
尺寸$(W \times H \times D)$/mm		$45 \times 100 \times 81$	$45 \times 100 \times 81$	$45 \times 100 \times 81$	$45 \times 100 \times 81$
功耗		5.5W	2.5W	10W	4.5W
数字量输入/输出点数		8 入/8 出	8 入/8 出	16 入/16 出	16 入/16 出
输入类型		漏型/源型	漏型/源型	漏型/源型	漏型/源型
输出类型		继电器，干触点	固态 MOSFET（源型）	继电器，干触点	固态 MOSFET（源型）
额定输入电压		DC 24V/4mA	DC 24V/4mA	DC 24V/4mA	DC 24V/4mA
输出电压范围		DC 5～30V 或 AC 5～250V	DC 20.4～28.8V	DC 5～30V 或 AC 5～250V	DC 20.4～28.8V
每点输出额定电流		2.0A	0.75A	2.0A	0.75A
通态触点电阻		0.2Ω	0.6Ω	0.2Ω	0.6Ω
隔离组数	输入	2	2	2	2
	输出	2	2	4	3
每个公共端最大电流		8A	3A	8A	6A

2.3.2 模拟量扩展模块

在工业控制中，被控对象常常是模拟量，如压力温度、流量、转速等。而 PLC 的 CPU 内部执行的是数字量，因此需要将模拟量转换成数字量，以便 CPU 进行处理，这一任务由模拟量 I/O 扩展模块来完成。A/D 扩展模块可将 PLC 外部的电压或电流转换成数字量送入 PLC 内，经 PLC 处理后，再由 D/A 扩展模块将 PLC 输出的数字量转换成电压或电流送给被控对象。

西门子 S7-200 SMART PLC 的模拟量输入扩展模块有 2 种型号：EM AE04 和 EM AE08。其中，EM AE04 为 4 路模拟量输入，EM AE08 为 8 路模拟量输入，它们的主要技术参数如表 2-7 所示。

表 2-7 模拟量输入扩展模块的主要技术参数

型号		EM AE04	EM AE08
尺寸$(W \times H \times D)$/mm		$45 \times 100 \times 81$	$45 \times 100 \times 81$
功耗（空载）		1.5W	2.0W
模拟量输入路数		4	8
输入类型		电压或电流（差动），可 2 个选为 1 组	电压或电流（差动），可 2 个选为 1 组
输入电压或电流范围		$\pm 10V, \pm 5V, \pm 2.5V$ 或 0～20mA	$\pm 10V, \pm 5V, \pm 2.5V$ 或 0～20mA
A/D 分辨率	电压模式	12 位＋符号位	12 位＋符号位
	电流模式	12 位	12 位
A/D 转换精度		电压模式为满量程的$\pm 0.1\%$（25℃）/$\pm 0.2\%$（0～55℃）；电流模式为满量程的$\pm 0.2\%$（25℃）/$\pm 0.3\%$（0～55℃）	
输入阻抗		≥9MΩ（电压）/250Ω（电流）	≥9MΩ（电压）/250Ω（电流）

西门子 S7-200 SMART PLC 的模拟量输出扩展模块也有 2 种型号：EM AQ02 和 EM AQ04。其中，EM AQ02 为 2 路模拟量输出，EM AQ04 为 4 路模拟量输出，它们的主要技术参数如表 2-8 所示。

表 2-8　模拟量输出扩展模块的主要技术参数

型号		EM AQ02	EM AQ04
尺寸($W \times H \times D$)/mm		$45 \times 100 \times 81$	$45 \times 100 \times 81$
功耗(空载)		1.5W	2.1W
模拟量输出路数		2	4
输出类型		电压或电流	电压或电流
输出电压或电流范围		± 10V 或 $0 \sim 20$mA	± 10V 或 $0 \sim 20$mA
D/A 分辨率	电压模式	11 位＋符号位	11 位＋符号位
	电流模式	11 位	11 位
D/A 转换精度		满量程的$\pm 0.5\%$(25℃)/$\pm 1.0\%$(0～55℃)	
负载阻抗		$\geqslant 1$kΩ(电压)；$\leqslant 500\Omega$(电流)	$\geqslant 1$kΩ(电压)；$\leqslant 500\Omega$(电流)

西门子 S7-200 SMART PLC 的模拟量输入/输出扩展模块同样有 2 种型号：EM AM03 和 EM AM06。其中，EM AM03 为 2 路模拟量输入/1 路模拟量输出，EM AM06 为 4 路模拟量输入/2 路模拟量输出，它们的主要技术参数如表 2-9 所示。

表 2-9　模拟量输入/输出扩展模块的主要技术参数

型号		EM AM03	EM AM06
尺寸($W \times H \times D$)/mm		$45 \times 100 \times 81$	$45 \times 100 \times 81$
功耗(空载)		1.1W	2.0W
模拟量输入路数		2	4
模拟量输出路数		1	2
输入类型		电压或电流(差动)，可 2 个选为 1 组	电压或电流(差动)，可 2 个选为 1 组
输出类型		电压或电流	电压或电流
输入电压或电流范围		± 10V,± 5V,± 2.5V 或 $0 \sim 20$mA	± 10V,± 5V,± 2.5V 或 $0 \sim 20$mA
输出电压或电流范围		± 10V 或 $0 \sim 20$mA	± 10V 或 $0 \sim 20$mA
A/D 分辨率	电压模式	12 位＋符号位	12 位＋符号位
	电流模式	12 位	12 位
D/A 分辨率	电压模式	11 位＋符号位	11 位＋符号位
	电流模式	11 位	11 位
精度	A/D 转换	电压模式为满量程的$\pm 0.1\%$(25℃)/$\pm 0.2\%$(0～55℃)；电流模式为满量程的$\pm 0.2\%$(25℃)/$\pm 0.3\%$(0～55℃)	
	D/A 转换	满量程的$\pm 0.5\%$/$\pm 1.0\%$(0～55℃)	
阻抗	输入	$\geqslant 9$MΩ(电压)/250Ω(电流)	$\geqslant 9$MΩ(电压)/250Ω(电流)
	负载	$\geqslant 1$kΩ(电压)；$\leqslant 500\Omega$(电流)	$\geqslant 1$kΩ(电压)；$\leqslant 500\Omega$(电流)

2.3.3 通信扩展模块

西门子 S7-200 SMART PLC 的基本模块集成了 1 个 RS485/232 端口，支持自由端口、Modbus RTU、USS 等通信协议，通过此端口可实现与变频器、触摸屏等第三方设备的通信。对于标准型的基本模块还集成了 1 个以太网端口，通过此端口进行以太网的连接，可以对程序进行编辑、状态监视、程序传送等远程服务，也可以与网络中的其它 PLC 进行数据交换、E-mail 的收发与 PLC 数据的读/写操作。

除了基本模块本身集成的通信口外，还可外接通信扩展模块，如 EM DP01 模块。EM DP01 模块同时支持 PROFIBUS-DP 和 MPI 两种协议。使用 EM DP01 通信扩展模块可以将 S7-200 SMART CPU 作为 PROFIBUS-DP 从站连接到 PROFIBUS 通信网络，通过模块上的旋转开关可以设置 PROFIBUS-DP 的从站地址。

2.4 数据存储器

西门子 S7-200 SMART PLC 的内部元器件的功能相互独立，在数据存储器区中都有一对应的地址，可依据存储器地址来存取数据。

2.4.1 数据长度

计算机中使用的都是二进制数，在 PLC 中，通常使用位、字节、字、双字来表示数据，它们占用的连续位数称为数据长度。

位（bit）指二进制的一位，它是最基本的存储单位，只有"0"和"1"两种状态。在 PLC 中一个位可对应一个继电器，如某继电器线圈得电时，相应位的状态为"1"；若继电器线圈失电或断开时，其对应位的状态为"0"。8 位二进制数构成一个字节（Byte），其中第 7 位为最高位（MSB），第 0 位为最低位（LSB）。两个字节构成一个字（Word），在 PLC 中字又称为通道（CH），一个字含 16 位，即一个通道（CH）由 16 个继电器组成。两个字构成一个汉字，即双字（Double word），在 PLC 中它由 32 个继电器组成。

2.4.2 数制

数制也称计数制，是用一组固定的符号和统一的规则来表示数值的方法。如在计数过程中采用进位的方法，则称为进位计数制。进位计数制有数位、基数、位权三个要素。数位，指数码在一个数中所处的位置。基数，指在某种进位计数制中，数位上所能使用的数码的个数，例如，十进制数的基数是 10，二进制的基数是 2。位权，指在某种进位计数制中，数位所代表的大小，对于一个 R 进制数（即基数为 R），若数位记作 j，则位权可记作 R^{j}。

人们通常采用的数制有十进制、二进制、八进制和十六进制。在西门子 S7-200 SAMRT PLC 中使用的数制主要是二进制、十进制、十六进制。

（1）十进制数

十进制数有两个特点：①数值部分用 10 个不同的数字符号 0、1、2、3、4、5、6、7、8、9 来表示；②逢十进一。

例：123.45

小数点左边第一位代表个位，3 在左边 1 位上，它代表的数值是 3×10^0，1 在小数点左面 3 位上，代表的是 1×10^2，5 在小数点右面 2 位上，代表的是 5×10^{-2}。

$$123.45 = 1 \times 10^2 + 2 \times 10^1 + 3 \times 10^0 + 4 \times 10^{-1} + 5 \times 10^{-2}$$

一般对任意一个正的十进制数 S，可表示为：

$$S = K_{n-1} \times 10^{n-1} + K_{n-2} \times 10^{n-2} + \cdots + K_0 \times 10^0 + K_{-1} \times 10^{-1} +$$
$$K_{-2} \times 10^{-2} + \cdots + K_{-m} \times 10^{-m}$$

其中，K_j 是 0、1……9 中任意一个，由 S 决定，K_j 为权系数；m，n 为正整数；10 称为计数制的基数；10^j 称为权值。

（2）二进制数

BIN 即为二进制数，它是由 0 和 1 组成的数据，PLC 的指令只能处理二进制数。它有两个特点：①数值部分用 2 个不同的数字符号 0、1 来表示；②逢二进一。

二进制数化为十进制数，通过按权展开相加法。

例：
$$\begin{aligned} 1101.11\text{B} &= 1 \times 2^3 + 1 \times 2^2 + 0 \times 2^1 + 1 \times 2^0 + 1 \times 2^{-1} + 1 \times 2^{-2} \\ &= 8 + 4 + 0 + 1 + 0.5 + 0.25 \\ &= 13.75 \end{aligned}$$

任意二进制数 N 可表示为：

$$N = \pm(K_{n-1} \times 2^{n-1} + K_{n-2} \times 2^{n-2} + \cdots + K_0 \times 2^0 + K_{-1} \times 2^{-1} + K_{-2} \times 2^{-2} + \cdots + K_{-m} \times 2^{-m})$$

其中，K_j 只能取 0、1；m，n 为正整数；2 是二进制的基数。

（3）八进制数

八进制数有两个特点：①数值部分用 8 个不同的数字符号 0、1、2、3、4、5、6、7 来表示；②逢八进一。

任意八进制数 N 可表示为：

$$N = \pm(K_{n-1} \times 8^{n-1} + K_{n-2} \times 8^{n-2} + \cdots + K_0 \times 8^0 + K_{-1} \times 8^{-1} + K_{-2} \times 8^{-2} + \cdots + K_{-m} \times 8^{-m})$$

其中，K_j 只能取 0、1、2、3、4、5、6、7；m，n 为正整数；8 是基数。

因 $8^1 = 2^3$，所以 1 位八制数相当于 3 位二进制数，根据这个对应关系，二进制与八进制间的转换方法为从小数点向左向右每 3 位分为一组，不足 3 位者以 0 补足 3 位。

（4）十六进制数

十六进制数有两个特点：①数值部分用 16 个不同的数字符号 0、1、2、3、4、5、6、7、8、9、A、B、C、D、E、F 来表示；②逢十六进一。这里的 A、B、C、D、E、F 分别对应十进制数字中的 10、11、12、13、14、15。

任意十六进制数 N 可表示为：

$$N = \pm(K_{n-1} \times 16^{n-1} + K_{n-2} \times 16^{n-2} + \cdots + K_0 \times 16^0 + K_{-1} \times 16^{-1} + K_{-2} \times 16^{-2} + \cdots + K_{-m} \times 16^{-m})$$

其中，K_j 只能取 0、1、2、3、4、5、6、7、8、9、A、B、C、D、E、F；m，n 为正整数；16 是基数。

因 $16^1 = 2^4$，所以 1 位十六制数相当于 4 位二进制数，根据这个对应关系，二进制数转换为十六进制数的转换方法为从小数点向左向右每 4 位分为一组，不足 4 位者以 0 补足 4 位。十六进制数转换为二进制数的转换方法为从左到右将待转换的十六制数中的每个数依次用 4 位二进制数表示。

2.4.3 数据类型及数据范围

在西门子 S7-200 SMART PLC 中，数据存储器中存放数据的类型主要有位类型（又称为布尔逻辑型，Bool）、字节（Byte）、16 位整数型（INT）、32 位整数（DINT）和实数型（又称为浮点型，REAL）。布尔逻辑型数据由"0"和"1"构成的字节型无符号整数；整数型数据包括 16 位单字和 32 位双字的带符号整数；实数型数据又称浮点型数据，它采用 32 位的单精度数表示。每种数据类型都有一范围，如表 2-10 所示。

表 2-10 数据类型范围

数据长度、类型	无符号整数	有符号整数	实数（单精度）IEEE 32 位浮点数
字节 B(8 位)	0~255 （十进制）	−128~+127 （十进制）	
	0~FF （十六进制）	80~7F （十六进制）	
字 W(16 位)	0~65 535 （十进制）	−32768~+32767 （十进制）	
	0~FFFF （十六进制）	8000~7FFF （十六进制）	
双字 DW(32 位)	0~4294967295 （十进制）	−2147483648~ +2147483647（十进制）	+1.175495E−38~+3.402823E+38（正数） −1.175495E−38~−3.402823E+38（负数） （十进制）
	0~FFFFFFFF （十六进制）	80000000~7FFFFFFF （十六进制）	

（1）位（bit）

位类型只有两个值：0 或 1。如 I0.0、Q1.1、M10.0、VB0.0 等。

（2）字节（Byte）

一个字节（Byte）等于 8 位（bit），其中 0 位为最低位，7 位为最高位。如 IB0（包括 I0.0~I0.7 位）、QB1（包括 QB1.0~QB1.7 位）、MB0、VB1 等。其中第一个字母表示数据的类型，如 I、Q、M 等，第二个字母 B 则表示字节。

（3）字（Word）

相邻的两个字节（Byte）构成一个字（Word）来表示一个无符号数，因此，字为 16 位。如 IW0 是由 IB0 和 IB1 组成的，其中 I 是输入映像寄存器，W 表示字，0 是字的起始字节。需要注意的是，字的起始字节必须是偶数。字的范围为十六进制数 0000~FFFF。在编程时要注意，如果已经用了 IW0，如再用 IB0 或 IB1 时要特别加以小心，可能会造成数据区的冲突使用，产生不可预料的错误。

（4）双字（Double Word）

相邻的两个字（Word）构成一个双字（Double Word）来表示一个无符号数，因此，双字为 32 位。如 MD0 是由 MW0 和 MW1 组成的，其中 M 是内部标志位寄存器，D 表示双字，0 是双字的起始字。需要注意的是，双字的起始字必须是偶数。双字的范围为十六进制数 00000000~FFFFFFFF。在编程时要注意，如果已经用了 MD0，如再用 MW0 或 MW1 时要特别加以小心，可能会造成数据区的冲突使用，产生不可预料的错误。

（5）16 位整数（INT，Integer）

16 位整数为有符号数，最高位为符号位，如果符号位为 1，表示负数，符号位为 0 表示正数。

（6）32 位整数（DINT，Double Integer）

32 位整数也为有符号数，最高位为符号位，如果符号位为 1，表示负数，符号位为 0 表示正数。

（7）浮点数（R，Real）

浮点数又称为实数，它为 32 位，可以用来表示小数。浮点数可以为：$1.m \times 2^e$，其存储结构如图 2-14 所示。例如 $123.4 = 1.234 \times 10^2$。

图 2-14　浮点数结构

根据 ANSI/IEEE 标准，浮点数可以表示为 $1.m \times 2^e$ 的形式。其中指数 e 为 8 位正整数（$1 \leqslant e \leqslant 254$）。在 ANSI/IEEE 标准中浮点数占用一个双字（32 位）。因为规定尾数的整数部分总是为 1，只保留尾数的小数部分 m（0～22 位）。浮点数的表示范围为 $\pm 1.175495 \times 10^{-38} \sim \pm 3.402823 \times 10^{+38}$。

（8）常数

常数的数据长度可以为字节、字和双字。CPU 以二进制的形式存储常数，书写常数可以用二进制、十进制、十六进制、ASCII 码或实数等多种形式，其格式如下。

十进制数：8721；十六进制常数：16♯3BCD；二进制常数：2♯1101100010100101；ASCII 码："good"；实数：+1.175495E-38（正数），-3.402823E+38（负数）。

2.4.4　数据存储器的编址方式

数据存储器的编址方式主要是对位、字节、字、双字进行编址。

位编址的方式为：（区域标志符）字节地址.位地址，如 I0.1、Q1.0、V3.5。

字节编址的方式为：（区域标志符）B 字节地址，如 IB0 表示输入映像寄存器 I0.0～I0.7 这 8 位组成的字节；VB0 表示输出映像寄存器 V0.0～V0.7 这 8 位组成的字节。

字编址的方式为：（区域标志符）W 起始字节地址，最高有效字节为起始字节，如 VW0 表示由 VB0 和 VB1 这 2 个字节组成的字。

双字编址的方式为：（区域标志符）D 起始字节地址，最高有效字节为起始字节，如 VD100 表示由 VB100、VB101、VB102 和 VB103 这 4 个字节组成的双字。

2.5　西门子 S7-200 SMART PLC 的存储系统与寻址方式

2.5.1　西门子 S7-200 SMART PLC 的存储系统

西门子 S7-200 SMART PLC 的存储器是 PLC 系统软件开发过程中的编程元件，每个单元都有唯一的地址，为满足不同编程功能的需要，S7-200 SMART 系统为存储单元做了分区，所以不同的存储区有不同的有效范围，可以完成不同的编程功能。S7-200 SMART PLC 的存储器空间大致可分为程序空间、数据空间和参数空间。

2.5.1.1　程序空间

该空间主要用于存放用户应用程序，程序空间容量在不同的 CPU 中是不同的。另外，CPU 中的 RAM 区与内置 EEPROM 上都有程序存储器，但它们互为映像，且空间大小一样。

2.5.1.2　数据空间

数据空间的主要作用是用于存放工作数据，这部分存储器称为数据存储器；另外一部分数据空间作寄存器使用称为数据对象。无论是作为数据存储器还是数据对象，在 PLC 系统的软件开发及硬件应用过程当中都是非常重要的工具，PLC 通过对各种数据的读取及逻辑判断才能完成相应的控制功能。

西门子 S7-200 SMART PLC 的数据空间包括输入映像寄存器 I、输出映像寄存器 Q、变量存储器 V、内部标志位寄存器 M、顺序控制继电器 S、特殊标志位寄存器 SM、局部存储器 L、定时器存储器 T、计数器存储器 C、模拟量输入映像寄存器 AI、模拟量输出寄存器 AQ、累加器 AC 和高速计数器 HC 等。

（1）输入映像寄存器 I

西门子 S7-200 SMART PLC 的输入映像寄存器又称为输入继电器，它是 PLC 用来接收外部输入信号的窗口。PLC 中的输入继电器与继电-接触器中的继电器不同，它是"软继电器"，实质上是存储单元。当外部输入开关的信号为闭合时，输入继电器线圈得电，在程序中常开触点闭合，闭合触点断开。这些"软继电器"的最大特点是可以无限次使用，在使用时一定要注意，它们只能由外部信号驱动，用来检测外部信号的变化，不能在内部用指令来驱动，所以编程时，只能使用输入继电器触点，而不能使用输入继电器线圈。

输入映像寄存器可按位、字节、字或双字等方式进行编址，如 I0.1、IB4、IW5、ID10 等。

西门子 S7-200 SMART PLC 输入映像寄存器区域有 IB0～IB31 共 32 个字节单元，输入映像寄存器可按位进行操作，每一位对应一个输入数字量，因此，输入映像寄存器能存储 32×8 共计 256 点信息。CPU ST20/SR20/CR20 的基本单元有 12 个数字量输入点：I0.0～I0.7、I1.0～I1.3，占用两个字节 IB0、IB1，其余输入映像寄存器可用于扩展或其它操作。

（2）输出映像寄存器 Q

西门子 S7-200 SMART PLC 的输出映像寄存器又称为输出继电器，每个输出继电器线圈与相应的 PLC 输出相连，用来将 PLC 的输出信号传递给负载。

输出映像寄存器可按位、字节、字或双字等方式进行编址，如 Q0.3、QB1、QW5、QD12 等。

同样，S7-200 SMART PLC 输出映像寄存器区域有 QB0～QB31 共 32 个字节单元，能存储 32×8 共计 256 点信息。CPU ST60/SR60/CR60 的基本单元有 24 个数字量输出点：Q0.0～Q0.7、Q1.0～Q1.7、Q2.0～Q2.7，占用 3 个字节 QB0、QB1、QB2，其余输出映像寄存器可用于扩展或其它操作。

输入/输出映像寄存器实际上就是外部输入/输出设备状态的映像区，通过程序使 PLC 控制输入/输出映像区的相应位与外部物理设备建立联系，并映像这些端子的状态。

（3）变量寄存器 V

变量寄存器用来存储全局变量、存放数据运算的中间运算结果或其它相关数据。变量存储器全局有效，即同一个存储器可以在任一个程序分区中被访问。在数据处理中，经常会用到变量寄存器。变量寄存器可按位、字节、字、双字使用。变量寄存器有较大的存储空间，西门子 S7-200 SMART PLC 的基本单元其变量寄存器区域有 VB0～VB8191 共 8192 个字节单元。

（4）内部标志位寄存器 M

内部标志位寄存器 M，相当于继电-接触器控制系统中的中间继电器，它用来存储中间操作数或其它控制信息。内部标志位寄存器在 PLC 中没有输入/输出端与之对应，它的触点不能直接驱动外部负载，只能在程序内部驱动输出继电器的线圈。

内部标志位寄存器可按位、字节、字、双字使用，如 M23.2、MB10、MW13、MD24。西门子 S7-200 SMART PLC 基本单元的有效编址范围为 M0.0～M31.7。

（5）顺序控制继电器 S

顺序控制继电器 S 又称为状态元件，用于顺序控制或步进控制。它可按位、字节、字、双字使用，有效编址范围为 S0.0～S31.7。

（6）特殊标志位寄存器 SM

特殊标志位寄存器 SM 用于 CPU 与用户程序之间信息的交换，用这些位可选择和控制 S7-200 SMART CPU 的一些特殊功能。它分为只读区域和可读区域。

特殊标志位寄存器可按位、字节、字、双字使用。S7-200 SMART 基本单元特殊标志寄存器的有效编址范围为 SMB0 ～ SMB1699，其中特殊存储器区的 SMB0 ～ SMB29、SMB480～SMB515、SMB1000～SMB1699 字节为只读区。

特殊寄存器标志位提供了大量的状态和控制功能，详细说明参见附录 2，常用的特殊标志位寄存器的功能如下。

SM0.0：运行监视，始终为"1"状态。当 PLC 运行时可利用其触点驱动输出继电器，并在外部显示程序是否处于运行状态。

SM0.1：初始化脉冲，该位在首次扫描为 1 时，调用初始化子程序。

SM0.3：开机进入 RUN 运行方式时，接通一个扫描周期，该位可用在启动操作之前给设备提供一个预热时间。

SM0.4：提供 1min 的时钟脉冲或延时时间。

SM0.5：提供 1s 的时钟脉冲或延时时间。

SM0.6：扫描时钟，本次扫描时置 1，下次扫描时清 0，可作扫描计数器的输入。

SM0.7：该位适用于具有实时时钟的 CPU 型号，如果实时时钟设备的时间在上电时复位或丢失，则 CPU 将该位设置为 1 并持续 1 个扫描周期。程序可将该位用作错误存储器位或用于调用特殊启动序列。

SM1.0：零标志位，当执行某些指令结果为 0 时，该位被置 1。

SM1.1：溢出标志位，当执行某些指令结果溢出时，该位被置 1。

SM1.2：负数标志位，当执行某些指令结果为负数时，该位被置 1。

SM1.3：除零标志位，试图除以 0 时该位被置 1。

（7）局部存储器 L

局部存储器用来存储局部变量，类似于变量存储器 V，但全局变量是对全局有效，而局部变量只和特定的程序相关联，只是局部有效。

S7-200 SMART 基本单元系列 PLC 有 64 个字节局部存储器，编址范围为 LB0.0～LB63.7。局部存储器可按位、字节、字、双字使用。PLC 运行时，可根据需求动态分配局部存储器。当执行主程序时，64 个字节的局部存储器分配给主程序，而分配给子程序给子程序或中断服务程序的局部变量存储器不存在；当执行子程序或中断程序时，将局部存储器重新分配给相应程序。不同程序的局部存储器不能互相访问。

（8）定时器存储器 T

PLC 中的定时器相当于继电-接触器中的时间继电器，它是 PLC 内部累计时间增量的重要编程元件，主要用于延时控制。

PLC 中的每个定时器都有 1 个 16 位有符号的当前值寄存器，用于存储定时器累计的时基增量值（1～32 767）。S7-200 SMART PLC 定时器的时基有 3 种：1ms、10ms、100ms，有效范围为 T0～T255。

通常定时器的设定值由程序或外部根据需要设定，若定时器的当前值大于或等于设定值时，定时器位被置 1，其常开触点闭合，常闭触点断开。

（9）计数器存储器 C

计数器用于累计其输入端脉冲电平由低到高的次数，其结构与定时器类似，通常设定值在程序中赋予，有时也可根据需求而在外部进行设定。S7-200 SMART PLC 中提供了 3 种类型的计数器：加计数器、减计数器和加减计数器。

PLC 中的每个计数器都有 1 个 16 位有符号的当前值寄存器，用于存储计数器累计的脉冲个数（1～32 767）。S7-200 SMART PLC 计数器的有效范围为 C0～C255。

当输入触发条件满足时，相应计数器开始对输入端的脉冲进行计数，若当前计数大于或等于设定值时，计数器位被置 1，其常开触点闭合，常闭触点断开。

（10）模拟量输入映像寄存器 AI

模拟量输入模块是将外部输入的模拟量转换成 1 个字长（16 位）的数字量，并存入模拟量输入映像寄存器 AI 中，供 CPU 运算处理。

在模拟量输入映像寄存器中，1 个模拟量等于 16 位的数字量，即两个字节，因此其地址均以偶数进行表示，如 AIW0、AIW2、AIW4。模拟量输入值为只读数据，模拟量转换的实际精度为 12 位。S7-200 SMART 基本单元的有效地址范围为 AIW0～AIW110。

（11）模拟量输出寄存器 AQ

模拟量输出模块是将 CPU 已运算好的 1 个字长（16 位）的数字量按比例转换为电流或电压的模拟量，用来驱动外部模拟量控制设备。

在模拟量输出映像寄存器中，1 个模拟量等于 16 位的数字量，即两个字节，因此其地址均以偶数进行表示，如 AQW0、AQW2、AQW4。模拟量输出值为只写数据，用户只能给它置数而不能读取。模拟量转换的实际精度为 12 位。S7-200 SMART 基本单元的有效地址范围为 AQW0～AQW110。

（12）累加器 AC

累加器是用来暂存数据、计算的中间结果、子程序传递参数、子程序返回参数等，它可以像存储器一样使用读写存储区。S7-200 SMART PLC 提供了 4 个 32 位累加器 AC0～AC3，可按字节、字或双字的形式存取累加器中的数据。按字节或字为单位存取时，累加器只使用了低 8 位或低 16 位，被操作数据长度取决于访问累加器时所使用的指令。

（13）高速计数器 HC

高速计数器用来累计比 CPU 扫描速度更快的高速脉冲，其工作原理与普通计数器基本相同。高速计数器的当前值为 32 位的双字长的有符号整数，且为只读数据。单脉冲输入时，标准型基本模块的计数器最高频率达 200kHz，而经济型基本模块的计数器最高频率为 100kHz。S7-200 SMART 基本单元提供了 4 路高速计数器 HC0～HC3。

2.5.1.3　参数空间

用于存放有关 PLC 组态参数的区域，如保护口令、PLC 站地址、停电记忆保持区、软件滤波、强制操作的设定信息等。存储器为 E^2PROM。

2.5.2　西门子 S7-200 SMART PLC 存储器范围及特性

标准型 S7-200 SMART PLC 存储器范围及特性如表 2-11 所示。

表 2-11　标准型 S7-200 SMART PLC 存储器范围及特性

型号		CPU SR20/ST20	CPU SR30/ST30	CPU SR40/ST40	CPU SR60/ST60
输入映像寄存器 I		I0.0～I31.7	I0.0～I31.7	I0.0～I31.7	I0.0～I31.7
输出映像寄存器 Q		Q0.0～Q31.7	Q0.0～Q31.7	Q0.0～Q31.7	Q0.0～Q31.7
模拟量输入映像寄存器 AI		AIW0～AIW110	AIW0～AIW110	AIW0～AIW110	AIW0～AIW110
模拟量输出映像寄存器 AQ		AQW0～AQW110	AQW0～AQW110	AQW0～AQW110	AQW0～AQW110
变量存储器 V		V0.0～V8192.7	V0.0～V12287.7	V0.0～V16383.7	V0.0～V20479.7
局部存储器 L		LB0～LB63	LB0～LB63	LB0～LB63	LB0～LB63
内部标志寄存器 M		M0.0～M31.7	M0.0～M31.7	M0.0～M31.7	M0.0～M31.7
特殊标志位存储器 SM		SM0.0～SM1535.7	SM0.0～SM1535.7	SM0.0～SM1535.7	SM0.0～SM1535.7
定时器 T	有记忆接通延迟 1ms	T0,T64	T0,T64	T0,T64	T0,T64
	有记忆接通延迟 10ms	T1～T4,T65～T68	T1～T4,T65～T68	T1～T4,T65～T68	T1～T4,T65～T68
	有记忆接通延迟 100ms	T5～T31,T69～T95	T5～T31,T69～T95	T5～T31,T69～T95	T5～T31,T69～T95
	接通/关断延迟 1ms	T32,T96	T32,T96	T32,T96	T32,T96
	接通/关断延迟 10ms	T33～T36,T97～T100	T33～T36,T97～T100	T33～T36,T97～T100	T33～T36,T97～T100
	接通/关断延迟 100ms	T37～T68,T101～T255	T37～T68,T101～T255	T37～T68,T101～T255	T37～T68,T101～T255
计数器 C		C0～C255	C0～C255	C0～C255	C0～C255
高速计数器 HC		HC0～HC5	HC0～HC5	HC0～HC5	HC0～HC5
顺序控制继电器 S		S0.0～S31.7	S0.0～S31.7	S0.0～S31.7	S0.0～S31.7
累加器 AC		AC0～AC3	AC0～AC3	AC0～AC3	AC0～AC3
跳转/标号		0～255	0～255	0～255	0～255
调用/子程序		0～127	0～127	0～127	0～127
中断程序		0～44	0～44	0～44	0～44
正/负跳变		256	256	256	256
PID 回路		0～7	0～7	0～7	0～7

2.5.3　寻址方式

西门子 S7-200 SMART PLC 将信息存储在不同的存储单元，每个单元都有唯一的地址，系统允许用户以字节、字、双字的方式存取信息。使用数据地址访问数据称为寻址，指定参与的操作数据或操作数据地址的方法，称为寻址方式。西门子 S7-200 SMART PLC 有立即数寻址、直接寻址和间接寻址三种寻址方式。

（1）立即数寻址

数据在指令中以常数形式出现，取出指令的同时也就取出了操作数据，这种寻址方式称为立即数寻址方式。常数可分为字节、字、双字型数据。CPU 以二进制方式存储常数，指令中还可用十进制、十六进制、ASCII 码或浮点数来表示。

（2）直接寻址

在指令中直接使用存储器或寄存器元件名称或地址编号来查找数据，这种寻址方式称为直接寻址。直接寻址可按位、字节、字、双字进行寻址，如图 2-15 所示。可按位、字节、字、双字进行直接寻址的数据空间如表 2-12 所示。

表 2-12 西门子 S7-200 SMART PLC 可直接寻址的数据空间

元件符号	所在数据区域	位寻址	字节寻址	字寻址	双字寻址
I	数字量输入映像区	Ix.y	IBx	IWx	IDx
Q	数字量输出映像区	Qx.y	QBx	QWx	QDx
V	变量存储器区	Vx.y	VBx	VWx	VDx
M	内部标志位寄存器区	Mx.y	MBx	MWx	MDx
S	顺序控制继电器区	Sx.y	SBx	SWx	SDx
SM	特殊标志寄存器区	SMx.y	SMBx	SMWx	SMDx
L	局部存储器区	Lx.y	LBx	LWx	LDx
T	定时器存储器区	无	无	Tx	无
C	计数器存储器区	无	无	Cx	无
AI	模拟量输入映像区	无	无	AIx	无
AQ	模拟量输出映像区	无	无	AQx	无
AC	累加器区	无	任意		
HC	高速计数器区	无	无	无	HCx

注：表中"x"表示字节号，"y"表示字节内的位地址。

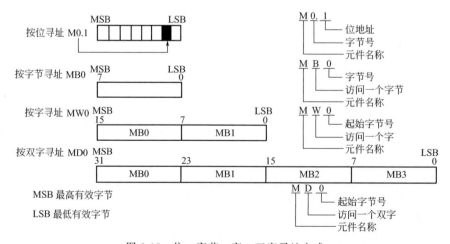

图 2-15 位、字节、字、双字寻址方式

（3）间接寻址

数据存放在存储器或者寄存器中，在指令中只出现所需数据所在单元的内存地址，需通过地址指针来存取数据，这种寻址方式称为间接寻址。在 S7-200 SMART PLC 中，可间接寻址的元器件有 I、Q、V、M、S、T 和 C，其中 T 和 C 只能对当前值进行。使用间接寻址时，首先要建立指针，然后利用指针存取数据。

① 建立指针　指针为 32 位的双字，在西门子 S7-200 SMART PLC 中，只能用 V、L 或 AC 作为地址指针。生成指针时需使用双字节传送指令，指令中的内存地址（操作数）前必须使用 "&"，表示内存某一位位置的地址。

例如：MOVD & VB200，AC1

这条指令是将 VB200 的地址送入累加器 AC1 中建立指针

② 利用指针存取数据　指针建立好后，利用指针来存取数据。存取数据时同样需使用双字节传送指令，指令中操作数前必须使用 "∗"，表示该操作数作为地址指针。

例如，执行上条指令后，再执行 "MOVD ∗ AC1，AC0" 后，将 AC1 中的内容为起始地址的一个字长数据送到 AC0 中。操作过程如图 2-16 所示。

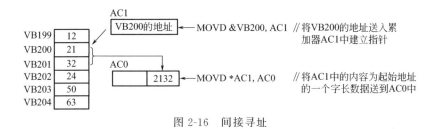

图 2-16　间接寻址

第3章

西门子S7-200 SMART PLC 编程软件的使用

PLC 是一种由软件驱动的控制设计，软件系统就如人的灵魂，可编程控制器的软件系统是 PLC 所使用的各种程序集合。为了实现某一控制功能，需要在特定环境中使用某种语言编写相应指令来完成，本章主要讲述西门子 S7-200 SMART PLC 的编程语言、编程软件等内容。

3.1 PLC 编程语言

PLC 是专为工业控制而开发的装置，其主要使用者是工厂广大电气技术人员，为了适应他们的传统习惯和掌握能力，通常 PLC 采用面向控制过程、面向问题的"自然语言"进行编程。西门子 S7-200 SMART PLC 的编程语言非常丰富，有梯形图、助记符（又称指令表）、顺序功能流程图、功能块图等，用户可选择一种语言或混合使用多种语言，通过专用编程器或上位机编写具有一定功能的指令。

3.1.1 PLC 编程语言的国际标准

基于微处理器的 PLC 自 1968 年问世以来，已取得迅速的发展，成为工业自动化领域应用最广泛的控制设备。当形形色色的 PLC 涌入市场时，国际电工委员会（IEC）及时地于 1993 年制定了 IEC1131 标准以引导 PLC 健康发展。

IEC1131 标准分为 IEC1131-1～IEC1131-5 共 5 个部分：IEC1131-1 为一般信息，即对通用逻辑编程作了一般性介绍并讨论了逻辑编程的基本概念、术语和定义；IEC1131-2 为装配和测试需要，从机械和电气两部分介绍了逻辑编程对硬件设备的要求和测试需要；IEC1131-3 为编程语言的标准，它吸取了多种编程语言的长处，并制定了 5 种标准语言；IEC1131-4 为用户指导，提供了有关选择、安装、维护的信息资料和用户指导手册；IEC1131-5 为通信规范，规定了逻辑控制设备与其他装置的通信联系规范。

IEC1131 标准是由来自欧洲、北美以及日本的工业界和学术界的专家通力合作的产物，在 IEC1131-3 中，专家们首先规定了控制逻辑编程中的语法、语义和显示，然后从现有编程语言中挑选了 5 种，并对其进行了部分修改，使其成为目前通用的语言。在这 5 种语言中，有 3 种是图形化语言，2 种是文本化语言。图形化语言有梯形图、顺序功能图、功能块图，文本化语言有指令表和结构文本。IEC 并不要求每种产品都运行这 5 种语言，可以只运行其中的一种或几种，但均必须符合标准。在实际组态时，可以在同一项目中运用多种编程语言，相互嵌套，以供用户选择最简单的方式生成控制策略。

正是由于 IEC1131-3 标准的公布，许多 PLC 制造厂先后推出符合这一标准的 PLC 产品。美国 A-B 公司属于罗克韦尔公司，其许多 PLC 产品都带符合 IEC1131-3 标准中结构文本的软件选项。施耐德公司的 Modicon TSX Quantum PLC 产品可采用符合 IEC1131-3 标准的 Concept 软件包，它在支持 Modicon 984 梯形图的同时，也遵循 IEC1131-3 标准的 5 种编程语言。德国西门子公司的 S7-200 SMART 采用 SIMATIC 软件包，其中梯形图部分符合 IEC1131-3 标准。

3.1.2　梯形图

梯形图 LAD（Ladder Programming）语言是使用得最多的图形编程语言，被称为 PLC 的第一编程语言。LAD 是在继电-接触器控制系统原理图的基础上演变而来的一种图形语言，它和继电-接触器控制系统原理图很相似。梯形图具有直观易懂的优点，很容易被工厂电气人员掌握，特别适用于开关量逻辑控制，它常被称为电路或程序，梯形图的设计称为编程。

（1）梯形图相关概念

在梯形图编程中，用到以下软继电器、能流和梯形图的逻辑解算这三个基本概念。

① 软继电器　PLC 梯形图中的某些编程元件沿用了继电器的这一名称，如输入继电器、输出继电器、内部辅助继电器等，但是它们不是真实的物理继电器，而是一些存储单元（软继电器），每一软继电器与 PLC 存储器中映像寄存器的一个存储单元相对应。梯形图中采用类似于了诸如继电-接触器中的触点和线圈符号，如表 3-1 所示。

表 3-1　符号对照

项目	物理继电器	PLC 继电器
线圈	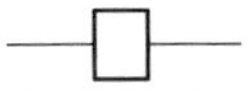 □	—( )—
常开触点	 /	┤├
常闭触点	 /	┤/├

存储单元如果为"1"状态，则表示梯形图中对应软继电器的线圈"通电"，其常开触点接通，常闭触点断开，称这种状态是该软继电器的"1"或"ON"状态。如果该存储单元为"0"状态，对应软继电器的线圈和触点的状态与上述相反，称该软继电器为"0"或"OFF"状态。使用中，常将这些"软继电器"称为编程元件。

PLC 梯形图与继电-接触器控制原理图的设计思想一致，它沿用继电-接触器控制电路元件符号，只有少数不同，信号输入、信息处理及输出控制的功能也大体相同。但两者还是有一定的区别：a. 继电-接触器控制电路由真正的物理继电器等部分组成，而梯形图没有真正的继电器，是由软继电器组成；b. 继电-接触器控制系统得电工作时，相应的继电器触头会产生物理动断操作，而梯形图中软继电器处于周期循环扫描接通之中；c. 继电-接触器系统的触点数目有限，而梯形图中的软触点有多个；d. 继电-接触器系统的功能单一，编程不灵活，而梯形图的设计和编程灵活多变；e. 继电-接触器系统可同步执行多项工作，而 PLC 梯形图只能采用扫描方式由上而下按顺序执行指令并进行相应工作。

② 能流　在梯形图中有一个假想的"概念电流"或"能流"（power flow）从左向右流动，这一方向与执行用户程序时的逻辑运算的顺序是一致的。能流只能从左向右流动。利用能流这一概念，可以更好地理解和分析梯形图。图 3-1(a) 不符合能流只能从左向右流动的原则，因此应改为如图 3-1(b) 所示的梯形图。

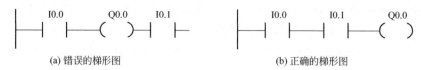

图 3-1　母线梯形图

梯形图的两侧垂直公共线称为公共母线（bus bar），左侧母线对应于继电-接触器控制系统中的"相线"，右侧母线对应于继电-接触器控制系统中的"零线"，一般右侧母线可省略。在分析梯形图的逻辑关系时，为了借用继电器电路图的分析方法，可以想象左右两侧母线（左母线和右母线）之间有一个左正右负的直流电源电压，母线之间有"能流"从左向右流动。

③ 梯形图的逻辑解算　根据梯形图中各触点的状态和逻辑关系，求出与图中各线圈对应的编程元件的状态，称为梯形图的逻辑解算。梯形图中逻辑解算是按从左至右、从上到下的顺序进行的。解算的结果，马上可以被后面的逻辑解算所利用。逻辑解算是根据输入映像寄存器中的值，而不是根据解算瞬时外部输入触点的状态来进行的。

（2）梯形图的编程规则

尽管梯形图与继电-接触器电路图在结构形式、元件符号及逻辑控制功能等方面类似，但在编程时，梯形图需遵循一定的规则，具体如下。

① 自上而下，从左到右的方法编写程序。编写 PLC 梯形图时，应按从上到下、从左到右的顺序放置连接元件。在 Step7 中，与每个输出线圈相连的全部支路形成 1 个逻辑行即 1 个程序段，每个程序段起于左母线，最后终于输出线圈，同时还要注意输出线圈的右边不能有任何触点，输出线圈的左边必须有触点，如图 3-2 所示。

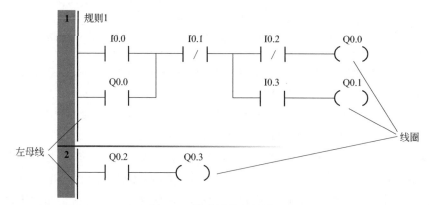

图 3-2　梯形图绘制规则 1

② 串联触点多的电路应尽量放在上部。在每个程序段（每一个逻辑行）中，当几条支路并联时，串联触点多的应尽量放在上面，如图 3-3 所示。

③ 并联触点多的电路应尽量靠近左母线。几条支路串联时，并联触点多的应尽量靠近左母线，这样可适当减少程序步数，如图 3-4 所示。

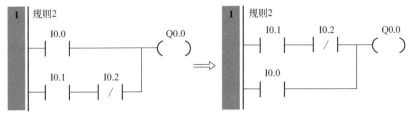

图 3-3　梯形图绘制规则 2

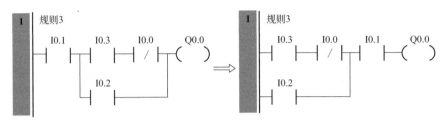

图 3-4　梯形图绘制规则 3

④ 垂直方向不能有触点。在垂直方向的线上不能有触点，否则形成不能编程的梯形图，因此需重新安排，如图 3-5 所示。

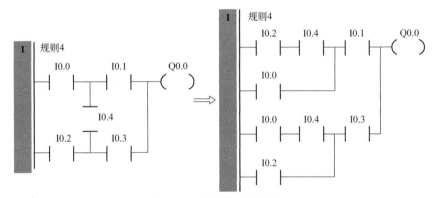

图 3-5　梯形图绘制规则 4

⑤ 触点不能放在线圈的右侧。不能将触点放在线圈的右侧，只能放在线圈的左侧，对于多重输出的，还需将触点多的电路放在下面，如图 3-6 所示。

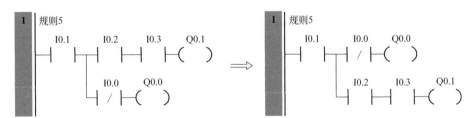

图 3-6　梯形图绘制规则 5

3.1.3　语句表

语句表 STL（Statement List），又称指令表或助记符。它是通过指令助记符控制程序要求的，类似于计算机汇编语言。不同厂家的 PLC 所采用的指令集不同，所以对于同一个梯形图，书写的语句表指令形式也不尽相同。

一条典型指令往往由助记符和操作数或操作数地址组成，助记符是指使用容易记忆的字符代表可编程控制器某种操作功能。语句表与梯形图有一定的对应关系，图3-7所示分别采用梯形图和语句表来实现电机正反转控制的功能。

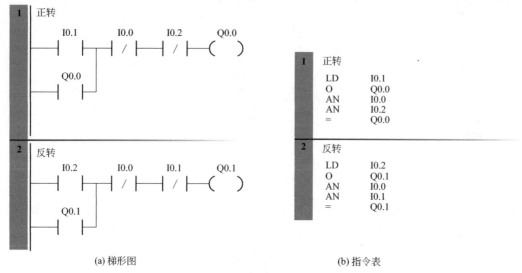

(a) 梯形图　　　　　　　　　　　(b) 指令表

图 3-7　采用梯形图和语句表实现电机正反转控制程序

3.1.4　顺序功能图

顺序功能流程图 SFC（Sequential Function Chart）又称状态转移图，它是描述控制系统的控制过程、功能和特性的一种图形，这种图形又称为"功能图"。顺序功能流程图中的功能框并不涉及所描述的控制功能的具体技术，而是只表示整个控制过程中一个个的"状态"，这种"状态"又称"功能"或"步"，如图3-8所示。

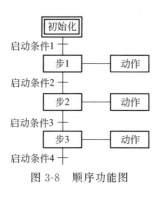

图 3-8　顺序功能图

顺序功能图编程法可将一个复杂的控制过程分解为一些具体的工作状态，把这些具体的功能分别处理后，再把这具体的状态依一定的顺序控制要求，组合成整体的控制程序，它并不涉及所描述的控制功能的具体技术，是一种通用的技术语言，可以供进一步设计和不同专业的人员之间进行技术交流之用。

STEP7 中的顺序控制图形编程语言（S7 Graph）属于可选软件包，在这种语言中，工艺过程被划分为若干个顺序出现的步，步中包含控制输出的动作，从一步到另一步的转换由转换条件控制。用 Graph 表达复杂的顺序控制过程非常清晰，用于编程及故障诊断更为有效，使 PLC 程序的结构更为易读，它特别适合于生产制造过程。S7 Graph 具有丰富的图形、窗口和缩放功能。系统化的结构和清晰的组织显示使 S7 Graph 对于顺序过程的控制更加有效。

3.1.5　功能块图

功能块图 FBD（Function Block Diagram）又称逻辑盒指令，它是一种类似于数字逻辑门电路的 PLC 图形编程语言。控制逻辑常用"与""或""非"三种逻辑功能进行表达，每种功能都有一个算法。运算功能由方框图内的符号确定，方框图的左边为逻辑运算的输入变量，右边为输出变量，没有像梯形图那样的母线、触点和线圈。图 3-9 所示为 PLC 梯形图和功能块图表示的电机启动电路。

西门子公司的"LOGO"系列微型 PLC 使用功能块图编程，除此之外，国内很少有人使用此语言。功能块图语言适用于熟悉数字电路的用户使用。

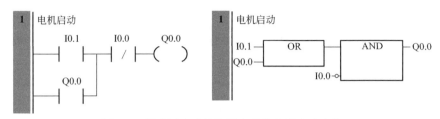

图 3-9　梯形图和功能块图表示的电机启动电路

3.2　西门子 S7-200 SMART PLC 编程软件的使用

STEP 7-Micro/WIN SMART 是基于 Windows 操作系统的编程和配置软件，它是西门子公司专为 S7-200 SMART PLC 设计开发。该软件功能强大，界面友好，能很方便地进行各种编程操作，同时也可实时监控用户程序的执行状态。

3.2.1　编程软件的安装

STEP 7-Micro/WIN 电脑编程软件可以从光盘上进行安装，若没有现成的软件，也可从西门子自动化与驱动集团的中文官方网站 www. ad. siemens. com. cn 上进行下载。软件安装按以下步骤完成。

第一步：应关闭所有应用程序，包括 Microsoft Office 快捷工具栏；在光盘驱动器内插入安装光盘。如果没有禁止光盘插入自动运行，安装程序会自动运行；或者在 Windows 资源管理器中打开"Setup. exe"软件安装文件。

第二步：按照安装程序的提示完成安装。

① 选择安装程序界面语言。双击编程软件包中的 Setup. exe 安装文件，弹出如图 3-10 所示的安装对话框。此对话框的下拉选项中列出了中文和英语。选择"中文"作为安装过程中使用的语言后，再根据安装提示进行软件的安装。

图 3-10　"选择安装程序界面语言"对话框

② 选择安装目的文件夹。选择了安装语言后，点击"确定"按钮，将会弹出如图 3-11 所示对话框。在此对话框中，可以设置软件安装的路径。

③ 安装过程中，会出现如图 3-12 所示的"Set PG/PC Interface"对话框，单击"OK"按钮继续进行软件的安装。

④ 安装完成后，单击对话框上的"Finish"（完成）按钮重新启动计算机。

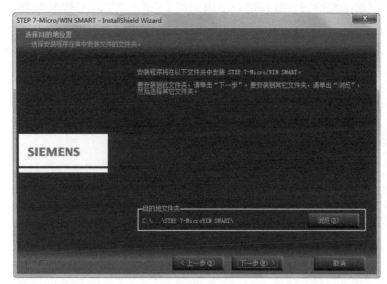

图 3-11 "选择安装目的文件夹"对话框

⑤ 重新启动后，用鼠标双击 Windows 桌面上的 STEP 7-Micro/WIN SMART 图标，或者在 Windows 的"开始"菜单找到相应的快捷方式，运行 STEP 7-Micro/WIN SMART 软件，如图 3-13 所示。

图 3-12　Set PG/PC Interface 对话框

图 3-13　选取并运行 STEP 7-Micro/WIN SMART 软件

3.2.2　STEP7-Micro/WIN SMART 编程软件界面

STEP7-Micro/WIN SMART 编程软件的界面如图 3-14 所示，它主要由导航栏、快速工具访问栏、项目树、菜单栏、程序编辑器、功能区、状态栏等部分组成。

（1）快速访问工具栏

快速访问工具栏位于菜单栏的上方，如图 3-15 所示。点击"快速访问工具栏"按钮，可以简捷快速地访问"文件"菜单下的大部分功能和最近文档。"快速访问工具栏"的其余按钮分别为新建、打开、保存和打印以及自定义快速访问工具栏。

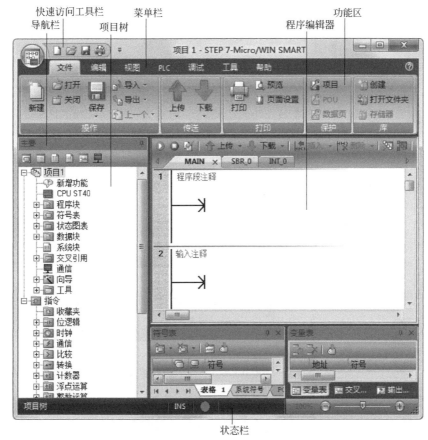

图 3-14　STEP7-Micro/WIN SMART 编程软件的界面

图 3-15　快速访问工具栏

（2）导航栏

导航栏位于项目树的上方，它有符号表、状态图表、数据块、系统块、交叉引用和通信几个按钮，如图 3-16 所示。点击相应的按钮，可以直接打开项目树中的对应选项。

（3）项目树

项目树位于导航栏下方，如图 3-17 所示。项目树有两个功能：组织编辑项目和提供指令。

① 组织编辑项目：a. 双击"系统块"，或 🗐，可以进行硬件组态；b. 单击"程序块"文件夹前的 ⊞，"程序块"文件夹会展开，右键可以插入子程序或中断程序；c. 单击"符号表"文件夹前的 ⊞，"符号表"文件夹会展

图 3-16　导航栏

开，右键可以插入新的符号表；d. 单击"状态图表"文件夹前的 ⊞，"状态图表"文件夹会展开，右键可以插入新的状态表；e. 单击"向导"文件夹前的 ⊞，"向导"文件夹会展开，操作者可以选择相应的向导。常用的向导有运动向导、PID 向导和高速计数器向导。

② 提供相应的指令：单击相应指令文件夹前的 ⊞，相应的指令文件夹会展开，操作者双击或拖拽相应的指令，相应的指令会出现程序编辑器的相应位置。

此外，项目树的右上角有一小钉，当小钉为竖放时" ⊤ "，项目树位置会固定；当小钉为横放时" ⊣ "，项目树会自动隐藏。小钉隐藏时，会扩大程序编辑器的区域。

（4）菜单栏

菜单栏包括文件、编辑、视图、PLC、调试、工具和帮助 7 个菜单项。每个菜单项均以功能区的方式进行展示，如图 3-18 所示。

图 3-17　项目树

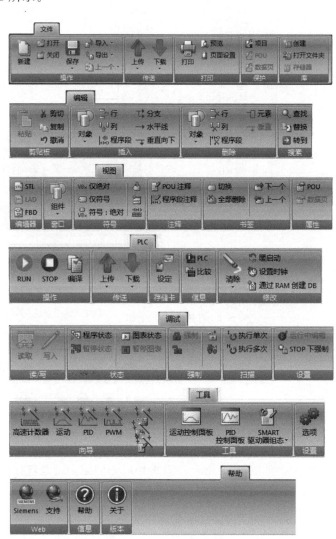

图 3-18　功能区展示的各菜单项

（5）程序编辑器

程序编辑器是编写和编辑程序的区域，如图 3-19 所示。程序编辑部主要包括工具栏、

POU 选择器、POU 注释、程序段注释等。其中，工具栏详解如图 3-20 所示。POU 选择器用于主程序、子程序和中断程序之间的切换。

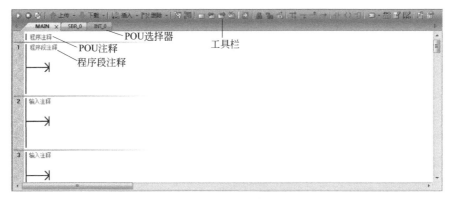

图 3-19　程序编辑器

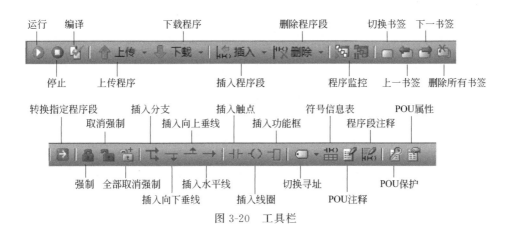

图 3-20　工具栏

（6）窗口选项卡

窗口选项卡可以实现变量表窗口、符号表窗口、状态表窗口、数据块窗口和输出窗口的切换。

（7）状态栏

状态栏位于主窗口底部，提供软件中执行的操作信息。

3.2.3　新建项目及硬件组态

3.2.3.1　新建与打开项目

（1）新建项目

新建项目可采用以下两种方法进行。

① 打开 STEP7-Micro/WIN SMART 编程软件，在【文件】→【操作】组件中单击"新建"按键，即可新建一个项目。

② 单击"快速访问文件按钮"图标，选择"新建"命令，也可以新建一个项目。

（2）打开项目

打开已创建的项目常用的方法也有两种。

① 在【文件】→【操作】组中单击"打开"按键,即可打开一个已创建的项目。

② 单击"快速访问文件按钮"图标,选择"打开"命令,也可以打开一个已创建的项目。

3.2.3.2　硬件组态

硬件组态的任务就是在 STEP 7 中生成一个与实际的硬件系统完全相同的系统。在 STEP7-Micro/WIN SMART 编程软件中,硬件组态包括 CPU 型号、扩展模块和信号板的添加,以及它们相关参数的设置。

（1）硬件配置

硬件配置前,应先打开系统块。系统块的打开可采用以下两种方法:双击项目树中的系统块图标 ,或者单击导航栏中系统块按钮 。系统块打开后,其界面如图 3-21 所示。

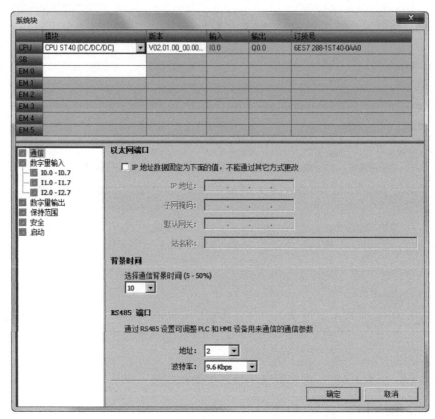

图 3-21　系统块打开的界面

① 选择 CPU。系统块的第 1 行是 CPU 型号的设置。在第 1 行的第 1 列,可以单击下拉列表图标 ,选择与实际硬件匹配的 CPU 型号。在第 1 行的第 3 列,显示的是 CPU 输入点的起始地址。在第 1 行的第 4 列,显示的是 CPU 输出点的起始地址。在第 1 行的第 5 列显示的是订货号,选型时需要填写。

② 选择信号板。系统块的第 2 行是信号板的设置。在第 2 行的第 1 列,单击下拉列表图标 ,选择与实际信号板匹配的类型。信号板有数字输入/输出信号板 SB DT04、模拟量输入信号板 SB AE01、模拟量输出信号板 SB AQ01、电池信号板 SB BA01 以及 RS485/

RS232 通信信号板 SB CM01。

③ 扩展模块的设置。扩展模块包括数字量扩展模块、模拟量扩展模块、热电阻扩展模块和热电偶扩展模块。在系统块表格的第 3～8 行可以设置扩展模块。

例 3-1 某系统硬件选择了 CPU ST30、1 块电池信号板、1 块 2 点模拟量输出模块、1 块 4 点模拟量输入模块和 8 点数字量输入模块。在 STEP7-Micro/WIN SMART 编程软件中进行硬件组态，并说明所占的地址。

解 在 STEP7-Micro/WIN SMART 编程软件中硬件组态的结果如图 3-22 所示。在进行硬件组态时，各模块所占的输入/输出点地址是系统自动分配的，用户不能对其进行修改，现对各模块所占地址说明如下。

	模块	版本	输入	输出	订货号
CPU	CPU ST30 (DC/DC/DC)	V02.03.00_00.00...	I0.0	Q0.0	6ES7 288-1ST30-0AA0
SB	SB BA01 (Battery)		I7.0		6ES7 288-5BA01-0AA0
EM 0	EM AE04 (4AI)		AIW16		6ES7 288-3AE04-0AA0
EM 1	EM DE08 (8DI)		I12.0		6ES7 288-2DE08-0AA0
EM 2	EM AQ02 (2AQ)			AQW48	6ES7 288-3AQ02-0AA0
EM 3					
EM 4					
EM 5					

图 3-22　硬件组态举例

a. CPU ST30 的输入点起始地址为 I0.0，占用 IB0 和 IB1 两个字节以及 IB2 字节中的 I2.0 和 I2.1 这两点。当鼠标在 CPU 型号这行时，按图 3-23 方法可确定实际的输入点。CPU ST30 的输出点起始地址为 Q0.0，占 QB0 一个字节及 QB1 字节中的 Q1.0～Q1.3 四个点，确定方法如图 3-24 所示。

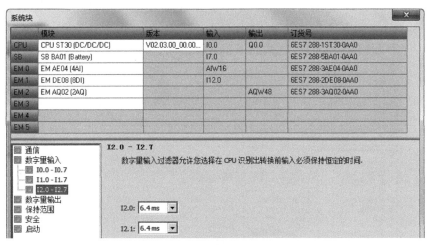

图 3-23　实际输入量确定

b. 电池信号板 SB BA01 有 1 个数字量输入点，其地址为 I7.0。

c. 模拟量输入扩展模块 EM AE04 的起始地址为 AIW16，它有 4 路通道，此后地址为 AIW18、AIW20 和 AIW22。

d. 数字量输入扩展模块 EM DE08 的起始地址为 I12.0，占 IB12 一个字节。

e. 模拟量输出扩展模块 EM AQ02 的起始地址为 AQW48，它有 2 路通道，此后地址为 AQW50。

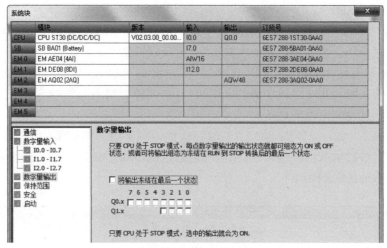

图 3-24 实际输出量确定

（2）相关参数的设置

① 组态数字量输入

a. 设置滤波时间。由于 PLC 外接的触点在开关时会产生抖动，有时模拟量也会对输入信号产生脉冲干扰，所以需要使用输入滤波器滤除输入线路上的干扰噪声。S7-200 SMART PLC 为某些或全部局部数字量输入点选择 1 个定义延时的输入滤波器。该延迟帮助过滤输入接线上可能对输入状态造成不良改动的噪声。其设置方法是：先选中 CPU 或要设置的数字量模块/信号板，勾中"数字量输入"，再点击倒三角来选择延时时间，如图 3-25 所示。延时默认为 6.4ms，调整延时范围为 $0.2\mu s \sim 12.8ms$。

图 3-25 组态数字量输入

b. 设置脉冲捕捉。西门子 S7-200 SMART PLC 为数字量输入点提供脉冲捕捉功能，该功能可以捕捉到高电平脉冲或低电平脉冲。此类脉冲出现的时间极短，以至于小于 PLC 的扫描周期。当 PLC 在扫描周期开始读取数字量输入时，这种快速出现的脉冲已经结束了，所以 CPU 可能无法始终看到此类脉冲。具体设置如图 3-25 所示，勾选脉冲捕捉即可。当为某一输入点启用脉冲捕捉时，输入状态的改变被锁定，并保持至下一次输入循环更新。这样可确保延续时间很短的脉冲被捕捉，并保持至 S7-200 SMART PLC 读取输入。脉冲捕捉功能的说明如图 3-26 所示。注意，脉冲捕捉功能在对输入信号进行滤波后，必须调整输入滤波时间，以防止滤波器过滤掉脉冲。

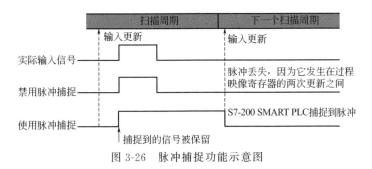

图 3-26　脉冲捕捉功能示意图

② 组态数字量输出

a. 将输出冻结在最后一个状态。将输出冻结在最后一个状态是指当 CPU 由 RUN 转为 STOP 时，将输出冻结在最后一个状态。其设置方法是：先选中 CPU，再选择数字量输出模块，然后勾选"将输出冻结在最后一个状态"，即可将数字量输出冻结在最后一个状态，如图 3-27 所示。这样，如果 Q0.2 的最后一个状态是 1，则 CPU 由 RUN 转为 STOP 时，Q0.2 的状态仍为 1。

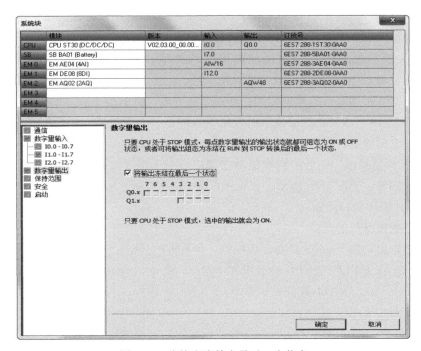

图 3-27　将输出冻结在最后一个状态

b. 强制输出设置。强制输出可以将某些数字输出点强制输出为 "1"。其设置方法是：先选中 CPU，再选择数字量输出模块，然后将需要强制输出的位勾选，如图 3-28 所示。这样，CPU 由 RUN 转为 STOP 时，Q0.6、Q0.2 和 Q1.1 强制输出为 1，而其余位输出均为 0。

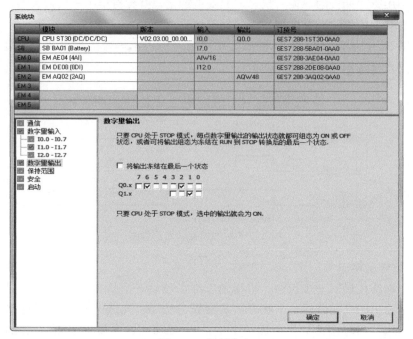

图 3-28　强制输出

③ 组态模拟量输入　在西门子 S7-200 PLC 中，模拟量模块的类型和范围都是通过模块上的拨码开关来设置，而 S7-200 SMART PLC 模拟量模块的类型和范围是通过软件来设置。

先选中模拟量输入模块，再选择要设置的通道，然后就可以设置输入类型及范围等，如图 3-29 所示。模拟量的输入有电压及电流两种类型，输入电压范围有三种：±2.5V、±5V、±10V；输入电流范围只有 0～20mA 一种。

注意，通道 0 和通道 1 的类型相同；通道 2 和通道 3 的类型相同。如果勾选了"超出上限""超出下限"两个选项，则设置了模拟量输入的上、下限报警。当模拟量输入值低于下限值，或超过上限值时，模拟量输入模块的小灯会变红并闪烁。

④ 组态模拟量输出　先选中模拟量输出模块，再选择要设置的通道，然后就可以设置输出类型及范围等，如图 3-30 所示。模拟量的输出有电压及电流两种类型，输出电压范围为 −10～10V；输出电流范围为 0～20mA。

（3）断电数据保持的设置

当电源掉电后，由于 CPU 具有超级电容，可在 CPU 断电后保存 RAM 数据。系统断电后，S7-200 SMART PLC 的 CPU 检查 RAM 内存，确认超级电容或电池已成功保存存储在 RAM 中的数据。如果 RAM 数据被成功保存，RAM 内存的保留区不变。永久 V 存储区（在 EEPROM 中）的相应区域被复制到 CPU RAM 中的非保留区。用户程序和 CPU 配置也从 EEPROM 恢复。CPU RAM 的所有其他非保留区均被设为零。

系统上电后，如果未保存 RAM 的内容（例如长时间断电后），CPU 清除 RAM（包括

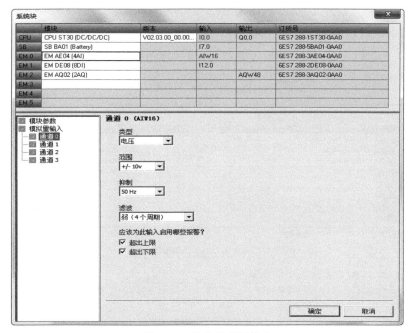

图 3-29　组态模拟量输入

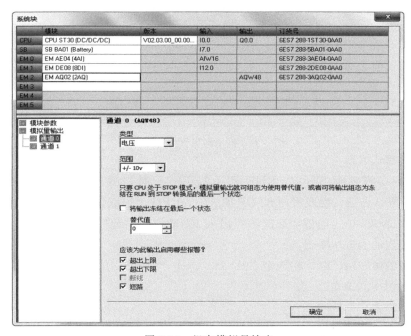

图 3-30　组态模拟量输出

保留和非保留范围），并为通电后的首次扫描设置保留数据丢失内存位（SM0.2）。然后，用户程序和 CPU 配置从 EEPROM 复制到 CPU RAM。此外，EEPROM 中 V 存储区的永久区域和 M 存储区永久区域（如果被定义为保留）从 EEPROM 复制到 CPU RAM。CPU RAM 的所有其他区域均被设为零。

在存储器 V、M、C 和 T 中，最多可定义 6 个需要保持的存储区。对于定时器 T，只有 TONR 可以保持；对于定时器 T 和计数器 C，只有当前值可以保持，而定时器位和计数器位是不能保持的。

点击"系统"对话框的"保持范围",然后在相应的范围内单击下拉菜单,可选择数据区域的类型,在"偏移量"中可以输入需要保存的数据的起始地址,"元素数目"中能够定义需要保存的数据的数目,其设置如图 3-31 所示。

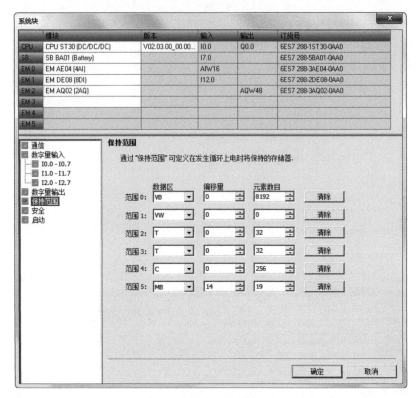

图 3-31　断电数据保持的设置

（4）启动模式组态

CPU 的启动模式有 STOP、RUN 和 LAST 这三种,用户可以根据需要进行选择。STOP 模式是默认选项,当设置为 STOP 模式时,CPU 上电或重启时始终进入 STOP 模式。选择 RUN 模式,CPU 上电或重启时始终进入 RUN 模式。选择 LAST 模式,CPU 进入上一次上电或重启前的工作模式。

打开"系统块"对话框,在选中 CPU 时,点击"启动",用户可以对 CPU 的启动模式进行选择,如图 3-32 所示。

（5）通信设置

单击"系统块"的"通信",可以组态以太网端口、背景时间和 RS485 端口,如图 3-33 所示。

在以太网端口栏,勾选"IP 地址数据固定为下面的值,不能通过其它方式更改",可以设置 CPU 模块的 IP 地址、默认网关和站名称。

S7-200 SMART PLC 可以配置专门用于处理与 RUN 模式编译或执行状态监控有关的通信处理所占的扫描周期的时间百分比,即通信背景时间的设置。增加专门用于处理通信的时间百分比时,也会增加扫描时间,减慢控制过程的运行速度。此功能专门用于处理通信请求的默认扫描时间百分比被设为 10%。该设置为处理编译/状态监控操作同时尽量减小对控制过程的影响进行了合理的折中。用户可以调整该设置，每次增加 5%，最大为 50%。

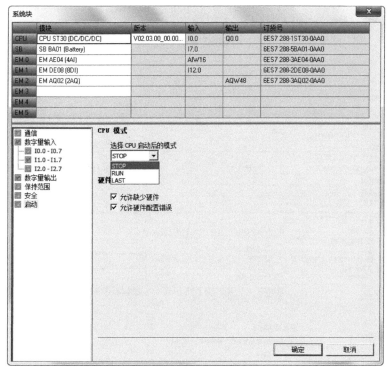

图 3-32　启动模式设置

图 3-33　通信设置

系统块内的"RS485 端口"用来设置 CPU 的 RS485 通信端口。"地址"下拉列表可以为同一网络上的设备指定地址;"波特率"下拉列表可以选择通信速率。

（6）安全设置

单击"系统块"的"安全设置"，可以设置密码、通信写入限制、串行端口，如图 3-34 所示。

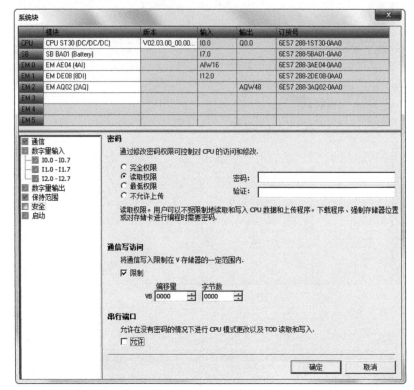

图 3-34　安全设置

3.2.4　程序的编写与编辑

在 STEP 7-Micro/WIN SMART 中，可进行主程序（MAIN）、子程序（SBR）和中断程序（INT）的编写。这三类程序的输入方法基本相同，在此以主程序为例讲述梯形图的输入。

（1）主程序中梯形图编程的编写

下面以一个简单的控制系统为例，介绍怎样用 STEP 7-Micro/WIN SMART 软件进行梯形图主程序的编写。假设控制两台三相异步电动机的 SB1 与 I0.0 连接，SB2 与 I0.1 连接，KM1 线圈与 Q0.0 连接，KM2 线圈与 Q0.1 连接。其运行梯形图程序如图 3-35 所示，按下启动按钮 SB1 后，Q0.0 为 ON，KM1 线圈得电使得 M1 电动机运行，同时定时器 T37 开始定时。当 T37 延时 3s 后，T37 常开触点闭合，Q0.1 为 ON，使 KM2 线圈得电，从而控制 M2 电动机运行。当 M2 运行 4s 后，T38 延时时间到，其常闭触点打开使 M2 停止运行。当按下停止按钮 SB2 后，Q0.0 为 OFF，KM1 线圈断电，使 T37 和 T38 先后复位。

① 程序段 1 的输入步骤如下。

第一步：常开触点 I0.0 的输入步骤。首先将光标移至程序段 1 中需要输入指令的位置，

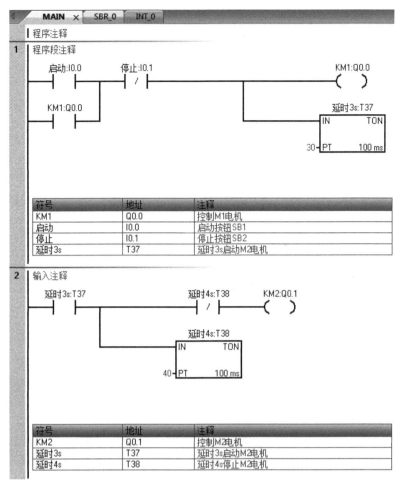

图 3-35 控制两台三相异步电动机运行的梯形图程序

单击"指令树"的"位逻辑"左侧的加号，在┤├上双击鼠标左键输入指令；或者在"工具栏"中点击"触点"选择┤├。然后单击"??.?"并输入地址：I0.0。

第二步：串联常闭触点 I0.1 的输入步骤。首先将光标移至程序段 1 中┤I0.0├的右侧，单击"指令树"的"位逻辑"左侧的加号，在┤/├上双击鼠标左键输入指令；或者在"工具栏"中点击"触点"选择┤/├。然后单击"??.?"并输入地址：I0.1。

第三步：并联常开触点 Q0.0 的输入步骤。首先将光标移至程序段 1 中┤I0.0├的下方，单击"指令树"的"位逻辑"左侧的加号，在┤├上双击鼠标左键输入指令；或者在"工具栏"中点击"触点"选择┤├。再单击"??.?"并输入地址：Q0.0。然后单击选中┤Q0.0├且在"LAD 工具条"中点击↑向上连线。

第四步：输出线圈 Q0.0 的输入步骤。首先将光标移至程序段 1 中的┤I0.1├右侧，单击"指令树"的"位逻辑"左侧的加号，在┤)上双击鼠标左键输入指令；或者在"工具栏"中点击"线圈"选择┤)。然后单击"??.?"并输入地址：Q0.0。

第五步：并联定时器指令 T37 的输入步骤。首先将光标移至程序段 1 中（Q0.0)的下方，单击"指令树"的"定时器"左侧的加号，在┐TON 上双击鼠标左键输入指令，再单击"????"输入定时器号 T37 按下回车键，光标自动移到预置时间值（PT），输入预置时间

30。然后单击选中┤┞且在"工具栏"中点击↴向下连线和➡向右连线。

② 程序段 2 的输入步骤如下。

第一步：定时器 T37 常开触点的输入步骤。首先将光标移至程序段 2 中需要输入指令的位置，单击"指令树"的"位逻辑"左侧的加号，在┤┞上双击鼠标左键输入指令；或者在"工具栏"中点击"触点"选择┤┞。然后单击"??.?"并输入地址：T37。

第二步：串联定时器 T38 常闭触点的输入步骤。首先将光标移至程序段 2 中┤T37┞的右侧，单击"指令树"的"位逻辑"左侧的加号，在┤/┞上双击鼠标左键输入指令；或者在"工具栏"中点击"触点"选择┤/┞。然后单击"??.?"并输入地址：T38。

第三步：输出线圈 Q0.1 的输入步骤。首先将光标移至程序段 2 中的┤T38┞右侧，单击"指令树"的"位逻辑"左侧的加号，在-( )上双击鼠标左键输入指令；或者在"工具栏"中点击"线圈"选择-( )。然后单击"??.?"并输入地址：Q0.1。

第四步：定时器指令 T38 的输入步骤。首先将光标移至程序段 2 中┤T37┞右下侧，单击"指令树"的"定时器"左侧的加号，在□ TON 上双击鼠标左键输入指令，再单击"????"输入定时器号 T38 按下回车键，光标自动移到预置时间值（PT），输入预置时间 40。然后单击选中┤T37┞且在"LAD 工具条"中点击↴向下连线和➡向右连线。

输入完毕后保存的完整梯形图主程序如图 3-36 所示。

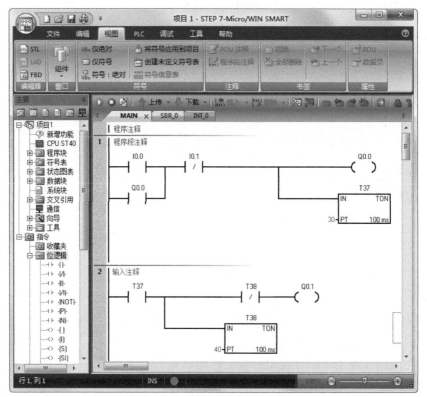

图 3-36 完整的梯形图主程序

（2）符号表的编写

一个程序，特别是较长的程序，如果要很容易被别人看懂，对程序进行描述是很有必要的。程序描述包括三个方面，分别是 POU 注释、程序段注释和符号表。其中，以符号表最为重要。在【视图】→【注释】组中可设置 POU 注释和程序段注释是否显示；在【视图】→【符号】组中可设置符号表是否显示以及符号表显示时的显示样式。

POU 注释是显示在 POU 中第一个程序段上方，提供详细的多行 POU 注释功能。每条 POU 注释最多可以有 4096 个字符。这些字符可以是中文，也可以是英文，主要对整个 POU 功能等进行说明。

程序段注释是显示在程序段上方，提供详细的多行注释附加功能。每条程序段注释最多可以有 4096 个字符。这些字符可以是中文，也可以是英文。

在导航栏中单击"符号表"按钮，或在【视图】→【组件】→【符号表】可打开符号表，如图 3-37 所示。从图中可以看出，符号表由表格 1、系统符号表、POU 符号表和 I/O 符号表 4 部分组成。

(a) 表格1

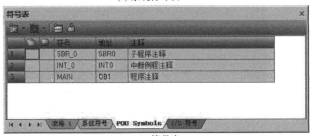

(b) 系统符号表

(c) POU符号表

(d) I/O符号表

图 3-37　符号表

在默认情况下，表格 1 是空表格，可以在符号和地址列输入相关信息，生成新的符号，对程序进行注释；系统符号表可以看到特殊存储器 SM 的符号、地址和功能；POU 符号表为只读表格，可以显示主程序、子程序和中断程序的默认名称；I/O 符号表可以看到输入/输出的符号和地址。

要实现图 3-35 所示的程序注释，应按以下步骤完成符号表的编写。

步骤一：使用表格 1 对程序进行注释前，应先在符号表中将系统默认的 I/O 符号表删除，否则程序仍按系统默认的情况来注释。

步骤二：在符号表中打开表格 1，然后按图 3-35 所示在"符号"列输入符号名称，符号名最多可以包含 23 个符号；在"地址"列输入相应的地址；"注释"列输入详细的注释。注释信息输入完成后，点击符号表中的，将符号应用于项目。

步骤三：在【视图】→【符号】组中选择"符号：绝对"，即可在程序中显示相应的符号注释，如图 3-38 所示。

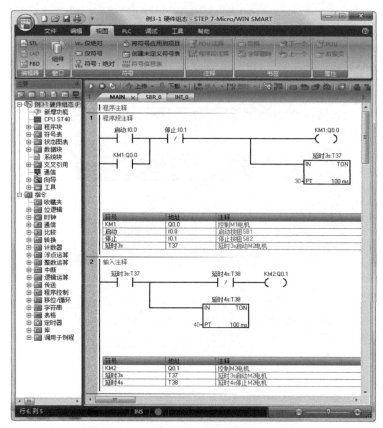

图 3-38　开启了符号信息表的梯形图主程序

（3）编程语言的转换

在【视图】→【编辑器】组件中单击 STL、LAD、FBD 可进入相应的编程环境。若使用梯形图编写程序时，在【视图】→【编辑器】组件中，单击 STL 或 FBD 将有相应的语句表或功能块图。控制两台三相异步电动机运行的 STL 和 FBD 程序如图 3-39 所示。如果使用 STL 语句表编写程序时，在【视图】→【编辑器】组件中单击 LAD 将显示相应的梯形图程序。

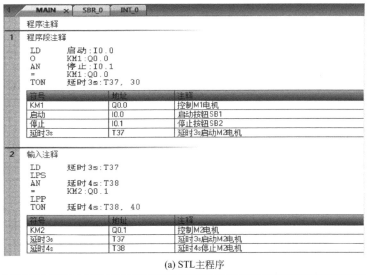

(a) STL主程序

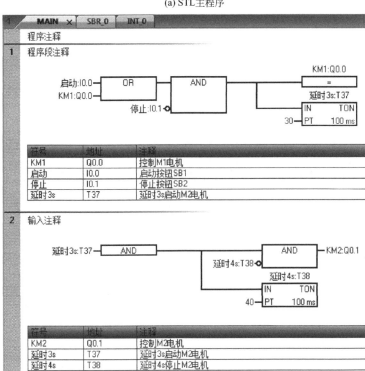

(b) FBD功能块图主程序

图 3-39 控制两台三相异步电动机运行的 STL 和 FBD 程序

3.2.5 程序的编译与下载

3.2.5.1 程序编译

在程序下载前，为了避免程序出错，最好进行程序的编译。

在 STEP 7-Micro/WIN SMART 软件中，打开已编写好的项目程序，在【PLC】 →
【操作】组件中单击"编译"，或单击程序编辑器工具栏上的 ，可以编译当前打开的程序
或全部的程序。编译后在输出窗口显示程序中语法错误的个数，每条错误的原因和错误的位

图 3-40 编译结果

置。双击某一条错误,将会显示程序编辑器中该错误所在程序段。图 3-40 所示表示编译后程序没有错误。需要指出的是,程序如果未编译,下载前软件会自动编译,编译结果显示在输出窗口。

3.2.5.2 程序下载

在下载程序前,必须先要保障 S7-200 SMART PLC 的 CPU 和计算机之间能正常通信。设备能实现正常通信的前提是:设备之间进行了物理连接、设备进行了正确的通信设置。如果单台 S7-200 SMART PLC 与计算机之间连接,只需要 1 根普通的以太网线;如果多台 S7-200 SMART PLC 与计算机之间连接,还需要交换机。

(1)通信设置

① CPU 的 IP 地址设置 双击项目树或导航栏中的"通信"图标■,打开通信对话框,如图 3-41 所示。点击"通信接口"的下拉列表菜单选择相应的通信接口方式,然后点击左下角"查找"按钮,CPU 的地址会被搜出来。点击"闪烁指示灯"按钮,硬件中的 STOP、RUN 和 ERROR 指示灯会同时闪烁,再按一下,闪烁停止,这样做的目的是当有多个 CPU 时,便于找到用户所选用的 CPU。

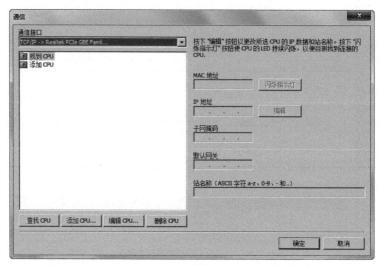

图 3-41 CPU 的 IP 地址设置

西门子 S7-200 SMART PLC 默认 IP 地址为"192.168.2.1",如果需要修改,则点击"编辑"按钮即可进行更改。如果"系统块"中组态了以太网端口为"IP 地址数据固定为下面的值,不能通过其它方式更改"(如图 3-42 所示),在图 3-41 中点击"编辑"按钮,会出现错误信息,说明这里的 IP 地址不能改变。

② 计算机网卡的 IP 地址设置 打开计算机的控制面板,双击"网络连接"图标,其对话框会打开,按图 3-43 所示进行设置 IP 地址即可。这里的 IP 地址设置为"192.168.2.35",子网掩码"255.255.255.0",网关不需要设置。

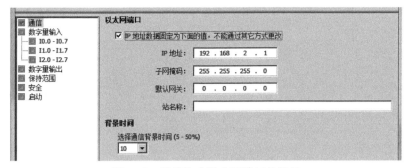

图 3-42　系统块中以太网端口的设置

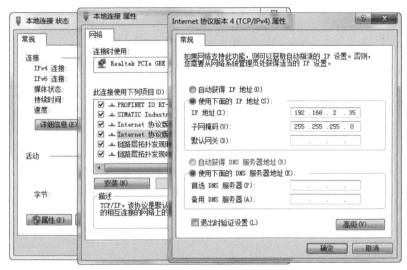

图 3-43　计算机网卡的 IP 地址设置

（2）程序下载

若程序编译正确，且通过上述两方面的通信设置后，可将程序下载到 PLC 中。在【文件】→【传送】组件中单击"下载"，或单击程序编辑中工具栏上的"下载"按钮 ⬇ 下载，会弹出如图 3-44 所示的"下载"对话框。用户可以在"块"的复选框中选择是否下载程序块、数据块和系统块，如果选择则在其前面的复选框中打钩。可以在"选项"的复选框中选择"从 RUN 切换到 STOP 时提示""从 STOP 切换到 RUN 时提示""成功后关闭对话框"。

3.2.6　程序的调试与监控

在运行 SETP7-Micro/WIN SMART 编程设备和 PLC 之间建立通信并向 PLC 下载程序后，便可调试并监视用户程序的执行。

（1）工作模式的选择

PLC 有"运行"和"停止"两种不

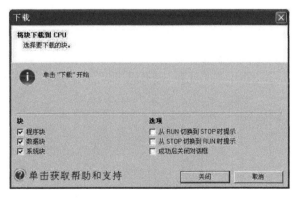

图 3-44　下载对话框

同的工作模式，工作模式不同，PLC 调试操作的方法也不相同。在【PLC】→【操作】组件中可选择不同的工作方式。

① 停止工作模式　当 PLC 位于 STOP（停止）模式时，可以创建和编辑程序，PLC 处于半空闲状态；停止用户程序执行；执行输入更新；用户中断条件被禁用。PLC 操作系统继续监控 PLC（采集 PLC RAM 和 I/O 状态），将状态数据传递给 STEP 7-Micro/WIN SMART，并执行所有的"强制"或"取消强制"命令。当 PLC 位于 STOP（停止）模式时，可以执行以下操作。

a. 使用状态表或程序状态监控查看操作数的当前值（由于程序未执行，相当于执行"单次读取"）。

b. 可以使用状态表或程序状态监控强制数据；使用状态表写入数值。

c. 写入或强制输出。

d. 执行有限次数扫描，并通过状态表或项目状态查看结果。

② 运行工作模式　当 PLC 位于 RUN（运行）模式时，不能使用"执行单次"或"执行多次"扫描功能。可以在状态表中写入和强制数据，或使用 LAD 或 FBD 程序编辑器强制数据，方法与 STOP（停止）模式中强制数据相同。还可以执行以下操作［不得从 STOP（停止）模式使用］。

a. 使用状态表采集不断变化的 PLC 数据的连续更新信息（如果希望使用单次更新，状态表监控必须关闭，才能使用"单次读取"命令）。

b. 使用程序状态监控采集不断变化的 PLC 数据的连续更新信息。

c. 使用"RUN（运行）模式中的程序编辑"功能编辑程序，并将改动下载至 PLC。

（2）程序状态显示

当程序下载至 PLC 后，可以用"程序状态"功能执行和测试程序网络。

在工具栏中点击"程序状态"按钮🔛或在【调试】→【状态】组件选择"程序状态"，在程序编辑器窗口中显示 PLC 各元件的状态。在进入"程序状态"的梯形图中，用彩色块表示位操作数的线圈得电或触头闭合状态。┤██├表示触头的闭合状态，（██）表示位操作数的线圈得电。

（3）程序状态监视

利用三种程序编辑器（LAD、STL、FBD）都可在 PLC 运行时，监视程序对各元件的执行结果，并可监视操作数的数值。在此，以 LAD 为例讲述梯形图程序的状态监视。

在梯形图程序状态操作开始之前选择 RUN 运行模式，在【调试】→【状态】组件中选择"程序状态"或点击"程序状态"按钮🔛，梯形图程序中的相应元件会显示彩色状态值，如图 3-45 所示。如果程序进行了修改，且未下载到 PLC 中，点击"程序状态"按钮🔛，则弹出"时间戳不匹配"对话框。在此对话框中，先点击"比较"按钮，然后再点击"继续"按钮，则梯形图程序中的相应元件也会显示彩色状态值。程序执行状态颜色的含义（默认颜色）如下。

a. 正在扫描程序时，电源母线显示为蓝色。

b. 图形中的能流用蓝色表示，灰色表示无能流、指令未扫描（跳过或未调用）或位于 STOP（停止）模式的 PLC。

c. 触点接通时，指令会显示为蓝色。

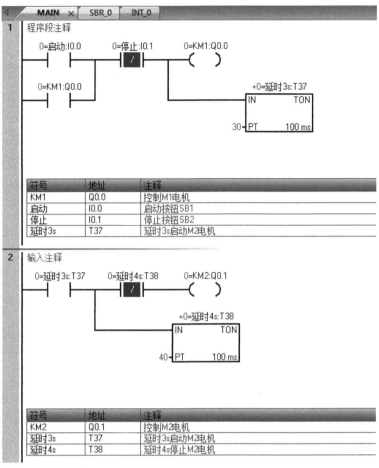

图 3-45　梯形图执行状态监控

d. 输出接通时时，指令会显示为蓝色。

e. 指令接通电源并准确无误地成功执行时，SUBR 和指令显示为蓝色。

f. 绿色定时器和计数器表示定时器和计数器包含有效数据。

g. 红色表示指令执行有误。

3.3　西门子 S7-200 SMART PLC 的软件仿真

西门子公司未提供 S7-200 SMART PLC 的模拟仿真软件，但是可以使用第三方仿真软件进行简单的程序仿真。

在网上流行的西班牙人编写的一种 S7-200 仿真软件就可以简单仿真 S7-200 SMART PLC 程序。它是免安装软件，使用时只要双击 S7-200. exe 图标，就可以打开它，如图 3-46 所示。

使用 S7-200 仿真软件的操作步骤如下。

步骤一：在 SETP7-Micro/WIN SMART 中，打开编译好的程序文件，然后在【文件】→【操作】组件中选择"导出" → "POU"，在弹出的"导出"对话框中输入导出的 ASCII 文本文

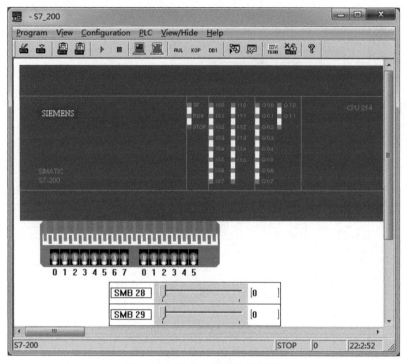

图 3-46　S7-200 仿真软件界面

件的文件名，该文本文件的默认扩展名为. awl。在此将控制两台三相异步电动机运行的梯形图程序导出为"两台三相电机控制. awl"。

步骤二：打开 S7-200 仿真软件，单击菜单"Configuration"→"CPU Type"或在已有的 CPU 图案上双击鼠标左键，弹出如图 3-47 所示的对话框。在此对话框中输入或读出 CPU 的型号。由于 S7-200 仿真软件专用于 S7-200 PLC 的程序仿真，若要仿真 S7-200 SMART PLC 程序，在选择 CPU 型号时注意所选 CPU 的 I/O 端口数与 S7-200 SMART PLC 的 I/O 端口数对应即可。

步骤三：单击菜单"Program"→"Load Program"或点击工具条中的第二个按钮 📠，弹出"Load in CPU"对话框，在此对话框中选择 STEP7-Micro/WIN 的版本（如图 3-48 所示），按下"Accept"键后，在弹出的"打开"对话框中选择在 STEP7-Micro/WIN 项目中导出的. awl 文件。

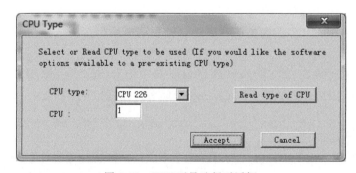

图 3-47　CPU 型号选择对话框

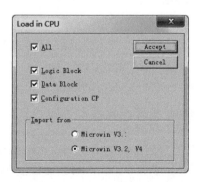

图 3-48　"Load in CPU"对话框

步骤四：将先前导出的 AWL 文件打开，会弹出如图 3-49 所示的"S7_200"对话框，提示无法打开文件（不要管它，直接点击"确定"按钮），这里出现错误的原因是无法打数据块和 CPU 配置文件，载入程序时不要先全部，只载入逻辑块则不会出现错误。

步骤五：单击菜单点"PLC"→"RUN"或工具栏上的绿色三角按钮 ▶，程序开始模拟运行。点击图中的 0 位拨码开关，并在工具栏中单击 图标，控制两台三相异步电动机运行的仿真图形如图 3-50 所示。

图 3-49 "S7_200"对话框

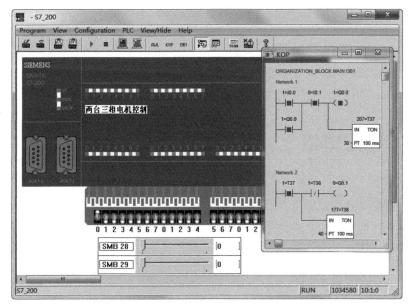

图 3-50 控制两台三相异步电动机运行的仿真图形

第4章

西门子S7-200 SMART PCL 的基本指令及应用实例

对于可编程控制器的指令系统，不同厂家的产品没有统一的标准，有的即使是同一厂家不同系列产品，其指令系统也有一定的差别。和绝大多数可编程控制器一样，西门子 S7-200 SMART PLC 的指令也分为基本指令和功能指令两大类。基本指令是用来表达元件触点与母线之间、触点与触点之间、线圈等的连接指令。

4.1 基本位逻辑指令

基本逻辑指令是直接对输入/输出进行操作的指令，S7-200 SMART PLC 的基本逻辑指令主要包括基本位操作指令、块操作指令、逻辑堆栈指令、置位与复位指令、立即 I/O 指令、边沿脉冲指令等。

4.1.1 基本位操作指令

基本位操作指令是 PLC 中的基本指令，主要包括触点指令和线圈指令两大类。触点是对二进制位的状态进行测试，其测试结果用于位逻辑运算；线圈是用来改变二进制位的状态，其状态是根据它前面的逻辑运算结果而定。

（1）取触点指令和线圈输出指令

触点分常开触点和常闭触点，触点指令主要是对存储器地址位操作。常开触点对应的存储器地址位为"1"时，表示该触点闭合；常闭触点对应的存储器地址为"0"时，表示该触点闭合。在 S7-200 SMART PLC 中用"LD"和"LDN"指令来装载常开触点和常闭触点，用"＝"作为输出指令，其指令格式如表 4-1 所示。

表 4-1　取触点和线圈输出指令的格式

指令名称	LAD	STL	操作数
取常开触点指令	<位地址> ⊣ ⊢	LD　<位地址>	I、Q、M、SM、T、C、V、S
取常闭触点指令	<位地址> ⊣/⊢	LDN　<位地址>	I、Q、M、SM、T、C、V、S
线圈输出指令	<位地址> —( )	＝　<位地址>	Q、M、SM、T、C、V、S

① LD。LD（Load）：取指令，用于常开触点的装载。

例 4-1　LD I0.0　　//装入常开触点

在指令中，"//"表示注释，这条指令是在左母线上或线路的分支点处装载一个常开触点。

② LDN。LDN（Load Not）：取反指令，用于常闭触点的装载。

例 4-2　LDN I0.0　　//装入常闭触点

这条指令是在左母线上或线路的分支点处装载一个常闭触点。

③ ＝。＝（OUT）：输出指令，对应梯形图则为线圈驱动。"＝"可驱动 Q、M、SM、T、C、V、S 的线圈，但不能驱动输入映像寄存器 I。当 PLC 输出端不带负载时，尽量使用 M 或其它控制线圈。

例 4-3　图 4-1 所示分别为使用 PLC 梯形图、基本指令和功能块图实现电动机的点动控制。

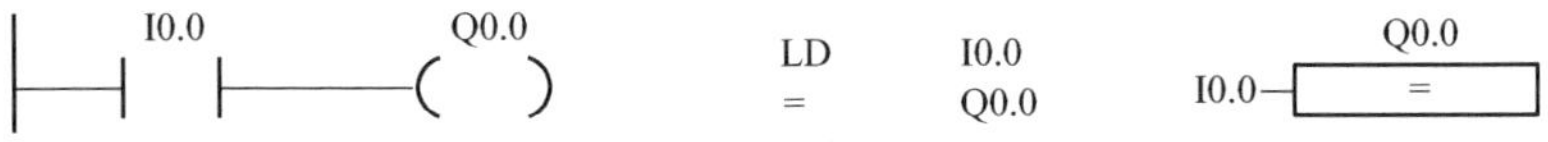

```
    I0.0        Q0.0          LD      I0.0                    Q0.0
 ├──┤ ├──────( )──           =      Q0.0      I0.0─□   =   □─
```

图 4-1　取触点指令和输出指令的应用

（2）触点串联指令

触点串联指令又称逻辑"与"指令，它包括常开触点串联和常闭触点串联，分别用 A 和 AN 指令来表示，其指令格式如表 4-2 所示。

表 4-2　触点串联指令的格式

指令名称	LAD	STL	操作数
常开触点串联指令	＜位地址＞ ├──┤ ├──┤ ├──	A　＜位地址＞	I、Q、M、SM、T、C、V、S
常闭触点串联指令	＜位地址＞ ├──┤ ├──┤/├──	AN　＜位地址＞	I、Q、M、SM、T、C、V、S

① A。A（And）："与"操作指令，在梯形图中表示串联一个常开触点。

例 4-4　A、B 为两个输入点，当 A 和 B 同时输入为"1"时，输出信号为"1"，用 PLC 表示其关系如图 4-2 所示。

```
    I0.0    I0.1    Q0.0       LD     I0.0        I0.0─□        □─Q0.0
 ├──┤ ├──┤ ├──( )──           A      I0.1              AND
                               =      Q0.0        I0.1─□        □─
```

图 4-2　串联指令的应用 1

② AN。AN（And Not）"与非"操作指令，在梯形图中表示串联一个常开触点。A、AN 指令可对 I、Q、M、SM、T、C、V、S 的触点进行逻辑"与"操作，和"＝"指令组成纵向输出。

例 4-5　在某一控制系统中，SB0 为停止按钮，SB1、SB2 为点动按钮，当 SB1 按下时电机 M1 启动，此时再按下 SB2 时，电机 M2 启动而电机 M1 仍然工作，如果按下 SB0，则两个电机都停止工作，试用 PLC 实现其控制功能。

解 SB0、SB1、SB2 分别与 PLC 输入端子 I0.0、I0.1、I0.2 连接。电机 M1、电机 M2 分别由 KM1、KM2 控制，KM1、KM2 的线圈分别与 PLC 输出端子 Q0.0 和 Q0.1 连接。其主电路与 PLC 的 I/O 接线如图 4-3 所示，PLC 控制程序如图 4-4 所示。

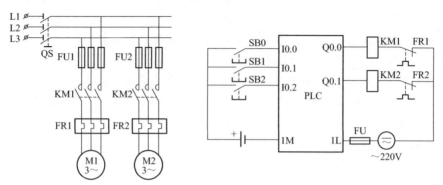

图 4-3 主电路和 PLC 的 I/O 接线

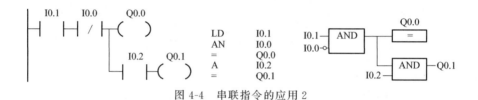

图 4-4 串联指令的应用 2

（3）触点并联指令

触点并联指令又称逻辑"或"指令，它包括常开触点并联和常闭触点并联，分别用 O 和 ON 指令来表示，其指令格式如表 4-3 所示。

表 4-3 触点并联指令的格式

指令名称	LAD	STL	操作数
常开触点并联指令	<位地址>	O　<位地址>	I、Q、M、SM、T、C、V、S
常闭触点并联指令	<位地址>	ON　<位地址>	I、Q、M、SM、T、C、V、S

① O。O（Or）："或"操作指令，在梯形图中表示并联一个常开触点。

例 4-6 A、B 为两个输入点，分别与 I0.0 和 I0.1 连接；Y 为输出点，与 Q0.0 连接。当 A 和 B 只要有一个输入为"1"时，Y 输出信号为"1"，用 PLC 表示其关系如图 4-5 所示。

图 4-5 并联指令的应用 1

② ON。ON（Or Not）：" 或非 " 操作指令，在梯形图中表示并联一个常闭触点。

O、ON 指令可对 I、Q、M、SM、T、C、V、S 的触点进行逻辑 " 或 " 操作，和 " ＝ "
指令组成纵向输出，如图 4-6 所示。

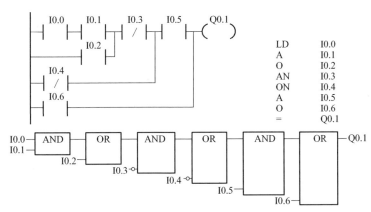

图 4-6　并联指令的应用 2

（4）基本位操作指令的综合应用

PLC 是在继电器的基础上进行设计而成，因此可将 PLC 的基本位操作指令应用到改造
继电-接触器控制系统中。

使用 PLC 改造继电-接触器控制电路时，可把 PLC 理解为一个继电-接触器控制系统中
的控制箱。在改造过程中一般要进行如下步骤。

① 了解和熟悉被控制设备的工艺过程和机械动作情况，根据继电-接触器电路图分析和
掌握控制系统的工作过程。

② 确定继电-接触器的输入信号和输出负载，将它们与 PLC 中的输入/输出映像寄存器
的元件进行对应写出 PLC 的 I/O 端子分配表，并画出可编程控制器的 I/O 接线图。

③ 根据上控制系统工作过程，参照继电-接触器电路图和 PLC 的 I/O 接线图编写 PLC
相应程序。

例 4-7　将一台单向运行继电-接触器控制的三相异步电动机控制系统（如图 4-7 所示），
改用 PLC 的控制系统。

分析：图 4-7 所示控制系统的 SB1 为停止按钮，若 SB2 没有按下，而按下 SB3 时，电机作
为短时间的点动启动。当 SB2 按下时，不管 SB3 是否按下，三相异步电动机作长时间的工作。

将图 4-7 所示控制系统改造为 PLC 控制时，确定输入/输出点数，如表 4-4 所示。FR、
SB1、SB2、SB3 为外部输入信号，对应 PLC 中的输入 I0.0、I0.1、I0.2、I0.3；KA 为中
间继电器，对应 PLC 中内部标志位寄存器的 M；KM 为继电-接触器控制系统的接触器，对
应 PLC 中的输出点 Q0.1。对应 PLC 的 I/O 接线图（又称为外部接线图），如图 4-8 所示。

表 4-4　PLC 的 I/O 分配表

输入（I）		输出（O）	
FR	I0.0	KM	Q0.1
SB1	I0.1		
SB2	I0.2		
SB3	I0.3		

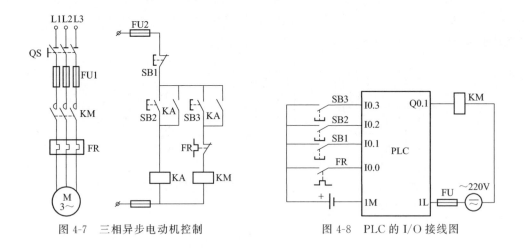

图 4-7　三相异步电动机控制　　　　　　　　图 4-8　PLC 的 I/O 接线图

　　参照图 4-7、图 4-8 及 I/O 分配表，编写 PLC 控制程序如图 4-9 所示。应用时只需图 4-9 中的其中一种编程方式即可。

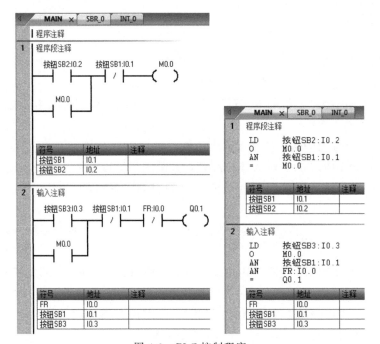

图 4-9　PLC 控制程序

4.1.2　块操作指令

　　在较复杂的控制系统中，触点的串、并联关系不能全部用简单的与、或、非逻辑关系描述，因此在指令系统中还有电路块的"与"和电路块的"或"操作指令，分别用 ALD 和 OLD 表示。在电路中，由两个或两个以上触点串联在一起的回路称为串联回路块，由两个或两个以上触点并联在一起的回路称为并联回路块。

　　（1）ALD。ALD 是块"与"操作指令，用于两个或两个以上触点并联在一起回路块的串联连接。将并联回路块串联连接进行"与"操作时，回路块开始用 LD 或 LDI 指令，回路块结束后用 ALD 指令连接起来。

ALD 指令不带元件编号，是一条独立指令，ALD 对每个回路块既可单独使用，又可成批使用，因此对一个含回路块的 PLC 梯形图，如图 4-10 所示，可有两种编程方式，分别为一般编程法和集中编程法，如图 4-11 所示。

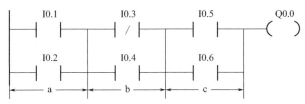

图 4-10　并联回路块串联的 PLC 梯形图

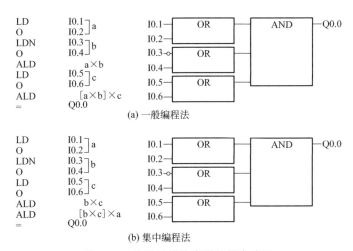

图 4-11　并联回路块串联的指令编程

在程序中将 3 个并联回路块分别设为 a、b、c，一般编程法是每写完两个并联回路块时，就写一条 ALD 指令，然后接着写第 3 个并联回路块，再写一条 ALD 指令，PLC 运行时先处理 a 和 b 两个并联回路块的串联，即 a×b，然后将 a×b 看作一个新回路块与 c 回路块进行串联处理，即 [a×b]×c。

对于集中编程法，它是将 3 个并联回路块全部写完后，再连续写 2 个 ALD 指令，PLC 运行时先处理第 1 个 ALD 指令，即 b×c，然后将 b×c 看作一个新回路块运行第 2 个 ALD 指令与 a 回路块进行串联处理，即 [b×c]×a。

虽然采用了两种不同方式，但它们的功能块图仍然相同，人们通常采用一般编程法进行程序的编写。

（2）OLD。OLD 是块"或"操作指令，用于两个或两个以上触点串联在一起回路块的并联连接。将串联回路块并联连接进行"或"操作时，回路块开始用 LD 或 LDI 指令，回路块结束后用 OLD 指令连接起来。

同样，OLD 指令不带元件编号，是一条独立指令，OLD 对每个回路块既可单独使用，又可成批使用，因此对一个含回路块的 PLC 梯形图，如图 4-12 所示，也有一般编程和集中编程两种编程方式，如图 4-13 所示。

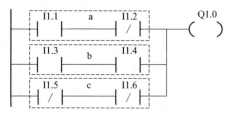

图 4-12　串联回路块并联的 PLC 梯形图

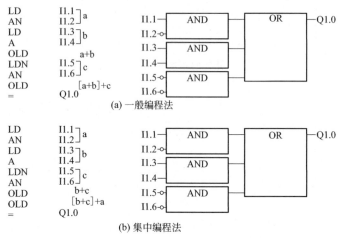

图 4-13　串联回路块并联的指令编程

在图 4-13 中将 3 个串联回路块分别设为 a、b、c，一般编程法是每写完两个串联回路块时，就写一条 OLD 指令，然后接着写第 3 个串联回路块，再写一条 OLD 指令，PLC 运行时先处理 a 和 b 两个串联回路块的并联，即 a+b，然后将 a+b 看作一个新回路块与 c 回路块进行并联处理，即 [a+b]+c。

对于集中编程法，它是将 3 个串联回路块全部写完后，再连续写 2 个 OLD 指令，PLC 运行时先处理第 1 个 OLD 指令，即 b+c，然后将 b+c 看作一个新回路块再运行第 2 个 OLD 指令与 a 回路块进行并联处理，即 [b+c]+a。

同样，虽然采用了两种不同方式，但它们的功能块图仍然相同，人们通常采用一般编程法进行程序的编写。

（3）块指令的综合应用

在一些程序中，有的将串联块和并联块结合起来使用，下面举例说明。

例 4-8　如图 4-14 所示电路，写出指令表和功能块图。

分析：图 4-14 中主要由 a 和 b 两大电路块组成，b 块含有 c 和 d 两电路块。c 和 d 两块为并联关系，a 和 b 为串联关系，因此首先写好 c 和 d 的关系生成 b，之后再与块 a 进行串联，程序如图 4-15 所示。

例 4-9　某梯形图如图 4-16 所示，试写出其指令表和功能块图。

分析：图 4-16 主要由 a 和 b 两大电路块组成，a 块中 c 和 d 两电路块串联，d 块中由 e 块和 f 块并联而成，g 和 h 两块为并联构成 b 块，a 和 b 为并联关系，编写程序如图 4-17 所示。

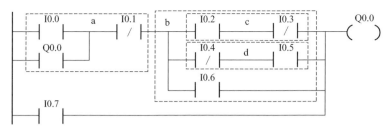

图 4-14　块综合应用梯形图 1

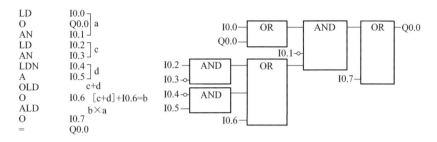

图 4-15　块综合应用程序 1

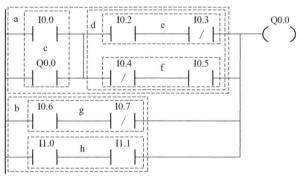

图 4-16　块综合应用梯形图 2

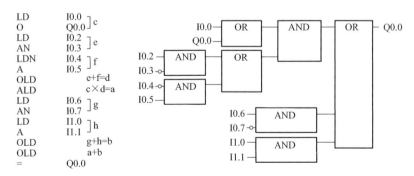

图 4-17　块综合应用程序 2

4.1.3　逻辑堆栈指令

在编写程序时，经常会遇到多个分支电路同时受一个或一组触点控制的情况，在此情况下采用前面的几条指令不易编写程序，像单片机程序一样，可借助堆栈来完成程序的编写。

在西门子 S7-200 SMART PLC 中采用了模拟堆栈的结构，用来保存逻辑运算结果及断点的地址，这种堆栈称为逻辑堆栈。常见的堆栈指令有 LPS 进栈指令、LRD 读栈指令和 LPP 出栈指令。

LPS（Logic Push）逻辑进栈指令，用于运算结果的暂存。

LRD（Logic Read）逻辑读栈指令，用于存储内容的读出

LPP（Logic Pop）逻辑出栈指令，用于存储内容的读出和堆栈复位。

这 3 条堆栈指令不带元件编号，都是独立指令，可用于多重输出的电路。PLC 执行 LPS 指令时，将断点的地址压入栈区，栈区内容自动下移，栈底内容丢失。执行读栈指令 LRD 时，将存储器栈区顶部内容读入程序的地址指针寄存器，栈区内容保持不变。执行出栈指令时，栈的内容依次按照先进后出的原则弹出，将栈顶内容弹入程序的地址指针寄存器，栈的内容依次上移。为保证程序地址指针不发生错误，LPS 和 LPP 必须成对使用。

不含嵌套堆栈的梯形图和指令使用如图 4-18 所示；含块操作的多重输出，如图 4-19 所示。

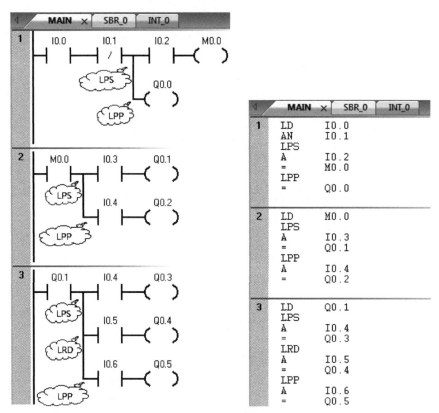

图 4-18　堆栈使用 1

4.1.4　置位与复位指令

置位即置 1，复位即置 0。置位指令 S（Set）和复位指令 R（Reset）可以将位存储区的某一位开始的一个或多个（最多可达 255 个）同类存储器位置 1 或置 0，指令格式如表 4-5 所示。这两条指令在使用时需指明 3 点：操作元件、开始位和位的数量。

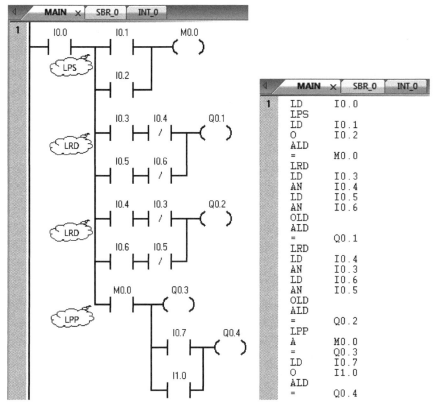

图 4-19　堆栈使用 2

表 4-5　置位与复位指令的格式

指令名称	LAD	STL	操作数
置位指令	＜位地址＞ —（ S ） N	S＜位地址＞,N	Q,M,SM,T,C,V,S,L
复位指令	＜位地址＞ —（ R ） N	R＜位地址＞,N	Q,M,SM,T,C,V,S,L

置位指令 S（Set）是将位存储区的指定位（位 bit）开始的 n 个同类存储器位置位。它的梯形图由置位线圈、置位线圈的位地址和置位线圈数据构成，置位指令语句表由 S、位地址、N 构成。复位指令 R（Reset）是将位存储区的指定位（位 bit）开始的 n 个同类存储器位置 0。它的梯形图由复位线圈、复位线圈的位地址和复位线圈数据构成，复位指令语句表由 R、位地址、N 构成。

对于位存储区而言，一旦置位，就保持在通电状态，除非对它进行复位操作；一旦复位，就保持在断电状态，除非对它进行置位操作。

例 4-10　置位与复位指令的使用程序如图 4-20 所示，其动作时序如图 4-21 所示。只有 I0.0 和 I0.1 同时为 ON 时，Q1.0 才为 ON；只要 I0.0 和 I0.1 同时接通，Q0.0 就会置 1，Q0.2～Q0.4 复位为 0。执行一次置位和复位操作后，当 I0.0 或 I0.1 断开时，Q0.0 保持为 1，Q0.2～Q0.4 也保持为 0。

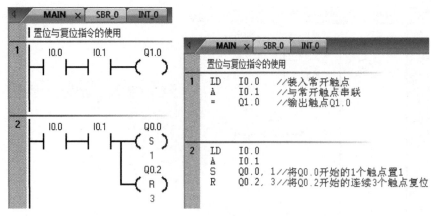

图 4-20　置位与复位指令的使用

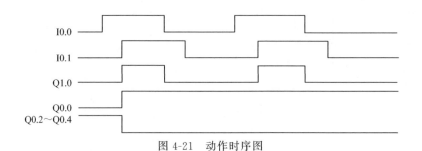

图 4-21　动作时序图

4.1.5　取反与空操作指令

NOT 取反指令又称取非指令，是将左边电路的逻辑运算结果取反，若运算结果为"1"取反后变为"0"，运算结果为"0"取反后变为"1"。该指令没有操作数。梯形图中是在触点上加写个"NOT"字符构成；指令语句表中用"NOT"表示。

NOP 空操作指令不做任何逻辑操作，在程序中留下地址以便调试程序时插入指令或稍微延长扫描周期长度，而不影响用户程序的执行。梯形图中由"NOP"和"N"构成，指令语句表由"NOP"和操作数"N"构成，其中"N"的范围为 0～255。

取反指令和空操作数指令格式如表 4-6 所示。

表 4-6　取反与空操作指令的格式

指令名称	LAD	STL	操作数
取反指令	—|NOT|—	NOT	无
空操作指令	N NOP	NOP　N	N 为常数（0～255）

4.1.6　立即指令

立即 I/O 指令包括立即输入、立即输出、立即置位、立即复位这 4 条指令，指令格式如表 4-7 所示。

表 4-7　立即指令的格式

指令名称	LAD	STL	操作数
立即输入指令	<位地址> —┤ I ├—	LDI<位地址> AI<位地址> OI<位地址>	I
	<位地址> —┤ /I ├—	LDNI<位地址> ANI<位地址> ONI<位地址>	I
立即输出指令	<位地址> —(I)	=I<位地址>	Q
立即置位指令	<位地址> —(SI) N	SI<位地址>,N	Q
立即复位指令	<位地址> —(RI) N	RI<位地址>,N	Q

（1）立即输入指令

在每个基本位触点指令的后面加"I"，就是立即触点指令。指令执行时，立即读取物理输入点的值，但是不刷新对应映像寄存器的值。这类指令包括：LDI、LDNI、AI、ANI、OI 和 ONI。

立即输入的 STL 指令格式为：LDI bit。其中，bit 只能是 I 类型。例如：LDI I0.1，表示立即装入 I0.1 的值。

（2）立即输出指令

用立即指令访问输出点时，把栈顶值立即复制到指令所指定的物理输出点，同时，相应的输出映像寄存器的内容也被刷新。

立即输出的 STL 指令格式为：=I bit。其中，bit 只能是 Q 类型。

（3）立即置位指令

用立即置位指令访问输出点时，从指令所指出的位（bit）开始的 n 个（最多为 128 个）物理输出点被立即置位，同时，相应的输出映像寄存器的内容也被刷新。

立即置位的 STL 指令格式为：SI bit，n。其中，bit 只能是 Q 类型。例如：SI Q0.0，2。

（4）立即复位指令

用立即复位指令访问输出点时，从指令所指出的位（bit）开始的 n 个（最多为 128 个）物理输出点被立即复位，同时，相应的输出映像寄存器的内容也被刷新。

立即复位的 STL 指令格式为：RI bit，n。其中，bit 只能是 Q 类型。例如：RI Q0.0，3。

例 4-11　立即指令的使用程序如图 4-22 所示，其对应的时序如图 4-23 所示。

4.1.7　边沿脉冲指令

边沿触发是指用边沿触发信号产生一个机器周期的扫描脉冲，通常对脉冲进行整形。边沿触发信号分为正跳变触发和负跳变触发两种，其指令格式如表 4-8 所示。

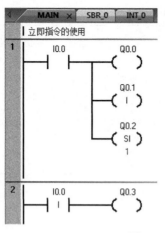
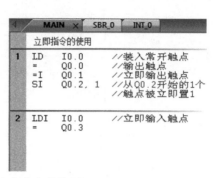

图 4-22 立即指令的使用

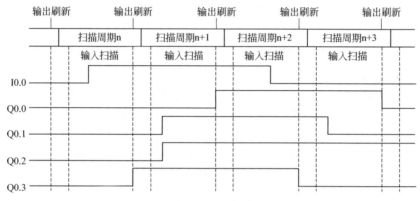

图 4-23 时序图

表 4-8 边沿脉冲指令格式

指令名称	LAD	STL
正跳变触发指令	—┤ P ├—	EU
负跳变触发指令	—┤ N ├—	ED

（1）正跳变触发 EU

正跳变触发又称上升沿触发或上微分触发，它是指某操作数出现由 0 到 1 的上升沿时使触点闭合形成一个扫描周期的脉冲。正跳变触发梯形图由常开触点和"P"构成，指令用"EU"表示，没有操作元件，一般放在这一脉冲出现的语句之后。

（2）负跳变触发 ED

负跳变触发又称下降沿触发或下微分触发，它是指某操作数出现由 1 到 0 的下降沿时使触点闭合形成一个扫描周期的脉冲。负跳变触发梯形图由常开触点和"N"构成，指令用"ED"表示，没有操作元件，一般放在这一脉冲出现的语句之后。

（3）边沿触发指令的应用

例 4-12 正跳变和负跳变触发指令的使用程序如图 4-24 所示，其对应的时序如图 4-25

所示。如果 I0.0 由 OFF 变为 ON，则 Q0.0 接通为 ON，一个扫描周期的时间后重新变成 OFF。若 I0.0 由 ON 变为 OFF，则 Q0.1 接通为 ON，一个扫描周期的时间后重新变成 OFF。

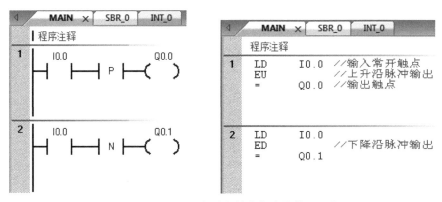

图 4-24　正跳变和负跳变触发指令的使用程序

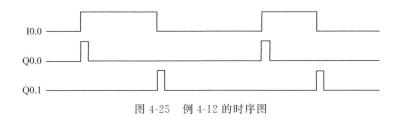

图 4-25　例 4-12 的时序图

例 4-13　使用 PLC 边沿触发指令设计一个二分频的程序。

分析：二分频的程序如图 4-26 所示，当第一个脉冲的上升沿到来时，使用 "EU" 指令让 M0.0 线圈输出一个扫描周期的单脉冲，并控制 Q0.0 输出为高电平；当第二个脉冲的上升沿到来时，M0.1 线圈输出一个扫描周期的单脉冲，控制 Q0.0 输出为低电平；当第三个脉冲的上升沿到来时，M0.0 线圈再次控制 Q0.0 输出高电平，如此循环，使得

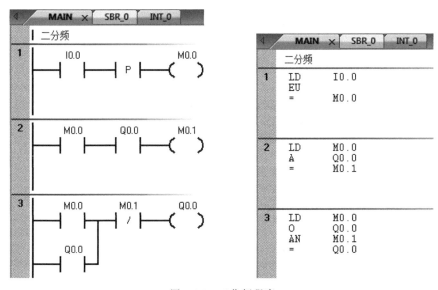

图 4-26　二分频程序

Q0.0 输出的脉冲频率正好是 I0.0 输入脉冲频率的一半，达到二分频目的，其时序如图 4-27 所示。

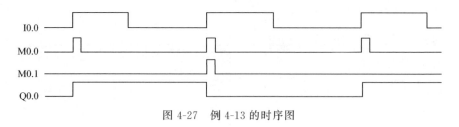

图 4-27　例 4-13 的时序图

4.2　定时器指令及应用举例

在传统继电器-交流接触器控制系统中一般使用延时继电器进行定时，通过调节延时调节螺钉来设定延时时间的长短。在 PLC 控制系统中通过内部软延时继电器-定时器来进行定时操作。PLC 内部定时器与传统延时继电器不同的是定时器有无数对常开、常闭触点供用户使用。其结构主要由一个 16 位当前值寄存器（用来存储当前值）、一个 16 位预置值寄存器（用来存储预置值）和 1 位状态位（反映其触点的状态）组成。

4.2.1　定时器的基本知识

定时器编程时要预置定时值，在运行过程中如果定时器的输入条件满足时，当前值开始按一定的单位增加，当定时器的当前值达到设定值时，定时器发生动作，从而满足各种定时逻辑控制的需要。

西门子 S7-200 SMART PLC 提供了 3 种定时器指令：接通延时型定时器（TON）、保持型定时器（TONR）、断开延时型定时器（TOF）。

定时器的编号用 T 和常数编号（0～255）来表示，如 T0、T1 等。S7-200 系列 PLC 提供了 T0～T255 共 256 个增量型定时器，用于对时间的控制。

按照时间间隔（即时基）的不同，可将定时器分为 1ms、10ms、100ms 三种类型。不同的时基标准，定时精度、定时范围和定时器的刷新方式不同。

（1）定时精度和定时范围

定时器使能端输入有效后，当前值寄存器对 PLC 内部的时基脉冲增 1 计数，最小的计时单位称为时基脉冲宽度，又称定时精度。从定时器输入有效，到状态位输出有效经过的时间为定时时间，定时时间＝设定值×时基。假如 T37（为 100ms 定时器）和设定值为 100，则实际定时时间＝100×100ms＝10000ms＝10s。

定时器的设定值 PT，数据类型为 INT 型。操作数可以是 VW、IW、QW、MW、SW、SMW、LW、AIW、T、C、AC、＊VD、＊AC、＊LD 或常数，其中常数最为常用。当前值寄存器为 16 位，最大计数值为 $2^{16}＝32767$。最长定时时间＝时基×最大定时计数值，时基越大，定时时间越长，但精度越差。T0～T255 定时器分属不同的工作方式和时基，其规格如表 4-9 所示。注意，为避免定时器冲突，同一个定时器编号不能同时用于 TON 和 TOF 定时器。例如，不能同时使用 TON T32 和 TOF T32。

表 4-9　定时器规格

工作方式	时基/ms	最长定时时间/s	定时器编号
TONR	1	32.767	T0,T64
	10	327.67	T1～T4,T65～T68
	100	3276.7	T5～T31,T69～T95
TON、TOF	1	32.767	T32,T96
	10	327.67	T33～T36,T97～T100
	100	3276.7	T37～T63,T101～T255

（2）定时器的刷新方式

1ms 定时器采用中断的方式每隔 1ms 刷新一次，其刷新与扫描周期和程序处理无关，因此当扫描周期较长时，在一个周期内可刷新多次，其当前值可能被改变多次。

10ms 定时器在每个扫描周期开始时刷新，由于每个扫描周期内只刷新一次，因此每次程序处理期间，当前值不变。

100ms 定时器是在该定时器指令执行时刷新，下一条执行的指令即可使用刷新后的结果。在使用时要注意，如果该定时器的指令不是每个周期都执行，定时器就不能及时刷新，还可能导致出错。

通常定时器可采用字和位两种方式进行寻址，若按字访问定时器时，返回定时器当前值；按位访问定时器时，返回定时器的位状态，即是否到达定时值。

4.2.2　定时器指令

西门子 S7-200 SMART PLC 除了提供 TON、TONR、TOF 这三种定时器指令外，还具有时间间隔定时器指令 BITIM、CITIM，格式如表 4-10 所示，表中 Txxx 表示定时器编号；PT 为定时器的设定值。

表 4-10　定时器指令格式

LAD	STL	功能说明	操作数
Txxx ─┤IN　TON├─ ─┤PT　???ms├─	TON　Txxx,PT	接通延时型定时器	Txxx 为 WORD 类型（T0～T255）；IN 为 BOOL 类型，取值为 I、Q、V、M、SM、S、T、C、L；PT 为 INT 类型，取值为 IW、QW、VW、MW、SMW、SW、T、C、LW、AC、AIW、*VD、*LD、*AC、常数
Txxx ─┤IN　TONR├─ ─┤PT　???ms├─	TONR　Txxx,PT	有记忆接通延时型定时器	Txxx 为 WORD 类型（T0～T255）；IN 为 BOOL 类型，取值为 I、Q、V、M、SM、S、T、C、L；PT 为 INT 类型，取值为 IW、QW、VW、MW、SMW、SW、T、C、LW、AC、AIW、*VD、*LD、*AC、常数
Txxx ─┤IN　TOF├─ ─┤PT　???ms├─	TOF　Txxx,PT	断开延时型定时器	Txxx 为 WORD 类型（T0～T255）；IN 为 BOOL 类型，取值为 I、Q、V、M、SM、S、T、C、L；PT 为 INT 类型，取值为 IW、QW、VW、MW、SMW、SW、T、C、LW、AC、AIW、*VD、*LD、*AC、常数
BGN_ITIME ─┤EN　ENO├─ 　　　OUT├─	BITIM　OUT	开始间隔时间指令，读取内置1ms计数器的当前值	OUT 为 DWORD 类型，取值为 ID、VD、MD、SMD、SD、LD、AC、*VD、*LD、*AC

LAD	STL	功能说明	操作数
CAL_ITIME ─EN ENO─ ─IN OUT─	CITIM IN,OUT	计算间隔时间指令,计算当前时间与 IN 中提供的时间差	IN 和 OUT 均为 DWORD 类型,取值为 ID、VD、MD、SMD、SD、LD、AC、* VD、* LD、* AC

（1）接通延时型定时器（TON）

接通延时型定时器用于单一间隔的定时，在梯形图中由定时标志 TON、使能输入端 IN、时间设定输入端 PT 及定时器编号 Tn 构成；语句表中由定时器标志 TON、时间设定值输入端 PT 和定时器编号 Tn 构成。

当使能端 IN 为低电平无效时，定时器的当前值为 0，定时器 Tn 的状态也为 0，定时器没有工作；当使能端 IN 为高电平 1 时，定时器开始工作，每过一个时基时间，定时器的当前值就增 1。若当前值等于或大于定时器的设定值 PT，定时器的延时时间到，定时器输出点有效，输出状态位由 0 变为 1。定时器输出状态改变后，仍然继续计时，直到当前值等于其最大值 32767 时，才停止计时。

例 4-14 TON 指令的使用程序如图 4-28 所示。在程序段 1 中，由 I0.0 接通定时器 T37 的使能输入端，设定值为 150，设定时间为 $150 \times 100\text{ms} = 15000\text{ms} = 15\text{s}$。当 I0.0 接通时开始计时，计时时间达到或超过 15s，即 T37 的当前值达到或超过 150 时，程序段 2 中的 T37 的位动作为 ON，则 Q0.0 输出为 ON。如果 I0.0 由 ON 变为 OFF 时，则 T37 的位立即复位断开，当前值也回到 0。动作时序如图 4-29 所示。

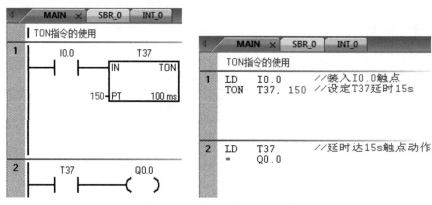

图 4-28　TON 指令的使用程序

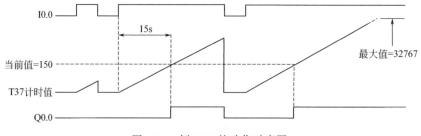

图 4-29　例 4-14 的动作时序图

（2）保持型定时器（TONR）

保持型定时器用于多次间隔的累计定时，其构成和工作原理与接通延时型定时器类似，不同之处在于保持型定时器在使能端为 0 时，当前值将被保持，当使能端有效时，在原保持值上继续递增。

TONR 定时器只能使用复位指令（R）对其进行复位操作。TONR 复位后，定时器位为 OFF，当前值为 0。

例 4-15 TONR 指令的使用程序如图 4-30 所示。在程序段 1 中，由 I0.1 接通定时器 T2 的使能输入端，设定值为 1500，设定时间为 $1500 \times 10\text{ms} = 15000\text{ms} = 15\text{s}$。当 I0.1 接通时开始计时，计时时间达到或超过 15s，即 T2 的当前值达到或超过 15s 时，程序段 3 中的 T2 的位动作为 ON，则 Q0.1 输出为 ON。如果程序段 2 中的 I0.2 接通时，T2 被复位，T2 的位复位断开，程序段 3 中的 Q0.1 为 OFF。如果 I0.2 为 OFF，I0.1 接通开始计时。T2 计时未达到 15s 时，如果 I0.1 断开，则 T2 会把当前值记忆下来，当下次 I0.1 恢复为 ON 时，T2 的当前值会在上次计时的基础上继续累计，当累计计时时间达到或超过 15s，程序段 3 中的 T2 位动作，Q0.1 输出为 ON，动作时序如图 4-31 所示。

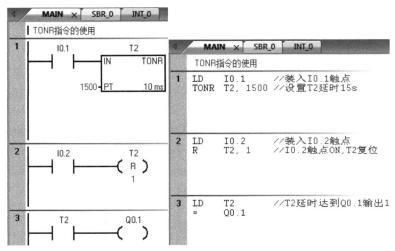

图 4-30　TONR 指令的使用程序

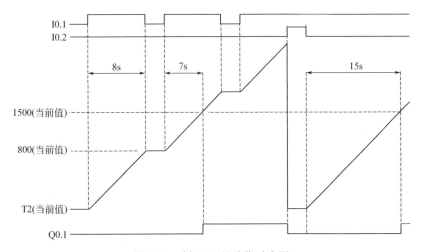

图 4-31　例 4-15 的动作时序图

（3）断开延时型定时器（TOF）

断开延时型定时器用于断开或故障事件后的单一间隔定时，其构成类似前面两种定时器。

当使能端 IN 为高电平时，定时器输出状态位置 1，当前值为 0，没有工作。当使能端 IN 由高跳变到低电平时，定时器开始计时，每过一个时基时间，当前值递增，若当前值达到设定值时，定时器状态位置 0，并停止计时，当前值保持。

例 4-16   TOF 指令的使用程序如图 4-32 所示。在程序段 1 中，由 I0.1 接通定时器 T36 的使能输入端，设定值为 150，设定时间为 $150 \times 10\text{ms} = 1500\text{ms} = 1.5\text{s}$。当 I0.1 接通时，程序段 2 中的 T36 位动作，Q0.1 输出为 ON。当程序段 1 中的 I0.1 触点断开时，T36 开始计时。当 T36 计时时间达到 1.5s，即 T36 的当前值达到 1.5s 时，程序段 2 中的 T36 的位动作为 OFF，则 Q0.1 输出为 OFF。动作时序如图 4-33 所示。

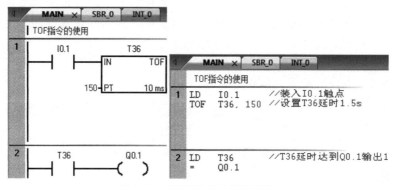

图 4-32   TOF 指令的使用程序

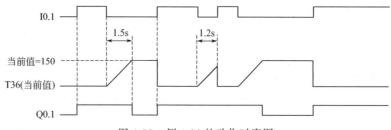

图 4-33   例 4-16 的动作时序图

例 4-17   使用时间间隔定时器指令的使用程序如图 4-34 所示。在程序段 1 中，当 I0.0 闭合一次时，Q0.0 线圈输出为 ON。在程序段 2 中，通过 BITIM 指令捕捉 Q0.0 接通的时刻，并将该值存储到 VD0 中。在程序段 3 中，使用 CITIM 指令计算 Q0.0 接通的时长，并将结果存储到 VD4 中。

4.2.3   定时器指令的应用

例 4-18   使用 PLC 设计一个 2h 的延时电路。

分析：2h 等于 7200s，在定时器中，最长的定时时间为 3276.7s，单个定时器无法延时 2h 的时间，但可采用多个定时器级联的方法实现，如图 4-35 所示。

当 I0.0＝1 时，T37 定时器线圈得电开始延时 3000s，若 T37 延时时间到，其延时闭合触点闭合使 T38 定时器线圈得电开始延时 3000s，如果 T38 延时时间到，使 T39 进行延时

1200s，当 T39 延时时间到后，从 Q0.0 输出一脉冲。因此，从 I0.0 闭合到 Q0.0 输出这一时间段已经延时了 2h。

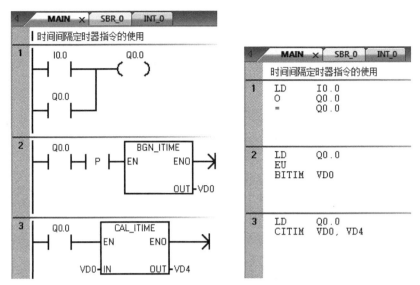

图 4-34 时间间隔定时器指令的使用程序

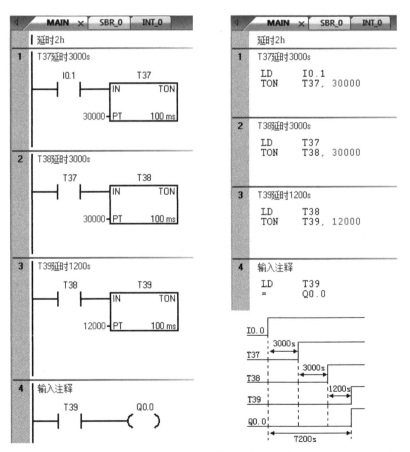

图 4-35 多个定时器组合实现延时

例 4-19 使用 PLC 定时器设计一个 2s 的闪烁电路。

分析：2s 的闪烁电路应由两个定时器构成，如图 4-36 所示。T36 和 T37 的时基不同，因此设定值不同，但每个定时器的定时时间都为 1s。当 I0.1＝1 时，T36 线圈得电延时 1s，若延时时间到，其延时闭合触点闭合，启动 T37 延时 1s，同时 Q0.0 输出高电平，如果 T37 延时时间到，其常闭延时打开触点打开，T36 和 T37 复位，T36 开始重新延时，Q0.0 输出低电平，这样又周期性的使 Q0.0 输出一个 2s 的矩形波实现灯的闪烁。

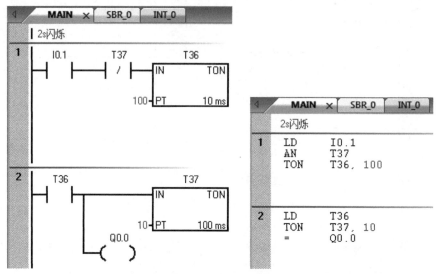

图 4-36 闪烁灯控制程序

例 4-20 在灯开关的联锁控制电路中，当按下关灯按钮 10s 后，灯再熄灭，试用 PLC 定时器实现其功能。

分析：灯开关的联锁控制电路，必须有开灯和关灯按钮，分别用 I0.0 和 I0.1 对应，用 Q0.0 驱动灯。延时 10s 可采用 T32 或其它定时器，此程序设计如图 4-37 所示。

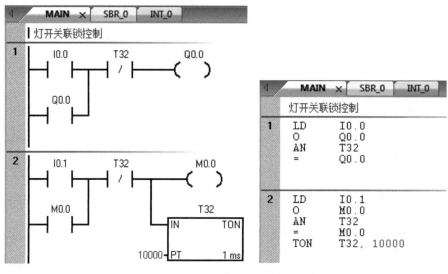

图 4-37 延时灯控制程序

4.3 计数器指令及应用举例

计数器用于对输入脉冲进行计数，实现计数控制。S7-200 SMART PLC 提供了 3 种类型共 256 个计数器，这 3 种类型分别为：CTU 加计数器、CTD 减计数器和 CTUD 加/减计数器。这些计数器主要由设定值寄存器、当前值寄存器、状态位等组成。每种类型的计数器均有相应的指令，其指令格式如表 4-11 所示。

表 4-11　计数器指令格式

LAD	STL	功能说明	操作数
Cxxx CU　CTU R PV	CTU Cxxx,PV	加计数器	Cxxx 为 WORD 类型（C0～C255）；CU 为加计数器输入端；R 为加计数复位输入端；PV 为设定值，取值为 IW、QW、VW、MW、SMW、SW、T、C、LW、AC、AIW、* VD、* LD、* AC、常数
Cxxx CD　CTD LD PV	CTD Cxxx,PV	减计数器	Cxxx 为 WORD 类型（C0～C255）；CD 为减计数器输入端；LD 为减计数复位输入端；PV 为设定值，取值为 IW、QW、VW、MW、SMW、SW、T、C、LW、AC、AIW、* VD、* LD、* AC、常数
Cxxx CU　CTUD CD R PV	CTUD Cxxx,PV	加/减计数器	Cxxx 为 WORD 类型（C0～C255）；CU 加计数器输入端；CD 为减计数器输入端；R 为计数复位输入端；PV 为设定值，取值为 IW、QW、VW、MW、SMW、SW、T、C、LW、AC、AIW、* VD、* LD、* AC、常数

4.3.1 加计数器指令

如果复位端 R=1 时，加计数器的当前值为 0，状态值也为 0。若复位端 R=0，加计数器输入端每来一个上升沿脉冲时，计数器的当前值增 1 计数，如果当前计数值大于或等于设定值，计数器状态位置 1，但是每来一个上升沿脉冲时，计数器仍然进行计数，直到当前计数值等于 32767 时，停止计数。

例 4-21　加计数器指令的使用程序如图 4-38 所示。图中，C0 为加计数器，I0.0 为加计数脉冲输入端，I0.1 为复位输入端，计数器的计数次数设置为 4。I0.0 每接通一次时，C0 的当前值将加 1。当 I0.0 的接通次数达到或超过 4 时，程序段 2 中的 C0 常开触点闭合，从而驱动 Q0.0 为 ON。如果 I0.1 触点闭合，则 C0 的当前值复位为 0，C0 常开触点断开，动作时序如图 4-39 所示。

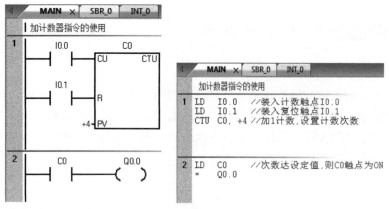

图 4-38　加计数器指令的使用程序

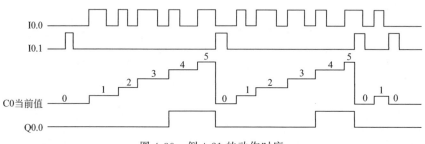

图 4-39　例 4-21 的动作时序

4.3.2　减计数器指令

如果复位输入端 LD＝1 时，计数器将设定值装入当前值存储器，状态值为 0。若复位输入端 LD＝0 时，减计数器输入端每来一个上升沿时，计数器的当前值减 1 计数，如果当前计数值等于 0 时，计数器状态位置 1，停止计数。

例 4-22　减计数器指令的使用程序如图 4-40 所示。图中，C0 为减计数器，I0.0 为减计数脉冲输入端，I0.1 为复位输入端，计数器的计数次数设置为 5。I0.0 每接通一次时，C0 的当前值将减 1。当 C0 的当前值为 0 时，程序段 2 中的 C0 常开触点闭合，从而驱动 Q0.0 为 ON。如果 I0.1 触点闭合，则 C0 的当前值复位为设定值，C0 常开触点断开，动作时序如图 4-41 所示。

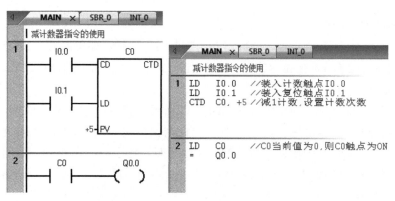

图 4-40　减计数器指令的使用程序

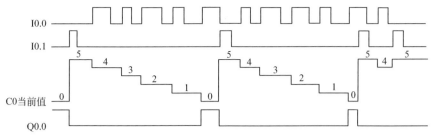

图 4-41 例 4-22 的动作时序

4.3.3 加/减计数器指令

如果加/减计数器有两个脉冲输入端，其中 CU 端用于加计数，CD 端用于减计数。复位输入端 R＝1 时，当前值为 0，状态值也为 0。当复位输入端 R＝0 时，加/减计数器开始计数。若 CU 端有一个上升沿输入脉冲时，计数器的当前值加 1 计数，如果当前计数值大于或等于设定值时，计数器状态位置 1。若 CD 端有一个上升沿输入脉冲时，计数器的当前值减 1 计数，如果当前值小于设定值时，状态位清 0。在加计数过程中，当前计数值达到最大值 32767 时，下一个 CU 的输入使计数值变为最小值－32768，同样，在减计数过程中，当前计数值达到最小值－32768 时，下一个 CU 的输入使计数值变为最大值 32767。

例 4-23 加/减计数器指令的使用程序如图 4-42 所示。图中，C0 为增/减计数器，I0.0 为加计数脉冲输入端，I0.1 为减计数脉冲输入端，I0.2 为复位输入端，计数器的计数次数设置为 4。I0.0 每接通一次时，C0 的当前值将加 1；I0.1 每接通一次时，C0 的当前值将减 1。当 C0 的当前值达到或超过设定值时，程序段 2 中的 C0 常开触点闭合，从而驱动 Q0.0 为 ON。如果 I0.2 触点闭合，则 C0 的当前值复位为 0，C0 常开触点断开，动作时序如图 4-43 所示。

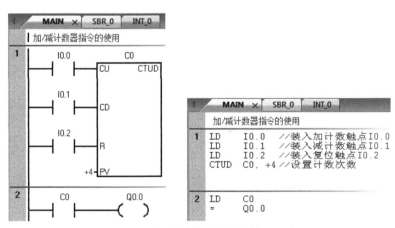

图 4-42 加/减计数器指令的使用程序

4.3.4 计数器指令的应用

例 4-24 用一个按钮控制一只灯，按钮和 PLC 的 I0.0 连接，灯与 PLC 的 Q0.0 连接。使用两个加计数器，奇数次按下按钮时，灯为 ON，偶数次按下按钮时，灯为 OFF。编写的程序如图 4-44 所示。

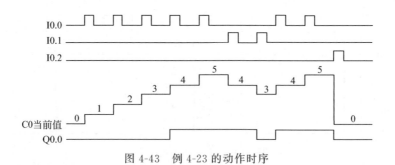

图 4-43 例 4-23 的动作时序

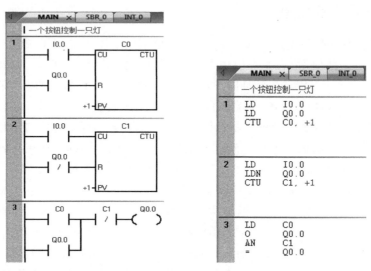

图 4-44 一个按钮控制一只灯的程序

例 4-25 由定时器实现的秒闪及和计数延时控制程序如图 4-45 所示。启动按钮 SB1 与

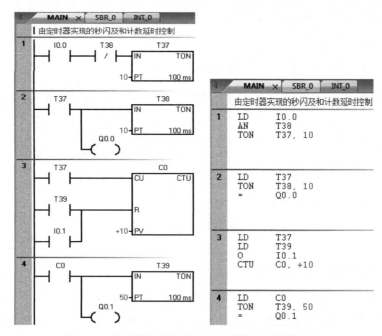

图 4-45 定时器实现的秒闪及和计数延时控制程序

PLC 的 I0.0 连接，手动复位按钮 SB2 与 PLC 的 I0.1 连接，秒闪输出信号灯 HL1 与 PLC 的 Q0.0 连接，计数输出信号灯 HL2 与 PLC 的 Q0.1 连接。运行程序，I0.0 为 ON 时，Q0.0 每隔 1s 闪烁一次。C0 对 Q0.0 秒闪次数计数，当计数达到 10 次时，Q0.1 输出为 ON。当 Q0.1 为 ON，延时 5s 后 C0 复位，同时 Q0.1 为 OFF。在运行中，当 I0.1 为 ON 时，C0 和 Q0.1 将被复位。

例 4-26 设计一个用 PLC 控制包装传输系统。要求按下启动按钮后，传输带电动机工作，物品在传输带上开始传送，每传送 10 个物品，传输带暂停 10s，工作人员将物品包装。

分析：用光电检测来检测物品是否在传输带上，若每来一个物品，产生一个脉冲信号送入 PLC 中进行计数。PLC 中可用加计数器进行计数，计数器的设定值为 10。启动按钮 SB 与 I0.0 连接，停止按钮 SB1 与 I0.1 连接，光电检测信号通过 I0.2 输入 PLC 中，传输带电动机由 Q0.0 输出驱动。程序如图 4-46 所示。

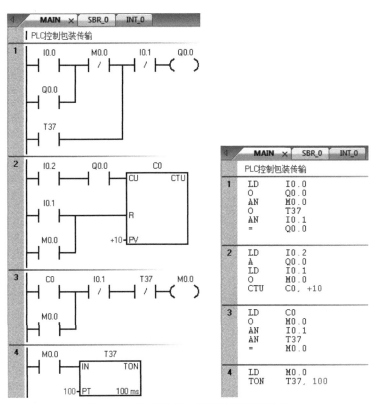

图 4-46　PLC 控制包装传输系统的程序

当按下启动按钮时 I0.0 常开触点闭合，Q0.0 输出传输带运行。若传输带上有物品，光电检测开关有效 I0.2 常开触点闭合，C0 开始计数。若计数到 10 时，计数器状态位置 1，C0 常开触点闭合，辅助继电器 M0.0 有效，M0.0 的两对常开触点闭合，常闭触点断开。M0.0 的一路常开触点闭合使 C0 复位，使计数器重新计数；另一路常开触点闭合开始延时等待；M0.0 的常闭触点断开，使传输带暂停。若延时时间到，T37 的常闭触点打开，M0.0 线圈暂时没有输出；T37 的常开触点闭合，启动传输带又开始传送物品，如此循环。物品传送过程中，若按下停止按钮时 I0.1 的常闭触点打开，Q0.0 输出无效，传输带停止运行；I0.1 的常开触点闭合，使 C0 复位，为下次启动重新计数做好准备。

例 4-27 设计一个 30 天的延时器。

分析：设计一个 30 天的延时器可采用多个定时器串联实现，也可以采用计数器与定时器两者相结合来完成任务，在此采用计数器与定时器结合来实现。程序如图 4-47 所示。当按下启动按钮时 I0.0 常开触点闭合，M0.0 输出线圈有效，T37 开始延时。当 T37 延时1800s（30min）时 T37 常开触点闭合，T38 开始延时。当 T38 延时 1800s（30min）时，T38 常闭触点打开，常开触点闭合。T38 常闭触点打开使 T37、T38 复位，重新开始延时。T38 常开触点闭合，表示延时了 1h，作为计数器 C0 的计数脉冲。由于 30 天＝24×30＝720h，因此 C0 的设定值为 720。若计数器的计数脉冲达到设定值，C0 常开触点闭合，Q0.0输出为 ON，表示 30 天计时已到。在延时过程中，若按下停止按钮时，I0.0 常闭触点打开，停止延时；I0.1 常开触点闭合，使计数器复位。

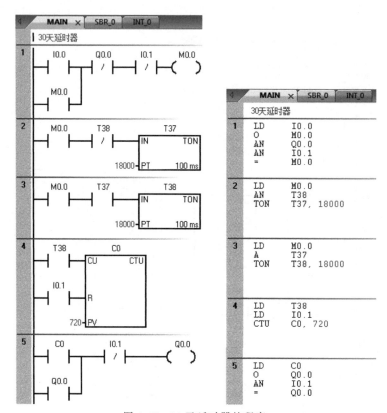

图 4-47　30 天延时器的程序

例 4-28 采用计数器与特殊存储器实现 30 天的延时。

分析：通过查阅附录 2 可知，SM0.4 和 SM0.5 都可进行延时，SM0.4 提供 1min 的延时，SM0.5 提供 1s 的延时，下面采用 SM0.4 和计数器来实现 30 天的延时，程序如图 4-48所示。

按下启动按钮时 I0.0 常开触点闭合，M0.0 输出线圈有效，M0.0 常开触点闭合 SM0.4产生 1min 延时作为 C0 的输入脉冲。1h 等于 60min，因此 C0 的设定值为 60。当 C0 计数 60次（延时 1h），C0 常开触点闭合。C0 的一对常开触点闭合作为本身的复位信号，另一对常开触点闭合作为 C1 的输入脉冲。若 C1 计数 720 次（延时 30 天），C1 常开触点闭合，对本身进行复位。

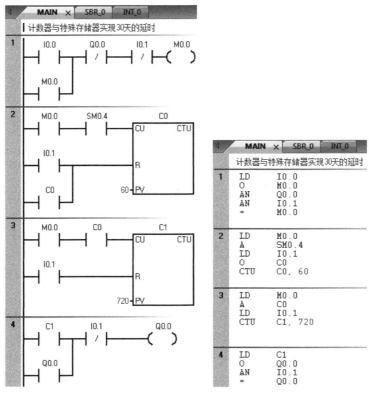

图 4-48　计数器与特殊存储器实现 30 天延时的程序

4.4　程序控制类指令

程序控制指令主要控制程序结构和程序执行的相关指令，主要包括结束、暂停、看门狗复位、循环、跳转、子程序控制等指令。

4.4.1　结束、暂停及看门狗指令

结束、暂停及看门狗指令的格式如表 4-12 所示。

表 4-12　结束、暂停及看门狗指令的格式

LAD	STL	功能说明
—(END)	END	结束指令，根据前一逻辑条件终止当前扫描
—(STOP)	STOP	暂停指令，通过 CPU 从 RUN 模式切换到 STOP 模式来终止程序的执行
—(WDR)	WDR	看门狗复位指令，触发系统看门狗定时器，并将完成扫描的允许时间加 500ms。

（1）结束指令

END 条件结束指令，是根据前面的逻辑关系终止用户主程序，返回主程序的第一条指令执行。该指令无操作数，只能在主程序中使用，不能在子程序或中断程序中使用。在梯形

图中由结束条件和"END"构成,语句指令表中由"END"构成。

（2）暂停指令

STOP 指令使 CPU 由 RUN 运行状态转到 STOP 停止状态,终止用户程序的执行。如果在中断程序中执行 STOP 指令,那么该中断立即终止并且忽略所有挂起的中断,继续扫描程序的剩余部分,在本次扫描的最后将 CPU 由 RUN 状态切换到 STOP 状态。

（3）看门狗复位指令

看门狗复位指令 WDR（Watch Dog Reset）又称警戒时钟刷新指令,它允许 CPU 的看门狗定时器重新被触发。当使能输入有效时,每执行一次 WDR 指令,看门狗定时器就被复位一次,可增加一次扫描时间。若使能输入无效,看门狗定时器定时时间到,程序将终止当前指令的执行而重新启动,返回到第一条指令重新执行。

看门狗的定时时间为 300ms,正常情况下,若扫描周期小于看门狗定时时间,则看门狗不会复位,如果扫描周期等于或大于看门狗定时时间,看门狗定时器自动将其复位一次。因此,若程序的扫描时间超过 300ms 或者在中断事件发生时有可能使程序的扫描周期超过时,为防止在正常情况下程序被看门狗复位,可将看门狗刷新指令 WDR 插入到程序的适应位置以延长扫描周期,有效避免看门狗超时错误。

使用 WDR 指令时,若用循环指令去阻止扫描完成或过度地延迟扫描完成的时间,那么在终止本次扫描之前这些操作过程将被禁止:通信(自由端口方式除外)、I/O 更新(立即 I/O 除外)、强制更新、SM 位更新(SM0、SM5~SM29 不能被更新)、运行时间诊断、中断程序中的 STOP 指令等。由于扫描时间超过 25s,10ms 和 100ms 定时器将不会正确累计时间。

例 4-29 结束、暂停和看门狗指令的使用程序如图 4-49 所示。程序段 1 中 SM5.0 是检查 I/O 是否发生错误,SM4.3 是运行时检查编程,I0.1 是外部切换开关,若 I/O 发生错误或者运行时发生错误或者外部开关有效,这 3 个条件只要有任一条件存在,PLC 由 RUN 切换到 STOP 状态。程序段 2 中当 M5.6 有效时,允许扫描周期扩展,重新触发 CPU 的看门狗,MOV_BIW 指令是重新触发第一个输出模块的看门狗。程序段 3 中当 I0.0 接通时,终止当前扫描周期。

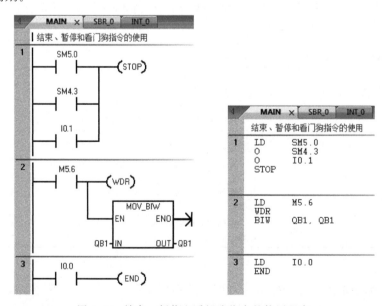

图 4-49　结束、暂停和看门狗指令的使用程序

4.4.2　跳转及标号指令

跳转指令主要用于较复杂程序的设计,该指令可以用来优化程序结构,增强程序功能。跳转指令可以使 PLC 编程的灵活性大大提高,使 PLC 可根据不同条件的判断,选择不同的程序段执行程序。

JMP 跳转指令是将程序跳转到同一程序 LBL 指定的标号(N)处执行,其指令格式如表 4-13 所示。可以在主程序、同一子程序或同一中断服务程序中使用跳转指令,且跳转和与之相应的标号指令必须位于同一程序内,但是不能从主程序跳转到子程序,同样也不能从子程序或中断程序中跳出。

表 4-13　跳转及标号指令的格式

LAD	STL	功能说明
—(N\nJMP)	JMP　N	跳转指令,对程序中的标号 N 执行分支操作
‖ N\nLBL	LBL　N	标号指令,用于标记跳转目的地 N 的位置

例 4-30　用跳转指令控制 1 个与 Q0.0 连接的信号灯 HL 显示。要求为:①能实现自动与手动控制的切换,切换按钮与 I0.0 连接,若 I0.0 为 OFF 则为手动操作,若 I0.0 为 ON 则切换到自动运行;②手动控制时,能用 1 个与 I0.1 连接的按钮实现 HL 的亮、灭控制;③自动运行时,HL 能每隔 1s 交替闪烁。

分析:可以采用跳转指令来编写控制程序,当 I0.0 为 OFF 时,把自动程序跳过,只执行手动程序;当 I0.0 为 ON 时,把手动程序跳过,只执行自动程序。设计的程序如图 4-50 所示。

4.4.3　循环指令

FOR-NEXT 循环指令可以用来描述一段程序重复执行一定次数的循环体,它由 FOR 指令和 NEXT 指令两部分组成,指令格式如表 4-14 所示。FOR 指令标记循环的开始,NEXT 指令标记循环体的结束,FOR 和 NEXT 必须成对使用。

表 4-14　FOR-NEXT 循环指令的格式

LAD	STL	功能说明
FOR\nEN　ENO\nINDX\nINIT\nFINAL	FOR INDX,INIT,FINAL	执行 FOR 和 NEXT 指令之间的指令
—(NEXT)	NEXT	标记 FOR 循环程序段的结束

FOR 指令中的 INDX 为当前值计数器;INIT 为循环次数初始值;FINAL 为循环计数终止值。假设使能端 EN 有效时,给定循环次数初始值为 1,计数终止值为 10,那么随着当前计数值 INDX 从 1 增加到 10,FOR 与 NEXT 之间的程序指令被执行 10 次。如果循环次

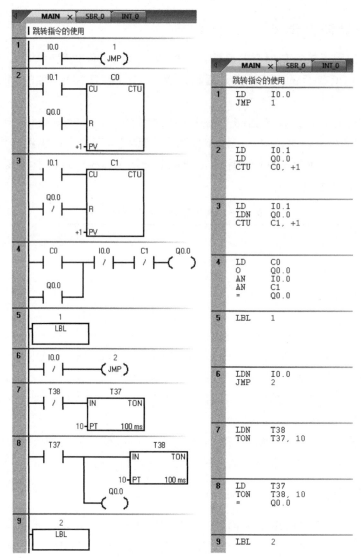

图 4-50 用跳转指令控制信号灯 HL 显示的程序

数初始值大于计数终止值，那么不执行循环体。若循环次数初值小于计数终止值，每执行一次循环体，当前计数值增加 1，并且将其结果与终止值进行比较，当它大于终止值时，结束循环。FOR-NEXT 指令也可以嵌套使用，但最多可以嵌套 8 次。

例 4-31 图 4-51 所示为循环指令使用程序，图中①为外循环，②为内循环。程序段 1 中，当 I0.0 为 ON 时，外循环执行 100 次；程序段 2 中，I0.1 为 ON 时，外循环每执行一次，内循环执行两次。程序段 3 中的 NEXT 为内循环结束语句；程序段 5 中的 NEXT 为外循环结束语句。

4.4.4 子程序控制指令

通常将具有特定功能，并多次使用的程序段编制成子程序，子程序在结构化程序设计时是一种方便有效的工具。在程序中使用子程序时，需进行的操作有：建立子程序、子程序调用和子程序返回。

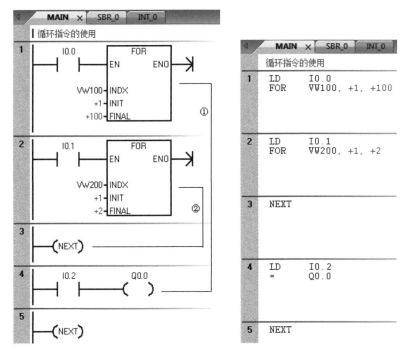

图 4-51 FOR-NEXT 指令使用程序

（1）建立子程序

在 STEP7 Micro/WIN SMART 编程软件中可采用以下方法建立子程序：

① 在【编辑】→【插入】组中点击"对象"→"子程序"。

② 在"指令树"中用鼠标右键单击"程序块"图标，并从弹出的菜单选项中选择"插入"下的"子程序"。

③ 在"POU 选择器"中右击鼠标，从弹出的菜单选项中选择"插入"下的"子程序"。

建立了子程序后，子程序的默认名为 SBR_N，编号 N 从 0 开始按递增顺序生成。在 SBR_N 上单击鼠标右键，从弹出的菜单选项中选择"重命名"，可更改子程序的程序名。

（2）子程序调用

CALL 子程序调用指令将程序控制权交给子程序 SBR_N，SBR_N 中的 N 为子程序编号，其取值范围为 0～127。调用子程序时可以带参数也可以不带参数，子程序执行完成后，控制权返回到调用子程序的指令的下一条指令。

CRET 子程序条件返回指令根据它前面的逻辑块决定是否终止子程序，RET 子程序无条件返回指令，它由编程软件自动生成。子程序调用及返回指令格式如表 4-15 所示。

表 4-15　子程序调用与返回指令格式

LAD	STL	功能说明
SBR_n ─EN ─x1 ─x2　x3─	CALL SBR_n, x1, x2, x3	子程序调用指令,调用参数 x1(IN)、x2(IN_OUT)和 x3(OUT)分别表示传入、传入和传出、传出子程序的 3 个调用参数。调用参数是可选的,可以使用 0～16 个调用参数

LAD	STL	功能说明
—(RET)	CRET	子程序返回

使用说明：

① 在主程序中，最多有 8 层可以嵌套调用子程序，但在中断服务程序中，不能嵌套调用子程序。

② 当有一个子程序被调用时，系统会保存当前的逻辑堆栈，并将栈顶值置 1，堆栈的其它值为 0，把控制权交给被调用的子程序。当子程序完成之后，恢复逻辑堆栈，将控制权交还给调用程序。

③ 如果子程序在同一个周期内被多次调用，不能使用上升沿、下降沿、定时器和计数器指令。

例 4-32 用两个开关实现电动机的控制，其控制要求为：当 I0.0、I0.1 均为 OFF 时，红色信号灯（Q0.0）亮，表示电动机没有工作；当 I0.0 为 ON，I0.1 为 OFF 时，电动机（Q0.1）点动运行；当 I0.0 为 OFF，I0.1 为 ON 时，电动机运行 1min，停止 1min；当 I0.0、I0.1 均为 ON 时，电动机长动运行。

分析：使用子程序调用指令 CALL、子程序返回指令 RET 可实现该控制功能。该程序应分为主程序和子程序两大部分，而主程序中可分为 2 部分：开关状态的选择，根据这些选择执行相应的子程序；开关没有选择时，指示灯亮。子程序有 3 个：电动机点动控制（SBR_0）；电动机运行 1min，停止 1min 控制（SBR_1）；电动机长动控制（SBR_2）。设计的程序如图 4-52 所示。

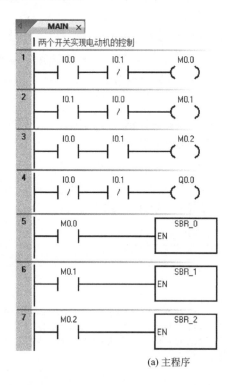

(a) 主程序

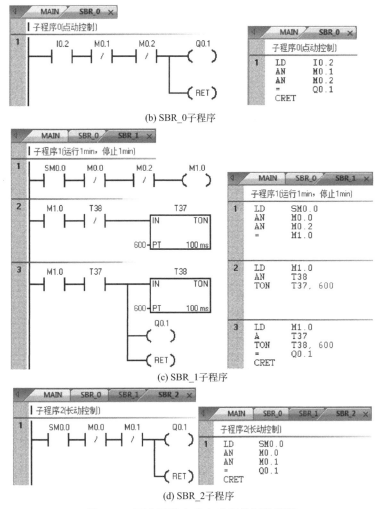

(b) SBR_0子程序

(c) SBR_1子程序

(d) SBR_2子程序

图 4-52　两个开关实现电动机控制的程序

4.5　西门子 S7-200 SMART 基本指令的应用实例

4.5.1　三相交流异步电动机的星-三角降压启动控制

（1）控制要求

星-三角降压启动又称为 Y-△降压启动，简称星三角降压启动。KM1 为定子绕组接触器；KM2 为三角形接触器；KM3 星形连接接触器；KT 为降压启动时间继电器。启动时，定子绕组先接成星形，待电动机转速上升到接近额定转速时，将定子绕组接成三角形，电动机进入全电压运行状态。传统继电器-接触器的星-三角降压启动控制线路如图 4-53 所示。现要求使用 S7-200 SMART PLC 实现三相交流异步电动机的星-三角降压启动控制。

（2）控制分析

一般继电器的启停控制函数为 $Y=(QA+Y) \cdot \overline{TA}$，该表达式是 PLC 程序设计的基础，表达式左边的 Y 表示控制对象；表达式右边的 QA 表示启动条件，Y 表示控制对象自保持

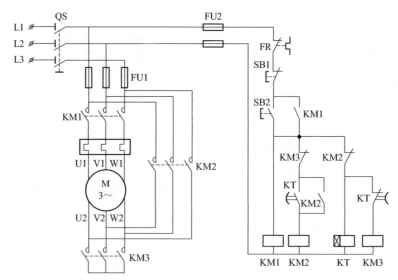

图 4-53　传统继电器-接触器星-三角降压启动控制线路原理图

（自锁）条件，TA 表示停止条件。

在 PLC 程序设计中，只要找到控制对象的启动、自锁和停止条件，就可以设计出相应的控制程序。即 PLC 程序设计的基础是细致地分析出各个控制对象的启动、自保持和停止条件，然后写出控制函数表达式，根据控制函数表达式设计出相应的梯形图程序。

由图 4-53 可知，控制 KM1 启动的按钮为 SB2；控制 KM1 停止的按钮或开关为 SB1、FR；自锁控制触点为 KM1。因此对于 KM1 来说：

$$QA=SB2$$

$$TA=SB1+FR$$

根据继电器启停控制函数，$Y=(QA+Y) \cdot \overline{TA}$，可以写出 KM1 的控制函数为

$$KM1=(QA+KM1) \cdot \overline{TA}=(SB2+KM1) \cdot \overline{(SB1+FR)}=(SB2+KM1) \cdot \overline{SB1} \cdot \overline{FR}$$

控制 KM2 启动的按钮或开关为 SB2、KT、KM1；控制 KM2 停止的按钮或开关为 SB1、FR、KM3；自锁控制触点为 KM2。因此对于 KM2 来说：

$$QA=SB2+KT+KM1$$

$$TA=SB1+FR+KM3$$

根据继电器启停控制函数，$Y=(QA+Y) \cdot \overline{TA}$，可以写出 KM2 的控制函数为

$$KM2=(QA+KM2) \cdot \overline{TA}=((SB2+KM1) \cdot (KT+KM2)) \cdot \overline{(SB1+FR+KM3)}$$

$$=((SB2+KM1) \cdot (KT+KM2)) \cdot \overline{SB1} \cdot \overline{FR} \cdot \overline{KM3}$$

控制 KM3 启动的按钮或开关为 SB2、KM1；控制 KM3 停止的按钮或开关为 SB1、FR、KM2、KT；自锁触点无。因此对于 KM3 来说：

$$QA=SB2+KM1$$

$$TA=SB1+FR+KM2+KT$$

根据继电器启停控制函数，$Y=(QA+Y) \cdot \overline{TA}$，可以写出 KM3 的控制函数为

$$KM3=(QA) \cdot \overline{TA}=(SB2+KM1) \cdot \overline{(SB1+FR+KM2+KT)}$$

$$=(SB2+KM1) \cdot \overline{SB1} \cdot \overline{FR} \cdot \overline{KM2} \cdot \overline{KT}$$

控制 KT 启动的按钮或开关为 SB2、KM1；控制 KT 停止的按钮或开关为 SB1、FR、KM2；自锁触点无。因此对于 KT 来说：

$$QA = SB2 + KM1$$
$$TA = SB1 + FR + KM2$$

根据继电器启停控制函数，$Y = (QA + Y) \cdot \overline{TA}$，可以写出 KT 的控制函数为

$$KT = (QA) \cdot \overline{TA} = (SB2 + KM1) \cdot \overline{(SB1 + FR + KM2)} = (SB2 + KM1) \cdot \overline{SB1} \cdot \overline{FR} \cdot \overline{KM2}$$

为了节约 I/O 端子，可以将 FR 热继电器触头接入到输出电路，以节约 1 个输入端子。KT 可使用 PLC 的定时器 T37 替代。

（3）I/O 端子资源分配与接线

根据控制要求及控制分析可知，需要 2 个输入点和 3 个输出点，输入/输出分配表如表 4-16 所示，其 I/O 接线如图 4-54 所示。

表 4-16　PLC 控制三相交流异步电动机星-三角降压启动的输入/输出分配表

输入			输出		
功能	元件	PLC 地址	功能	元件	PLC 地址
停止按钮	SB1	I0.0	接触器 1	KM1	Q0.0
启动按钮	SB2	I0.1	接触器 2	KM2	Q0.1
			接触器 3	KM3	Q0.2

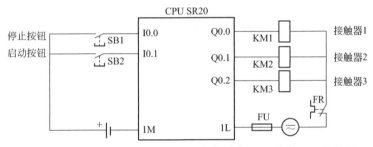

图 4-54　三相交流异步电动机星-三角启动的 PLC 控制 I/O 接线图

（4）编写 PLC 控制程序

根据三相交流异步电动机星-三角启动的控制分析和 PLC 资源配置，设计出 PLC 控制三相交流异步电动机星-三角启动的梯形图（LAD）及指令语句表（STL），如图 4-55 所示。

（5）程序仿真

① 启动 STEP7-Micro/WIN SMART，创建一个新的项目，按照图 4-55 所示输入 LAD（梯形图）或 STL（指令表）中的程序，再在【文件】→【操作】组件中选择"导出"→"POU"，在弹出的"导出"对话框中输入导出的 ASCII 文本文件的文件名。

② 打开 S7-200 仿真软件，单击菜单"Configuration"→"CPU Type"，选择合适的 CPU 型号。

③ 单击菜单"Program"→"Load Program"或点击工具条中的第二个按钮，弹出"Load in CPU"对话框，按下"Accept"键后，在弹出的"打开"对话框中选择在 STEP7-Micro/WIN 项目中导出的 .awl 文件。

④ 单击菜单点"PLC"→"RUN"或工具栏上的绿色三角按钮，程序开始模拟运行。在工具栏中单击 图标，可观看程序的运行情况。刚进入在线仿真状态时，线圈 Q0.0、Q0.1 和 Q0.2 均未得电。按下启动按钮 SB2，I0.1 触点闭合，Q0.0 线圈输出，控制 KM1

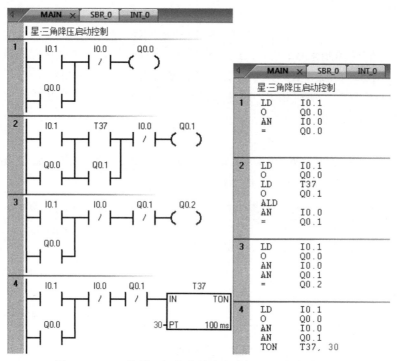

图 4-55　PLC 控制三相交流异步电动机星-三角启动程序

线圈得电，Q0.0 的常开触点闭合，形成自锁，启动 T37 延时，同时 KM3 线圈得电，表示电动机星形启动。当 T37 延时达到设定值 3s 时，KM2 线圈得电，KM3 线圈失电，表示电动机启动结束，进行三角形全压运行阶段，其仿真效果如图 4-56 所示。只要按下停车按钮 SB1，I0.0 常闭触点打开，都将切断电动机的电源，从而实现停车。

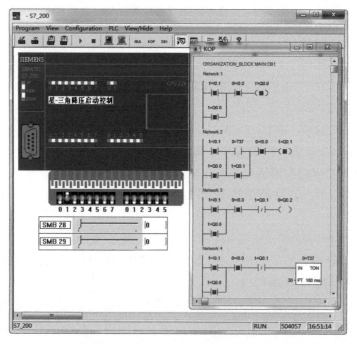

图 4-56　PLC 控制三相交流异步电动机星-三角启动的仿真效果图

4.5.2　用4个按钮控制1个信号灯

（1）控制要求

某系统有 4 个按钮 SB1～SB4，要求这 4 个按钮中任意两个按钮闭合时，信号灯 LED 点亮，否则 LED 熄灭。

（2）控制分析

4 个按钮，可以组合成 $2^4 = 16$ 组状态。因此，根据要求，可以列出真值表如表 4-17 所示。

表 4-17　信号灯显示输出真值表

按钮 SB4	按钮 SB3	按钮 SB2	按钮 SB1	信号灯 LED	说明
0	0	0	0	0	
0	0	0	1	0	熄灭
0	0	1	0	0	
0	0	1	1	1	点亮
0	1	0	0	0	熄灭
0	1	0	1	1	点亮
0	1	1	0	1	
0	1	1	1	0	熄灭
1	0	0	0	0	
1	0	0	1	1	点亮
1	0	1	0	1	
1	0	1	1	0	熄灭
1	1	0	0	1	点亮
1	1	0	1	0	熄灭
1	1	1	0	0	
1	1	1	1	0	

根据真值表写出逻辑表达式：

$$LED = (\overline{SB4} \cdot \overline{SB3} \cdot SB2 \cdot SB1) + (\overline{SB4} \cdot SB3 \cdot \overline{SB2} \cdot SB1) + (\overline{SB4} \cdot SB3 \cdot SB2 \cdot \overline{SB1}) +$$
$$(SB4 \cdot \overline{SB3} \cdot \overline{SB2} \cdot SB1) + (SB4 \cdot \overline{SB3} \cdot SB2 \cdot \overline{SB1}) + (SB4 \cdot SB3 \cdot \overline{SB2} \cdot \overline{SB1})$$

（3）I/O 端子资源分配与接线

根据控制要求及控制分析可知，需要 4 个输入点和 1 个输出点，输入/输出分配表如表 4-18 所示，其 I/O 接线如图 4-57 所示。

表 4-18　用 4 个按钮控制 1 个信号灯的输入/输出分配表

输入			输出		
功能	元件	PLC 地址	功能	元件	PLC 地址
按钮 1	SB1	I0.0	信号灯	LED	Q0.0
按钮 2	SB2	I0.1			
按钮 3	SB3	I0.2			
按钮 4	SB4	I0.3			

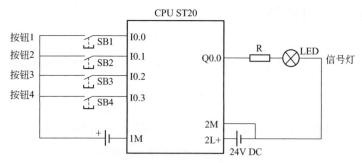

图 4-57 用 4 个按钮控制 1 个信号灯的 I/O 接线图

（4）编写 PLC 控制程序

根据用四个按钮控制 1 个信号灯的控制分析和 PLC 资源配置，设计出用 4 个按钮控制 1 个信号灯的 PLC 梯形图（LAD）及指令语句表（STL），如图 4-58 所示。

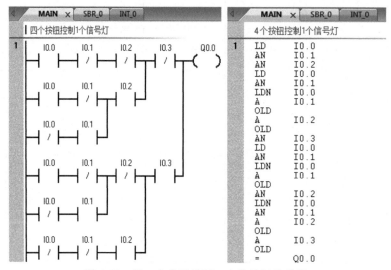

图 4-58 用 4 个按钮控制 1 个信号灯的程序

（5）程序仿真

① 启动 STEP7-Micro/WIN SMART，创建一个新的项目，按照图 4-58 所示输入 LAD（梯形图）或 STL（指令表）中的程序。再在【文件】→【操作】组件中选择"导出"→"POU"，在弹出的"导出"对话框中输入导出的 ASCII 文本文件的文件名。

② 打开 S7-200 仿真软件，单击菜单"Configuration"→"CPU Type"，选择合适的 CPU 型号。

③ 单击菜单"Program"→"Load Program"或点击工具条中的第二个按钮 ，弹出"Load in CPU"对话框，按下"Accept"键后，在弹出的"打开"对话框中选择在 STEP7-Micro/WIN 项目中导出的. awl 文件。

④ 单击菜单点"PLC"→"RUN"或工具栏上的绿色三角按钮 ，程序开始模拟运行。在工具栏中单击 图标，可观看程序的运行情况。刚进入在线仿真状态时，线圈 Q0.0 线圈处于失电状态。当某两个按钮状态为 1 时，Q0.0 线圈得电，其仿真效果如图 4-59 所示。若一个或多于两个按钮的状态为 1 时，Q0.0 线圈处于失电状态。

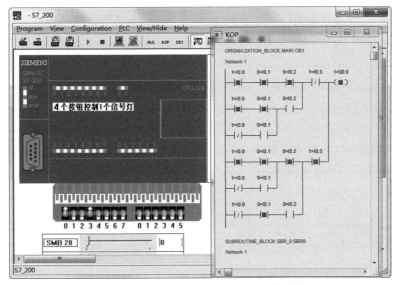

图 4-59　用 4 个按钮控制 1 个信号灯的仿真效果图

4.5.3　简易 6 组抢答器的设计

（1）控制要求

每组有 1 个常开按钮，分别为 SB1、SB2、SB3、SB4、SB5、SB6，且各有一盏指示灯，分别为 LED1、LED2、LED3、LED4、LED5、LED6，共用一个蜂鸣器 LB。其中先按下者，对应的指示灯亮、铃响并持续 5s 后自动停止，同时锁住抢答器，此时，其他组的操作信号不起作用。当主持人按复位按钮 SB7 后，系统复位（灯熄灭）。要求使用置位 SET 与复位 RST 指令实现此功能。

（2）控制分析

假设 SB1、SB2、SB3、SB4、SB5、SB6、SB7 分别与 I0.1、I0.2、I0.3、I0.4、I0.5、I0.6、I0.7 相连；LED1、LED2、LED3、LED4、LED5、LED6 分别与 Q0.1、Q0.2、Q0.3、Q0.4、Q0.5、Q0.6 相连。考虑到抢答许可，因此还需要添加一个抢答许可按钮 SB0，该按钮与 I0.0 相连。LB（蜂鸣器）与 Q0.0 相连。要实现控制要求，在编程时，各小组抢答状态用 6 条 SET 指令保存，同时考虑到抢答器是否已经被最先按下的组所锁定，报答器的锁定状态用 M0.1 保存；抢先组状态锁存后，其他组的操作无效，同时铃响 5s 后自停，可用定时器 T37 实现，LB（蜂鸣器）报警声音控制可使用 SM0.5 特殊寄存器来实现。

（3）I/O 端子资源分配与接线

根据控制要求及控制分析可知，需要 8 个输入点和 7 个输出点，输入/输出分配表如表 4-19 所示，其 I/O 接线如图 4-60 所示。

表 4-19　简易 6 组抢答器的输入/输出分配表

输入			输出		
功能	元件	PLC 地址	功能	元件	PLC 地址
允许抢答按钮	SB0	I0.0	蜂鸣器	LB	Q0.0
抢答 1 按钮	SB1	I0.1	抢答 1 指示	LED1	Q0.1

输入			输出		
抢答 2 按钮	SB2	I0.2	抢答 2 指示	LED2	Q0.2
抢答 3 按钮	SB3	I0.3	抢答 3 指示	LED3	Q0.3
抢答 4 按钮	SB4	I0.4	抢答 4 指示	LED4	Q0.4
抢答 5 按钮	SB5	I0.5	抢答 5 指示	LED5	Q0.5
抢答 6 按钮	SB6	I0.6	抢答 6 指示	LED6	Q0.6
复位按钮	SB7	I0.7			

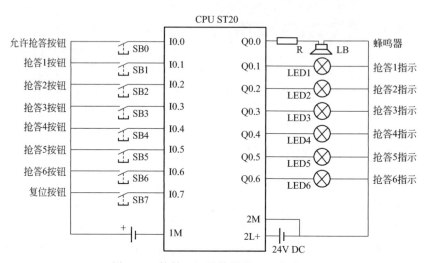

图 4-60　简易 6 组抢答器的 I/O 接线图

（4）编写 PLC 控制程序

根据简易 6 组抢答器的控制分析和 PLC 资源配置，设计出 PLC 控制简易 6 组抢答器的梯形图及指令语句表，如图 4-61 所示。

（5）程序仿真

① 启动 STEP7-Micro/WIN SMART，创建一个新的项目，按照图 4-61 所示输入梯形图或指令表程序，再在【文件】→【操作】组件中选择"导出"→"POU"，在弹出的"导出"对话框中输入导出的 ASCII 文本文件的文件名。

② 打开 S7-200 仿真软件，单击菜单"Configuration"→"CPU Type"，选择合适的 CPU 型号。

③ 单击菜单"Program"→"Load Program"或点击工具条中的第二个按钮 ![icon]，弹出"Load in CPU"对话框，按下"Accept"键后，在弹出的"打开"对话框中选择在 STEP7-Micro/WIN 项目中导出的.awl 文件。

④ 单击菜单点"PLC"→"RUN"或工具栏上的绿色三角按钮 ![icon]，程序开始模拟运行。在工具栏中单击 ![icon] 图标，可观看程序的运行情况。刚进入在线仿真状态时，各线圈均处于失电状态，表示没有进行抢答。当 I0.0 为 ON 后，表示允许抢答。此时，如果 SB1～SB6 中某个按钮最先按下，表示该按钮抢答成功，此时其他按钮抢答无效，相应的线圈得电。例如 SB3 先按下（即 I0.3 先为 ON），而 SB4 后按下（即 I0.4 后为 ON）时，则 I0.3 线圈置

为 1，而 I0.4 线圈仍为 0，其仿真效果如图 4-62 所示。同时，定时器延时。主持人按下复位时，I0.3 线圈失电。

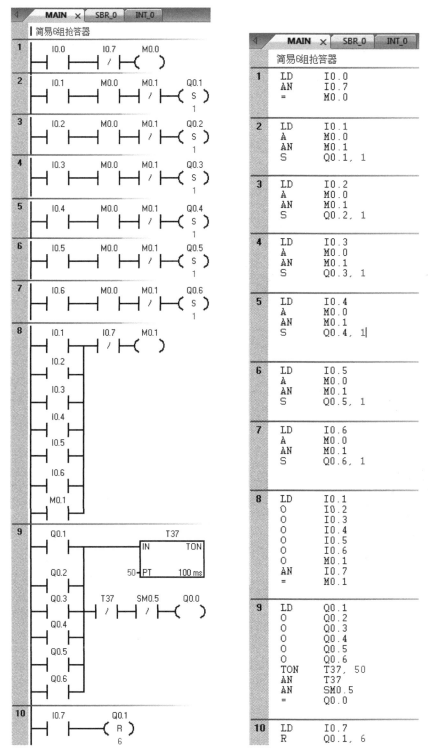

图 4-61   PLC 控制简易 6 组抢答器程序

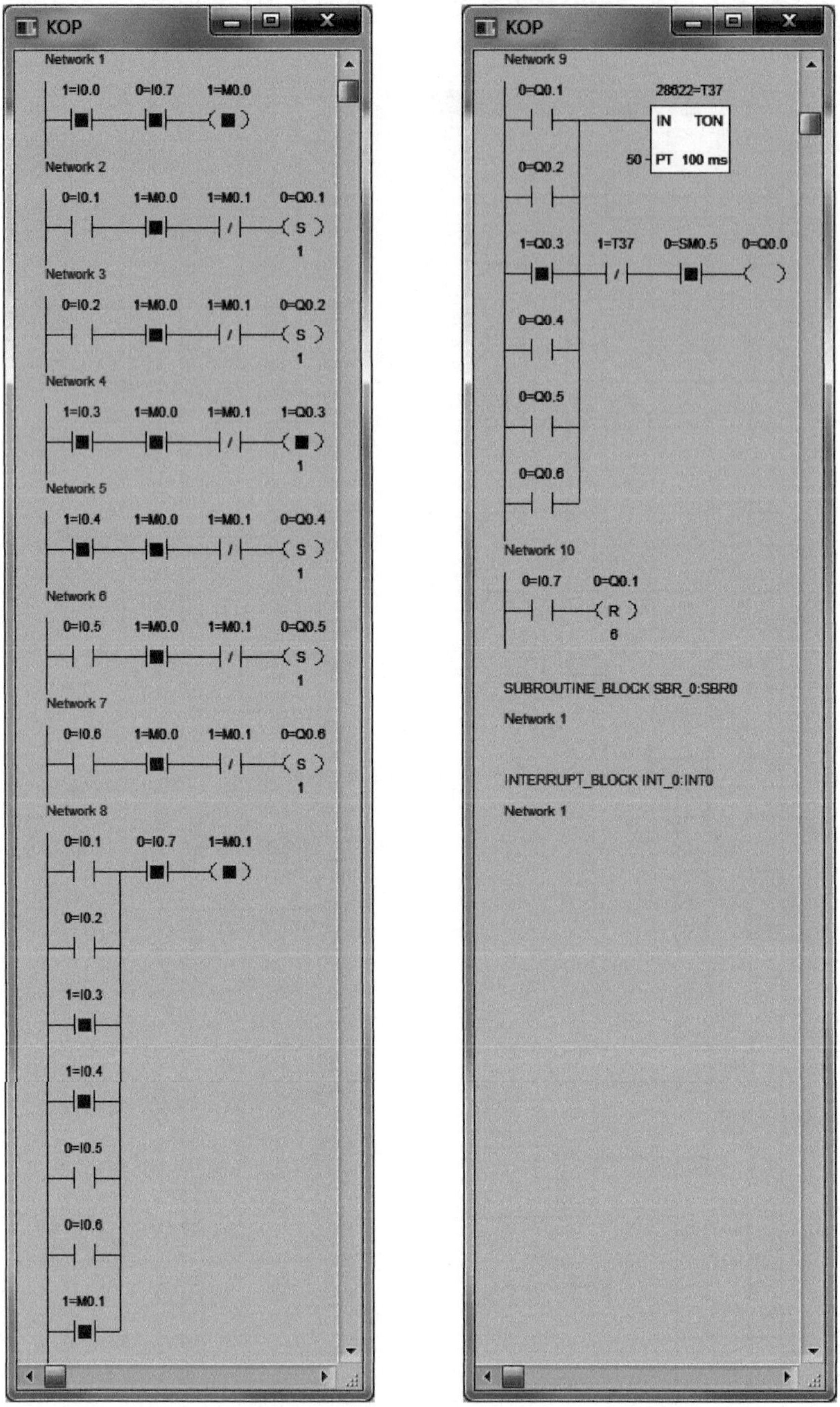

图 4-62　简易 6 组抢答器的仿真效果图

第5章

西门子S7-200 SMART PLC 的功能指令及应用

为适应现代工业自动控制的需求，除了基本指令外，PLC 制造商为 PLC 还增加了许多功能指令（Function Instruction）。功能指令又称为应用指令，它使 PLC 具有强大的数据运算和特殊处理的功能，从而大大扩展了 PLC 的使用范围。在 SIMATIC S7-200 SMART 系列中功能指令主要包括数据处理指令、算术运算和逻辑运算指令、表功能指令、转换指令、中断指令、高速处理指令、PID 回路指令、实时时钟指令等。这些功能指令可以认为是由相应的汇编指令构成的，因此在学习这些功能指令时，建议读者将微机原理、单片机技术中的汇编指令联系起来，对照学习。对于没有学过微机原理、单片机技术的读者来讲，应该在理解各功能指令含义的基础上进行灵活学习。

5.1 数据传送指令

数据传送指令用来完成各存储单元之间一个或多个数据的传送，传送过程中数值保持不变。根据每次传送数据的多少，可以将其分为单一传送指令、数据块传送指令，无论是单一传送还是数据块传送指令，都有字节、字、双字和实数等几种数据类型。为了满足立即传送的要求，设有字节立即传送指令。为了方便实现在同字内高低字节的交换，还设有字节交换指令。数据传送指令适用于存储单元的清零、程序的初始化等场合。

5.1.1 单一传送指令

单一数据传送指令每次传送一个数据。MOV 指令是将输入的数据（IN）传送到输出（OUT），在传送过程中不改变数据原始值。按传送数据的类型可分为字节传送 MOVB、字传送 MOVW、双字传送 MOVD 和实数传送 MOVR，如表 5-1 所示。

表 5-1　单一数据传送指令

传送类型	LAD	STL	输入数据 IN	输出数据 OUT
字节传送	MOV_B EN　ENO IN　OUT	MOVB IN,OUT	VB,IB,QB,MB,SB,SMB,LB,AC,常数	VB,IB,QB,MB,SB,SMB,LB,AC

传送类型	LAD	STL	输入数据 IN	输出数据 OUT
字传送	MOV_W EN ENO IN OUT	MOVW IN,OUT	VW, IW, QW, MW, SW, SMW, LW, T, C, AIW, AC, 常数	VW, IW, QW, MW, SW, SMW, LW, T, C, AQW, AC
双字传送	MOV_DW EN ENO IN OUT	MOVD IN,OUT	VD, ID, QD, MD, SD, SMD,LD,HC,AC,常数	VD, ID, QD, MD, SD, SMD,LD,HC,AC
实数传送	MOV_R EN ENO IN OUT	MOVR IN,OUT	VD, ID, QD, MD, SD, SMD,LD,AC,常数	VD, ID, QD, MD, SD, SMD,LD,AC

注：表中 EN 为允许输入端；ENO 为允许输出端；IN 为输入操作数据；OUT 为结果输出端。

字节传送指令中，输入和输出操作数都为字节型数据，且输出操作数不能为常数；字传送指令中，输入和输出操作数都为字型或 INT 型数据，且输出操作数不能为常数；双字传送指令中，输入和输出操作数都为双字型或 DINT 型数据，且输出操作数不能为常数；实数传送指令中，输入和输出操作数都为 32 位的实数，且输出操作数不能为常数。

例 5-1 单一数据传送指令的使用程序如表 5-2 所示。SM0.1 为特殊标志寄存器位，PLC 首次扫描时该位为 ON，用于初始化子程序。程序段 1 为字节传送，指令"MOVB IB0，QB0"是将字节 IB0 传送给 QB0；指令"MOVB 10，QB1"是将整数 10 传送给字节 QB1。程序段 2 为字传送，指令"MOVW IW0，QW2"是把字型数据 IW0 传送给 QW2；指令"MOVW 20，QW4"是把整数 20 传送给 QW4。程序段 3 为双字传送，指令"MOVD ID0，QD6"把双字型数据 ID0 传送给 QD6；指令"MOVD 80，QD10"把整数 80 传送给双字型数据 QD10。程序段 4 为实数传送，指令"MOVR 0.3，AC0"把实数 0.3 传送给 AC0，其中 AC0 为 32 位的数据。

表 5-2 单一数据传送指令的使用程序

程序段	LAD	STL

程序段 1	SM0.1
	MOV_B
	EN ENO
	IB0-IN OUT-QB0
	MOV_B
	EN ENO
	10-IN OUT-QB1
		LD SM0.1
		MOVB IB0,QB0
		MOVB 10,QB1

程序段 2	SM0.1
	MOV_W
	EN ENO
	IW0-IN OUT-QW2
	MOV_W
	EN ENO
	20-IN OUT-QW1
		LD SM0.1
		MOVW IW0,QW2
		MOVW 20,QW4

程序段	LAD	STL

程序段 3	SM0.1 ─┤├─ MOV_DW: EN ENO, ID0─IN OUT─QD6; MOV_DW: EN ENO, 80─IN OUT─QD10	LD SM0.1
		MOVD ID0,QD6
		MOVD 80,QD10

程序段 4	SM0.1 ─┤├─ MOV_R: EN ENO, 0.3─IN OUT─AC0	LD SM0.1 MOVR 0.3,AC0

5.1.2 数据块传送指令

数据块传送指令将从输入 IN 指定地址的 n 个连续数据传送到从输出 OUT 指定地址开始的 n 个连续单元中。n 可以是 VB、IB、QB、MB、LB、AC 和常数，其数据范围为 1～255。按传送数据的类型可分为字节块传送 BMB、字块传送 BMV 和双字块传送 BMD，如表 5-3 所示。

表 5-3   数据块传送指令

传送类型	LAD	STL	输入数据 IN	输出数据 OUT
字节块传送	BLKMOV_B: EN ENO, IN OUT, N	BMB IN,OUT	VB、IB、QB、MB、SB、SMB、LB	VB、IB、QB、MB、SB、SMB、LB
字块传送	BLKMOV_W: EN ENO, IN OUT, N	BMW IN,OUT	VW、IW、QW、MW、SW、SMW、LW、T、C、AQW	VW、IW、QW、MW、SW、SMW、LW、T、C、AQW
双字块传送	BLKMOV_D: EN ENO, IN OUT, N	BMD IN,OUT	VD、ID、QD、MD、SD、SMD、LD	VD、ID、QD、MD、SD、SMD、LD

例 5-2   块数据传送指令的使用程序如表 5-4 所示。程序段 1 为字节块数据传送，它是将 VB2 开始的 4 个字节中的数据送入 VB100 开始的 4 个字节中。假设 VB2～VB5 单元的数据分别为 30、45、21、70，执行块传送指令后，VB100～VB103 单元的内容分别为 30、45、21、70。程序段 2 为字块传送，它是将 VW10、VW11（即 VB10、VB11、VB12、VB13）单元中的数据传送给 QW0 和 QW1 中（即 QB0、QB1、QB2、QB3）。程序段 3 为双字块传

送，它是将 VD20、VD21（即 VW20、VW21、VW22、VW23）单元中的数据传送给 VD110 和 VD111 中（即 VW110、VW111、VW112、VW113）。

表 5-4　块数据传送指令的使用程序

程序段	LAD	STL
程序段 1	SM0.1　BLKMOV_B　EN　ENO　VB2─IN　OUT─VB100　4─N	LD　　SM0.1 BMB　　VB2,VB100,4
程序段 2	SM0.1　BLKMOV_W　EN　ENO　VW10─IN　OUT─QW0　2─N	LD　　SM0.1 BMW　　VW10,QW0,2
程序段 3	SM0.1　BLKMOV_D　EN　ENO　VD20─IN　OUT─VD110　2─N	LD　　SM0.1 BMD　　VD20,VD110,2

5.1.3　字节交换指令

字节交换指令是将输入字 IN 的高 8 位与低 8 位进行互换，交换结果仍存放在输入 IN 指定的地址中。输入字 IN 为无符号整数型，交换指令如表 5-5 所示。

表 5-5　字节交换指令

指令	LAD	STL	输入数据 IN
字节交换	SWAP　EN　ENO　IN	SWAP IN	VW,IW,QW,MW,SW,SMW,LW,TC,AC

例 5-3　当 I0.0 为 ON 时，将十六进制数送入 QW0 中，当 I0.1 为 ON 时，将 QW0 中数据的高、低字节进行交换，其程序如表 5-6 所示。若十六进制数为 16♯3CDA，交换后，QW0 中的内容变为 16♯DA3C。

表 5-6　字节交换指令的使用程序

程序段	LAD	STL
程序段 1	I0.0　MOV_W　EN　ENO　16#3CDA─IN　OUT─QW0	LD　　I0.0 MOVW　16♯3CDA,QW0
程序段 2	I0.1　SWAP　EN　ENO　QW0─IN	LD　　I0.1 SWAP　QW0

5.1.4 字节立即传送指令

字节立即传送指令包括字节立即读指令和字节立即写指令。

字节立即读 MOV_BIR（Move Byte Immediate Read）指令是读取 1 个字节的物理输入 IN，并将结果写入 OUT，但输入过程映像寄存器并未更新。

字节立即写 MOV_BIW（Move Byte Immediate Write）指令是将输入 IN 中的 1 个字节的数值写入物理输出 OUT，同时刷新相应的输出过程映像寄存器。

字节立即读、写指令操作数为字节型数据，其指令如表 5-7 所示。

表 5-7 字节立即读、写指令

指令类型	LAD	STL	输入数据 IN	输出数据 OUT
字节立即读	MOV_BIR EN ENO IN OUT	BIR IN,OUT	IB	VB, IB, QB, MB, SB, SMB, LB, AC
字节立即写	MOV_BIW EN ENO IN OUT	BIW IN,OUT	VB, IB, QB, MB, SB, SMB, LB, AC, 常数	QB

5.1.5 数据传送指令的应用

例 5-4 数据传送指令实现 Q0.0 和 QB1 的置位与复位。

分析：置位与复位是对某些存储器置 1 或清零的一种操作。用数据传送指令实现置 1 与清零，与用 S、R 指令实现置 1 或清零的效果是一致的。将 Q0.0 置 1，则送数据 1 给 QB0 即可，要将该位清零时，则送数据 0 给 QB0；若要 Q1.0～Q1.7 连续 8 位置 1，则将数据 16♯FF 送入 QB1 即可；若要 Q1.0～Q1.7 连续 8 位清零，则将数据 0 送入 QB1 即可。数据传送指令实现 Q0.0 和 QB1 的置位与复位，其程序如表 5-8 所示。

表 5-8 数据传送指令实现置位与复位的程序

程序段	LAD	STL
程序段 1	I0.0 —P— MOV_B EN ENO 1—IN OUT—QB0	LD I0.0 EU MOVB 1,QB0
程序段 2	I0.1 —P— MOV_B EN ENO 0—IN OUT—QB0	LD I0.1 EU MOVB 0,QB0
程序段 3	I0.2 —P— MOV_B EN ENO 16#FF—IN OUT—QB1	LD I0.2 EU MOVB 16♯FF,QB1

程序段	LAD	STL
程序段 4	I0.3 —P— MOV_B EN ENO 0—IN OUT—QB1	LD I0.3 EU MOVB 0,QB1

例 5-5　数据传送指令在两级传送带启停控制中的应用。两级传送带启动控制，如图 5-1 所示。若按下启动按钮 SB1 时，I0.0 触点接通，电机 M1 启动，A 传送带运行使货物向右运行。当货物到达 A 传送带的右端点时，触碰行程开关使 I0.1 触点接通，电机 M2 启动，B 传送带运行，当货物传送到 B 传送带并触碰行程开关使 I0.2 触点接通时，电机 M1 停止，A 传送带停止工作。当货物到达 B 传送带的右端点时，触碰行程开关使 I0.3 触点接通，电机 M2 停止，B 传送带停止工作。

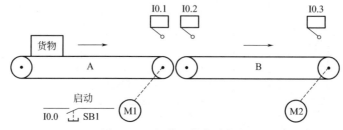

图 5-1　两级传送带启动控制

分析：使用数据传送指令实现此功能，设计的程序如表 5-9 所示。在程序段 1 中，按下启动按钮 SB1 时，I0.0 常开触点闭合 1 次，将立即数 1 送入 QB0，使 Q0.0 线圈输出为 1，控制 M1 电机运行。在程序段 2 中，货物触碰行程开关使 I0.1 常开触点接通 1 次，将立即数 1 送入 QB1，使 Q1.0 线圈输出为 1，控制 M2 电机运行。在程序段 3 中，货物触碰行程开关使 I0.2 常开触点接通 1 次，将立即数 0 送入 QB0，使 Q0.0 线圈输出为 0，控制 M1 电机停止工作。在程序段 4 中，货物触碰行程开关使 I0.3 常开触点接通 1 次，将立即数 0 送入 QB1，使 Q1.0 线圈输出为 0，控制 M2 电机停止工作。

表 5-9　数据传送指令实现两级传送带启停控制的程序

程序段	LAD	STL
程序段 1	I0.0 —P— MOV_B EN ENO 1—IN OUT—QB0	LD I0.0 EU MOVB 1,QB0
程序段 2	I0.1 —P— MOV_B EN ENO 1—IN OUT—QB1	LD I0.1 EU MOVB 1,QB1
程序段 3	I0.2 —P— MOV_B EN ENO 0—IN OUT—QB0	LD I0.2 EU MOVB 0,QB0

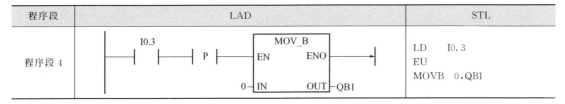

程序段	LAD	STL
程序段 4	I0.3 ─┤├─ ┤P├ ─ MOV_B EN ENO 0 ─ IN OUT ─ QB1	LD I0.3 EU MOVB 0,QB1

5.2 数据转换指令

转换指令是对操作数的类型进行转换，并输出到指定的目标地址中去。西门子 S7-200 SMART PLC 的转换指令包括数据类型转换、数据的编码和译码、ASCII 码转换等指令。

5.2.1 数据类型转换指令

在 S7-200 SMART PLC 中的数据类型主要有字节型、整数型、双整数型和实数型，使用了 BCD 码、ASCII 码、十进制数和十六进制数。不同功能的指令对操作数类型要求不同，因此，许多指令执行前需对操作数进行类型的转换。

数据类型转换主要有 BCD 码与整数之间的转换、字节与整数之间的转换、整数与双字整数之间的转换和双字整数与实数的转换等。

（1）BCD 码与整数之间的转换

在一些数字系统，如计算机和数字式仪器中，如数码开关设置数据，往往采用二进制码表示十进制数。通常，把用一组四位二进制码来表示一位十进制数的编码方法称为 BCD 码。

4 位二进制码共有 16 种组合，可从中选取 10 种组合来表示 0～9 这 10 个数，根据不同的选取方法，可以编制出多种 BCD 码，其中 8421 BCD 码最为常用。十进制数与 8421 BCD 码的对应关系如表 5-10 所示。如：十进制数 1234 化成 8421 BCD 码为 0001001000110100。

表 5-10　十进制数与 8421 BCD 码对应表

十进制数	0	1	2	3	4	5	6	7	8	9
BCD 码	0000	0001	0010	0011	0100	0101	0110	0111	1000	1001

BCD 码与整数之间的转换是对无符号操作数进行的，其转换指令如表 5-11 所示。输入 IN 和输出 OUT 的类型为字。

使用 BCDI 指令可将 IN 端输入的 BCD 码转换成整数，产生结果送入 OUT 指定的变量中。IN 输入的 BCD 码范围为 0～9999。

使用 IBCD 指令可将 IN 端输入的整数转换成 BCD 码，产生结果送入 OUT 指定的变量中。IN 输入的整数范围为 0～9999。

表 5-11　BCD 码与整数之间的转换指令

指令	LAD	STL	IN	OUT
BCD 转整数	BCD_I EN ENO IN OUT	BCDI IN,OUT	VW,IW,QW,MW,SW,SMW,LW,T,C,AC,＊VD,＊LD,＊AC,常数	VW,IW,QW,MW,SW,SMW,LW,T,C,AIW,＊VD,＊LD,＊AC

指令	LAD	STL	IN	OUT
整数转BCD	I_BCD EN ENO IN OUT	IBCD IN,OUT	VW,IW,QW,MW,SW,SMW,LW,T,C,AC,＊VD,＊LD,＊AC,常数	VW,IW,QW,MW,SW,SMW,LW,T,C,AIW,＊VD,＊LD,＊AC

若为无效 BCD 码时，特殊标志位 SM1.6 被置 1。输入 IN 和输出 OUT 操作数地址最好相同，若不相同时，需使用指令：

MOV　IN，OUT

BCDI　OUT

例 5-6　使用 BCD 码与整数之间的转换指令，将 VW100 中的 BCD 码转换成整数，并存放到 AC0 中；将 VW200 中的整数转换成 BCD 码，并存放到 AC1 中。其程序如表 5-12 所示。假设 VW100 中的 BCD 为 1001001000110101，执行 BCDI 指令后，转换的整数为 9235；假设 VW200 中的整数为 5421，执行 IBCD 指令后，转换的 BCD 码为 0101010000100001。

表 5-12　BCD 码与整数之间的转换指令程序

程序段	LAD	STL

程序段 1	I0.0 —| |— P —
	BCD_I
	EN ENO
	VW100—IN OUT—AC0
	I_BCD
	EN ENO
	VW200—IN OUT—AC1
		LD I0.0
		EU
		MOVW VW100,AC0
		BCDI AC0
		MOVW VW200,AC1
		IBCD AC1

（2）字节与整数之间的转换

字节与整数之间的转换是对无符号操作数进行的，其转换指令如表 5-13 所示。

表 5-13　字节与整数之间的转换指令

指令	LAD	STL	IN	OUT
字节转整数	B_I EN ENO IN OUT	BTI IN OUT	VB,IB,QB,MB,SB,SMB,LB,AC,常数	VW,IW,QW,MW,SW,SMW,LW,T,C,AC
整数转字节	I_B EN ENO IN OUT	ITB IN OUT	VW,IW,QW,MW,SW,SMW,LW,T,C,AC,AIW,常数	VB,IB,QB,MB,SB,SMB,LB,AC

使用 BTI 指令可将 IN 端输入的字节型数据转换成整数型数据，产生结果送入 OUT 指定的单元中。使用 ITB 指令可将 IN 端输入的整数型数据转换成字节型数据，产生结果送入 OUT 指定的变量中。被转换的值应为有效的整数，否则溢出位 SM1.1 被置 1。

（3）整数与双字整数之间的转换

整数与双字整数之间的转换指令如表 5-14 所示。

表 5-14　整数与双字整数之间的转换指令

指令	LAD	STL	IN	OUT
整数转双字整数	I_DI —EN　ENO— —IN　OUT—	ITD IN OUT	VW, IW, QW, MW, SW, SMW, LW, T, C, AIW,常数	VD, ID, QD, MD, SD, SMD,LD, AC
双字整数转整数	DI_I —EN　ENO— —IN　OUT—	DTI IN OUT	VD, ID, QD, MD, SD, SMD,LD, AC,常数	VW, IW, QW, MW, SW, SMW,LW,T,C,AIW,AC

ITD 指令是将输入 IN 的整数型数据转换成双整数型数据，产生的结果送入 OUT 指定存储单元，输入为整数型数据，输出为双整数型数据，要进行符号扩展。

DTI 指令是将输入 IN 的双整数型数据转换成整数型数据，产生的结果置入 OUT 指定存储单元，输入为双整数型数据，输出为整数型数据。被转换的输入 IN 值应为有效双整数，否则 SM1.1 被置 1。

（4）双字整数与实数的转换

双字整数与实数的转换指令如表 5-15 所示。

表 5-15　双字整数与实数的转换指令

指令	LAD	STL	IN	OUT
双字整数转实数	DI_R —EN　ENO— —IN　OUT—	DTR　IN,OUT	VD, ID, QD, MD, SD, SMD,LD, HC, AC,常数	VD, ID, QD, MD, SD,SMD,LD, AC
四舍五入（取整）	ROUND —EN　ENO— —IN　OUT—	ROUND IN,OUT	VD, ID, QD, MD, SD, LD, AC,SMD,常数	VD, ID, QD, MD, SD,SMD,LD, AC
舍去小数（取整）	TRUNC —EN　ENO— —IN　OUT—	TRUNC IN,OUT	VD, ID, QD, MD, SD, SMD,LD, AC,常数	VD, ID, QD, MD, SD,SMD,LD, AC

DTR 指令是将输入 IN 的双字整数型数据转换为实数型数据，产生的结果送入 OUT 指定的存储单元，IN 输入的为有符号的 32 位双字整数型数据。

四舍五入和舍去小数指令都是实数转换为双字整数的取整指令。执行 ROUND 指令时，实数的小数部分四舍五入；执行 TRUNC 指令时，实数的小数部分舍去。若输入的实数值太大，无法用双字整数表示时，SM1.1 被置 1。

例 5-7　用实数运算求直径为 32mm 的圆面积，将结果转换为整数。

分析：圆的面积＝圆半径的平方×π，圆半径的平方可使用 EXP（2×LN（32/2）），编写的 PLC 程序如表 5-16 所示。

例 5-8　1 英寸等于 2.54cm，假设英尺数由数码开关通过 IW0 输入（BCD 码），则长度由英寸转换成厘米，且厘米数由 QW0 用 BCD 码输出时，其程序编写如表 5-17 所示。

表 5-16　求圆面积的程序

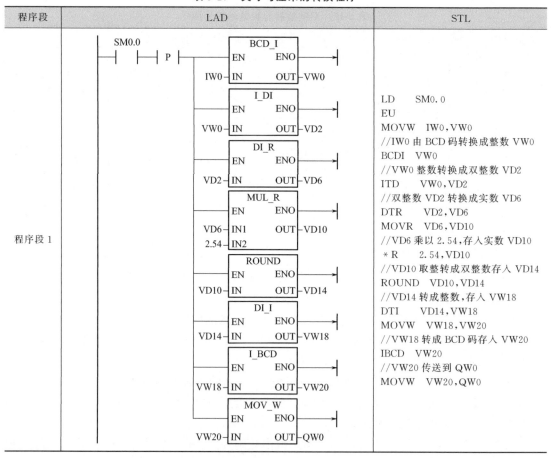

程序段	LAD	STL

程序段 1	SM0.0 — P — SHR_W (EN ENO, 32 IN OUT AC0, 1 N) / LN (EN ENO, AC0 IN OUT AC0) / SHL_W (EN ENO, AC0 IN OUT AC0, 1 N) / EXP (EN ENO, AC0 IN OUT AC0) / MUL_R (EN ENO, AC0 IN1 OUT AC1, 3.14159 IN2) / ROUND (EN ENO, AC1 IN OUT AC1)	LD　　SM0.0
		EU
		MOVW　32,AC0
		//直径除以2等于半径
		SRW　　AC0,1
		LN　　AC0,AC0
		//半径的平方
		SLW　　AC0,1
		EXP　　AC0,AC0
		MOVR　AC0,AC1
		//半径平方乘以 π
		*R　　3.14159,AC1
		//四舍五入取整
		ROUND　AC1,AC1

表 5-17　英寸与厘米的转换程序

程序段	LAD	STL

程序段 1	SM0.0 — P — BCD_I (EN ENO, IW0 IN OUT VW0) / I_DI (EN ENO, VW0 IN OUT VD2) / DI_R (EN ENO, VD2 IN OUT VD6) / MUL_R (EN ENO, VD6 IN1 OUT VD10, 2.54 IN2) / ROUND (EN ENO, VD10 IN OUT VD14) / DI_I (EN ENO, VD14 IN OUT VW18) / I_BCD (EN ENO, VW18 IN OUT VW20) / MOV_W (EN ENO, VW20 IN OUT QW0)	LD　　SM0.0
		EU
		MOVW　IW0,VW0
		//IW0 由 BCD 码转换成整数 VW0
		BCDI　VW0
		//VW0 整数转换成双整数 VD2
		ITD　　VW0,VD2
		//双整数 VD2 转换成实数 VD6
		DTR　　VD2,VD6
		MOVR　VD6,VD10
		//VD6 乘以 2.54,存入实数 VD10
		*R　　2.54,VD10
		//VD10 取整转成双整数存入 VD14
		ROUND　VD10,VD14
		//VD14 转成整数,存入 VW18
		DTI　　VD14,VW18
		MOVW　VW18,VW20
		//VW18 转成 BCD 码存入 VW20
		IBCD　VW20
		//VW20 传送到 QW0
		MOVW　VW20,QW0

5.2.2 ASCII 字符数组转换指令

ASCII 码（American Standard Code for Information Interchange）为美国标准信息交换码，在计算机系统中使用最广泛。西门子 S7-200 SMART PLC 的 ASCII 字符数组转换指令包括整数转换为 ASCII 码指令、双整数转换为 ASCII 码指令、实数转换为 ASCII 码指令、十六进制整数与 ASCII 码相互转换指令，指令如表 5-18 所示。

表 5-18　ASCII 字符数组转换指令

指令	LAD	STL	操作数
整数转换为 ASCII	ITA EN　ENO IN　OUT FMT	ITA IN,OUT,FMT	IN 为整数类型，取值为：IW、QW、VW、MW、SMW、SW、T、C、LW、AC、AIW 和常数；FMT 为字节类型，取值为：IB、QB、VB、MB、SMB、SB、LB、AC 和常数；OUT 为字节类型，取值为：IB、QB、VB、MB、SMB、SB、LB 和常数
双整数转换为 ASCII	DTA EN　ENO IN　OUT FMT	DTA IN,OUT,FMT	IN 为双整数类型，取值为：ID、QD、VD、MD、SMD、SD、LD、AC、HC 和常数；FMT 为字节类型，取值为：IB、QB、VB、MB、SMB、SB、LB、AC 和常数；OUT 为字节类型，取值为：IB、QB、VB、MB、SMB、SB、LB
实数转换为 ASCII	RTA EN　ENO IN　OUT FMT	RTA IN,OUT,FMT	IN 为实数类型，取值为：ID、QD、VD、MD、SMD、SD、LD、AC 和常数；FMT 为字节类型，取值为：IB、QB、VB、MB、SMB、SB、LB、AC 和常数；OUT 为字节类型，取值为：IB、QB、VB、MB、SMB、SB、LB
ASCII 转换为十六进制数	ATH EN　ENO IN　OUT LEN	ATH IN,OUT,LEN	IN 和 OUT 均为字节类型，取值为：IB、QB、VB、MB、SMB、SB、LB；LEN 为字节类型，取值为：IB、QB、VB、MB、SMB、SB、LB、AC 和常数
十六进制数转换为 ASCII	HTA EN　ENO IN　OUT LEN	HTA IN,OUT,LEN	IN 和 OUT 均为字节类型，取值为：IB、QB、VB、MB、SMB、SB、LB；LEN 为字节类型，取值为：IB、QB、VB、MB、SMB、SB、LB、AC 和常数

（1）整数转换为 ASCII 码指令 ITA

整数转换为 ASCII 码指令 ITA（Integer to ASCII）把输入端 IN 的有符号整数转换成 ASCII 字符串，其转换结果存入以 OUT 为起始字节地址的 8 个连续字节的缓冲区中，FMT 指定小数点右侧的转换精度和小数点是使用逗号还是点号。整数转 ASCII 码指令的格式操作数如图 5-2 所示，输出缓冲区的大小始终是 8 个字节，nnn 表示输出缓冲区中小数点右侧的数字位数，nnn 的有效范围为 0～5，若 nnn＝0，指定小数右侧的位数为 0，转换时数值没有小数点；若 nnn＞5 时，输出缓冲区会被空格键的 ASCII 码填充，此时无法输出。C 指定整数和小数点的分隔符，当 C＝1 时，分隔符为"，"；当 C＝0 时，分隔符为"．"，FMT 的高 4 位必须为 0。

在图 5-2 中给出了一个数值的例子，其格式为使用点号（C＝0），小数点右侧有 3 位小

图 5-2　整数转 ASCII 码指令的 FMT 操作数

数（nnn＝011），输出缓冲区格式符合以下规则：

① 正数值写入输出缓冲区没有符号位；

② 负数值写入输出缓冲区时以负号（－）开头；

③ 小数点左侧开头的 0（除去靠近小数点的那个之外）被隐藏；

④ 数值在输出缓冲区 OUT 中是右对齐的。

例 5-9　整数转 ASCII 码指令的使用。将 VW10 中的整数转换为从 VB100 开始的 8 个 ASCII 码字符，使用 16♯0B 的格式，用逗号作小数点，保留 3 位小数，程序如表 5-19 所示。

表 5-19　整数转 ASCII 码指令程序

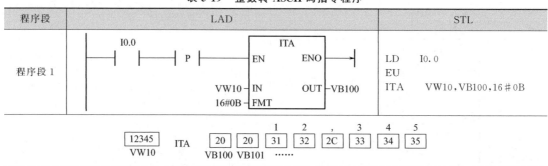

（2）双整数转换为 ASCII 码指令 DTA

双整数转换为 ASCII 码指令 DTA（Double Integer to ASCII）把输入端 IN 的有符号双字整数转换成 ASCII 字符串，其转换结果存入以 OUT 为起始字节地址的 12 个连续字节的缓冲区中。除输入 IN 为双整数、输出为 12 字节外，其它方面与整数转 ASCII 码指令相同。双整数转换为 ASCII 码指令的格式操作数如图 5-3 所示。

图 5-3　双整数转 ASCII 码指令的 FMT 操作数

（3）实数转换为 ASCII 码指令 RTA

实数转换为 ASCII 码指令 RTA（Real to ASCII）是将输入端 IN 的实数转换成 ASCII 字符串，其转换结果存入以 OUT 为起始字节地址的 3～15 个连续字节的缓冲区中。实数转换为 ASCII 码指令的格式操作数如图 5-4 所示。

西门子 S7-200 SMART PLC 的实数格式最多支持 7 位小数，若显示 7 位以上的小数会

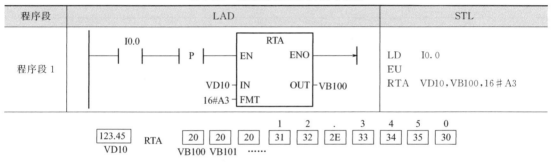

图 5-4 实数转 ASCII 码指令的 FMT 操作数

产生一个四舍五入的错误。图 5-4 中，SSSS 表示输出缓冲区 OUT 的大小，它的范围为 3～15 个字节。输出缓冲区的大小应大于输入实数小数点右边的位数，如实数－3.89546，小数点右边有 5 位，SSS 应大于 5，至少为 6。与整数转 ASCII 码指令相比，实数转 ASCII 码的输出缓冲区的格式还具有以下规则：

① 小数点右侧的数值按照指定的小数点右侧的数字位数被四舍五入；

② 输出缓冲区的大小应至少比小数点右侧的数字位多 3 个字节。

例 5-10 实数转 ASCII 码指令的使用。将 VD10 中的实数转换成从 VB100 开始的 10 个 ASCII 码字符，使用 16#A3 的格式，用点号作小数点，后面跟 3 位小数，程序如表 5-20 所示。

表 5-20 实数转 ASCII 码指令程序

程序段	LAD	STL
程序段 1	I0.0 —P— RTA EN ENO VD10—IN OUT—VB100 16#A3—FMT	LD I0.0 EU RTA VD10,VB100,16＃A3

123.45 VD10 RTA → VB100 VB101 ……

			1	2	.	3	4	5	0
20	20	20	31	32	2E	33	34	35	30

（4）十六进制整数与 ASCII 码相互转换指令

ASCII 码 30～39 和 41～46 与十六进制数为 0～9 和 A～F 相对应，使用 HTA 指令可将十六进制整数转换为 ASCII 码字符串；使用 ATH 指令可将 ASCII 码字符串转换为相应的十六进制整数。

ATH 指令将一个长度为 LEN 从 IN 开始的 ASCII 码字符串转换成从 OUT 开始的十六进制整数；HTA 指令将从输入字节 IN 开始的长度为 LEN 的十六进制整数转换成从 OUT 开始的 ASCII 码字符串。ASCII 码和十六进制数的有效范围为 0～255。

例 5-11 ASCII 码转换成十六进制整数指令的使用。将 VB100～VB102 中存放的 3 个 ASCII 码 34、42、38 转换成十六进制数。程序及运行结果如表 5-21 所示。表中"x"为半字节，表示 VB11 的低 4 位值未改变。

表 5-21 ASCII 码转换成十六进制整数指令程序

网络	LAD	STL
网络 1	I0.0 —P— ATH EN ENO VB100—IN OUT—VB10 3—LEN	LD I0.0 EU ATH VB100,VB10,3

网络	LAD	STL
	运行结果: 4 B 8 ┌──┬──┬──┐ │34│42│38│ ATH ┌──┬──┐ └──┴──┴──┘ │4B│8x│ VB100 VB101 VB102 └──┴──┘ VB10 VB11	

5.2.3 编码与译码指令

编码指令 ENCO（Encode）是将输入的字型数据 IN 中为 1 的最低有效位的位数写入输出字节 OUT 的最低 4 位，即用半字节对一个字型数据 16 位中的"1"位有效位进行编码。它的输入 IN 为字型数据，输出 OUT 为字节型数据，其指令如表 5-22 所示。

表 5-22　编码指令

	LAD	STL	IN	OUT
编码 指令	ENCO EN　　ENO IN　　OUT	ENCO IN,OUT	VW,IW,QW,MW,SW, SMW,LW,T,C,AC,常数	VB,IB,QB,MB,SMB, LB,SB,AC

译码指令 DECO（Decode）是将输入的字节型数据 IN 的低 4 位表示的位号输出到 OUT 所指定的单元对应位置 1，而其它位清 0。即对半字节的编码进行译码，以选择一个字型数据 16 位中的"1"位。它的输入 IN 为字节型数据，输出 OUT 为字型数据，其指令如表 5-23 所示。

表 5-23　译码指令

	LAD	STL	IN	OUT
译码 指令	DECO EN　　ENO IN　　OUT	DECO IN,OUT	VB,IB,QB,MB,SMB,LB, SB,AC,常数	VW,IW,QW,MW, SW,SMW,LW,T,C,AC

例 5-12　编码和译码指令的举例，其程序如表 5-24 所示。若 I0.1 常开触点为 OFF 而 I0.0 触点为 ON，执行 ENCO 指令进行编码操作后，VB100 中的值为 0；执行 DECO 指令进行译码操作后，VW10 中的值也为 16♯00。若 I0.1 常开触点为 ON，I0.0 触点也为 ON 时，执行 ENCO 指令进行编码操作后，VB100 中的值为 3；执行 DECO 指令进行译码操作后，VW10 中的值为 16♯0008，即二进制数 0000000000001000。

表 5-24　编码和译码指令程序

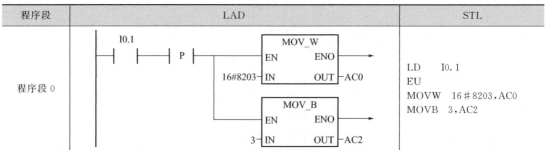

程序段	LAD	STL

程序段 0	I0.1 ─┤ ├─ P ──┐ MOV_W ...	LD I0.1
		EU
		MOVW 16♯8203,AC0
		MOVB 3,AC2

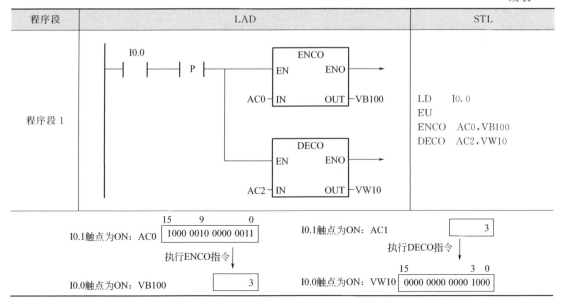

程序段	LAD	STL
程序段 1		LD I0.0 EU ENCO AC0,VB100 DECO AC2,VW10

I0.1触点为ON：AC0   15   9   0   `1000 0010 0000 0011`

执行ENCO指令 ↓

I0.0触点为ON：VB100   `3`

I0.1触点为ON：AC1   `3`

执行DECO指令 ↓

I0.0触点为ON：VW10   15   3 0   `0000 0000 0000 1000`

5.2.4 七段显示译码指令

S7-200 SMART PLC 七段显示译码指令 SEG（Segment）是根据输入字节 IN 低 4 位确定的十六进制数（16♯0～16♯F）产生点亮七段显示器各段的代码，并送到输出字节 OUT。七段显示器的 abcdefg（D0～D6）段分别对应于输出字节的第 0～6 位，若输出字节的某位为 1 时，其对应的段显示；输出字节的某位为 0 时，其对应的段不亮。字符显示与各段的关系如表 5-25 所示。例如要显示数字"2"时，D0、D1、D3、D4、D6 为 1，其余为 0。

表 5-25　字符显示与各段关系

IN	段显示	.gfedcba	IN	段显示	.gfedcba
0	0	0 0 1 1 1 1 1 1	8	8	0 1 1 1 1 1 1 1
1	1	0 0 0 0 0 1 1 0	9	9	0 1 1 0 0 1 1 1
2	2	0 1 0 1 1 0 1 1	A	A	0 1 1 1 0 1 1 1
3	3	0 1 0 0 1 1 1 1	B	b	0 1 1 1 1 1 0 0
4	4	0 1 1 0 0 1 1 0	C	C	0 0 1 1 1 0 0 1
5	5	0 1 1 0 1 1 0 1	D	d	0 1 0 1 1 1 1 0
6	6	0 1 1 1 1 1 0 1	E	E	0 1 1 1 1 0 0 1
7	7	0 0 0 0 0 1 1 1	F	F	0 1 1 1 0 0 0 1

七段显示译码指令如表 5-26 所示。

表 5-26　七段显示译码指令

指令	LAD	STL	IN	OUT
显示译码	SEG EN ENO IN OUT	SEG IN,OUT	VB,IB,QB,MB,SMB, LB,SB,AC,常数	VB,IB,QB,MB,SMB, LB,SB,AC

例 5-13 若 PLC 的 I0.0 外接按钮 SB0，QB0 外接 1 位 LED 共阴极数码管，要求每按 1 次按钮时，共阴极数码管显示的数字加 1，其显示数字为 0～9。

分析：可以使用 C0 增计数器对按钮次数进行统计，再将 C0 中的整数转换为相应 BCD 码后送入 MB0，最后将 MB0 中的数值转换为相应的段码即可。编写的程序如表 5-27 所示。

表 5-27　七段显示译码程序

程序段	LAD	STL
程序段 1	I0.0 — P — C0 CU CTU C0 R +9 — PV	LD I0.0 EU LD C0 CTU C0,+9
程序段 2	I0.0 I_B EN ENO C0 — IN OUT — MB0 SEG EN ENO MB0 — IN OUT — QB0	LD I0.0 ITB C0,MB0 SEG MB0,QB0

5.3　移位控制指令

移位控制指令是 PLC 控制系统中比较常用的指令之一，在程序中可以方便地实现某些运算，也可以用于取出数据中的有效位数字。移位控制指令主要有三大类，分别为移位指令、循环移位指令和移位寄存器指令。

5.3.1　移位指令

移位指令根据数据长度的不同，可分为字节型移位指令、字型移位指令和双字型移位指令；根据移位方向的不同可分为左移位指令和右移位指令。

（1）左移位指令

左移位指令 SHL 是将输入端 IN 指定的数据左移 n 位，结果存入 OUT 中，左移 n 位相当于乘以 2^n。左移位指令包括字节左移位 SLB、字左移位 SLW 和双字左移位 SLD 指令，其格式如表 5-28 所示。

表 5-28　左移位指令格式

指令	LAD	STL	输入数据 IN	输出数据 OUT
字节左移指令	SHL_B EN ENO IN OUT N	SLB OUT,n	VB,IB,QB,MB,SB, SMB,LB,AC	VB,IB,QB,MB,SB,SMB,LB,AC

指令	LAD	STL	输入数据 IN	输出数据 OUT
字左移指令	SHL_W EN ENO IN OUT N	SLW OUT,n	VW，IW，QW，MW，SW，SMW，LW，T，C，AC，常数	VW，IW，QW，MW，SW，SMW，LW，T，C，AC
双字左移指令	SHL_DW EN ENO IN OUT N	SLD OUT,n	VD，ID，QD，MD，SD，SMD，LD，AC，HC，常数	VD，ID，QD，MD，SD，SMD，LD，AC

（2）右移位指令

右移位指令 SHR 是将输入端 IN 指定的数据左移 n 位，结果存入 OUT 中，右移 n 位相当于除以 2^n。右移位指令包括字节右移位 SRB、字右移位 SRW 和双字右移位 SRD 指令，其格式如表 5-29 所示。

表 5-29 右移位指令格式

指令	LAD	STL	输入数据 IN	输出数据 OUT
字节右移指令	SHR_B EN ENO IN OUT N	SRB OUT,n	VB，IB，QB，MB，SB，SMB，LB，AC	VB，IB，QB，MB，SB，SMB，LB，AC
字右移指令	SHR_W EN ENO IN OUT N	SRW OUT,n	VW，IW，QW，MW，SW，SMW，LW，T，C，AC，常数	VW，IW，QW，MW，SW，SMW，LW，T，C，AC
双字右移指令	SHR_DW EN ENO IN OUT N	SRD OUT,n	VD，ID，QD，MD，SD，SMD，LD，AC，HC，常数	VD，ID，QD，MD，SD，SMD，LD，AC

左移位和右移位的移位数据存储单元与 SM1.1 溢出端相连，移位时，最后一次被移出的位进入 SM1.1，另一端自动补 0，如果移动的位数 n 大于允许值，实际移位的位数为最大允许值。字节型移位的最大允许值为 8；字型移位的最大允许值为 16；双字型移位的最大允许值为 32。若移位的结果为 0，零标志位 SM1.0 被置 1。

例 5-14 左移、右移指令的使用。当 I0.0 为 ON 时，将十六进制数送入 VB0 中，当 I0.1 为 ON 时，将 VB0 中的内容右移 2 位送入 QB0 中，VB0 中的内容左移 3 位送入 QB1 中，其程序如表 5-30 所示。十六进制数为 16#B3，右移 2 位送入 QB0 中的结果为 44（即 16#2C）；左移 3 位送入 QB1 中的结果为 152（即 16#98）。

表 5-30 左移、右移指令的使用程序

程序段	LAD	STL
程序段 1	I0.0 MOV_B EN ENO 16#B3 — IN OUT — VB0	LD I0.0 MOVB 16#B3,VB0

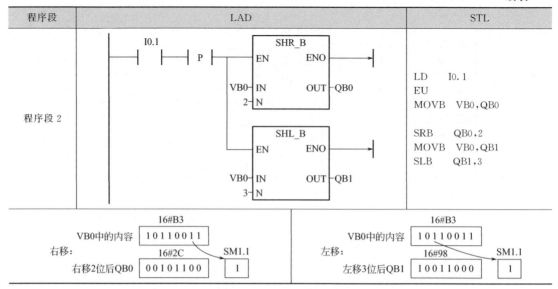

在 STL 指令中，若移位指令的 IN 和 OUT 指定的存储器不同时，必须首先将 IN 中的数据传送到 OUT 所指定的存储单元，如：

```
MOVB   IN,OUT
SLB    OUT,n
```

5.3.2 循环移位指令

循环移位根据数据长度的不同，可分为字节型循环移位指令、字型循环移位指令和双字型循环移位指令；根据移位方向的不同又分为循环左移位、循环右移位指令。

（1）循环左移位指令

循环左移位指令是将输入端 IN 指定的数据循环左移 n 位，结果存入 OUT，它有字节循环左移位 RLB、字循环左移位 RLW 和双字循环左移位 RLD 指令，如表 5-31 所示。

表 5-31 循环左移位指令

指令	LAD	STL	输入数据 IN	输出数据 OUT
字节循环左移指令	ROL_B EN ENO IN OUT N	RLB OUT,n	VB, IB, QB, MB, SB, SMB,LB,AC,常数	VB, IB, QB, MB, SB, SMB, LB,AC
字循环左移指令	ROL_W EN ENO IN OUT N	RLW OUT,n	VW,IW,QW,MW,SW, SMW, LW, T, C, AIW, AC,常数	VW,IW,QW,MW,SW,SMW, LW,T,C,AC
双字循环左移指令	ROL_DW EN ENO IN OUT N	RLD OUT,n	VD, ID, QD, MD, SD, SMD,LD,AC,HC,常数	VD, ID, QD, MD, SD, SMD, LD,AC

（2）循环右移位指令

循环右移位指令是将输入端 IN 指定的数据循环右移 n 位，结果存入 OUT，它有字节循环右移位 RRB、字循环右移位 RRW 和双字循环右移位 RRD 指令，如表 5-32 所示。

表 5-32　循环右移位指令

指令	LAD	STL	输入数据 IN	输出数据 OUT
字节循环右移指令	ROR_B EN　ENO IN　OUT N	RRB OUT,n	VB、IB、QB、MB、SB、SMB、LB、AC、常数	VB、IB、QB、MB、SB、SMB、LB、AC
字循环右移指令	ROR_W EN　ENO IN　OUT N	RRW OUT,n	VW、IW、QW、MW、SW、SMW、LW、T、C、AIW、AC、常数	VW、IW、QW、MW、SW、SMW、LW、T、C、AC
双字循环右移指令	ROR_DW EN　ENO IN　OUT N	RRD OUT,n	VD、ID、QD、MD、SD、SMD、LD、AC、HC、常数	VD、ID、QD、MD、SD、SMD、LD、AC

　　循环左移位和循环右移位的移位数据存储单元与 SM1.1 溢出端相连，循环移位是环形的，移位时，被移出来的位将返回到另一端空出来的位置，移出的最后一位数据进入 SM1.1，如果移动的位数 n 大于允许值，执行循环移位前先将 n 除以最大允许值后取其余数，该余数即为循环移位次数。字节型移位的最大允许值为 8；字型移位的最大允许值为 16；双字型移位的最大允许值为 32。

　　例 5-15　循环左移、右移指令的使用。当 I0.0 为 ON 时，将十六进制数送入 VB0 中，当 I0.1 为 ON 时，将 VB0 中的内容循环左移 2 位送入 QB0 中，VB0 中的内容循环右移 2 位送入 QB1 中，其程序如表 5-33 所示。十六进制数为 16♯B3，循环左移 2 位送入 QB0 中的结果为 206（即 16♯CE）；循环右移 2 位送入 QB1 中的结果为 236（即 16♯EC）。

表 5-33　循环左移、右移指令的使用程序

程序段	LAD	STL
程序段 1	I0.0　　MOV_B 　　　EN　ENO 16#B3 — IN　OUT — VB0	LD　I0.0 MOVB　16♯B3,VB0
程序段 2	I0.1 — P —　ROL_B 　　　EN　ENO VB0 — IN　OUT — QB0 2 — N 　　　ROR_B 　　　EN　ENO VB0 — IN　OUT — QB1 2 — N	LD　　I0.1 EU MOVB　VB0,QB0 RLB　　QB0,2 MOVB　VB0,QB1 RRB　　QB1,2

循环左移：
16#B3　VB0中的内容　1 0 1 1 0 0 1 1
16#CE　左移2位后QB0　1 1 0 0 1 1 1 0　　SM1.1　0

循环右移：
16#B3　VB0中的内容　1 0 1 1 0 0 1 1
16#EC　右移2位后QB1　1 1 1 0 1 1 0 0　　SM1.1　1

5.3.3 移位寄存器指令

移位寄存器指令多用于顺序控制程序的编制。移位寄存器指令 SHRB 将 DATA 端输入的数值移入移位寄存器中，在梯形图中有 3 个数据输入端：DATA 数据输入端、S_BIT 移位寄存器最低位端和 N 移位寄存器长度指示端，其格式如表 5-34 所示。DATA 为数据输入，执行指令时将该位的值移入移位寄存器；S_BIT 指定移位寄存器的最低位；N 指定移位寄存器的长度和移位方向（负值向右移，正值向左移）。

表 5-34　移位寄存器指令格式

指令	LAD	STL	DATA 和 S_BIT	N
移位寄存器指令	SHRB EN ENO DATA S_BIT N	SHRB DATA, S_BIT, n	I, Q, M, SM, T, C, V, S, L	VB, IB, QB, MB, SB, SMB, LB, AC

若 N 为正数，在每个扫描周期内 EN 为上升沿时，寄存器中的各位由低位向高位移一位，DATA 输入的二进制数从最低位移入，最高位被移到溢出位 SM1.1。若 N 为负数，移位是从最高位移入，最低位移出。

例 5-16　移位寄存器指令的使用程序如表 5-35 所示。I0.1 常开触点每闭合 1 次，移位寄存器指令执行 1 次。

表 5-35　移位寄存器指令的使用程序

程序段	LAD	STL
程序段 1	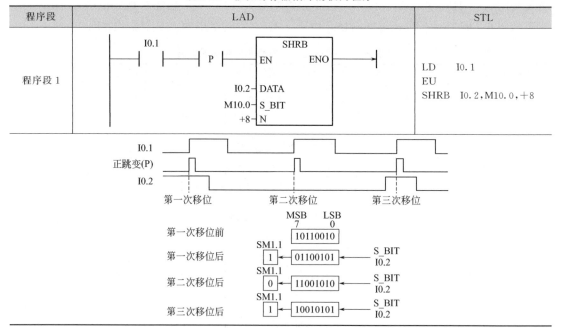	LD　I0.1 EU SHRB　I0.2, M10.0, +8

5.3.4 移位控制指令的应用

例 5-17　循环移位指令在流水灯控制系统中的应用。假设 PLC 的输入端子 I0.0 和 I0.1 分别外接启动和停止按钮；PLC 的输出端子 QB0 外接 8 只发光二极管 HL1~HL8。要求按下启动按钮后，流水灯开始从 Q0.0～Q0.7 每隔 1s 依次左移点亮，当 Q0.7 点亮后，流水灯开始从 Q0.7～Q0.0 每隔 1s 依次右移点亮，循环进行。

分析：根据题意可知，PLC 实现流水灯控制时，应有 2 个输入和 8 个输出，其 I/O 分配如表 5-36 所示。

表 5-36　PLC 实现流水灯控制的 I/O 分配表

输入			输出		
功能	元件	PLC 地址	功能	元件	PLC 地址
启动按钮	SB1	I0.0	流水灯 1	HL1	Q0.0
停止按钮	SB2	I0.1	流水灯 2	HL2	Q0.1
			流水灯 3	HL3	Q0.2
			流水灯 4	HL4	Q0.3
			流水灯 5	HL5	Q0.4
			流水灯 6	HL6	Q0.5
			流水灯 7	HL7	Q0.6
			流水灯 8	HL8	Q0.7

流水灯的启动和停止可由 I0.0、I0.1 和 M0.0 构成。当 I0.0 为 ON 时，M0.0 线圈得电，其触点自锁，这样即使 I0.0 松开 M0.0 线圈仍然保持得电状态。M0.0 线圈得电后，执行一次传送指令，将初始值 1 送入 QB0，为循环左移赋初值。Q0.0 赋初值 1 后，由 SM0.5 控制每隔 1s，执行 RLW 指令使 QW0 中的内容循环左移 1 次。当左移至 Q0.7 时，Q0.7 常开触点为 ON，由 SM0.5 控制每隔 1s，执行 RRW 指令使 QW0 中的内容循环右移 1 次。编写的程序如表 5-37 所示。

表 5-37　循环移位指令在流水灯控制系统中的应用程序

程序段	LAD	STL
程序段 1	I0.0　I0.1　M0.0 M0.0	LD　I0.0 O　M0.0 AN　I0.1 =　M0.0
程序段 2	M0.0　P　MOV_B（EN ENO, 1→IN OUT→QB0）	LD　M0.0 EU MOVB 1,QB0
程序段 3	Q0.0　Q1.0　M0.2　M0.0　M0.1 M0.1	LD　Q0.0 O　M0.1 AN　Q1.0 AN　M0.2 A　M0.0 =　M0.1
程序段 4	M0.1　SM0.5　P　ROL_W（EN ENO, QW0→IN OUT→QW0, 1→N）	LD　M0.1 A　SM0.5 EU RLW　QW0,1

程序段	LAD	STL
程序段 5	Q1.0　Q0.0　M0.1　M0.0　M0.2 ├─┤├─┤/├─┤/├─┤├─( ) M0.2 ├─┤├─	LD　Q1.0 O　M0.2 AN　Q0.0 AN　M0.1 A　M0.0 =　M0.2
程序段 6	M0.2　SM0.5 ├─┤├─┤├─┤P├─┤　ROR_W 　　　　　　　　　EN　ENO 　　　QW0─IN　OUT─QW0 　　　1─N	LD　M0.2 A　SM0.5 EU RRW　QW0,1

例 5-18 使用移位寄存器指令实现例 5-17 的流水灯控制。

分析：使用移位寄存器指令控制 Q0.0~Q0.7 的流水灯显示，必须指定一个 14 位的移位寄存器（M10.0~M11.6），移位寄存器的 S_BIT 位为 M10.1，并且移位寄存器的每一位对应一个输出。

在移位寄存器指令中，EN 连接移位脉冲，每来一个脉冲的上升沿，移位寄存器移动一位。移位寄存器应 1s 移一位，因此需要设计一个 1s 产生一个脉冲的脉冲发生器。

M10.0 为数据输入端 DATA，根据控制要求，每次只有 1 个输出，因此只需要在第 1 个移位脉冲到来时，由 M10.0 送入移位寄存器 S_BIT 位（M10.1）一个 "1"，第 2 个脉冲至第 14 脉冲到来时，由 M10.0 送入 M10.1 的值均为 "0"，这在程序中由定时器 T37 延时 1s 导通 1 个扫描周期实现，第 14 个脉冲到来时 M11.6 置位为 1，同时通过与 T37 并联的 M11.6 常开触点使 M10.0 置位为 1，在第 14 脉冲到来时由 M10.0 送入 M10.1 的值又为 1，如此循环下去，直至按下停止按钮。按下常开停止按钮 I0.1，其对应的常开触点接通，触发复位指令，使 M10.1~M11.6 的 14 位全部复位。编写的程序如表 5-38 所示。

表 5-38　移位寄存器指令在流水灯控制系统中的应用程序

程序段	LAD	STL
程序段 1	I0.0　T37　I0.1　M0.0 ├─┤├─┤/├─┤/├─( ) M0.0 ├─┤├─	LD　I0.0 O　M0.0 AN　T37 AN　I0.1 =　M0.0
程序段 2	M1.0 ├─┤├─┤　　　T37 　　　　　IN　TON 　　+10─PT　100ms	LD　M1.0 TON　T37,+10
程序段 3	T37　M10.0 ├─┤├─( ) M11.6 ├─┤├─	LD　T37 O　M11.6 =　M10.0
程序段 4	I0.0　I0.1　M0.1 ├─┤├─┤/├─( ) M0.1 ├─┤├─	LD　I0.0 O　M0.1 AN　I0.1 =　M0.1

程序段	LAD	STL
程序段 5	M0.1 ── M0.0 ──/── T38 [IN TON / +10─PT 100ms]	LD　M0.1 AN　M0.0 TON　T38,+10
程序段 6	T38 ──── M0.0 ─( )─	LD　T38 =　M0.0
程序段 7	M0.0 ── SHRB [EN ENO / M10.0─DATA / M10.1─S_BIT / +14─N]	LD　M0.0 SHRB　M10.0,M10.1,+14
程序段 8	M10.1 ──── Q0.0 ─( )─	LD　M10.1 =　Q0.0
程序段 9	M10.2 ──── Q0.1 ─( )─ M11.6	LD　M10.2 O　M11.6 =　Q0.1
程序段 10	M10.3 ──── Q0.2 ─( )─ M11.5	LD　M10.3 O　M11.5 =　Q0.2
程序段 11	M10.4 ──── Q0.3 ─( )─ M11.4	LD　M10.4 O　M11.4 =　Q0.3
程序段 12	M10.5 ──── Q0.4 ─( )─ M11.3	LD　M10.5 O　M11.3 =　Q0.4
程序段 13	M10.6 ──── Q0.5 ─( )─ M11.2	LD　M10.6 O　M11.2 =　Q0.5
程序段 14	M10.7 ──── Q0.6 ─( )─ M11.1	LD　M10.7 O　M11.1 =　Q0.6

程序段	LAD	STL
程序段 15	M11.0 Q0.7 ├─┤ ├─────( )─	LD M11.0 = Q0.7
程序段 16	I0.1 M10.1 ├─┤ ├─────(R)─ 14	LD I0.1 R M10.1,14

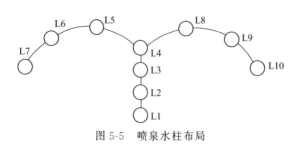

图 5-5　喷泉水柱布局

例 5-19　使用移位寄存器指令实现喷泉控制。某喷泉由 L0～L10 十根水柱构成，其布局示意如图 5-5 所示。按下启动按钮，喷泉按 L1→L2→L3→L4→L5、L8→L6、L9→L7、L10→L1→……规律进行喷水；按下停止按钮，喷水全部停止。

分析：根据题意可知，PLC 实现喷泉控制时，应有 2 个输入和 7 个输出，其 I/O 分配如表 5-39 所示。

表 5-39　PLC 实现喷泉控制的 I/O 分配表

输入			输出		
功能	元件	PLC 地址	功能	元件	PLC 地址
启动按钮	SB1	I0.0	L1 水柱	L1	Q0.0
停止按钮	SB2	I0.1	L2 水柱	L2	Q0.1
			L3 水柱	L3	Q0.2
			L4 水柱	L4	Q0.3
			L5/L8 水柱	L5/L8	Q0.4
			L6/L9 水柱	L6/L9	Q0.5
			L7/L10 水柱	L7/L10	Q0.6

使用移位寄存器指令实现喷泉控制的程序编写如表 5-40 所示。程序段 1 实现清零操作，当 PLC 上电或每个循环结束时，将 MB1 清零；程序段 2 和程序段 3 是给 SHRB 指令中的 DATA 赋初值；程序段 4 为启保停电路，控制后面的脉冲发生电路和循环移位电路；程序段 5 和程序段 6 为脉冲发生电路，产生 1s 的时钟脉冲；程序段 7 为移位控制，每隔 1s 执行 1 次 SHRB 指令，将 QB0 移位 1 次，从而实现喷泉控制；程序段 8 为停止电路，当 I0.1 触点闭合时，将 QB0 复位，使喷泉停止工作。

表 5-40　移位寄存器指令在喷泉控制中的应用程序

程序段	LAD	STL
程序段 1	SM0.1 MOV_B ├─┤ ├──┬──┤EN ENO├─ Q0.6 │ ├─┤ ├──┘ 0─┤IN OUT├─MB1	LD SM0.1 O Q0.6 MOVB 0,MB1

程序段	LAD	STL
程序段 2	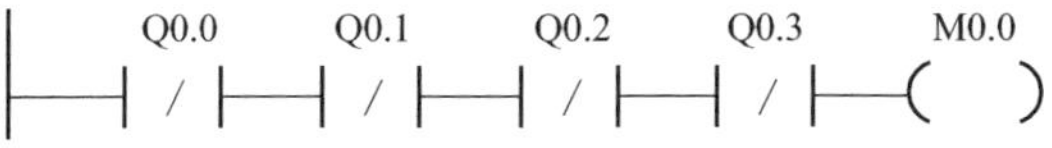 Q0.0 Q0.1 Q0.2 Q0.3 M0.0 ─┤/├─┤/├─┤/├─┤/├─( )	LDN Q0.0 AN Q0.1 AN Q0.2 AN Q0.3 = M0.0
程序段 3	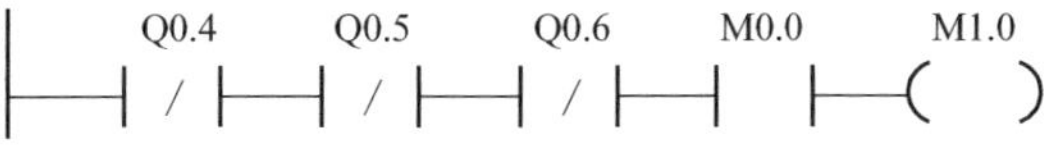 Q0.4 Q0.5 Q0.6 M0.0 M1.0 ─┤/├─┤/├─┤/├─┤ ├─( )	LDN Q0.4 AN Q0.5 AN Q0.6 A M0.0 = M1.0
程序段 4	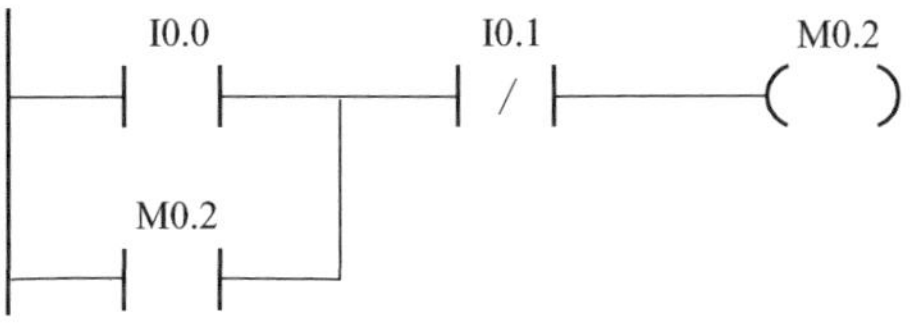 I0.0 I0.1 M0.2 ─┤ ├──┬──┤/├──( ) M0.2 │ ─┤ ├──┘	LD I0.0 O M0.2 AN I0.1 = M0.2
程序段 5	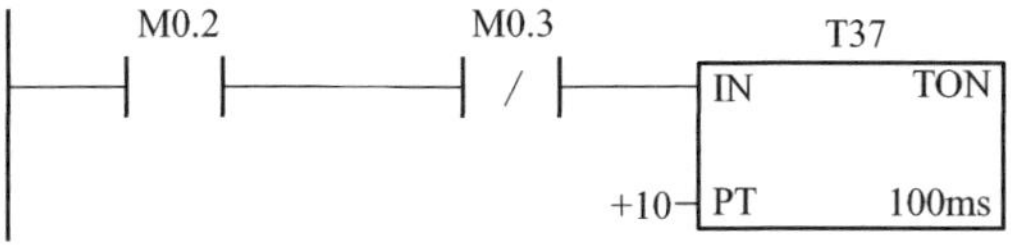 M0.2 M0.3 T37 ─┤ ├─┤/├─┤IN TON├ +10─┤PT 100ms├	LD M0.2 AN M0.3 TON T37,+10
程序段 6	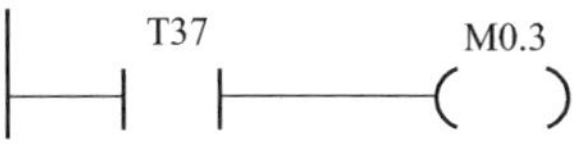 T37 M0.3 ─┤ ├──( )	LD T37 = M0.3
程序段 7	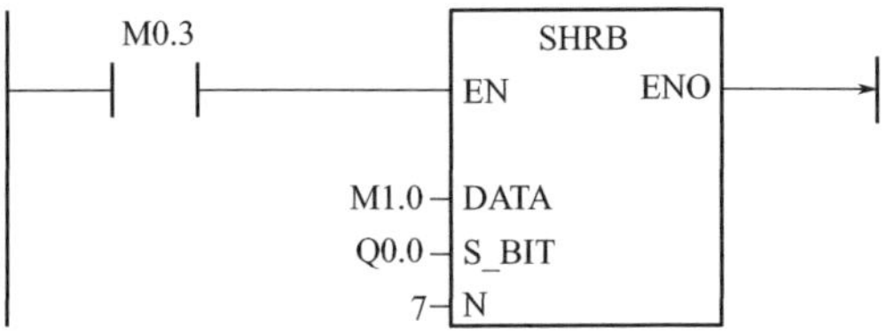 M0.3 SHRB ─┤ ├──┤EN ENO├──► M1.0─┤DATA Q0.0─┤S_BIT 7─┤N	LD M0.3 SHRB M1.0,Q0.0,7
程序段 8	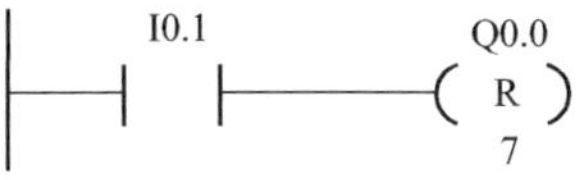 I0.1 Q0.0 ─┤ ├──(R) 7	LD I0.1 R Q0.0,7

5.4 数学运算类指令

PLC 普遍具有较强的运算功能，其中数学运算类指令是实现运算的主体，它包括四则运算指令、数学函数指令和递加、递减指令。在 S7-200 SMART PLC 中，对于数学运算指令来说，在使用时需注意存储单元的分配，在梯形图中，源操作数 IN1、IN2 和目标操作数 OUT 可以使用不一样的存储单元，这样编写程序比较清晰且容易理解。在使用语句表时，其中的一个源操作数需要和目标操作数 OUT 的存储单元一致，因此给理解和阅读带来不便，在使用数学运算指令时，建议使用梯形图。

5.4.1 四则运算指令

四则运算包含加法、减法、乘法、除法操作。为完成这些操作，在 S7-200 SMART

PLC 中提供相应的四则运算指令。

（1）加法指令 ADD

ADD 加法指令是对两个带符号数 IN1 和 IN2 进行相加，并产生结果输出到 OUT。它又包括整数加法＋I、双整数加法＋D 和实数加法＋R，其指令格式如表 5-41 所示。

表 5-41　加法指令

指令类型	LAD	STL	输入数据 IN1/IN2	输出数据 OUT
整数加法	ADD_I EN　ENO IN1　OUT IN2	＋I　IN1,OUT	IW、QW、VW、MW、SMW、SW、T、C、LW、AC、AIW、＊VD、＊AC、＊LD、常数	IW、QW、VW、MW、SMW、SW、T、C、LW、AC、＊VD、＊AC、＊LD
双整数加法	ADD_DI EN　ENO IN1　OUT IN2	＋D　IN1,OUT	ID、QD、VD、MD、SMD、SD、LD、AC、HC、＊VD、＊LD、＊AC、常数	ID、QD、VD、MD、SMD、SD、LD、AC、＊VD、＊LD、＊AC
实数加法	ADD_R EN　ENO IN1　OUT IN2	＋R　IN1,OUT	ID、QD、VD、MD、SMD、SD、LD、AC、＊VD、＊LD、＊AC、常数	ID、QD、VD、MD、SMD、SD、LD、AC、＊VD、＊LD、＊AC

若 IN1、IN2 和 OUT 操作数的地址不同时，在 STL 指令中，首先用数据传送指令将 IN1 中数据送入 OUT，然后再执行相加运算 IN2＋OUT＝OUT。若 IN2 和 OUT 操作数地址相同，在 STL 中是 IN1＋OUT＝OUT，但在 LAD 中是 IN1＋IN2＝OUT。

执行加法指令时，＋I 表示 2 个 16 位的有符号数 IN1 和 IN2 相加，产生 1 个 16 位的整数和 OUT；＋D 表示 2 个 32 位的有符号数 IN1 和 IN2 相加，产生 1 个 32 位的整数和 OUT；＋R 表示 2 个 32 位的实数 IN1 和 IN2 相加，产生 1 个 32 位的实数和 OUT。

进行相加运算时，将影响特殊存储器位 SM1.0（零标志位）、SM1.1（溢出标志位）、SM1.2（负数标志位）。影响允许输出 ENO 的正常工作条件有 SM1.1（溢出）、SM4.3（运行时间）和 0006（间接寻址）。

例 5-20　加法指令的使用程序如表 5-42 所示。程序段 1 中，当 I0.0 为 ON 时，16 位的有符号整数 200 与 300 相加，结果 500 送入 AC0 中；程序段 2 中，当 I0.1 为 ON 时，VD0 和 VD1 中的 32 位有符号数相加，结果送入 AC1 中；程序段 3 中，当 I0.2 为 ON 时，AC1 中的 32 位数据加上实数 0.4，结果送入 VD2 中。

表 5-42　加法指令的使用程序

程序段	LAD	STL
程序段 1	I0.0　　　ADD_I 　　　　EN　ENO ＋200—IN1　OUT—AC0 ＋300—IN2	LD　　I0.0 MOVW　＋200,AC0 ＋I　　＋300,AC0

程序段	LAD	STL
程序段 2	I0.1 —┤├— ADD_DI / EN ENO / VD0—IN1 OUT—AC1 / VD1—IN2	LD　I0.1 MOVD　VD0,AC1 +D　　VD1,AC1
程序段 3	I0.2 —┤├— ADD_R / EN ENO / AC1—IN1 OUT—VD2 / 0.4—IN2	LD　　I0.2 MOVR　AC1,VD2 +R　　0.4,VD2

（2）减法指令 SUB

SUB 减法指令是对两个带符号数 IN1 和 IN2 进行相减操作，并产生结果输出到 OUT。同样，它包括整数减法-I、双整数减法-DI 和实数减法-R，其指令格式如表 5-43 所示。

表 5-43　减法指令

指令类型	LAD	STL	输入数据 IN1/IN2	输出数据 OUT
整数减法	SUB_I / EN ENO / IN1 OUT / IN2	−I　IN1,OUT	IW、QW、VW、MW、SMW、SW、T、C、LW、AC、AIW、* VD、* AC、* LD，常数	IW、QW、VW、MW、SMW、SW、T、C、LW、AC、* VD、* AC、* LD
双整数减法	SUB_DI / EN ENO / IN1 OUT / IN2	−D　IN1,OUT	ID、QD、VD、MD、SMD、SD、LD、AC、HC、* VD、* LD、* AC，常数	ID、QD、VD、MD、SMD、SD、LD、AC、* VD、* LD、* AC
实数减法	SUB_R / EN ENO / IN1 OUT / IN2	−R　IN1,OUT	ID、QD、VD、MD、SMD、SD、LD、AC、* VD、* LD、* AC，常数	ID、QD、VD、MD、SMD、SD、LD、AC、* VD、* LD、* AC

IN1 与 OUT 两个操作数地址相同时，进行减法运算时，在 STL 中执行 OUT−IN2＝OUT，但在 LAD 中是 IN1−IN2＝OUT。

执行减法指令时，−I 表示 2 个 16 位的有符号数 IN1 和 IN2 相减，产生 1 个 16 位的整数 OUT；−DI 表示 2 个 32 位的有符号数 IN1 和 IN2 相减，产生 1 个 32 位的整数 OUT；−R 表示 2 个 32 位的实数 IN1 和 IN2 相减，产生 1 个 32 位的实数 OUT。

进行减法运算时，将影响特殊存储器位 SM1.0（零标志位）、SM1.1（溢出标志位）、SM1.2（负数标志位）。影响允许输出 ENO 的正常工作条件有 SM1.1（溢出）、SM4.3（运行时间）和 0006（间接寻址）。

例 5-21　减法指令的使用程序如表 5-44 所示。程序段 1 中，当 I0.0 为 ON 时，16 位的有符号整数 1000 减去 300，结果 700 送入 AC0 中；程序段 2 中，当 I0.1 由 OFF 变为 ON 时，VD0 和 VD1 中的 32 位有符号数相减，结果送入 AC1 中；程序段 3 中，当 I0.2 由 OFF

变为 ON 时，AC1 中的 32 位数据减去实数 0.4，结果送入 VD2 中。

表 5-44 减法指令的使用程序

程序段	LAD	STL
程序段 1	I0.0 ── SUB_I ── EN ENO ── +1000─IN1 OUT─AC0 +300─IN2	LD I0.0 MOVW +1000,AC0 -I +300,AC0
程序段 2	I0.1 ──P── SUB_DI ── EN ENO ── VD0─IN1 OUT─AC1 VD1─IN2	LD I0.1 EU MOVD VD0,AC1 -D VD1,AC1
程序段 3	I0.2 ──P── SUB_R ── EN ENO ── AC1─IN1 OUT─VD2 0.4─IN2	LD I0.2 EU MOVR AC1,VD2 -R 0.4,VD2

（3）乘法指令 MUL

MUL 乘法指令是对两个带符号数 IN1 和 IN2 进行相乘操作，并产生结果输出到 OUT。同样，它包括完全整数乘法 MUL、整数乘法 * I、双整数乘法 * DI 和实数乘法 * R，其指令格式如表 5-45 所示。

表 5-45 乘法指令

指令类型	LAD	STL	输入数据 IN1/IN2	输出数据 OUT
完全整数乘法	MUL EN ENO IN1 OUT IN2	MUL IN1,OUT	IW、QW、VW、MW、SMW、SW、T、C、LW、AC、AIW、* VD、* AC、* LD、常数	IW、QW、VW、MW、SMW、SW、T、C、LW、AC、* VD、* AC、* LD
整数乘法	MUL_I EN ENO IN1 OUT IN2	* I IN1,OUT	IW、QW、VW、MW、SMW、SW、T、C、LW、AC、AIW、* VD、* AC、* LD、常数	IW、QW、VW、MW、SMW、SW、T、C、LW、AC、* VD、* AC、* LD
双整数乘法	MUL_DI EN ENO IN1 OUT IN2	* D IN1,OUT	ID、QD、VD、MD、SMD、SD、LD、AC、HC、* VD、* LD、* AC、常数	ID、QD、VD、MD、SMD、SD、LD、AC、* VD、* LD、* AC
实数乘法	MUL_R EN ENO IN1 OUT IN2	* R IN1,OUT	ID、QD、VD、MD、SMD、SD、LD、AC、* VD、* LD、* AC、常数	ID、QD、VD、MD、SMD、SD、LD、AC、* VD、* LD、* AC

执行乘法指令时，完全整数乘法指令 MUL 表示 2 个 16 位的有符号整数 IN1 和 IN2 相乘，产生 1 个 32 位的双整数结果 OUT，其中操作数 IN2 和 OUT 的低 16 位共用一个存储地址单元；*I 表示 2 个 16 位的有符号数 IN1 和 IN2 相乘，产生 1 个 16 位的整数结果 OUT，如果运算结果大于 32767，则产生溢出；*DI 表示 2 个 32 位的有符号数 IN1 和 IN2 相乘，产生 1 个 32 位的整数结果 OUT，如果运算结果超出 32 位二进制数范围时，则产生溢出；*R 表示 2 个 32 位的实数 IN1 和 IN2 相乘，产生 1 个 32 位的实数结果 OUT，如果运算结果超出 32 位二进制数范围，则产生溢出。

进行乘法运算时，若产生溢出，SM1.1 置 1，结果不写到输出 OUT，其它状态位都清 0。

例 5-22 乘法指令的使用程序如表 5-46 所示。程序段 1 中，当 I0.0 为 ON 时，16 位的有符号整数 23 乘上 34，产生 1 个 32 位的结果送入 AC0 中；程序段 2 中，当 I0.1 为 ON 时，两个有符号的整数 256 相乘，产生 1 个 16 位的结果送入 AC1 中；程序段 3 中，当 I0.2 由 OFF 变为 ON 时，VD0 和 VD2 中的 32 位有符号数相乘，产生 1 个 32 位的结果送入 MD2 中；程序段 4 中，当 I0.3 由 OFF 变为 ON 时，AC0 中的 32 位数据乘以实数 0.5，结果送入 AC2 中。

表 5-46　乘法指令的使用程序

程序段	LAD	STL
程序段 1	I0.0　MUL（EN ENO，23—IN1，34—IN2，OUT—AC0）	LD　　I0.0 MOVW　23,AC0 MUL　　34,AC0
程序段 2	I0.1　MUL_I（EN ENO，+256—IN1，+256—IN2，OUT—AC1）	LD　　I0.1 MOVW　+256,AC1 *I　　+256,AC1
程序段 3	I0.2　P　MUL_DI（EN ENO，VD0—IN1，VD2—IN2，OUT—MD2）	LD　　I0.2 EU MOVD　VD0,MD2 *D　　VD2,MD2
程序段 4	I0.3　P　MUL_R（EN ENO，AC0—IN1，0.5—IN2，OUT—AC2）	LD　　I0.3 EU MOVR　AC0,AC2 *R　　0.5,AC2

（4）除法指令 DIV

DIV 除法指令是对两个带符号数 IN1 和 IN2 进行相除操作，并产生结果输出到 OUT。同样，它包括完全整数除法 DIV、整数除法/I、双整数除法/DI 和实数除法/R，其指令格式如表 5-47 所示。

表 5-47　除法指令

指令类型	LAD	STL	输入数据 IN1/IN2	输出数据 OUT
完全整数除法	DIV EN　ENO IN1　OUT IN2	DIV　IN1,OUT	IW、QW、VW、MW、SMW、SW、T、C、LW、AC、AIW、＊VD、＊AC、＊LD、常数	IW、QW、VW、MW、SMW、SW、T、C、LW、AC、＊VD、＊AC、＊LD
整数除法	DIV_I EN　ENO IN1　OUT IN2	/I　IN1,OUT	IW、QW、VW、MW、SMW、SW、T、C、LW、AC、AIW、＊VD、＊AC、＊LD、常数	IW、QW、VW、MW、SMW、SW、T、C、LW、AC、＊VD、＊AC、＊LD
双整数除法	DIV_DI EN　ENO IN1　OUT IN2	/D　IN1,OUT	ID、QD、VD、MD、SMD、SD、LD、AC、HC、＊VD、＊LD、＊AC、常数	ID、QD、VD、MD、SMD、SD、LD、AC、＊VD、＊LD、＊AC
实数除法	DIV_R EN　ENO IN1　OUT IN2	/R　IN1,OUT	ID、QD、VD、MD、SMD、SD、LD、AC、＊VD、＊LD、AC、常数	ID、QD、VD、MD、SMD、SD、LD、AC、＊VD、＊LD、＊AC

执行除法指令时，完全整数除法指令 DIV 表示 2 个 16 位的有符号整数 IN1 和 IN2 相除，产生 1 个 32 位的双整数结果 OUT，其中 OUT 的低 16 位为商，高 16 位为余数；/I 表示 2 个 16 位的有符号数 IN1 和 IN2 相除，产生 1 个 16 位的整数商结果 OUT，不保留余数；/DI 表示 2 个 32 位的有符号数 IN1 和 IN2 相除，产生 1 个 32 位的整数商结果 OUT，同样不保留余数；/R 表示 2 个 32 位的实数 IN1 和 IN2 相除，产生 1 个 32 位的实数商结果 OUT，不保留余数。

除法操作数 IN1 和 OUT 的低 16 位共用一个存储地址单元，因此在 STL 中是 OUT/IN2＝OUT，但在 LAD 中是 IN1/IN2。进行除法运算时，除数为 0，SM1.3 置 1，其它算术状态位不变，原始输入操作数也不变。

例 5-23　除法指令的使用程序如表 5-48 所示。程序段 1 中，当 I0.0 为 ON 时，16 位的有符号整数 86 除以 4，产生 1 个 32 位的结果送入 MD0；程序段 2 中，当 I0.1 为 ON 时，有符号的整数 256 除以 MW0 中的内容，产生 1 个 16 位的结果送入 AC1 中；程序段 3 中，当 I0.2 由 OFF 变为 ON 时，VD0 和 VD1 中的 32 位有符号数相乘，产生 1 个 32 位的结果送入 MD3 中；程序段 4 中，当 I0.3 由 OFF 变为 ON 时，AC0 中的 32 位数据除以实数 0.5，结果送入 AC3 中。

表 5-48　除法指令的使用程序

程序段	LAD	STL
程序段 1	I0.0 　　　DIV EN　ENO 86—IN1　OUT—MD0 4—IN2	LD　　I0.0 MOVW　86,MW4 DIV　　4,MD0

程序段	LAD	STL
程序段 2	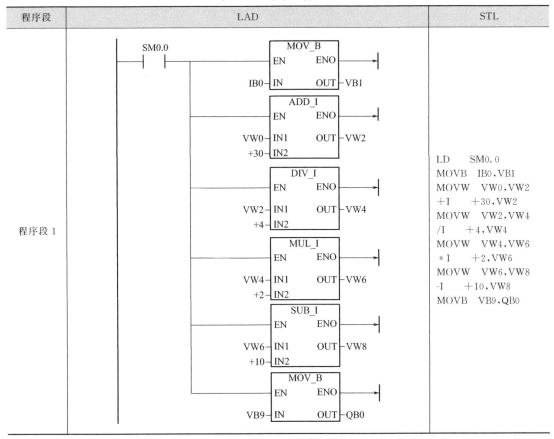 I0.1 — EN / ENO (DIV_I) — +256—IN1, MW0—IN2, OUT—AC1	LD I0.1 MOVW +256,AC1 /I MW0,AC1
程序段 3	I0.2 —P— EN / ENO (DIV_DI) — VD0—IN1, VD1—IN2, OUT—MD3	LD I0.2 EU MOVD VD0,MD3 /D VD1,MD3
程序段 4	I0.3 —P— EN / ENO (DIV_R) — AC0—IN1, 0.5—IN2, OUT—AC3	LD I0.3 EU MOVR AC0,AC3 /R 0.5,AC3

例 5-24　试编写程序实现以下数学运算：$y=\dfrac{x+30}{4}\times 2-10$，式中，$x$ 是从 IB0 输入的二进制数，计算出的 y 值以二进制的形式从 QB0 输出，其程序编写如表 5-49 所示。

表 5-49　数学运算程序

程序段	LAD	STL

程序段 1	SM0.0 — 多个功能块：
	MOV_B: IB0—IN, OUT—VB1
	ADD_I: VW0—IN1, +30—IN2, OUT—VW2
	DIV_I: VW2—IN1, +4—IN2, OUT—VW4
	MUL_I: VW4—IN1, +2—IN2, OUT—VW6
	SUB_I: VW6—IN1, +10—IN2, OUT—VW8
	MOV_B: VB9—IN, OUT—QB0
		LD SM0.0
		MOVB IB0,VB1
		MOVW VW0,VW2
		+I +30,VW2
		MOVW VW2,VW4
		/I +4,VW4
		MOVW VW4,VW6
		*I +2,VW6
		MOVW VW6,VW8
		-I +10,VW8
		MOVB VB9,QB0

5.4.2 数学函数指令

在 S7-200 SMART PLC 中的数学函数指令包括平方根、自然对数、自然指数、三角函数（正弦、余弦、正切）指令等，这些常用的数学函数指令实质是浮点数函数指令，在运算过程中，主要影响 SM1.0、SM1.1、SM1.2 标志位，指令格式如表 5-50 所示。

表 5-50 数学函数指令

指令类型	LAD	STL	输入数据 IN	输出数据 OUT
平方根指令	SQRT EN ENO IN OUT	SQRT IN,OUT	VD、ID、QD、MD、SMD、SD、LD、AC、LD、* VD、* AC、常数	VD、ID、QD、MD、SMD、SD、LD、AC、LD、* VD、* AC
自然对数指令	LN EN ENO IN OUT	LN IN,OUT	VD、ID、QD、MD、SMD、SD、LD、AC、LD、* VD、* AC、常数	VD、ID、QD、MD、SMD、SD、LD、AC、LD、* VD、* AC
自然指数指令	EXP EN ENO IN OUT	EXP IN,OUT	VD、ID、QD、MD、SMD、SD、LD、AC、LD、* VD、* AC、常数	VD、ID、QD、MD、SMD、SD、LD、AC、LD、* VD、* AC
正弦指令	SIN EN ENO IN OUT	SIN IN,OUT	VD、ID、QD、MD、SMD、SD、LD、AC、LD、* VD、* AC、常数	VD、ID、QD、MD、SMD、SD、LD、AC、LD、* VD、* AC
余弦指令	COS EN ENO IN OUT	COS IN,OUT	VD、ID、QD、MD、SMD、SD、LD、AC、LD、* VD、* AC、常数	VD、ID、QD、MD、SMD、SD、LD、AC、LD、* VD、* AC
正切指令	TAN EN ENO IN OUT	TAN IN,OUT	VD、ID、QD、MD、SMD、SD、LD、AC、LD、* VD、* AC、常数	VD、ID、QD、MD、SMD、SD、LD、AC、LD、* VD、* AC

（1）平方根函数指令 SQRT

平方根函数指令 SQRT（Square Root）指令将输入的 32 位正实数 IN 取平方根，产生一个 32 位的实数结果 OUT。

例 5-25 求 65536 的平方根，将其运算结果存放 AC0 中，程序如表 5-51 所示。在程序段 1 中，将 65536 送入 VD0，在程序段 2 中使用 SQRT 指令，将 VD0 中的内容求平方根，运算结果送入 AC0 中。

表 5-51 求平方根程序

程序段	LAD	STL
程序段 1	SM0.1 ——[ ]—— MOV_DW EN ENO 65536 — IN OUT — VD0	LD SM0.1 MOVD 65536,VD0

程序段	LAD	STL
程序段2	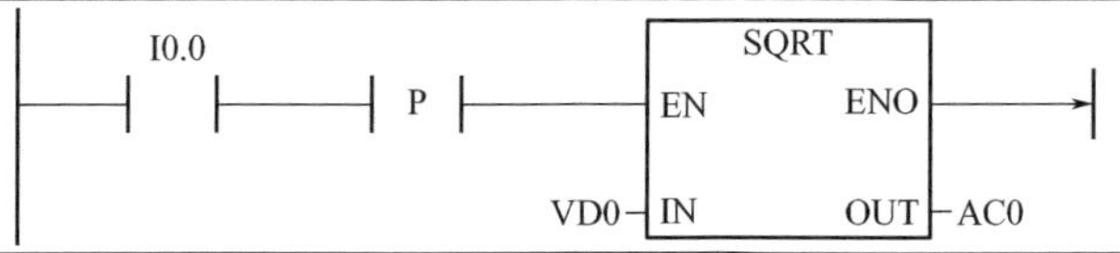 I0.0 —[ ]—[P]— SQRT EN ENO VD0—IN OUT—AC0	LD　　I0.0 EU SQRT　VD0,AC0

（2）自然对数指令 LN

自然对数指令 LN（Natural Logarithm）是将输入的 32 位实数 IN 取自然对数，产生一个 32 位的实数结果 OUT。

若求以 10 为底的常数自然对数 lgx 时，用自然对数值除以 2.302585 即可实现。

（3）自然指数指令 EXP

自然指数指令 EXP（Natural Exponential）是将输入的 32 位实数 IN 取以 e 为底的指数，产生一个 32 位的实数结果 OUT。

自然对数与自然指数指令相结合，可实现以任意数为底，任意数为指数的计算。

例 5-26　用 PLC 自然对数和自然指数指令实现 2 的 3 次方运算。

分析：求 2 的 3 次方用自然对数与指数表示为 $2^3 = EXP(3 \times LN(2)) = 8$，若用 PLC 自然对数和自然指数表示，则程序如表 5-52 所示。

表 5-52　2^3 运算程序

程序段	LAD	STL
程序段1	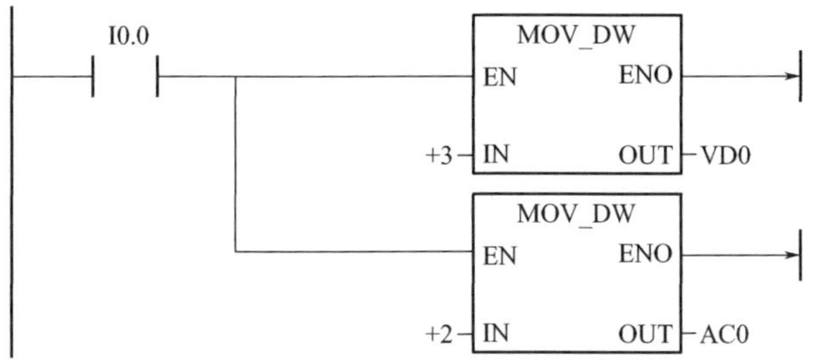 I0.0 —[ ]— MOV_DW EN ENO +3—IN OUT—VD0 MOV_DW EN ENO +2—IN OUT—AC0	LD　　I0.0 MOVD　+3,VD0 MOVD　+2,AC0
程序段2	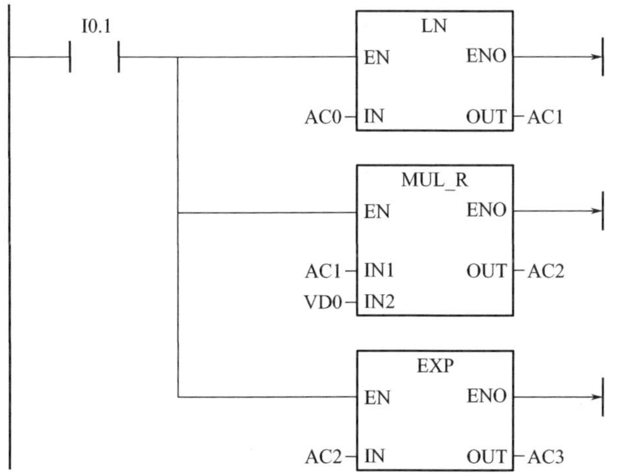 I0.1 —[ ]— LN EN ENO AC0—IN OUT—AC1 MUL_R EN ENO AC1—IN1 OUT—AC2 VD0—IN2 EXP EN ENO AC2—IN OUT—AC3	LD　　I0.1 LN　　AC0,AC1 MOVR　AC1,AC2 *R　　VD0,AC2 EXP　　AC2,AC3

例 5-27 用 PLC 自然对数和自然指数指令求 64 的 3 次方根运算。

表 5-53　64 的 3 次方根运算程序

程序段	LAD	STL

程序段 1	I0.0 —[ ]— MOV_DW (EN ENO) +3 — IN OUT — VD0；MOV_DW (EN ENO) +64 — IN OUT — AC0	LD I0.0
		MOVD +3,VD0
		MOVD +64,AC0

程序段 2	I0.1 —[ ]— LN (EN ENO) AC0 — IN OUT — AC1；DIV_R (EN ENO) AC1 — IN1 OUT — AC2, VD0 — IN2；EXP (EN ENO) AC2 — IN OUT — AC3	LD I0.1 LN AC0,AC1 MOVR AC1,AC2 /R VD0,AC2 EXP AC2,AC3

分析：求 64 的 3 次方根用自然对数与指数表示为 $64^{1/3} = \mathrm{EXP}(\mathrm{LN}(64) \div 3) = 4$，若用 PLC 自然对数和自然指数表示，可在表 5-52 的基础上将乘 3 改为除以 3 即可，程序如表 5-53 所示。

（4）三角函数指令

在 S7-200 SMART PLC 中三角函数指令主要包括正弦函数指令 SIN、余弦函数指令 COS、正切函数指令 TAN，这些指令分别对输入 32 位实数的弧度值取正弦、余弦或正切，产生一个 32 位的实数结果 OUT。

如果输入的实数为角度值，应先将其转换为弧度值再执行三角函数操作。其转换方法是使用实数乘法指令 *R（MUL_R），将角度值乘以 $\pi/180°$ 即可。

例 5-28 用 PLC 三角函数指令求 60°正切值。

分析：输入的实数为角度值，不能直接使用正切函数，应先将其转换为弧度值，程序如表 5-54 所示。

表 5-54　60°正切值程序

程序段	LAD	STL

程序段 1	I0.0 —[ ]— MOV_DW (EN ENO) 180 — IN OUT — VD0；MOV_DW (EN ENO) 60 — IN OUT — VD1	LD I0.0
		MOVD 180,VD0
		MOVD 60,VD1

程序段	LAD	STL

程序段 2	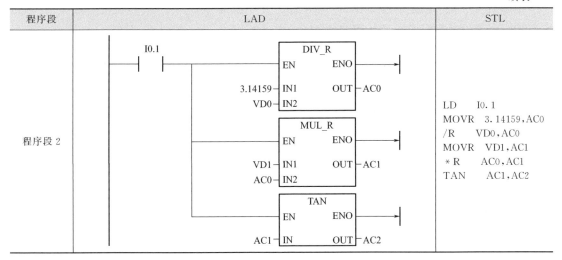	LD I0.1
		MOVR 3.14159,AC0
		/R VD0,AC0
		MOVR VD1,AC1
		＊R AC0,AC1
		TAN AC1,AC2

5.4.3 递增、递减指令

递增（Increment）和递减（Decrement）指令是对无符号整数或者有符号整数自动加 1 或减 1，并把数据结果存放到输出单元，即 IN＋1＝OUT 或 IN－1＝OUT，在语句表中为 OUT＋1＝OUT 或 OUT－1＝OUT。

递增或递减指令可对字节、字或双字进行操作，其中字节递增或递减只能是无符号整数，其余的操作为有符号整数，指令格式如表 5-55 所示。

表 5-55　递增、递减指令

指令类型		LAD	STL	输入数据 IN	输出数据 OUT
递增	字节递增	INC_B EN ENO IN OUT	INCB OUT	VB，IB，QB，MB，SB，SMB，LB，AC，常数，＊VD，＊LD，＊AC	VB，IB，QB，MB，SB，SMB，LB，AC，＊VD，＊LD，＊AC
	字递增	INC_W EN ENO IN OUT	INCW OUT	VW，IW，QW，MW，SW，SMW，AC，AIW，LW，T，C，＊LD，＊AC，＊VD，常数	VW，IW，QW，MW，SW，SMW，AC，AIW，LW，T，C，＊LD，＊AC，＊VD
	双字递增	INC_DW EN ENO IN OUT	INCD OUT	VD，ID，QD，MD，SD，SMD，LD，AC，HC，＊VD，＊LD，＊AC，常数	VD，ID，QD，MD，SD，SMD，LD，AC，＊VD，＊LD，＊AC
递减	字节递减	DEC_B EN ENO IN OUT	DECB OUT	VB，IB，QB，MB，SB，SMB，LB，AC，常数，＊VD，＊LD，＊AC	VB，IB，QB，MB，SB，SMB，LB，AC，＊VD，＊LD，＊AC
	字递减	DEC_W EN ENO IN OUT	DECW OUT	VW，IW，QW，MW，SW，SMW，AC，AIW，LW，T，C，＊LD，＊AC，＊VD，常数	VW，IW，QW，MW，SW，SMW，AC，AIW，LW，T，C，＊LD，＊AC，＊VD
	双字递减	DEC_DW EN ENO IN OUT	DECD OUT	VD，ID，QD，MD，SD，SMD，LD，AC，HC，＊VD，＊LD，＊AC，常数	VD，ID，QD，MD，SD，SMD，LD，AC，＊VD，＊LD，＊AC

字节递增、递减指令对 SM1.0、SM1.1 会产生影响；字、双字递增、递减指令对 SM1.0、SM1.1、SM1.2（负）产生影响。

例 5-29 递增、递减指令的使用程序如表 5-56 所示。程序段 1 中，当 I0.0 由 OFF 变为 ON 时，MB0、QW0 和 VD0 中的数据分别自增 1；程序段 2 中，当 I0.1 由 OFF 变为 ON 时，MB1、QW1、VD1 中的数据分别自减 1。

表 5-56 递增、递减指令的使用程序

程序段	LAD	STL
程序段 1	INC_B EN ENO, MB0—IN OUT—MB0; INC_W EN ENO, QW0—IN OUT—QW0; INC_DW EN ENO, VD0—IN OUT—VD0 (I0.0 —P—)	LD I0.0 EU INCB MB0 INCW QW0 INCD VD0
程序段 2	DEC_B EN ENO, MB1—IN OUT—MB1; DEC_W EN ENO, QW1—IN OUT—QW1; DEC_DW EN ENO, VD1—IN OUT—VD1 (I0.1 —P—)	LD I0.1 EU DECB MB1 DECW QW1 DECD VD1

5.4.4 数学运算指令的应用

例 5-30 数学运算指令在运算单位转换中的应用。已知 IB0 和 IB1 输入为英寸数据，要求将该数据转换为对应的厘米数据。

分析：1 英寸等于 2.54 厘米，将英寸转换为厘米时，其转换过程为：先将 IW0（IB0 和 IB1）中的整数值使用 ITD 指令将其装入 AC0，再使用 DTR 指令将 AC0 中的值转换为实数并送入 VD0 中，然后使用 ∗R 指令将 VD0 中数值乘以 VD4 中的数值（实数 2.54）转换为厘米结果送入 VD8，最后使用 ROUND 指令将 VD8 中实数转换为整数送入 VD12，其程序编写如表 5-57 所示。

表 5-57 数学运算指令在运算单位转换中的应用程序

程序段	LAD	STL
程序段 1	SM0.1 — MOV_R [EN ENO / IN 2.54 OUT VD4]	LD SM0.1 MOVR 2.54,VD4
程序段 2	SM0.0 — I_DI [EN ENO / IW0 IN OUT AC0] DI_R [EN ENO / AC0 IN OUT VD0] MUL_R [EN ENO / VD0 IN1 OUT VD8 / VD4 IN2] ROUND [EN ENO / VD8 IN OUT VD12]	LD SM0.0 ITD IW0,AC0 DTR AC0,VD0 MOVR VD0,VD8 *R VD4,VD8 ROUND VD8,VD12

例 5-31 数学运算指令在电动机控制电路中的应用。在某电动机控制系统中，PLC 的 I0.0 和 I0.1 分别外接启动按钮 SB0 和停止按钮 SB1，PLC 的 Q0.0 外接 KM1、Q0.1 外接 KM2，分别控制电动机的正转和反转。要求使用数学运算指令实现电动机的正转 30s→停止 30s→反转 30s→停止 30s 的顺序并自动循环运行，直到按下停止按钮，电动机才停止工作。

分析：电动机的正转 30s→停止 30s→反转 30s→停止 30s，可以每隔 30s，递增指令执行 1 次，使 MB0 的内容加 1，然后根据 MB0 相关位的状态决定电动机的工作状态，如表 5-58 所示。

表 5-58 MB0 对应的电动机工作状态

MB0	M0.2	M0.1	M0.0	电动机工作状态
0	0	0	0	停止
1	0	0	1	正转 30s
2	0	1	0	停止 30s
3	0	1	1	反转 30s
4	1	0	0	停止 30s
5	1	0	1	正转 30s
6	1	1	0	停止 30s
7	1	1	1	反转 30s

从表中可以看出，根据 MB0 的最低两位 M0.0 和 M0.1 的状态即可实现电动机的工作状态。递增指令执行 1 次，MB0 的内容加 1，即 M0.0 和 M0.1 的状态会发生相应改变。例

如 M0.1＝0、M0.0＝1，即 M0.1 常闭触点闭合，且 M0.0 常开触点闭合时 Q0.0 输出为 ON，电动机为正转；M0.1＝1、M0.0＝1，即 M0.1 常开触点闭合，且 M0.0 常开触点也闭合时 Q0.1 输出为 ON，电动机为反转。

M0.0 和 M0.1 可以组合成 4 种状态，所以每隔 30s 递增指令执行 1 次时，计数器也同时加 1 计数。当 C0 计数达到 4 时，将 MB0 复位，为下次循环做准备。

编写程序如表 5-59 所示，程序段 1 为启保停电路，按下启动按钮时，I0.0 常开触点闭合，M1.0 线圈得电并自保；程序段 2 为复位电路，当按下停止按钮或 C0 计数达 4 次时将 MB0 复位；程序段 3 为定时电路，每隔 30s 递增指令执行 1 次；程序段 4 为计数控制，每隔 30s 计数器 C0 加 1 计数，若计数次数达到设定值 4 时，C0 常开触点闭合将 C0 和 MB0 复位，以实现正停、反停的循环；程序段 5 为电动机正、反转控制。

表 5-59　数学运算指令在电动机控制电路中的应用程序

程序段	LAD	STL
程序段 1		LD　I0.0 EU O　M1.0 AN　I0.1 ＝　M1.0
程序段 2		LD　I0.1 O　C0 EU R　M0.0,8
程序段 3		LD　M1.0 AN　T37 TON　T37,300 EU INCB　MB0
程序段 4		LD　T37 LD　I0.1 O　C0 EU CTU　C0,4
程序段 5		LD　M1.0 LPS AN　M0.1 A　M0.0 ＝　Q0.0 LPP A　M0.1 A　M0.0 ＝　Q0.1

5.5 逻辑运算指令

逻辑运算是对无符号数按位进行逻辑"取反""与""或"和"异或"等操作，参与运算的操作数可以是字节、字或双字。

5.5.1 逻辑"取反"指令

逻辑"取反"（Logic Invert）指令 INV，是对输入数据 IN 按位取反，产生结果 OUT，也就是对输入 IN 中的二进制数逐位取反，由 0 变 1，由 1 变 0。它可对字节、字、双字进行逻辑取反操作，其指令格式如表 5-60 所示。

表 5-60　逻辑"取反"指令

指令类型	LAD	STL	输入数据 IN	输出数据 OUT
字节取反	INV_B EN　ENO IN　OUT	INVB　IN,OUT	VB,IB,QB,MB,SB,SMB,LB,AC,＊AC,＊LD,常数	VB, IB, QB, MB, SB, SMB,LB,AC,＊AC,＊LD,常数
字取反	INV_W EN　ENO IN　OUT	INVW　IN,OUT	VW,IW,QW,MW,SW,SMW,LW,AIW,T,C,AC,＊VD,＊AC,＊LD,常数	VW,IW,QW,MW,SW,SMW, LW, AIW, T, C,AC,＊VD,＊AC,＊LD
双字取反	INV_DW EN　ENO IN　OUT	INVD　IN,OUT	VD, ID, QD, MD, SD,SMD, AC, LD, HC,＊VD,＊AC,＊LD,常数	VD, ID, QD, MD, SD,SMD,AC,LD,HC,＊VD,＊AC,＊LD

例 5-32　逻辑"取反"指令的使用程序如表 5-61 所示。程序段 1 中，当 I0.0 由 OFF 变为 ON 时，对 QB0、VW0、VD10 赋初值。程序段 2 中，每隔 1s，将 QB0、VW0、VD10 中的数值进行逻辑"取反"，例如 QB0 中的内容第 1 次取反后为 16♯5A，第 2 次取反恢复为 16♯A5，第 3 次取反又为 16♯5A。

表 5-61　逻辑"取反"指令的使用程序

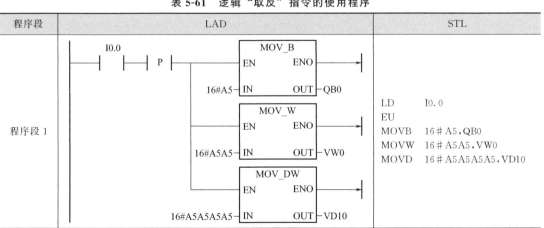

程序段	LAD	STL
程序段 2	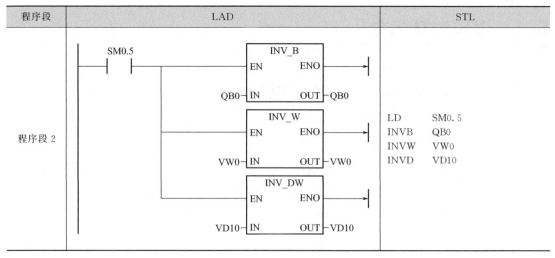	LD SM0.5 INVB QB0 INVW VW0 INVD VD10

5.5.2 逻辑"与"指令

逻辑"与"（Logic And）指令 WAND，是对两个输入数据 IN1、IN2 按位进行"与"操作，产生结果 OUT。逻辑"与"时，若两个操作数的同一位都为 1，则该位逻辑结果为 1，否则为 0。它可对字节、字、双字进行逻辑"与"操作，其指令格式如表 5-62 所示。在 STL 中，OUT 和 IN2 使用同一个存储单元。

表 5-62 逻辑"与"指令

指令类型	LAD	STL	输入数据 IN1、IN2	输出数据 OUT
字节"与"	WAND_B EN ENO IN OUT	ANDB IN,OUT	VB，IB，QB，MB，SB，SMB，LB，AC，＊AC，＊LD，常数	VB，IB，QB，MB，SB，SMB，LB，AC，＊AC，＊LD，常数
字"与"	WAND_W EN ENO IN OUT	ANDW IN,OUT	VW，IW，QW，MW，SW，SMW，LW，AIW，T，C，AC，＊VD，＊AC，＊LD，常数	VW，IW，QW，MW，SW，SMW，LW，AIW，T，C，AC，＊VD，＊AC，＊LD
双字"与"	WAND_DW EN ENO IN OUT	ANDD IN,OUT	VD，ID，QD，MD，SD，SMD，AC，LD，HC，＊VD，＊AC，＊LD，常数	VD，ID，QD，MD，SD，SMD，AC，LD，HC，＊VD，＊AC，＊LD

例 5-33 逻辑"与"指令的使用程序如表 5-63 所示。程序段 1 中，当 I0.0 由 OFF 变为 ON 时，将 IB0 和 IB1 输入的内容进行逻辑"与"操作，结果由 QB0 输出；将 VW0 和 VW2 中的内容进行逻辑"与"操作，结果由 VW4 输出；将 VD10 和 VD14 的内容进行逻辑"与"操作，结果由 VD20 输出。假设 IB0 输入的内容为 16＃3A，IB1 输入的内容为 16＃64，则逻辑"与"操作后，结果为 16＃20。

表 5-63　逻辑"与"指令的使用程序

程序段	LAD	STL
程序段 1	I0.0 —| |— P —( ) WAND_B EN ENO IB0—IN1 OUT—QB0 IB1—IN2 WAND_W EN ENO VW0—IN1 OUT—VW4 VW2—IN2 WAND_DW EN ENO VD10—IN1 OUT—VD20 VD14—IN2	LD　　 I0.0 EU MOVB　 IB0,QB0 ANDB　 IB1,QB0 MOVW　 VW0,VW4 ANDW　 VW2,VW4 MOVD　 VD10,VD20 ANDD　 VD14,VD20

5.5.3　逻辑"或"指令

逻辑"或"（Logic Or）指令 WOR，是对两个输入数据 IN1、IN2 按位进行"或"操作，产生结果 OUT。逻辑"或"时，只需两个操作数的同一位中一位为 1，则该位逻辑结果为 1。它可对字节、字、双字进行逻辑"或"操作，其指令如表 5-64 所示。在 STL 中，OUT 和 IN2 使用同一个存储单元。

表 5-64　逻辑"或"指令

指令类型	LAD	STL	输入数据 IN1、IN2	输出数据 OUT
字节"或"	WOR_B EN ENO IN OUT	ORB　IN,OUT	VB、IB、QB、MB、SB、SMB、LB、AC、* AC、* LD、常数	VB、IB、QB、MB、SB、SMB、LB、AC、* AC、* LD、常数
字"或"	WOR_W EN ENO IN OUT	ORW　IN,OUT	VW、IW、QW、MW、SW、SMW、LW、AIW、T、C、AC、* VD、* AC、* LD、常数	VW、IW、QW、MW、SW、SMW、LW、AIW、T、C、AC、* VD、* AC、* LD
双字"或"	WOR_DW EN ENO IN OUT	ORD IN,OUT	VD、ID、QD、MD、SD、SMD、AC、LD、HC、* VD、* AC、* LD、常数	VD、ID、QD、MD、SD、SMD、AC、LD、HC、* VD、* AC、* LD

例 5-34　逻辑"或"指令的使用程序如表 5-65 所示。程序段 1 中，当 I0.0 由 OFF 变为 ON 时，将 IB0 和 IB1 输入的内容进行逻辑"或"操作，结果由 QB0 输出；将 VW0 和 VW2 中的内容进行逻辑"或"操作，结果由 VW4 输出；将 VD10 和 VD14 中的内容进行逻辑"或"操作，结果由 VD20 输出。假设 IB0 输入的内容为 16 ♯ 3A，IB1 输入的内容为 16 ♯ 64，则逻辑"或"操作后，结果为 16 ♯ 7E。

表 5-65 逻辑"或"指令的使用程序

程序段	LAD	STL

程序段 1	I0.0 —| |— P ├ ─ WOR_B (EN ENO; IB0—IN1 OUT—QB0; IB1—IN2) ─ WOR_W (EN ENO; VW0—IN1 OUT—VW4; VW2—IN2) ─ WOR_DW (EN ENO; VD10—IN1 OUT—VD20; VD14—IN2)	LD I0.0
		EU
		MOVB IB0,QB0
		ORB IB1,QB0
		MOVW VW0,VW4
		ORW VW2,VW4
		MOVD VD10,VD20
		ORD VD14,VD20

5.5.4 逻辑"异或"指令

逻辑"异或"（Logic Exclusive Or）指令 WXOR，是对两个输入数据 IN1、IN2 按位进行"异或"操作，产生结果 OUT。逻辑"异或"时，两个操作数的同一位不相同，则该位逻辑结果为"1"。它可对字节、字、双字进行逻辑"异或"操作，其指令格式如表 5-66 所示。在 STL 中，OUT 和 IN2 使用同一个存储单元。

表 5-66 逻辑"异或"指令

指令类型	LAD	STL	输入数据 IN1、IN2	输出数据 OUT
字节"异或"	WXOR_B EN ENO IN OUT	XORB IN,OUT	VB,IB,QB,MB,SB,SMB,LB,AC,＊AC,＊LD,常数	VB,IB,QB,MB,SB,SMB,LB,AC,＊AC,＊LD,常数
字"异或"	WXOR_W EN ENO IN OUT	XORW IN,OUT	VW,IW,QW,MW,SW,SMW,LW,AIW,T,C,AC,＊VD,＊AC,＊LD,常数	VW,IW,QW,MW,SW,SMW,LW,AIW,T,C,AC,＊VD,＊AC,＊LD
双字"异或"	WXOR_DW EN ENO IN OUT	XORD IN,OUT	VD,ID,QD,MD,SD,SMD,AC,LD,HC,＊VD,＊AC,＊LD,常数	VD,ID,QD,MD,SD,SMD,AC,LD,HC,＊VD,＊AC,＊LD

例 5-35 逻辑"异或"指令的使用程序如表 5-67 所示。程序段 1 中，当 I0.0 由 OFF 变为 ON 时，将 IB0 和 IB1 输入的内容进行逻辑"异或"操作，结果由 QB0 输出；将 VW0 和 VW2 中的内容进行逻辑"异或"操作，结果由 VW4 输出；将 VD10 和 VD14 中的内容进行逻辑"异或"操作，结果由 VD20 输出。假设 IB0 输入的内容为 16♯3A，IB1 输入的内容为 16♯64，则逻辑"异或"操作后，结果为 16♯5E。

表 5-67　逻辑"异或"指令的使用程序

程序段	LAD	STL
程序段 1	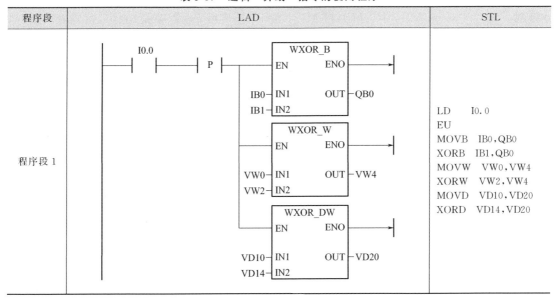	LD　　I0.0 EU MOVB　IB0,QB0 XORB　IB1,QB0 MOVW　VW0,VW4 XORW　VW2,VW4 MOVD　VD10,VD20 XORD　VD14,VD20

5.5.5　逻辑运算指令的应用

例 5-36　逻辑运算指令在表决器中的应用。在某表决器中有 3 位裁判及若干个表决对象，裁判需对每个表决对象作出评价，看是过关还是淘汰。当主持人按下评价按钮时，3 位裁判均按下 1 键，表示表决对象过关；否则表决对象淘汰。过关绿灯亮，淘汰红灯亮。

分析：根据题意，列出表决器的 I/O 分配如表 5-68 所示。进行表决时，首先将每位裁判的表决情况送入相应的辅助寄存器中（例如 A 裁判的表决结果送入 MB0），然后将辅助寄存器中的内容进行逻辑"与"操作，只有逻辑结果为"1"才表示表决对象过关，编写程序如表 5-69 所示。

表 5-68　表决器的 I/O 分配表

输入			输出		
功能	元件	PLC 地址	功能	元件	PLC 地址
主持人评价按钮	SB1	I0.0	过关绿灯	HL1	Q0.0
主持人复位按钮	SB2	I0.1	淘汰红灯	HL2	Q0.1
A 裁判 1 键	SB3	I0.2			
A 裁判 0 键	SB4	I0.3			
B 裁判 1 键	SB5	I0.4			
B 裁判 0 键	SB6	I0.5			
C 裁判 1 键	SB7	I0.6			
C 裁判 0 键	SB8	I0.7			

程序段 1 为启保停控制电路，当主持人按下评价按钮时，I0.0 常开触点闭合，M5.0 线圈得电并自锁。程序段 2 为复位控制电路，当主持人按下复位按钮时，I0.1 常开触点闭合，将相关的辅助寄存器复位。程序段 3、程序段 4 为 A 裁判表决情况，裁判 A 按下 1 键时，将"1"送入 MB0 中；裁判 A 按下 0 键时，将"0"送入 MB0 中，同时将 M6.0 置 1。程序

段 5、程序段 6 为 B 裁判表决情况，裁判 B 按下 1 键时，将"1"送入 MB1 中；裁判 B 按下 0 键时，将"0"送入 MB1 中，同时将 M6.1 置 1。程序段 7、程序段 8 为 C 裁判表决情况，裁判 C 按下 1 键时，将"1"送入 MB2 中；裁判 C 按下 0 键时，将"0"送入 MB2 中，同时将 M6.2 置 1。程序段 9 将各位裁判的表决结果进行逻辑"与"操作，只有 3 位裁判的表决结果均为"1"，M4.0 输出为"1"，否则 M4.0 输出为"0"。程序段 10 为过关绿灯控制，当 M4.0 为"1"时，M4.0 常开触点闭合，Q0.0 线圈输出为"1"，控制 HL1 点亮。程序段 11 为淘汰红灯控制，当 M4.0 为"0"时，M4.0 常闭触点闭合，且只要有 1 位裁判表决结果为"0"时，Q0.1 线圈输出为"1"，控制 HL2 点亮。

表 5-69　逻辑运算指令在表决器中的应用程序

程序段	LAD	STL
程序段 1	I0.0　I0.1　M5.0 M5.0	LD　I0.0 O　M5.0 AN　I0.1 =　M5.0
程序段 2	I0.1　P M0.0 (R) 8 M1.0 (R) 8 M2.0 (R) 8 M3.0 (R) 8 M4.0 (R) 8 M6.0 (R) 8	LD　I0.1 EU R　M0.0,8 R　M1.0,8 R　M2.0,8 R　M3.0,8 R　M4.0,8 R　M6.0,8
程序段 3	I0.2　P　MOV_B EN　ENO 1─IN　OUT─MB0	LD　I0.2 EU MOVB　1,MB0
程序段 4	I0.3　P　MOV_B EN　ENO 0─IN　OUT─MB0 M6.0 (S) 1	LD　I0.3 EU MOVB　0,MB0 S　M6.0,1

程序段	LAD	STL
程序段 5	I0.4 —[ ]— P —[ ] — MOV_B (EN ENO) 1—IN OUT—MB1	LD I0.4 EU MOVB 1,MB1
程序段 6	I0.5 —[ ]— P —[ ] — MOV_B (EN ENO) 0—IN OUT—MB1 M6.1 —(S)— 1	LD I0.5 EU MOVB 0,MB1 S M6.1,1
程序段 7	I0.6 —[ ]— P —[ ] — MOV_B (EN ENO) 1—IN OUT—MB2	LD I0.6 EU MOVB 1,MB2
程序段 8	I0.7 —[ ]— P —[ ] — MOV_B (EN ENO) 0—IN OUT—MB2 M6.2 —(S)— 1	LD I0.7 EU MOVB 0,MB2 S M6.2,1

程序段 9	M5.0 —[ ]— WAND_B (EN ENO) MB0—IN1 OUT—MB3 MB1—IN2
	
	WAND_B (EN ENO) MB2—IN1 OUT—MB4 MB3—IN2
		LD M5.0
		MOVB MB0,MB3
		ANDB MB1,MB3
		MOVB MB2,MB4
		ANDB MB3,MB4

程序段 10	M5.0 —[ ]— M4.0 —[ ]— Q0.0 —( )—	LD M5.0 A M4.0 = Q0.0
程序段 11	M6.0 —[ ]— M5.0 —[ ]— M4.0 —[/]— Q0.1 —( )— M6.1 —[ ]— M6.2 —[ ]—	LD M6.0 O M6.1 O M6.2 A M5.0 AN M4.0 = Q0.1

5.6 表功能指令

PLC 的表功能指令是用来建立和存取字类型的数据表，数据表由表地址、表定义和存储数据这三部分组成，如图 5-6 所示。表地址为数据表的第 1 个字地址；表定义是由表地址和第 2 个字地址所对应的单元分别存放的两个表参数来定义最大填表数 TL 和实际填表数 EC。存储数据为数据表的第 3 个字地址，用来存放数据。数据表最多可存放 100 个数据（字），不包括指定最大填表数 TL 和实际填表数 EC 的参数，每次向数据表中增加新数据后，EC 加 1。

VW200	0008	TL(最大填表数)
VW202	0004	EC(实际填表数)
VW204	1234	数据0
VW206	5678	数据1
VW208	1223	数据2
VW210	3256	数据3
VW212	XXXX	
VW214	XXXX	
VW216	XXXX	
VW218	XXXX	

图 5-6　数据表

要建立表格，首先需确定表的最大填表数，如表 5-70 所示，IN 输入最大填表数，OUT 为数据表地址。图 5-6 的数据表最大可填入 8 个数据，实际只填入了 4 个数据。确定表格的最大填表数后，用表功能指令在表中存取字型数据。表功能指令包括填表指令、查表指令、表取数指令和存储器填充指令。

表 5-70　确定表的最大填表数程序

程序段	LAD	STL
程序段 1	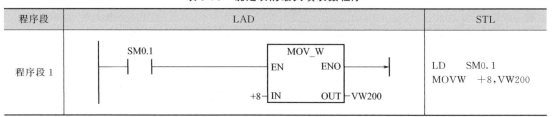	LD　SM0.1 MOVW　+8,VW200

5.6.1　填表指令

填表指令 ATT（Add To Table）向表 TBL 中填入 1 个字 DATA，指令格式如表 5-71 所示。数据表内的第 1 个数 DATA 是表的最大长度 TL，第 2 个数是表内实际填表数 EC，用来指示已填入表的数据个数。新数据被放入表内上一次填入的数的后面。每向表中增加一个新数据时，EC 自动加 1。除 TL 和 EC 外，数据表最多可以装入 100 个数据。注意，填表指令中 TBL 操作数相差 2 个字节。

表 5-71　填表指令

指令类型	LAD	STL	DATA 数据输入端	TBL 首地址
填表指令	AD_T_TBL EN　ENO DATA TBL	ATT DATA,TBL	VW, IW, QW, MW, SW, SMW,LW,T,C,AIW,AC,常数,*VD,*LD,*AC	VW, IW, QW, MW, SW, SMW, LW, T, C, AIW,AC,*VD,*LD, *AC

当数据表中装入的数据超过最大范围时，SM1.4 将被置 1。

表 5-72　填表数据程序

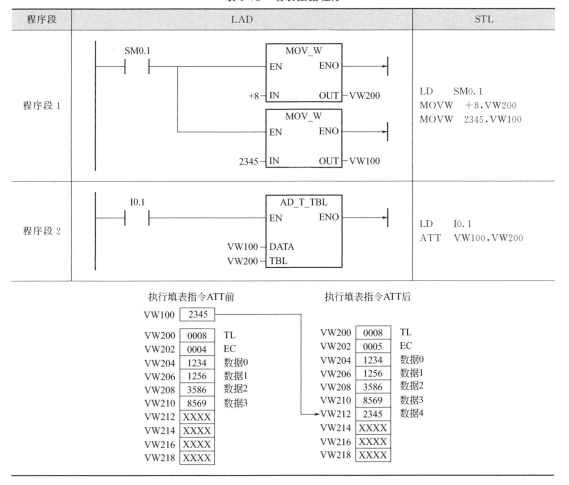

例 5-37　将 VW100 中的数据 2345 填入 VW200 的数据表中。

分析：VW200 已作为数据表使用，要将 VW100 中的数据 2345 填入 VW200 的数据表中时，需使用填表指令 ATT 来实现操作，程序及运行结果如表 5-72 所示。程序段 1 中确定表格长度为 8 装载到 VW200，并将整数 2345 送入 VW100 中；程序段 2 中执行填数据表操作。

5.6.2　表取数指令

通过两种方式可从表中取一个字型的数据：先进先出式和后进先出式。若一个字型数据从表中取走后，表的实际填表数 EC 值自动减 1。若从空表中取走一个字型数据时，特殊寄存器标志位 SM1.5 置 1。表取数指令有先进先出指令和后进先出指令，如表 5-73 所示。

表 5-73　表取数指令

表取数指令	LAD	STL	TBL	DATA
先进先出	FIFO EN　ENO TBL　DATA	FIFO TBL,DATA	VW、IW、QW、MW、SW、SMW、LW、T、C、*VD、*LD、*AC	VW、IW、QW、MW、SW、SMW、LW、T、C、AC、AQW、*VD、*LD、*AC

表取数指令	LAD	STL	TBL	DATA
后进先出	LIFO ⊣ EN ENO ⊢ ⊣ TBL DATA ⊢	LIFO TBL,DATA	VW, IW, QW, MW, SW, SMW, LW, T, C, * VD, * LD, * AC	VW, IW, QW, MW, SW, SMW, LW, T, C, AC,AQW, * VD, * LD, * AC

先进先出 FIFO（First to First Out）指令从表 TBL 中移走第一个数据（最先进入表中的数据），并将此数输出到 DATA，表格中剩余的数据依次上移一个位置。每执行一次 FIFO 指令，EC 自动减 1。

后进先出 LIFO（Last to First Out）指令从表 TBL 中移走最后放进的数据，并将此数输出到 DATA，表格中其他数据的位置不变。每执行一次 FIFO 指令，EC 自动减 1。

例 5-38　先入先出指令的使用程序及结果如表 5-74 所示。

表 5-74　先进先出 FIFO 指令程序

程序段	LAD	STL
程序段 1	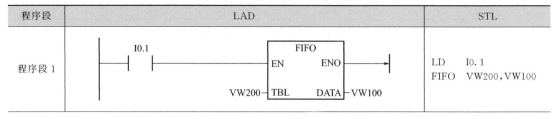	LD I0.1 FIFO VW200,VW100

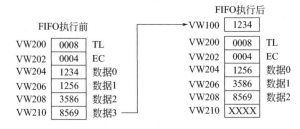

例 5-39　后进先出指令的使用程序及结果如表 5-75 所示。

表 5-75　后进先出 LIFO 指令程序

程序段	LAD	STL
程序段 1	LIFO ⊣ I0.2 ⊢ EN ENO VW200 ⊣ TBL DATA ⊢ VW300	LD I0.2 LIFO VW200,VW300

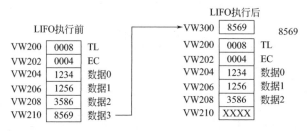

5.6.3 查表指令

查表指令（Table Find）从 INDX 所指的地址开始查表 TBL，搜索与数据 PTN 的关系满足 CMD 定义的条件的数据，指令格式如表 5-76 所示。INDX 用来指定表中符合查找条件的数据的编号；PTN 用来描述查表时进行比较的数据；命令参数 CMD＝1～4，分别代表"＝"、"＜＞"不等于、"＜"和"＞"的查找条件。若发现一个符合条件的数据，则 INDX 指向该数据的编号。要查找下一个符合条件的数据，再次启动查表指令之前，应先将 INDX＋1。若没找到符合条件的数据，INDX 的数值等于 EC。

因为表中最多可填充 100 个数据，所以 INDX 的编号范围为 0～99。查表指令中的 TBL 操作数也相差 2 个字节。PTN 为整数型、INDX 和 TBL 为字型数据。

表 5-76　查表指令

指令类型	LAD	STL	TBL、INDX	PTN
查表指令	TBL_FIND EN　ENO TBL PTN INDX CMD	FND=　TBL,PTN,INDX FND<>　TBL,PTN,INDX FND<　TBL,PTN,INDX FDN>　TBL,PTN,INDX	VW、IW、QW、MW、SW、SMW、LW、T、C、AC、* VD、* LD、* AC	VW、IW、QW、MW、SW、SMW、LW、T、C、AIW、AC、* VD、* LD、* AC、常数

例 5-40　从 EC 地址为 VW202 的表中查找等于 16♯2331 的数。

分析：使用查表指令即可实现操作，程序如表 5-77 所示。数据表如图 5-7 所示，当 I0.1 有效时，从 EC 地址为 VW202 的表中查找等于（CMD＝1）16♯2331 的数。为了从表格的顶端开始查找，AC1（INDX）的初始值为 0。查表指令执行后，找到满足条件的数据 2，AC1＝2。继续向下查找，先将 AC1 加 1，再激活查表指令，从表中符合条件的数据 2 的下一个数据开始查找，第二次执行查表指令时，找到满足条件的数据 4，AC1＝4。继续向下查找，将 AC1 再加 1，再激活查表指令，从表中符合条件的数据 4 开始的下一个数据开始查找，第三次执行查表指令后，没有找到符合条件的数据，AC1＝6（实际填表数）。如果再次进行查表，应将 INDX 清 0。

VW202	0007	EC
VW204	1234	数据0
VW206	1256	数据1
VW208	2331	数据2
VW210	8569	数据3
VW212	2331	数据4
VW214	2345	数据5
VW216	5687	数据6
VW218	XXXX	

图 5-7　数据表

表 5-77　查表数据程序

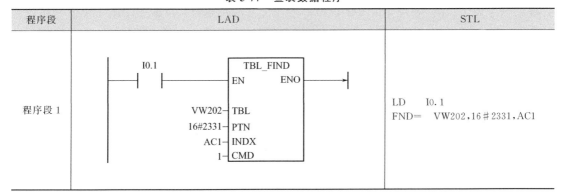

程序段	LAD	STL
程序段 1	I0.1　TBL_FIND 　　EN　ENO VW202—TBL 16#2331—PTN AC1—INDX 1—CMD	LD　　I0.1 FND=　VW202,16♯2331,AC1

5.6.4 存储器填充指令

存储器填充指令 FILL（Memory Fill）将输入 IN 值填充从 OUT 开始的 N 个字的内容，字节型整数 N 为 1～255，指令格式如表 5-78 所示。N 为字节型，IN 和 OUT 为整数。

表 5-78　存储器填充指令

指令类型	LAD	STL	IN、N	OUT
填充指令	FILL_N EN　ENO IN　OUT N	FILL IN,OUT,N	VW、IW、QW、MW、SW、SMW、LW、T、C、AC、* VD、* LD、* AC、常数	VW、IW、QW、MW、SW、SMW、LW、T、C、AIW、* VD、* LD、* AC

例 5-41　将 VW200 数据表中 4 个字的数据填充为 0，程序及运行结果如表 5-79 所示。

表 5-79　存储器填充指令程序

程序段	LAD	STL
程序段 1	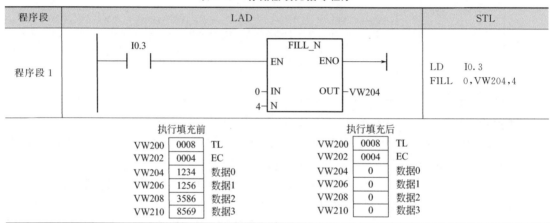	LD　　I0.3 FILL　0,VW204,4

5.6.5 表功能指令的应用

例 5-42　表功能指令的应用程序如表 5-80 所示。在程序段 1 中，PLC 一上电，将 20 送入 VW0 中，指定表格长度为 20 字。在程序段 2 中，I0.0 发生上升沿跳变时，将 VW2 开始连续 21 个字的存储器单元填充为 0。在程序段 3 中，I0.1 发生上升沿跳变时，将存储单元 VW100 中的值复制到表格。在程序段 4 中，I0.2 发生上升沿跳变时，读取表中最后 1 个值并移动到 VW102 中。在程序段 5 中，I0.3 发生上升沿跳变时，读取表中第 1 个值并移动到 VW104 中。在程序段 6 中，I0.4 发生上升沿跳变时，使用 MOVW 指令复位索引指针，并通过 FND 指令查找等于 10 的表格条目。

表 5-80　表功能指令的应用程序

程序段	LAD	STL
程序段 1	SM0.1　　MOV_W 　　　　EN　ENO 20　IN　OUT　VW0	LD　　SM0.1 MOVW　20,VW0

程序段	LAD	STL
程序段 2	I0.0 ─┤ ├─ P ─ FILL_N EN ENO 0 ─ IN OUT ─ VW2 21 ─ N	LD I0.0 EU FILL 0,VW2,21
程序段 3	I0.1 ─┤ ├─ P ─ AD_T_TBL EN ENO VW100 ─ DATA VW0 ─ TBL	LD I0.1 EU ATT VW100,VW0
程序段 4	I0.2 ─┤ ├─ P ─ LIFO EN ENO VW0 ─ TBL DATA ─ VW102	LD I0.2 EU LIFO VW0,VW102
程序段 5	I0.3 ─┤ ├─ P ─ FIFO EN ENO VW0 ─ TBL DATA ─ VW104	LD I0.3 EU FIFO VW0,VW104
程序段 6	I0.4 ─┤ ├─ P ─ MOV_W EN ENO 0 ─ IN OUT ─ VW106 TBL_FIND EN ENO VW2 ─ TBL 10 ─ PTN VW106 ─ INDX 1 ─ CMD	LD I0.4 EU MOVW 0,VW106 FND= VW2,10,VW106

5.7　字符串指令

字符串常量的第 1 个字节是字符串的长度（即字符个数）。在符号表和程序编辑器中，字节、字和双字的 ASCII 字符用半角输入状态下的单引号表示，例如'A'。ASCII 常量字符串用半角输入状态下的双引号表示，例如"ABCD"。

程序编辑器中在半角输入状态下单引号可以表示 1 个、2 个、4 个 ASCII 字符常量，双引号可定义最多 126 个字符的字符串。字符串有效地址为 VB。

5.7.1 字符串操作指令

西门子 S7-200 SMART PLC 中，有 3 条指令可进行简单的字符串操作，分别是获取字符串长度指令 SLEN、字符串复制指令 SCPY 和字符串连接指令 SCAT，其指令格式如表 5-81 所示。

表 5-81 字符串操作指令

指令类型	LAD	STL	IN,N	OUT
获取字符串长度指令	STR_LEN EN ENO IN OUT	SLEN IN,OUT	VB、LB、＊VD、＊LD、＊AC,常数字符串	IB、QB、MB、SB、SMB、VB、AC、LB、＊VD、＊LD、＊AC
字符串复制指令	STR_CPY EN ENO IN OUT	SCPY IN,OUT	VB、LB、＊VD、＊LD、＊AC,常数字符串	VB、LB、＊VD、＊LD、＊AC
字符串连接指令	STR_CAT EN ENO IN OUT	SCAT IN,OUT	VB、LB、＊VD、＊LD、＊AC,常数字符串	VB、LB、＊VD、＊LD、＊AC

获取字长串长度指令 SLEN 是返回由 IN 指定的字符串长度（字节）。由于中文字符并不是用单字节表示，所以 SLEN 指令不会返回包含中文字符的字符串长度。字符串复制指令 SCPY 是将由 IN 指定的字符串复制到 OUT 指定的字符串。字符串连接指令 SCAT 是将由 IN 指定的字符串附加到由 OUT 指定的字符串的末尾。

表 5-82 字符串操作指令的使用程序

程序段	LAD	STL
程序段 1	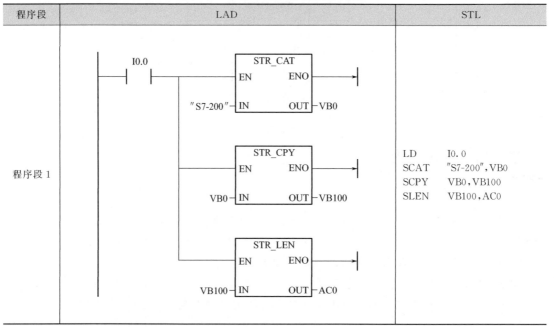	LD I0.0 SCAT ″S7-200″,VB0 SCPY VB0,VB100 SLEN VB100,AC0

程序段	LAD	STL

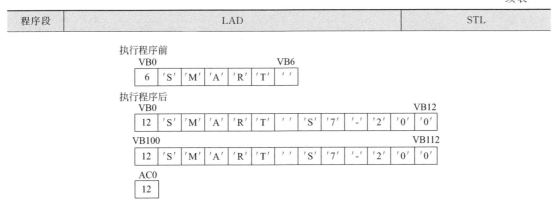

例 5-43 字符串操作指令的使用如表 5-82 所示。在执行程序段指令前，若 VB0 起始单元存储的字符串为 "SMART"。若 I0.0 常开触点闭合，将执行 3 条字符串操作指令。首先通过 SCAT 指令将字符串 "S7-200" 连接到 VB0 的字符串末尾，再通过 SCPY 指令将 VB0 起始的字符串内容复制到 VB100 起始单元，最后通过 SLEN 指令获取 VB100 起始单元的字符串长度为 12，并将该结果送入 AC0 中。

5.7.2 从字符串中复制子字符串指令

从字符串中复制子字符串指令 SSCPY，是从 IN 指定的字符串中根据索引 INDX 开始的 N 个字符复制到 OUT 指定的新字符串中，其指令格式如表 5-83 所示。

表 5-83 从字符串中复制子字符串指令

指令类型	LAD	STL	IN	INDX,N	OUT
从字符串中复制子字符串指令	SSTR_CPY EN ENO IN OUT INDX N	SSCPY IN,INDX,N ,OUT	VB,LB, * VD,* LD,* AC,常数字符串	IB, QB, MB, SB, SMB, VB, AC,LB, * VD,* LD, * AC,常数	VB,LB, * VD,* LD,* AC

例 5-44 从字符串中复制子字符串的使用如表 5-84 所示。PLC 一上电时，程序段 1 执行 SCAT 指令，将字符串 "S7-200 SMART" 添加到 VB0 起始的单元中。当 I0.0 发生上升沿跳变时，从字符串的第 8 个字符开始，连续 5 个字符复制到 VB20 起始的单元中形成新的字符串。

表 5-84 从字符串中复制子字符串的使用程序

程序段	LAD	STL
程序段 1	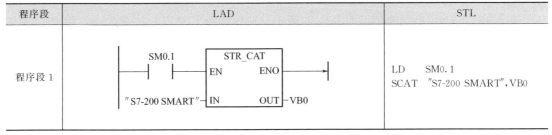	LD SM0.1 SCAT "S7-200 SMART",VB0

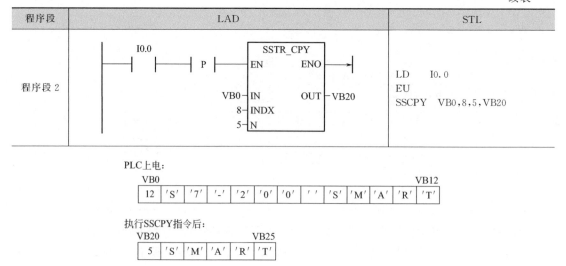

程序段	LAD	STL
程序段 2	(见图) I0.0 —P— SSTR_CPY EN ENO VB0—IN OUT—VB20 8—INDX 5—N	LD I0.0 EU SSCPY VB0,8,5,VB20

PLC上电:

VB0											VB12
12	'S'	'7'	'-'	'2'	'0'	'0'	' '	'S'	'M'	'A'	'R'	'T'

执行SSCPY指令后:

VB20					VB25
5	'S'	'M'	'A'	'R'	'T'

5.7.3　字符串查找指令

字符串查找指令有两条，分别是 SFND 和 CFND，其指令格式如表 5-85 所示。SFND 指令是根据 OUT 的初始值指定的位置，在字符串 IN1 中查找第 1 次出现的字符串 IN2，如果找到与字符串 IN2 完全匹配的字符序列，则将字符序列第 1 个字符在 IN1 字符串中的位置写入 OUT；如果未找到，则 OUT 为 0。CFND 指令是在字符串 IN2 中查找第 1 次出现的字符串 IN1 字符集中的任意字符，如果找到匹配字符，则将字符位置写入 OUT，否则 OUT 为 0。

表 5-85　字符串查找指令

指令类型	LAD	STL	IN1,IN2	OUT
SFND	STR_FIND EN ENO IN1 OUT IN2	SFND IN1,IN2,OUT	VB,LB,* VD,* LD,* AC,常数字符串	IB,QB,MB,SB,SMB,VB,AC,LB,* VD,* LD,* AC
CFND	CHR_FIND EN ENO IN1 OUT IN2	CFND IN1,IN2,OUT	VB,LB,* VD,* LD,* AC,常数字符串	IB,QB,MB,SB,SMB,VB,AC,LB,* VD,* LD,* AC

例 5-45　SFND 指令的使用如表 5-86 所示。在程序段 1 中 PLC 一上电时，将 AC0 设置为 1，并将字符串"S7-200 SMART"添加到 VB0 起始单元中，将字符串"ART"添加到 VB20 起始单元中。在程序段 2 中，当 I0.0 常开触点发生上升沿跳变时，根据 AC0 指定的位置 1，从 VB0 起始单元的字符串中查找与 VB20 起始单元的字符串完全匹配的字符序列，并将字符序列第 1 个字符在 IN1 字符串中的位置写入 OUT。

表 5-86　SFND 指令的使用程序

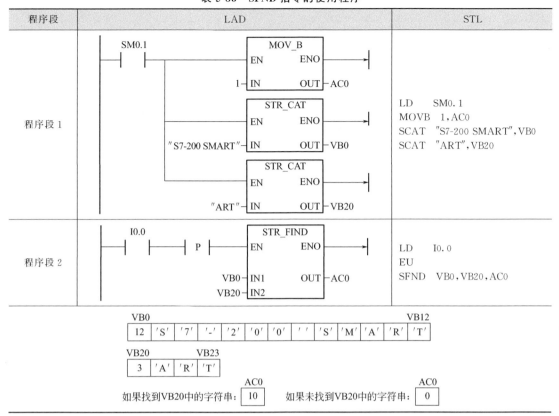

例 5-46　CFND 指令的使用如表 5-87 所示。在程序段 1 中 PLC 一上电时，将 AC0 设置为 1，并将包含温度的字符串添加到 VB0 起始单元中，将字符串"1234567890＋－"添加到 VB20 起始单元中。在程序段 2 中，当 I0.0 常开触点发生上升沿跳变时，使用 CFND 指令根据 AC0 指定的位置 1，从 VB20 起始单元的字符串中查找与 VB0 起始单元的字符串中包含数字字符序列，并将字符序列第 1 个字符在 IN1 字符串中的位置写入 OUT；使用 STR 指令将温度值由字符串类型转换为实数类型，并将结果存储在 VD100 单元中。

表 5-87　CFND 指令的使用程序

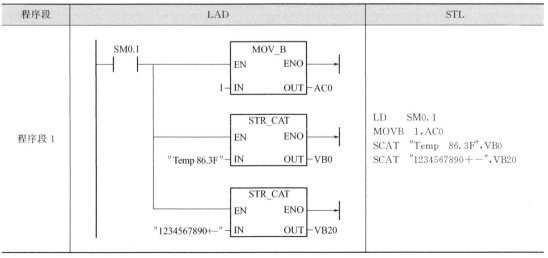

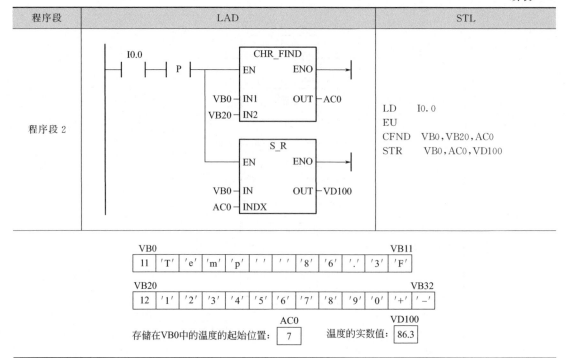

5.8 比较指令

比较指令用来比较两个操作数 IN1 和 IN2 的大小，它可对起始触点、并联触点和串联触点进行比较，比较的操作数可以是数值，也可以是字符串。

5.8.1 数值比较指令

数值比较的操作数可以字节、字、双字、实数，STL 的数值比较指令如表 5-88 所示。

表 5-88　STL 的数值比较指令

数值比较指令	起始触点比较	并联触点比较	串联触点比较
字节数值比较	LDBx IN1,IN2	OBx IN1,IN2	ABx IN1,IN2
字数值比较	LDWx IN1,IN2	OWx IN1,IN2	AWx IN1,IN2
双字数值比较	LDDx IN1,IN2	ODx IN1,IN2	ADx IN1,IN2
实数比较	LDRx IN1,IN2	ORx IN1,IN2	ARx IN1,IN2

比较条件有：等于（＝）、大于（＞）、小于（＜）、不等于（＜＞）、大于等于（＞＝）、小于等于（＜＝）。表 5-88 中的"x"表示比较条件。当 IN1 和 IN2 的关系符合比较条件时，比较触点闭合，后面的电路被接通，否则比较触点断开，后面的电路不接通，LAD 的数值比较指令如表 5-89 所示。

表 5-89　LAD 的数值比较指令

数值比较指令	等于	大于	小于	不等于	大于等于	小于等于
字节数值比较	IN1 ─┤=B├─ IN2	IN1 ─┤>B├─ IN2	IN1 ─┤<B├─ IN2	IN1 ─┤<>B├─ IN2	IN1 ─┤>=B├─ IN2	IN1 ─┤<=B├─ IN2
字数值比较	IN1 ─┤=I├─ IN2	IN1 ─┤>I├─ IN2	IN1 ─┤<I├─ IN2	IN1 ─┤<>I├─ IN2	IN1 ─┤>=I├─ IN2	IN1 ─┤<=I├─ IN2
双字数值比较	IN1 ─┤=D├─ IN2	IN1 ─┤>D├─ IN2	IN1 ─┤<D├─ IN2	IN1 ─┤<>D├─ IN2	IN1 ─┤>=D├─ IN2	IN1 ─┤<=D├─ IN2
实数比较	IN1 ─┤=R├─ IN2	IN1 ─┤>B├─ IN2	IN1 ─┤<R├─ IN2	IN1 ─┤<>R├─ IN2	IN1 ─┤>=R├─ IN2	IN1 ─┤<=R├─ IN2

例 5-47　数值比较指令的使用程序如表 5-90 所示。程序段 1 中是字节 VB0 与 VB1 比较，如果两者的数据相同，则 Q0.0 为 ON，否则为 OFF；程序段 2 中是字 MW2 与 MW4 比较，如果 MW2 的数据大于或等于 MW4 的数据，则 Q0.1 为 ON，否则为 OFF；程序段 3 中是双字 MD10 与 MD11 比较，如果 MD10 的数据不等于 MD11 的数据，则 Q0.2 为 ON，否则为 OFF；程序段 4 中是 VD0 与实数 0.4 比较，如果 VD0 的数据小于 0.4，则 Q0.3 为 ON，否则为 OFF。

表 5-90　数值比较指令的使用程序

程序段	LAD	STL
程序段 1	VB0　　　Q0.0 ─┤=B├──( ) VB1	LDB=　　VB0,VB1 =　　　　Q0.0
程序段 2	MW2　　　Q0.1 ─┤>=I├──( ) MW4	LDW>=　MW2,MW4 =　　　　Q0.1
程序段 3	MD10　　Q0.2 ─┤<>D├──( ) MD11	LDD<>　MD10,MD11 =　　　　Q0.2
程序段 4	VD0　　　Q0.3 ─┤<R├──( ) 0.4	LDR<　VD0,0.4 =　　　Q0.3

5.8.2　字符串比较指令

字符串比较指令可以比较两个 ASCII 字符串，在 LAD 中 IN1 和 IN2 的关系符合比较条件时，比较触点闭合，后面的电路被接通，否则比较触点断开；在 STL 中比较结果为逻辑"真"时，比较指令可装载 1、将 1 与逻辑栈顶中的值进行逻辑"与"或者逻辑"或"运算。字符串比较指令格式如表 5-91 所示。

表 5-91　STL 的字符串比较指令

指令类型	LAD	STL	IN1	IN2	OUT
字符串等于比较指令	IN1 ┤=S├ IN2	LDS=　IN1,IN2 OS=　IN1,IN2 AS=　IN1,IN2	VB,LB,＊VD, ＊LD,＊AC,常数 字符串	VB,LB,＊ VD,＊LD, ＊AC	能流
字符串不等于比较指令	IN1 ┤<>S├ IN2	LDS<>　IN1,IN2 OS<>　IN1,IN2 AS<>　IN1,IN2	VB,,LB,＊ VD,＊LD,＊AC, 常数字符串	VB,,LB, ＊VD,＊LD, ＊AC	能流

例 5-48　字符串比较指令的使用程序如表 5-92 所示。在程序段 1 中 PLC 一上电时，将常数字符串 "0123456789" 添加到 VB0 起始单元中；程序段 2 中，当 I0.0 常开触点闭合时将常数字符串 "123456789" 与 VB0 中的字符串进行比较，两者相同则 Q0.0 线圈输出为 ON，如果两者不相同，则 Q0.1 线圈输出为 ON。

表 5-92　字符串比较指令的使用程序

程序段	LAD	STL
程序段 1	SM0.1　STR_CAT EN　ENO "012345678"─IN　OUT─VB0	LD　　SM0.1 SCAT　"012345678",VB0
程序段 2	I0.0　"123456789"　Q0.0 ┤├──┤=S├──( ) VB0 　　"123456789"　Q0.1 　　┤<>S├──( ) VB0	LD　　I0.0 LPS AS=　　"123456789",VB0 =　　　Q0.0 LPP AS<>　"123456789",VB0 =　　　Q0.1

5.8.3　比较指令的应用

例 5-49　比较指令在仓库自动存放货物控制中的应用。某仓库最多可以存放 5000 箱货物，若货物少于 1000 箱时，HL1 指示灯亮，表示可以继续存放货物；若货物多于 1000 箱且少于 5000 箱时 HL2 指示灯亮，存放货物数量正常；若货物达到 5000 箱时，HL3 指示灯亮，表示不能继续存放货物。

分析：指示灯 HL1～HL3 可分别与 PLC 的 Q0.0～Q0.2 连接，货物的统计可以使用加/减计数器进行，存放货物时，由 I0.0 输入一次脉冲，取一次货物时，由 I0.1 输入一次脉冲。指示灯 HL1～HL3 的状态可以通过比较指令来实现，编写的程序如表 5-93 所示。

表 5-93　比较指令在仓库自动存放货物控制中的应用程序

程序段	LAD	STL
程序段 1	I0.0　　　　　　　　　C0 ┤├────CU　CTUD I0.1 ┤├────CD I0.2 ┤├────R +6000─PV	LD　　I0.0 LD　　I0.1 LD　　I0.2 CTUD　C0,＋6000

程序段	LAD	STL
程序段 2	C0 —| <=I |—(Q0.0) 1000	LDW<= C0,1000 = Q0.0
程序段 3	C0　　　　C0 —| >I |——| <I |——(Q0.1) 1000　　　5000	LDW> C0,1000 AW< C0,5000 = Q0.1
程序段 4	C0 —| >=I |—(Q0.2) 5000	LDW>= C0,5000 = Q0.2

5.9 中断指令

所谓中断，是指当计算机执行正常程序时，系统中出现某些急需处理的异常情况和特殊请求，CPU 暂时中止现行程序，转去对随机发生的更为紧迫事件进行处理，处理完毕后，CPU 自动返回原来的程序继续执行，此过程称为中断。

5.9.1 中断基本概念

(1) 中断源

能向 CPU 发出中断请求的事件，称为中断事件或中断源。S7-200 SMART PLC 最多有 38 个中断源（9 个预留），分为三大类：通信中断、输入/输出中断和时基中断。每个中断源都分配一个编号，称为中断事件号。中断指令是通过中断事件号来识别中断源的。

① 通信中断　PLC 与外部设备或上位机进行信息交换时，可以采用通信中断。PLC 在自由通信模式下，通信口的状态可由程序来控制。用户根据需求通过程序可以定义波特率、每个字符位数、奇偶校验等通信协议参数，这种用户通过编程控制通信端口的事件称为通信中断。

② 输入/输出中断　输入/输出中断包括外部的上升或下降沿输入中断、高速计数器中断和脉冲串输出中断（PTO）。在 S7-200 SMART PLC 中外部输入中断是利用输入点 I0.0～I0.3 的上升沿或下降沿产生中断，这些输入点被用作连接某些一旦发生必须处理的外部事件；高速计数器中断可对高速计数器运行时产生的事件实时响应，如当前值等于预置值、计数方向的改变、计数器外部复位等事件。脉冲串口输出中断允许完成对指定脉冲数输出的响应。

③ 时基中断　时基中断包括定时中断和定时器 T32/T96 中断。定时中断按指定的周期时间循环执行，周期时间以 1ms 为单位，周期设定时间为 1～255ms。定时中断 0，把周期时间值写入 SMB34；定时中断 1，把周期时间值写入 SMB35。每当达到定时时间值时，定时中断时间把控制权交给相应的中断程序，执行中断。定时中断可用来以固定的时间间隔作为采样周期，对模拟量输入进行采样或定期执行 PID 回路。

定时器 T32 和 T96 中断是指允许对定时时间间隔产生中断，这类中断只能用时基为

1ms 的 T32 或 T96 构成。T32 和 T96 定时器和其它定时器功能相同，只是 T32 和 T96 在中断允许后，当定时器的当前值等于预置位时，在主机正常的定时刷新中，执行中断程序。

（2）中断优先级

若有多个中断源同时请求中断响应时，CPU 通常根据中断源的紧急程度，将其进行排列，规定每个中断源都有一个中断优先级。S7-200 SMART PLC 中通信中断的优先级最高，其次为 I/O 中断，时基中断的优先级最低。

在 S7-200 SMART PLC 中，当不同的优先级的中断源同时请求中断时，CPU 按从高到低的优先原则进行响应；当相同优先级的中断源请求中断时，CPU 按先来先服务的原则响应中断请求；当 CPU 正在处理某中断时，若有新的中断源请求中断，当前中断服务程序不会被其它甚至更优先级的中断程序打断，新出现的中断请求只能按优先级排队等候响应。任何时候 CPU 只执行一个中断程序。3 个中断队列及其能保存的最大中断时间个数有限，若超出其范围时，将产生溢出，中断队列和每个队列的最大中断数如表 5-94 所示。

表 5-94　中断队列和每个队列的最大中断数

队列	中断队列数目/个	中断队列溢出标志位
通信中断队列	8	SM4.0
I/O 中断队列	16	SM4.1
时基中断队列	8	SM4.2

每类中断中不同的中断事件又有不同的优先权，如表 5-95 所示。

表 5-95　中断优先级

中断优先级	中断事件类型	中断事件号	中断事件说明
通信中断（最高级）	通信口 0	8	通信口 0：接收字符
		9	通信口 0：发送字符
		23	通信口 0：接收信息完成
	通信口 1	24	通信口 1：接收信息完成
		25	通信口 1：接收字符
		26	通信口 1：发送完成
I/O 中断（中等级）	脉冲输出	19	PTO0 脉冲计数完成
		20	PTO1 脉冲计数完成
		34	PTO2 脉冲计数完成
	外部输入	0	I0.0 上升沿中断
		2	I0.1 上升沿中断
		4	I0.2 上升沿中断
		6	I0.3 上升沿中断
		35	I7.0 上升沿中断（信号板）
		37	I7.1 上升沿中断（信号板）
		1	I0.0 下降沿中断
		3	I0.1 下降沿中断
		5	I0.2 下降沿中断

中断优先级	中断事件类型	中断事件号	中断事件说明
		7	I0.3 下降沿中断
	外部输入	36	I7.0 下降沿中断(信号板)
		38	I7.1 下降沿中断(信号板)
		12	HSC0 当前值等于预置值中断
		27	HSC0 输入方向改变中断
		28	HSC0 外部复位中断
		13	HSC1 当前值等于预置值中断
		16	HSC2 当前值等于预置值中断
I/O 中断		17	HSC2 输入方向改变中断
(中等级)		18	HSC2 外部复位中断
	高速计数器	32	HSC3 当前值等于预置值中断
		29	HSC4 当前值等于预置值中断
		30	HSC4 输入方向改变中断
		31	HSC4 外部复位中断
		33	HSC5 当前值等于预置值中断
		43	HSC5 输入方向改变中断
		44	HSC5 外部复位中断
	定时	10	定时中断 0
定时中断		11	定时中断 1
(最低级)	定时器	21	定时器 T32 CT=PT 中断
		22	定时器 T96 CT=PT 中断

5.9.2 中断控制指令

中断控制指令有：开中断、关中断、中断返回、中断连接、中断分离、中断清除等指令。如表 5-96 所示,表中 INT 和 EVNT 均为字节型常数。

表 5-96 中断控制指令

指令	LAD	STL	INT	EVNT
开中断	—(ENI)	ENI		
关中断	—(DISI)	DISI	无	无
中断返回	—(RETI)	CRETI		
中断连接	ATCH EN ENO INT EVNT	ATCH INT,EVNT	中断事件号: 0~127	中断事件号: CPU CR20/30/40/60 为 0～13、16～18、21～23、27、28 和 32; CPU SR20/30/40/60 为 0～13 和 16～44; CPU ST20/30/40/60 为 0～13 和 16～44

指令	LAD	STL	INT	EVNT
中断分离	DTCH EN ENO EVNT	DTCH，EVNT	中断事件号： 0～127	中断事件号： CPU CR20/30/40/60 为 0～13、16～18、21～23、27、28 和 32； CPU SR20/30/40/60 为 0～13 和 16～44； CPU ST20/30/40/60 为 0～13 和 16～44
中断清除	CLR_EVNT EN ENO EVNT	CEVNT EVNT		

（1）开中断指令 ENI

开中断指令又称为中断允许指令 ENI（Enable Interrupt），它全局性地允许所有被连接的中断事件。

（2）关中断指令 DISI

关中断指令又称为中断禁止指令 DISI（Disable Interrupt），它全局性地禁止处理所有中断事件，允许中断排队等候，但不允许执行中断程序，直到全局中断允许指令 ENI 重新允许中断。

当 PLC 转换为 RUN 运行模式时，开始时中断自动被禁止，在执行全局中断允许指令后，各中断事件是否会执行中断程序，将取决于是否执行了该中断事件的中断连接指令。

（3）中断返回指令 CRETI

中断程序有条件返回指令 CRETI（Conditional Return from Interrupt），用于根据前面的逻辑操作条件，从中断服务程序中返回，编程软件自动为各中断程序添加无条件返回指令。

（4）中断连接指令 ATCH

中断连接指令 ATCH（Attach Interrupt），将中断事件 EVNT 与中断服务程序号 INT 相关联，并启用该中断事件。

在调用一个中断程序之前，必须用中断连接指令将某中断事件与中断程序进行连接，当某个中断事件和中断程序连接好后，该中断事件发生时自动开中断。多个中断事件可调用同一个中断程序，但同一时刻一个中断事件不能与多个中断程序同时进行连接，否则，当中断许可且某个中断事件发生后，系统默认执行与该事件建立连接的最后一个中断程序。

当中断事件和中断程序连接时，自动允许中断，如果采用禁止全局中断指令不响应所有中断，每个中断事件进行排队，直到采用允许全局中断指令重新允许中断。

（5）中断分离指令 DTCH

中断分离指令 DTCH（Detach Interrupt），将中断事件 EVNT 与中断服务程序之间的关联切断，并禁止该中断事件。中断分离指令使中断回到不激活或无效状态。

（6）中断清除指令 CEVNT

中断清除指令 CEVNT 是从中断队列中清除所有 EVNT 类型的中断事件，将不需要的中断事件进行清除。若使用此指令来清除假的中断事件时，从队列中清除此事件之前必须先将其进行中断分离，否则在执行清除事件指令之后，新的事件将被增加到队列中。例如，光电传感器正好处于从明亮过渡到黑暗的边界位置，在新的 PV 值装载之前，小的机械振动将生成实际并不需要的中断，为清除此类振动干扰，执行时先进行中断分离指令。

5.9.3 中断程序

中断程序又称为中断服务程序，是用户为处理中断事件而事先编写好的程序。它由中断程序标志、中断程序指令和无条件返回指令三部分组成。编程时用中断程序入口的中断程序标志来识别每个中断程序，每个中断服务程序由中断程序号开始，以无条件返回指令结束。对中断事件的处理由中断程序指令来完成，PLC 中的中断指令与计算机原理中的中断不同，它不允许嵌套。

中断程序不是由程序调用，而是在中断事件发生时由操作系统调用。由于不能预知系统何时调用中断程序，在中断程序中不能改写其它程序使用的存储器，因此在中断程序中最好使用局部变量。在中断服务程序中禁止使用 DISI、ENI、CALL、HDEF、FOR/NEXT、LSCR、SCRE、SCRT、END 等指令。

软件编程时，在"编辑"菜单下"插入"中选择"中断程序"可生成一个新的中断程序编号，进入该程序的编辑区，在此编辑区中可编写中断服务。或者在程序编辑器视窗中点击鼠标右键，从弹出的菜单下"插入"中选择"中断程序"也可实现中断程序的编写。

在编写中断程序时，应使程序短小精悍，以减少中断程序的执行时间。最大限度地优化中断程序，否则意外条件可能会引起主程序控制的设备出现异常现象。

例 5-50 在 I0.0 的上升沿通过中断使 Q0.0 立即置位，在 I0.1 的上升沿通过中断使 Q0.0 立即复位，并解除中断。

分析：这是 I/O 中断服务程序，I0.0～I0.3 的上升沿或下降沿可产生中断。I0.0 上升沿中断，其中断事件号为 0；I0.1 上升沿中断，其中断事件号为 2，使用 ATCH 指令进行中断连接。SI 为立即置位指令，RI 为立即复位指令，其程序如表 5-97 所示。

表 5-97　I/O 中断程序

程序段	LAD	STL

主程序
（MAIN）
	SM0.1 ┤├ ─── ATCH [EN ENO] INT_0:INT0→INT 0→EVNT
	ATCH [EN ENO] INT_1:INT1→INT 2→EVNT
	（ENI）
		LD　SM0.1
		//I0.0 上升沿执行中断 INT_0
		ATCH　INT_0:INT0,0
		//I0.1 上升沿执行中断 INT_1
		ATCH　INT_1:INT1,2
		//允许全局中断
		ENI

中断程序 0 （INT_0）	SM0.0 ┤├ ───（ SI ）1　Q0.0	LD　　SM0.0 //Q0.0 立即置位 SI　　Q0.0,1
中断程序 1 （INT_1）	SM0.0 ┤├ ───（ RI ）1　Q0.0	LD　　SM0.0 // Q0.0 立即复位 RI　　Q0.0,1

表 5-98 定时中断 0 程序

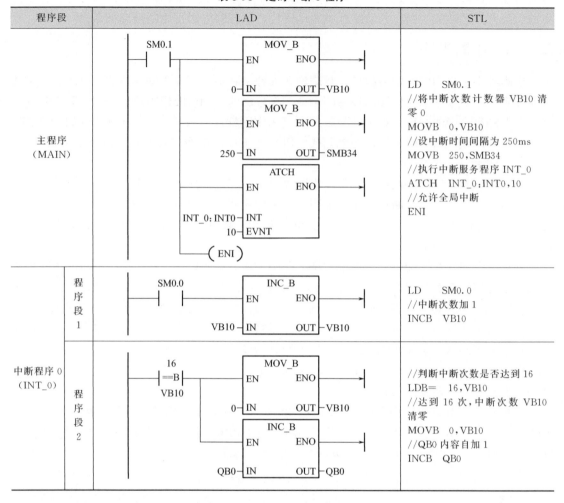

程序段	LAD	STL

主程序（MAIN）		LD SM0.1
		//将中断次数计数器 VB10 清零 0
		MOVB 0,VB10
		//设中断时间间隔为 250ms
		MOVB 250,SMB34
		//执行中断服务程序 INT_0
		ATCH INT_0:INT0,10
		//允许全局中断
		ENI

中断程序 0（INT_0） 程序段 1		LD SM0.0 //中断次数加 1 INCB VB10

中断程序 0（INT_0） 程序段 2		//判断中断次数是否达到 16
		LDB= 16,VB10
		//达到 16 次，中断次数 VB10 清零
		MOVB 0,VB10
		//QB0 内容自加 1
		INCB QB0

例 5-51 用定时中断 0 实现每隔 4s 时间 QB0 加 1。

分析：这是定时中断服务程序，定时中断 0 和定时中断 1 的 1～255ms 时间间隔可分别写入特殊存储器 SMB34 和 SMB35 中，修改 SMB34 或 SMB35 中的数值就改变了时间间隔。将定时中断的时间间隔设为 250ms，在定时器 0 的中断程序中，每当一次定时中断到时，VB10 加 1，然后再使用比较触点指令 "LD＝" 判断 VB10 是否等于 16。如果正好等于 16 时，表示中断了 16 次，QB0 加 1。定时中断 0 的中断事件号为 10，其程序如表 5-98 所示。

5.10 高速处理指令

PLC 的高速处理指令包括高速计数指令、高速脉冲指令。一般来说，高速计数器和编码的配合使用可用来累计比 PLC 扫描频率高得多的脉冲输入，利用产生的中断事件完成预定的操作，因此在现代自动控制的精确定位、测量长度等控制领域有重要的应用价值。

高速脉冲输出功能是指在可编程控制器的某些输出端有高速脉冲输出，用来驱动负载以实现精确控制。

5.10.1　高速计数器指令

PLC 的普通计数器的计数过程受 CPU 扫描速度的影响，CPU 通过每一扫描周期读取一次被测信号的方法来捕捉被测信号的上升沿，被测信号的频率较高时，会丢失计数脉冲，所以普通计数器的工作频率一般只有几十赫兹，它不能对高速脉冲信号进行计数。为解决这一问题，S7-200 SMART PLC 提供了 6 个高速计数器 HSC0～HSC5，以响应快速脉冲输入信号。高速计数器独立于用户程序工作，不受程序扫描时间的限制，它可对小于主机扫描周期的高速脉冲准确计数，用户通过相关指令，设置相应的特殊存储器控制高速计数器的工作。

（1）S7-200 SMART 系列的高速计数器

不同型号的 PLC 主机，高速计数器数量不同，经济型的 CPU 模块支持 HSC0、HSC1、HSC2、HSC3 这 4 个高速计数器，而没有 HSC4 和 HSC5 这 2 个计数器；标准型的 CPU 模块拥有 HSC0～HSC5 这 6 个高速计数器。6 个高速计数器的主要参数如表 5-99 所示。

表 5-99　6 个高速计数器的主要参数

计数器	时钟 A	方向/时钟 B	复位	单相/双相最大时钟/输入速率	AB 正交相最大时钟/输入速率
HSC0	I0.0	I0.1	I0.4	标准型 CPU 为 200kHz	标准型 CPU 为 100kHz（1 倍计数速率）或 400kHz（4 倍计数速率）
				经济型 CPU 为 100kHz	经济型 CPU 为 50kHz（1 倍计数速率）或 200kHz（4 倍计数速率）
HSC1	I0.1			标准型 CPU 为 200kHz	
				经济型 CPU 为 100kHz	
HSC2	I0.2	I0.3	I0.5	标准型 CPU 为 200kHz	标准型 CPU 为 100kHz（1 倍计数速率）或 400kHz（4 倍计数速率）.
				经济型 CPU 为 100kHz	经济型 CPU 为 50kHz（1 倍计数速率）或 200kHz（4 倍计数速率）
HSC3	I0.3			标准型 CPU 为 200kHz	
				经济型 CPU 为 100kHz	
HSC4	I0.6	I0.7	I1.2	SR30、ST30 为 200kHz	SR30、ST30 为 100kHz（1 倍计数速率）或 400kHz（4 倍计数速率）
				SR20/40/60、ST20/40/60 为 30kHz	SR20/40/60、ST20/40/60 为 20kHz（1 倍计数速率）或 80kHz（4 倍计数速率）
				经济型 CPU 不适用	经济型 CPU 不适用
HSC5	I1.0	I1.1	I1.3	标准型 CPU 为 30kHz	标准型 CPU 为 20kHz（1 倍计数速率）或 80kHz（4 倍计数速率）
				经济型 CPU 不适用	经济型 CPU 不适用

HSC0、HSC2、HSC4 和 HSC5 支持 8 种计数模式，分别为模式 0、模式 1、模式 3、模式 4、模式 6、模式 7、模式 9 和模式 10，而 HSC1 和 HSC3 只支持模式 0 这 1 计数模式。

高速计数器的硬件输入接口与普通数字量输入接口使用相同的地址，已定义用于高速计数器的输入端不再具有其它功能，但某个模式下没有用到的输入端仍然可以用作普通开关量的输入点，其占用的输入端子如表 5-99 所示。各高速计数器不同的输入端接口有专用的功能，如时钟脉冲端、方向控制端、复位端、启动端等。同一输入端不能用于两种不同的功能，但高速计数器当前模式未使用的输入端可用于其它功能。

（2）高速计数器的工作类型

S7-200 SMART PLC高速计数器有4种工作类型：①内部方向控制的单相计数；②外部方向控制的单相计数；③双脉冲输入的加/减计数；④两路脉冲输入的双相正交计数。

① 内部方向控制的单相计数　内部方向控制的单相计数，它只有一个脉冲输入端，通过高速计数器的控制字节的第3位来控制计数方向。若高速计数器控制字节的第3位为1，进行加计数；若该位为0，进行减计数，如图5-8所示，图中CV表示当前值，PV表示预置值。计数模式0和1为内部方向控制的单相计数，其中模式1还具有外部复位功能。

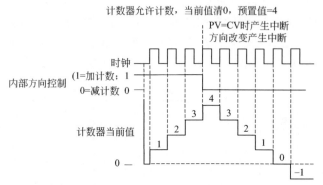

图5-8　内部方向控制的单相计数

② 外部方向控制的单相计数　外部方向控制的单相计数，它有一个脉冲输入端，有一个方向控制端。若方向控制端等于1，加计数；若方向控制端等于0，减计数，如图5-9所示。计数模式3和4为外部方向控制的单相计数，其中模式4还具有外部复位功能。

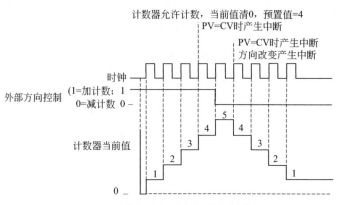

图5-9　外部方向控制的单相计数

③ 双脉冲输入的加/减计数　双脉冲输入的加/减计数，有两个脉冲输入端，一个是加计数脉冲输入端，另一个是减计数脉冲输入端。计数值为两个输入端脉冲的代数和。若高速计数使用在模式6、7，如果加计数时钟输入的上升沿与减计数时钟输入的上升沿之间的时间间隔小于0.3ms，高速计数器把这些事件看作是同时发生的，在此情况下，当前值不变，计数方向指示不变，只要加计数时钟输入的上升沿与减计数时钟输入的上升沿之间的时间间隔大于0.3ms，高速计数器分别捕捉每个事件，在以上两种情况下，都不会产生错误，计数器保持正确的当前值，如图5-10所示。

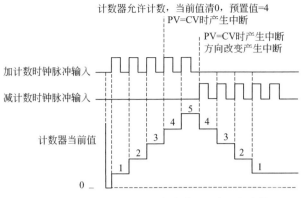

图 5-10　模式 6、7 时双脉冲输入的加/减计数

④ 两路脉冲输入的双相正交计数　两路脉冲输入的双相正交计数，有两个脉冲输入端，一个是 A 相，另一个是 B 相。两路输入脉冲 A 相和 B 相的相位相差 90°（正交），A 相超前 B 相 90°时，加计数；A 相滞后 B 相 90°时，减计数。在这种计数方式下，可选择计数模式 9 或 10 的 1 倍速正交模式（1 个时钟脉冲计 1 个数）和 4 倍速正交模式（1 个时钟脉冲计 4 个数），如图 5-11 所示。

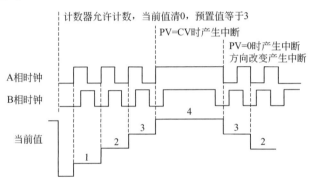

(a) 模式9或10时1倍速正交计数

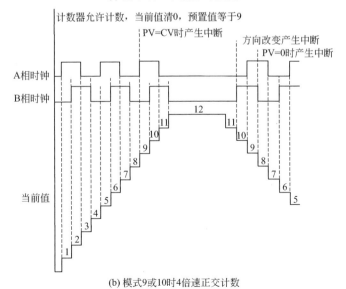

(b) 模式9或10时4倍速正交计数

图 5-11　两路脉冲输入的双相正交计数

（3）高速计数器的计数模式

S7-200 SMART PLC 提供了 6 个高速计数器 HSC0～HSC5，其中 HSC0、HSC2、HSC4 和 HSC5 支持 8 种计数模式，分别为模式 0、模式 1、模式 3、模式 4、模式 6、模式 7、模式 9 和模式 10，而 HSC1 和 HSC3 只支持模式 0 和 1 计数模式。

模式 0、模式 1 采用单相内部方向控制的加/减计数；模式 3、模式 4 采用单相外部方向控制的加/减计数；模式 6、模式 7 采用双脉冲输入的加/减计数；模式 9、模式 10 采用两路脉冲输入的双相正交计数。

选用某个高速计数器在某种计数模式下工作后，高速计数器所使用的输入不是任意选择的，必须按系统指定的输入点输入信号。例如 HSC0 的所有计数模式始终使用 I0.0，而 HSC2 的所有计数模式始终使用 I0.2，所以使用这些计数器时，不能将这些输入端子作为其他用途。高速计数器的计数模式和输入端子的关系如表 5-100 所示。

表 5-100　高速计数器的计数模式和输入端子的关系

输入端子	功能及说明	占用的输入端子及功能		
	HSC0	I0.0	I0.1	I0.4
	HSC1	I0.1		
	HSC2	I0.2	I0.3	I0.5
	HSC3	I0.3		
HSC 模式	HSC4	I0.6	I0.7	I1.2
	HSC5	I1.0	I1.1	I1.3
0	单相内部方向控制的加/减计数	脉冲输入端		
1				复位端
3	单相外部方向控制的加/减计数	脉冲输入端	方向控制端	
4				复位端
6	双脉冲输入的加/减计数	加计数脉冲输入端	减计数脉冲输入端	
7				复位端
9	两路脉冲输入的双相正交计数	A 相脉冲输入端	B 相脉冲输入端	
10				复位端

（4）高速计数器的控制字节、状态字节、数值寻址和中断功能

在定义了计数器和工作模式后，还要设置高速计数器有关控制字节。每个高速计数器都有一个控制字节，它决定计数器是否允许计数、控制计数方向或者对所有其它模式定义初始化计数方向、装载初始值和装载预置值。高速计数器控制字节的位地址分配如表 5-101 所示。

表 5-101　高速计数器控制字节的位地址分配

HSC0	HSC1	HSC2	HSC3	HSC4	HSC5	功能描述
SM37.0	不支持	SM57.0	不支持	SM147.0	SM157.0	复位有效电平控制位： 0，高电平有效；1，低电平有效
SM37.2	不支持	SM57.2	不支持	SM147.2	SM157.2	正交计数速率选择位： 0 为 4 倍速计数；1 为 1 倍速计数

HSC0	HSC1	HSC2	HSC3	HSC4	HSC5	功能描述
SM37.3	SM47.3	SM57.3	SM137.3	SM147.3	SM157.3	计数方向控制位： 0,减计数;1,加计数
SM37.4	SM47.4	SM57.4	SM137.4	SM147.4	SM157.4	向 HSC 写计数方向允许控制位： 0,不更新;1,更新计数方向
SM37.5	SM47.5	SM57.5	SM137.5	SM147.5	SM157.5	向 HSC 写入预设值允许控制位： 0,不更新;1,更新预设值
SM37.6	SM47.6	SM57.6	SM137.6	SM147.6	SM157.6	向 HSC 写入当前值允许控制位： 0,不更新;1,更新当前值
SM37.7	SM47.7	SM57.7	SM137.7	SM147.7	SM157.7	HSC 指令执行允许控制位： 0,禁止 HSC,1,允许 HSC

每个高速计数器除了控制字节外，还有一个状态字节。状态字节的相关位用来描述当前的计数方向、当前值是否大于或等于预置值，状态位功能如表 5-102 所示。

表 5-102　高速计数器状态字节

HSC0	HSC1	HSC2	HSC3	HSC4	HSC5	功能描述
SM36.5	SM46.5	SM56.5	SM136.5	SM146.5	SM156.5	当前计数方向状态位： 0,减计数;1,加计数
SM36.6	SM46.6	SM56.6	SM136.6	SM146.6	SM156.6	当前值等于预置值状态位： 0,不相等;1,相等
SM36.7	SM46.7	SM56.7	SM136.7	SM146.7	SM156.7	当前值大于预置值状态位： 0,小于或等于;1,大于

每个高速计数器都有一个初始值和一个预置值，它们都是 32 位的有符号整数。初始值是高速计数器计数的起始值；预置值是计数器运行的目标值，如果当前计数值等于预置值，内部产生一个中断。当控制字节设置为允许装入新的初始值和预置值时，在高速计数器运行前应将初始值和预置值存入特殊的存储器中，然后执行高速计数器指令才有效。不同的高速计数器其初始值、预置值和当前值有专用的存储地址，如表 5-103 所示。

表 5-103　高速计数器数值寻址

计数器号	HSC0	HSC1	HSC2	HSC3	HSC4	HSC5
初始值	SMD38	SMD48	SMD58	SMD138	SMD148	SMD158
预置值	SMD42	SMD52	SMD62	SMD142	SMD152	SMD162
当前值	HC0	HC1	HC2	HC3	HC4	HC5

当前值也是一个 32 位的有符号整数，HSC0 的当前值在 HC0 中读取；HSC1 的当前值在 HC1 中读取。

（5）高速计数指令

高速计数指令 HSC（High Speed Counter）有高速计数器定义指令（HDEF）和高速计数器启动指令（HSC）两条，指令格式如表 5-104 所示。

表 5-104　高速计数指令格式

指令	LAD	STL	操作数
HDEF	HDEF EN　ENO HSC MODE	HDEF HSC,MODE	HSC:高速计数器编号(0~5) MODE:计数模式
HSC	HSC EN　ENO N	HSC N	N:高速计数器编号(0~5)

高速计数器定义指令（HDEF），用于指定高速计数器的计数模式，即用来选择高速计数器的输入脉冲、计数方向、复位功能。每个高速计数器在使用之前必须使用此指令来选定一种计数模式，并且每一个高速计数器只能使用一次"高速计数器定义"指令。

高速计数器启动指令（HSC），根据高速计数器控制位的状态和按照 HDEF 指令指定的工作模式，启动编号为 N 的高速计数器。

（6）高速计数器的使用

使用高速计数器时，需完成以下步骤：

① 根据选定的计数器工作模式，设置相应的控制字节；

② 使用 HDEF 指令定义计数器号；

③ 设置计数方向；

④ 设置初始值；

⑤ 设置预置值；

⑥ 指定并使能中断服务程序；

⑦ 执行 HSC 指令，激活高速计数器。

如果在计数器运行中改变其设置时，则以上的第②步和第⑥步省略。

（7）高速计数器指令的初始化

高速计数器指令的初始化步骤如下。

① 用初次扫描存储器 SM0.1＝1 调用执行初始化操作的子程序，由于采用了子程序，在后续扫描中不必再调用这个子程序，从而减少扫描时间，使程序结构更加优化。

② 初始化子程序中，根据所希望的控制要求设置控制字节（SMB37、SMB47、SMB57、SMB137、SMB147、SMB157）。例如 SMB37＝16♯C8，表示使用 HSC0，允许加计数，写入初始值，不装入预置值，运行中不更改方向，若为正交计数时，为 4 倍速正交计数，高电平有效复位。

③ 执行 HDEF 指令时，设置 HSC 编号（0~5）和计数模式 MODE（0~10）。

④ 使用 MOVD 指令将新的当前值写入 32 位当前寄存器（SMD38、SMD48、SMD58、SMD138、SMD148、SMD158）。如果将 0 写入当前寄存器中，则是将当前计数值清 0。

⑤ 使用 MOVD 指令将预置值写入 32 位预置值寄存器（SMD42、SMD52、SMD62、SMD142、SMD152、SMD162）。例如执行 MOVD 1000，SMD42，则预置值为 1000。

⑥ 为了捕获当前值 CV 等于预置值 PV 中断事件，编写中断子程序，并指定 CV＝PV 中断事件（中断事件号为 16）调用该中断子程序。

⑦ 为了捕获计数方向的改变，将方向改变的中断事件（中断事件号为 17）与一个中断程序联系；为了捕获外部复位事件，将外部复位中断事件（中断事件号为 18）与一个中断程序联系。

⑧ 执行全局中断允许指令 ENI 来允许 HSC 中断。

⑨ 执行 HSC 指令，使 S7-200 SMART 对高速计数器进行编程。

⑩ 退出子程序。

5.10.2 高速计数器指令的应用

例 5-52 采用测频方法测量电动机的转速。

分析：用测频法测量电动机的转速，其方法是在单位时间内采集编码器脉冲的个数。采集时，可以选用高速计数器对转速脉冲信号进行计数，同时用时基来完成定时。如果在单位时间内得到了脉冲个数，再经过一系列的计算就可以得到电动机的转速。

采用测频方法测量电动机转速的程序如表 5-105 所示，其设计思路是：①选择高速计数器 HSC0，并确定工作模式为 0，用 SM0.1 对高速计数器进行初始化；②设置计数方向为增，允许更新计数方向，允许写入新初始值，允许写入新预置值，允许执行 HSC 指令，因此控制字节 SMB37 为 16#F8；③执行 HDEF 指令，输入端 HSC 为 0，MODE 为 0；④写入初始值，令 SMD38 为 0；⑤写入时基定时设定值，令 SMB34 为 200；⑥执行中断连接 ATCH 指令，中断事件号为 10，执行中断允许指令 ENI，重新启动时基定时器，清除高速计数器的初始值；⑦执行 HSC 指令，对高速计数器编程。

表 5-105　采用测频方法测量电动机转速的程序

程序段	LAD	STL

主程序
（MAIN）
	SM0.1
	
	MOV_B
	EN ENO
	16#F8 — IN OUT — SMB37
	
	MOV_DW
	EN ENO
	0 — IN OUT — SMD38
	
	HDEF
	EN ENO
	0 — HSC
	0 — MODE
	
	MOV_B
	EN ENO
	200 — IN OUT — SMB34
	
	ATCH
	EN ENO
	INT_0:INT0 — INT
	10 — EVNT
	——(ENI)
	
	HSC
	EN ENO
	0 — N
		LD　　SM0.1
		//设置控制字节 SMB37
		MOVB　16＃F8，SMB37
		//设置 HSC0 的初始值
		MOVD　0，SMD38
		//设置高速计数器工作模式为 0
		HDEF　0，0
		//设置中断 0 定时时间为 200ms
		MOVB　200，SMB34
		//调中断 INT_0，中断事件为 10
		ATCH　INT_0：INT0，10
		//开启中断
		ENI
		//启动高速计数器 HSC0
		HSC　　0

程序段	LAD	STL

中断程序
（INT_0）
	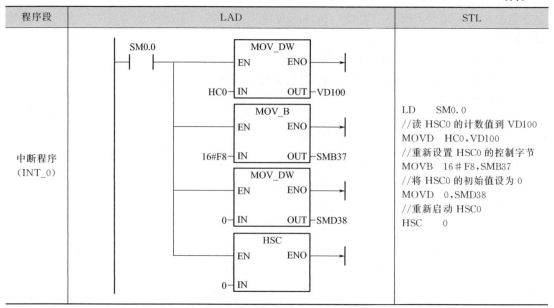	LD SM0.0
		//读 HSC0 的计数值到 VD100
		MOVD HC0,VD100
		//重新设置 HSC0 的控制字节
		MOVB 16#F8,SMB37
		//将 HSC0 的初始值设为 0
		MOVD 0,SMD38
		//重新启动 HSC0
		HSC 0

表 5-106　加工器件清洗控制的程序

程序段	LAD	STL
主程序 （MAIN）	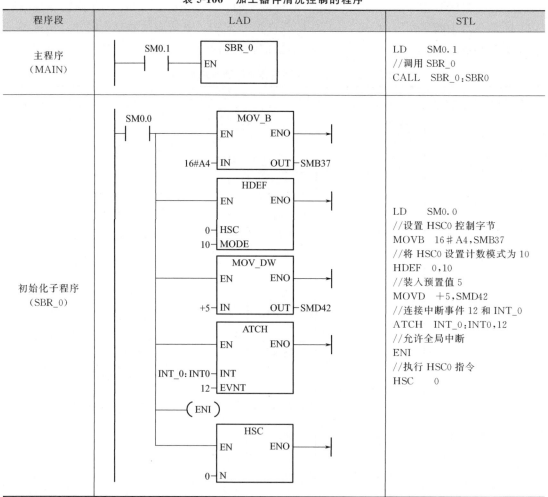	LD SM0.1 //调用 SBR_0 CALL SBR_0:SBR0

初始化子程序
（SBR_0）
		LD SM0.0
		//设置 HSC0 控制字节
		MOVB 16#A4,SMB37
		//将 HSC0 设置计数模式为 10
		HDEF 0,10
		//装入预置值 5
		MOVD +5,SMD42
		//连接中断事件 12 和 INT_0
		ATCH INT_0:INT0,12
		//允许全局中断
		ENI
		//执行 HSC0 指令
		HSC 0

程序段	LAD	STL

中断程序
（INT_0）
 	
程序段 1
	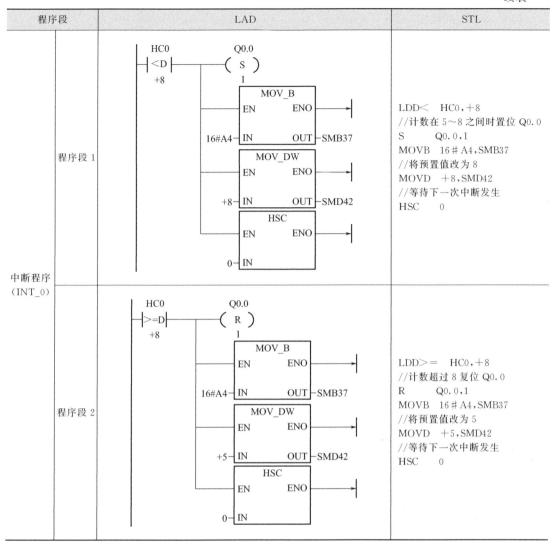	LDD< HC0,+8
		//计数在 5～8 之间时置位 Q0.0
		S Q0.0,1
		MOVB 16#A4,SMB37
		//将预置值改为 8
		MOVD +8,SMD42
		//等待下一次中断发生
		HSC 0

程序段 2		LDD>= HC0,+8
		//计数超过 8 复位 Q0.0
		R Q0.0,1
		MOVB 16#A4,SMB37
		//将预置值改为 5
		MOVD +5,SMD42
		//等待下一次中断发生
		HSC 0

例 5-53　高速计数器指令在加工器件清洗控制中的应用。设某传输带的旋转轴上连接了一个 A/B 两相正交脉冲的增量旋转编码器。计数脉冲的个数代表旋转轴的位置，也就是加工器件的传送位移量。编码器旋转一圈产生 10 个 A/B 相脉冲和一个复位脉冲，需要在第 5 个和第 8 个脉冲所代表的位置之间接通打开电磁阀将其进行清洗，其余位置时不对加工器件进行清洗。

分析：电磁阀的关闭由 Q0.0 进行控制，A 相接 I0.0，B 相与 I0.1 连接，复位脉冲接入 I0.4，利用 HSC0 的 CV＝PV（当前值＝预置值）的中断，就可实现此功能。

加工器件清洗控制的程序如表 5-106 所示。在主程序中，用首次扫描时接通一个扫描周期的特殊内部存储器 SM0.1 去调用一个子程序，完成初始化操作。在初始化子程序中定义 HSC0 为模式 10（两路脉冲输入的双相正交计数，具有复位输入功能）。

5.10.3　高速脉冲指令

高速脉冲输出可对负载进行高精度的控制，例如利用输出的脉冲对步进电机进行控制，只有晶体管输出类型的 CPU 能够支持高速脉冲输出功能。

（1）高速脉冲输出（PLS）指令

在 S7-200 SMART PLC 中 CPU SR30/40/60、CPU ST30/40/60 有 3 个高速脉冲串输出 PTO（Pulse Train Output）和脉冲宽度调制输出 PWM（Pulse Width Modulation）发生器，分别通过数字量输出点 Q0.0、Q0.1 或 Q0.3 输出高速脉冲串或脉冲宽度可调的波形。CPU SR20、CPU ST20 只有 Q0.0 和 Q0.1 输出高速脉冲串或脉冲宽度可调的波形。

脉冲宽度与脉冲周期之比称为占空比，PTO 可以输出一串占空比为 50% 的脉冲，用户也可以控制脉冲的周期和脉冲数目。周期的单位可选用 μs 或 ms，周期范围为 $50\sim65536\mu s$ 或 $2\sim65536ms$，脉冲计数范围为 $1\sim2147483647$。

PWM 提供连续的、周期与脉冲宽度可以由用户控制的输出脉冲，周期的单位可选用 μs 或 ms，周期变化范围为 $10\sim65536\mu s$ 或 $2\sim65536ms$，脉冲宽度变化范围为 $0\sim65536\mu s$ 或 $0\sim65536ms$。当指定的脉冲宽度值大于周期值时，占空比为 100%，输出连续接通。当脉冲宽度为 0 时，占空比为 0%，输出断开。

高速脉冲输出 PLS 指令检查为脉冲输出（Q0.0、Q0.1 和 Q0.3）设置的特殊存储器位 SM，然后执行特殊存储器位定义的脉冲操作，指令如表 5-107 所示。

表 5-107　高速脉冲输出 PLS 指令

指令	LAD	STL	操作数
PLS	PLS ─EN　　ENO─ ─N	PLS　N	N 为常数，N=0 选择 Q0.0；N=1 选择 Q0.1；N=2 选择 Q0.3

（2）与脉冲输出控制相关的特殊寄存器

在 S7-200 SMART PLC 中，每个 PTO 或 PWM 输出都对应一些 SM 特殊寄存器，如 1 个 8 位的状态字节、1 个 8 位的控制字节、2 个 16 位的时间寄存器、1 个 32 位的脉冲计数器、1 个 8 位的段数寄存器和 1 个 16 位的偏移地址寄存器。通过这些特殊的寄存器，可以控制高速脉冲输出的工作状态、输出形式及设置各种参数。

① 高速脉冲输出的状态字节　PTO 输出时，Q0.0、Q0.1 或 Q0.3 是否空闲、是否产生溢出、是否由用户命令而终止、是否增量计算错误而终止等，都通过状态字节来描述，如表 5-108 所示。Q0.0 的 SMB66.0～SMB66.3、Q0.1 的 SMB76.0～SMB76.3 和 Q0.3 的 SMB566.0～SMB566.3 特殊寄存器位没有使用。

表 5-108　高速脉冲输出的状态字节

Q0.0	Q0.1	Q0.0	功能描述
SMB66.4	SMB76.4	SMB566.4	PTO 包络由于增量计算错误而终止：0，无错误；1，终止
SMB66.5	SMB76.5	SMB566.5	PTO 包络由于用户命令而终止：0，无错误；1，终止
SMB66.6	SMB76.6	SMB566.6	PTO 管线溢出：0，无溢出；1，上溢/下溢
SMB66.7	SMB76.7	SMB566.7	PTO 空闲：0，执行中；1，PTO 空闲

② 高速脉冲输出的控制字节　高速脉冲输出的控制字节通过设置特殊寄存器 SMB67、SMB77 和 SMB567 的相关位可定义 PTO/PWM 的输出形式、时间基准、更新方式、PTO 的单段或多段输出选择等，这些位的默认值为 0，特殊寄存器的设置如表 5-109 所示。为方

便使用，列出 PTO/PWM 的参考控制字节如表 5-110 所示。

表 5-109　高速脉冲输出的控制字节

Q0.0	Q0.1	Q0.3	功能描述
SMB67.0	SMB77.0	SMB567.0	PTO/PWM 更新频率/周期值：0，不更新；1，更新频率/周期值
SMB67.1	SMB77.1	SMB567.1	PWM 更新脉冲宽度值：0，不更新；1，更新脉冲宽度值
SMB67.2	SMB77.2	SMB567.2	PTO 更新脉冲计数值：0，不更新；1，更新脉冲计数值
SMB67.3	SMB77.3	SMB567.3	PTO/PWM 时间基准选择：0，$1\mu s$/时标；1，1ms/刻度
SMB67.4	SMB77.4	SMB567.4	保留
SMB67.5	SMB77.5	SMB567.5	PTO 操作：0，单段操作；1，多段操作
SMB67.6	SMB77.6	SMB567.6	PTO/PWM 模式选择：0，选择 PWM；1，选择 PTO
SMB67.7	SMB77.7	SMB567.7	PTO/PWM 使能控制：0，禁止；1，启用

表 5-110　PTO/PWM 的参考控制字节

控制寄存器	启用	PLS 指令的执行结果					
		模式	PTO 操作	时基	脉冲计数	脉冲宽度	周期时间/频率
16#80	是	PWM		$1\mu s$/周期			
16#81	是	PWM		$1\mu s$/周期			更新周期时间
16#82	是	PWM		$1\mu s$/周期		更新	
16#83	是	PWM		$1\mu s$/周期		更新	更新周期时间
16#88	是	PWM		1ms/周期			
16#89	是	PWM		1ms/周期			更新周期时间
16#8A	是	PWM		1ms/周期		更新	
16#8B	是	PWM		1ms/周期		更新	更新周期时间
16#C0	是	PTO	单段				
16#C1	是	PTO	单段				更新频率
16#C4	是	PTO	单段		更新		
16#C5	是	PTO	单段		更新		更新频率
16#E0	是	PTO	多段				

③ 其它相关的特殊寄存器　在 S7-200 SMART PLC 的高速脉冲输出控制中还有其它相关的特殊寄存器用于存储周期值、脉冲宽度值、PTO 脉冲计数值、多段 PTO 进行中的段数等，设置如表 5-111 所示。

表 5-111　高速脉冲输出的其它相关特殊寄存器

Q0.0	Q0.1	Q0.3	功能描述
SMW68	SMW78	SMW568	PTO/PWM 周期值（范围：2～65536）
SMW70	SMW80	SMW570	PWM 脉冲宽度值（范围：0～65536）
SMD72	SMD82	SMD572	PTO 脉冲计数值（范围：1～2147483647）
SMB166	SMB176	SMB576	进行中的段数（仅限多段 PTO 操作）
SMW168	SMW178	SMW578	包络表的起始位置，用从 V0 开始的字节偏移表示（仅限多段 PTO 操作）

（3）PTO 操作

1）PTO 工作模式　PTO 允许脉冲串"排队"，以保证脉冲输出的连续进行，形成管线，也支持在未发完脉冲串时，立刻终止脉冲输出。如果要控制输出脉冲的频率（如步进电机的速度/频率控制），需将频率转换为 16 位无符号数周期值。为保证 50% 的占空比，周期值设定为偶数，否则会引起输出波形占空比的失真。根据管线的实现方式不同，PTO 分为单段管线和多段管线两种工作模式。

① 单段管线模式　PTO 单段管线模式中，每次只能存储一个脉冲串的控制参数。在当前脉冲串输出期间，需要为下一个脉冲更新 SM 特殊寄存器。初始 PTO 段一旦启动了，就必须按照第 2 个波形的要求改变特殊寄存器，并再次执行 PLS 指令。第 2 个脉冲串的属性在管线中一直保持到第 1 个脉冲器发送完成。在管线中一次只能存储一段脉冲器的属性，当第 1 个脉冲器发送完成后，接着输出第 2 个波形，此时管线可以用于下一个新的脉冲串，这样可实现多段脉冲串的连续输出。

单段管线模式中的各段脉冲串可以采用不同的时间基准，但是当参数设置不恰当时，会造成各个脉冲串之间的连接不平稳且使编程复杂繁琐。

② 多段管线模式　PTO 多段管线模式中，在变量存储区 V 建立一个包络表，包络表存放每个脉冲器的参数。执行 PLS 指令时，CPU 自动从 V 存储器区包络表中读出每个脉冲串的参数。多段管线 PTO 常用于步进电机的控制。

包络是一个预先定义的以位置为横坐标、以速度为纵坐标的曲线，它是运动的图形描述。包络表由包络段数和各段构成，每段长度为 8 个字节，由 16 位周期增量值和 32 位脉冲个数值组成，其格式如表 5-112 所示。选择多段操作时，必须装入包络表在 V 存储器中的起始地址偏移量（SMW168、SMW178 或 SMW578）。

表 5-112　多段 PTO 包络表的格式

字节偏移量	包络段数	存储说明
VBn		包络表中的段数 1～255（输入 0 作为脉冲的段数将不产生 PTO 输出）
VDn+1	段 1	段 1 起始频率（1～100000Hz）
VDn+5		段 1 结束频率（1～100000Hz）
VDn+9		段 1 脉冲数（1～2147483647）
VDn+13	段 2	段 2 起始频率（1～100000Hz）
VDn+17		段 2 结束频率（1～100000Hz）
VDn+21		段 2 脉冲数（1～2147483647）
VDn+25	段 3	段 3 起始频率（1～100000Hz）
VDn+29		段 3 结束频率（1～100000Hz）
VDn+33		段 3 脉冲数（1～2147483647）
（依此类推）	段 4	（依此类推）

多段管线 PTO 具有编程简单，能够按照程序设定的周期增量值自动增减脉冲周期，周期增量值为正值就增加周期，周期增量值为负值就减少周期，周期增量值为 0 则周期不变。多段管线 PTO 中所有脉冲串的时间基准必须一致，当执行 PLS 指令时，包络表中的所有参数均不能改变。

2）PTO 的使用　使用高速脉冲串输出时，需按以下步骤完成。

① 确定脉冲发生器及工作模式。

根据控制要求选用高速脉冲串输出端，并选择 PTO，确定 PTO 是单段管线模式还是多段管线模式。若要求有多个脉冲串连续输出时，则选择多段管线模式。

② 按照控制要求设置控制字节，并写入 SMB67、SMB77 或 SMB567 中。

③ 写入周期表、周期增量和脉冲数。

如果使用单段脉冲，周期表、周期增量和脉冲数需分别设置；若采用多段脉冲，则需建立多段脉冲包络表，并对各段参数分别设置。

④ 装入包络表的首地址。

⑤ 设置中断事件并全局开中断。

⑥ 执行 PLS 指令，使 S7-200 SMART CPU 对 PTO 确认设置。

（4）PWM 操作

1）PWM 更新方法 脉冲宽度调制输出 PWM（Pulse Width Modulation）发生器用来输出占空比可调的高速脉冲，通过同步更新和异步更新可改变 PWM 输出波形特性。

如果不需要改变 PWM 时间基准，就可以进行同步更新。执行同步更新时，波形的变化发生在周期边沿，形成平滑转换。

PWM 的典型操作是当周期时间保持常数时变化脉冲宽度，所以不需改变时间基准，但是，如果需要改变 PWM 时间基准，就必须采用异步更新。异步更新会造成 PWM 功能被瞬时禁止，和 PWM 波形不同步而引起被控设备的振动，因此通常选用一个适合于所有周期时间的时间基准进行 PWM 同步更新。

2）PWM 的使用 使用 PWM 时，需按以下步骤完成：

① 根据控制要求选用高速脉冲输出端，并选择 PWM 模式；

② 按照控制要求设置控制字节，并写入 SMB67、SMB77 或 SMB567 中；

③ 按控制要求将脉冲周期值写入 SMW68、SMW78 或 SMW568，脉宽值写入 SMW70、SMW80 或 SMW570 中；

④ 执行 PLS 指令，使 S7-200 SMART CPU 对 PTO 确认设置。

5.10.4 高速脉冲指令的应用

表 5-113 单段 PTO 的使用程序

程序段		LAD	STL

主程序（MAIN）	程序段1	SM0.1 Q0.0 ─(R)─ 1 SBR_0 EN	LD SM0.1
			//初始复位 Q0.0
			R Q0.0,1
			//调用 SBR_0
			CALL SBR_0:SBR0

	程序段2	I0.0 ─┤ P ├─ SBR_1 EN	LD I0.0 EU CALL SBR_1:SBR1

程序段	LAD	STL

子程序（SBR_0）	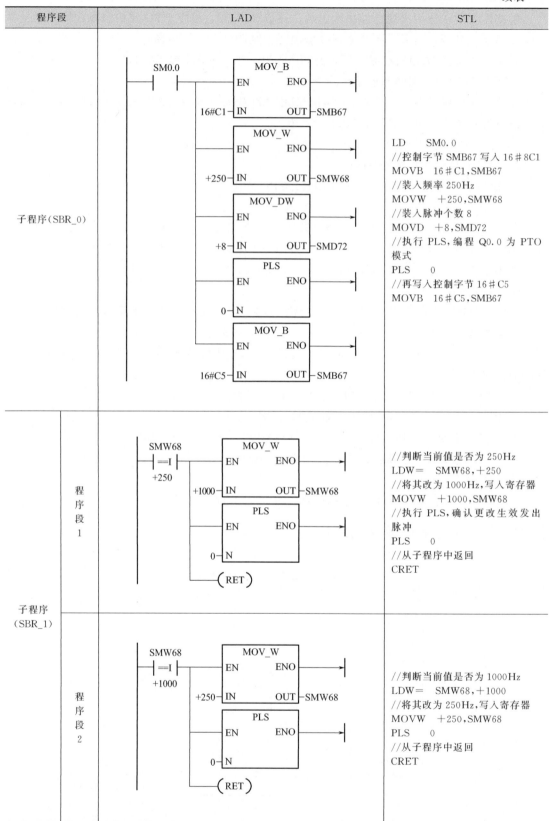	LD SM0.0
		//控制字节 SMB67 写入 16#8C1
		MOVB 16#C1,SMB67
		//装入频率 250Hz
		MOVW +250,SMW68
		//装入脉冲个数 8
		MOVD +8,SMD72
		//执行 PLS，编程 Q0.0 为 PTO 模式
		PLS 0
		//再写入控制字节 16#C5
		MOVB 16#C5,SMB67

子程序（SBR_1） · 程序段1		//判断当前值是否为 250Hz
		LDW= SMW68,+250
		//将其改为 1000Hz，写入寄存器
		MOVW +1000,SMW68
		//执行 PLS，确认更改生效发出脉冲
		PLS 0
		//从子程序中返回
		CRET

子程序（SBR_1） · 程序段2		//判断当前值是否为 1000Hz
		LDW= SMW68,+1000
		//将其改为 250Hz，写入寄存器
		MOVW +250,SMW68
		PLS 0
		//从子程序中返回
		CRET

例 5-54 单段 PTO 的使用程序如表 5-113 所示，主程序一次性调用初始化子程序 SBR _ 0；当 I0.0 接通时调用 SBR _ 1，改变脉冲周期。SBR _ 0 子程序用来设定脉冲个数、周期并发出起始脉冲器；SBR _ 1 子程序用来改变脉冲串周期。

例 5-55 单段 PTO 输出高速脉冲控制程序如表 5-114 所示。启动按钮与 PLC 的 I0.0 连接，停止按钮与 PLC 的 I0.1 连接。按下启动按钮时，Q0.0 输出 PTO 高速脉冲。脉冲频率为 50Hz，个数为 5000 个。若输出脉冲过程中按下停止按钮，则脉冲输出立即停止。

表 5-114　单段 PTO 输出高速脉冲控制程序

程序段	LAD	STL
程序段 1	SM0.1　　Q0.0 ├┤　　├┤　　(R) 　　　　　　　1	LD　　SM0.1 //初始复位 Q0.0 R　　　Q0.0,1

程序段 2	I0.0
	├┤├┤ P ├　MOV_B
	　　　　　　EN　ENO
	16#C1 — IN　OUT — SMB67
	　　　　　　MOV_W
	　　　　　　EN　ENO
	50 — IN　OUT — SMW68
	　　　　　　MOV_DW
	　　　　　　EN　ENO
	+5000 — IN　OUT — SMD72
	　　　　　　PLS
	　　　　　　EN　ENO
	0 — N
		//启动按钮 I0.0 有效
		LD　　I0.0
		EU
		//控制字节 SMB67 写入 16#C1
		MOVB　16#C1,SMB67
		//装入频率 50Hz
		MOVW　50,SMW68
		//装入脉冲个数 5000
		MOVD　+5000,SMD72
		//执行 PLS,选择 Q0.0 输出
		PLS　　0

程序段 3	I0.1
	├┤├┤　MOV_B
	　　　　　EN　ENO
	16#0 — IN　OUT — SMB67
	　　　　　MOV_DW
	　　　　　EN　ENO
	+0 — IN　OUT — SMD72
	　　　　　PLS
	　　　　　EN　ENO
	0 — N
		//停止按钮 I0.1 有效
		LD　　I0.1
		//SM67.7 为 OFF，禁止脉冲输出
		MOVB　16#0,SMB67
		//输出脉冲个数为 0
		MOVD　+0,SMD72
		//重新启动脉冲输出指令
		PLS　　0

例 5-56 用多段 PTO 对步进电机的加速和减速进行控制，其要求如图 5-12 所示。从 A 点到 B 点为加速运行，从 B 点到 C 点为匀速运行，从 C 点到 D 点为减速运行。

分析：从图 5-12 可看出，步进电机分段 1、段 2 和段 3 这 3 段运行。起始和终止脉冲频率为 1kHz，最大脉冲频率为 5kHz（周期为 200μs）。步进电机总共运行了 1000 个脉冲数，

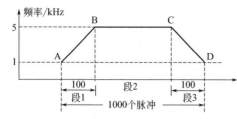

图 5-12　步进电机的加减速控制

其中段 1 为加速运行，有 100 个脉冲数；段 2 为匀速运行，有 800 个脉冲数；段 3 为减速运行，有 100 个脉冲数。根据以下公式，写出如表 5-115 所示的包络表（以 VB300 开始作为包络表存储单元）。

段周期增量＝（段终止周期－段初始周期）/段脉冲数

表 5-115　步进电机控制包络表

字节偏移量	包络段数	实数功能	参数值	存储说明
VB300	段数	决定输出脉冲串数	3	包络表共 3 段
VD301			1000Hz	段 1 起始频率
VD305	段 1	电动机加速运行阶段	5000Hz	段 1 结束频率
VD309			100	段 1 脉冲数
VD313			5000Hz	段 2 起始频率
VD317	段 2	电动机恒速运行阶段	5000Hz	段 2 结束频率
VD321			800	段 2 脉冲数
VD325			5000Hz	段 3 起始频率
VD329	段 3	电动机减速运行阶段	1000Hz	段 3 结束频率
VD333			100	段 3 脉冲数

在程序中用传送指令可将表中的数据传送到 V 变量存储区中。

编程前，首先选择高速脉冲发生器为 Q0.1，并确定 PTO 为 3 段流水线。设置控制字节 SMB77 为 16♯E0 表示允许 PTO 功能、选择 PTO 操作、选择多段操作以及选择时基为 μs，不允许更新周期和脉冲数。建立 3 段的包络表，并将包络表的首地址 300 写入 SMW178。PTO 完成调用中断程序，使 Q0.1 接通。PTO 完成的中断事件号为 19。用中断调用指令 ATCH 将中断事件 19 与中断程序 INT _ 0 连接，并开启中断，执行 PLS 指令。其程序如表 5-116 所示。

表 5-116　步进电机的加、减速控制程序

程序段		LAD	STL
主程序（MAIN）	程序段 1	SM0.1　　Q0.1 ├─┤ ├─────(R) 　　　　　　　1	LD　　SM0.1 //初始复位 Q0.1 R　　　Q0.1,1
	程序段 2	I0.0 ├─┤ ├─┤P├─ EN　SBR_0	LD　　I0.0 EU //I0.0 接通时调用 SBR_0 CALL　SBR_0;SBR0

程序段	LAD	STL

子程序
（SBR_0）
 	
程序段1
	SM0.0
	
	MOV_B
	EN ENO
	3 — IN OUT — VB300
	
	MOV_DW
	EN ENO
	+1000 — IN OUT — VD301
	
	MOV_DW
	EN ENO
	+5000 — IN OUT — VD305
	
	MOV_DW
	EN ENO
	+100 — IN OUT — VD309
	
	MOV_DW
	EN ENO
	+5000 — IN OUT — VD313
	
	MOV_DW
	EN ENO
	+5000 — IN OUT — VD317
	
	MOV_DW
	EN ENO
	+800 — IN OUT — VD321
	
	MOV_DW
	EN ENO
	+5000 — IN OUT — VD325
	
	MOV_DW
	EN ENO
	+1000 — IN OUT — VD329
	
	MOV_DW
	EN ENO
	+100 — IN OUT — VD333
		LD SM0.0
		//包络表设为 3 段
		MOVB 3,VB300
		//段 1 初始频率（1000Hz）
		MOVD +1000,VD301
		//段 1 结束频率（5000Hz）
		MOVD +5000,VD305
		//段 1 脉冲个数 100
		MOVD +100,VD309
		//段 2 初始频率（5000Hz）
		MOVD +5000,VD313
		//段 2 结束频率（5000Hz）
		MOVD +5000,VD317
		//段 2 脉冲个数 100
		MOVD +800,VD321
		//段 3 初始频率（5000Hz）
		MOVD +5000,VD325
		//段 3 结束频率（1000Hz）
		MOVD +1000,VD329
		//段 3 脉冲个数 100
		MOVD +100,VD333

程序段2	SM0.0
	
	MOV_B
	EN ENO
	16#E0 — IN OUT — SMB77
	
	MOV_W
	EN ENO
	+300 — IN OUT — SMW178
	
	ATCH
	EN ENO
	INT_0 — INT
	19 — EVNT
	
	—(ENI)
	
	PLS
	EN ENO
	1 — N
		LD SM0.0
		//设置多段控制字节
		MOVB 16#E0,SMB77
		//将包络表起始地址写入
		MOVW +300,SMW178
		//设置中断
		ATCH INT_0,19
		ENI
		//启动 PTO
		PLS 1

程序段	LAD	STL
中断程序 （INT_0）	SM0.0　　　　Q0.1 ├─┤ ├───────（ ）┤	LD　　SM0.0 //PTO 完成时，输出 Q0.1 =　　　Q0.1

5.11　实时时钟指令

PLC 中使用时钟指令可以实现调用系统实时时钟或根据需要设定时钟，以达到对 PLC 系统的运行进行监视的目的。在 S7-200 SMART PLC 中实时时钟指令有两大类：设定和读取实时时钟指令、设定和读取扩展实时时钟指令。

5.11.1　设定和读取实时时钟指令

设定和读取实时时钟指令有 TODW 设定实时时钟指令和 TODR 读实时时钟指令两条，其指令格式如表 5-117 所示。

表 5-117　设定和读取实时时钟指令

指令类型	LAD	STL	T 操作数
设定实时时钟指令	SET_RTC ─EN　　ENO─ ─T	TODW T	VB,IB,QB,,MB,SMB,SB,LB,＊VD,＊AC,＊LD
读实时时钟指令	READ_RTC ─EN　　ENO─ ─T	TODR T	

设定实时时钟指令 TODW（Time of Day Write）是当输入 EN 有效时，系统将当前的日期和时间数据写入以 T 起始的 8 个连续字节的时钟缓冲区中。时钟缓冲区的格式如表 5-118 所示。

表 5-118　时钟缓冲区的格式

地址	T	T+1	T+2	T+3	T+4	T+5	T+6	T+7
含义	年	月	日	时	分	秒	0	星期
范围	00～99	00～12	00～31	00～23	00～59	00～59	00	01～07

读实时时钟指令 TODR（Time of Day Read）是当输入 EN 有效时，系统从实时时钟读取当前时间和日期，并把它们装入以 T 为起始的 8 个字节的时钟缓冲区中。

在使用实时时钟指令时，要注意以下几点。

① 必须使用 BCD 码表示所有日期和时间值，在实时时钟中只用年的最低两位有效数字，例如 2014 年用 16#14 表示。实时时钟中星期的取值为 01～07，01 代表星期一，02 代表星期二，07 代表星期日。

② 输入的日期必须有效，否则产生 0007 数据错误。

③ 不能在主程序和子程序中同时使用 TODW 或 TODR 指令，否则将产生 0007 数据错误，SM4.3 置位。

5.11.2 设定和读取扩展实时时钟指令

设定和读取扩展实时时钟指令有 TODWX 设定扩展实时时钟指令和 TODRX 读取扩展实时时钟指令两条，其指令格式如表 5-119 所示。

表 5-119　设定和读取扩展实时时钟指令

指令类型	LAD	STL	T 操作数
设定扩展实时时钟指令	SET_RTCX EN ENO T	TODWX T	VB, IB, QB, MB, SMB, SB, LB, * VD, * AC, * LD
读取扩展实时时钟指令	READ_RTCX EN ENO T	TODRX T	

设定扩展实时时钟指令 TODWX 是当输入 EN 有效时，系统将当前的日期、时间和夏令时写入以 T 起始的 19 个连续字节的时钟缓冲区中。

读扩展实时时钟指令 TODRX 是当输入 EN 有效时，系统从实时时钟读取当前时间、日期和夏令时，并把它们装入以 T 为起始的 19 个字节的时钟缓冲区中。

表 5-120　实时时钟指令读取系统当前的日数据程序

程序段	LAD	STL
程序段 1	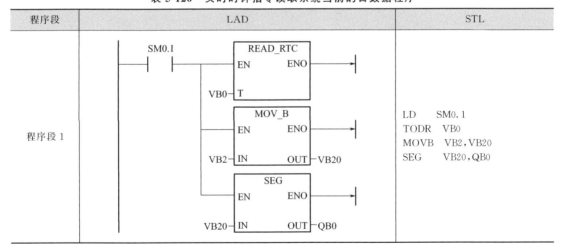	LD SM0.1 TODR VB0 MOVB VB2,VB20 SEG VB20,QB0

5.11.3 实时时钟指令的应用

例 5-57　使用实时时钟指令读取系统当前的日数据，并将其显示出来。

分析：可以使用 TODR 指令读取系统当前的时间和日期，并将其存储在 VB0 起始的单元中。根据时钟缓冲区的格式可知，VB0 存储的为年数据，VB1 存储的为月数据，VB2 存储的为日数据，因此只要将 VB2 中的数据传送到 VB20，然后使用 SEG 指令将 VB20 中的数据由 QB0 进行显示即可，编写程序如表 5-120 所示。

例 5-58 实时时钟指令在路灯控制中的应用。在某 PLC 控制系统中，要求 18：00 时开灯，06：00 时关灯，路灯由 Q0.1 输出控制，程序如表 5-121 所示。

表 5-121　路灯控制程序

程序段	LAD	STL
程序段 1	SM0.0　　READ_RTC ─┤├──┤EN　　ENO├── 　　　VB0─┤T│	LD　　SM0.0 //读实时时钟，小时值在 VB3 中 TODR　VB0

程序段 2	VB3　　　　　Q0.1
	─┤>=B├──────( )
	16#18
	VB3
	─┤<=B├──
	16#06
		//若实时时钟在 18：00 之后
		LDB>=　VB3,16#18
		//或实时时钟在 6：00 以前
		OB<=　　VB3,16#06
		//开启路灯
		=　　　Q0.1

第6章

西门子S7-200 SMART PLC 数字量控制程序设计

数字量控制系统又称为开关量控制系统，传统的继电-接触器控制系统就是典型的数字量控制系统。数字量控制程序的设计包括三种方法，分别是翻译设计法、经验设计法和顺序控制设计法。

6.1 翻译设计法及应用举例

6.1.1 翻译设计法简述

PLC 使用与继电-接触器电路极为相似的语言，如果将继电-接触器控制改为 PLC 控制，根据继电-接触器电路设计梯形图是一条捷径。因为原有的继电-接触器控制系统经长期的使用和考验，已有一套自己的完整方案。鉴于继电-接触器电路图与梯形图有很多相似之处，因此可以将经过验证的继电-接触器电路直接转换为梯形图，这种方法被称为翻译设计法。

翻译设计法的基本思路是：根据表 6-1 所示的继电-接触器控制电路符号与梯形图电路符号的对应情况，将原有继电-接触器控制系统的输入信号及输出信号作为 PLC 的 I/O 点，原来由继电-接触器硬件完成的逻辑控制功能由 PLC 的软件-梯形图程序替代完成。

表 6-1 继电-接触器控制电路符号与梯形图电路符号的对应情况

梯形图电路			继电-接触器电路	
元件	符号	常用地址	元件	符号
常开触点	─┤ ├─	I、Q、M、T、C	按钮、接触器、时间继电器、中间继电器的常开触点	
常闭触点	─┤ / ├─	I、Q、M、T、C	按钮、接触器、时间继电器、中间继电器的常闭触点	
线圈	─( )─	Q、M	接触器、中间继电器线圈	

梯形图电路			继电-接触器电路	
元件	符号	常用地址	元件	符号
功能框 定时器	Txxx IN TON PT ???ms	T	时间继电器线圈	⊠▢ ▨▢
计数器	Cxxx CU CTU R PV	C	无	无

6.1.2 翻译设计法实例

例 6-1 三相异步电动机的正反转控制。

（1）继电-接触器的正反转控制原理图分析

传统继电器-接触器的正反转控制电路原理图如图 6-1 所示。

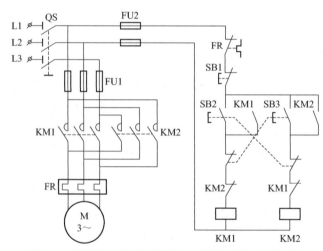

图 6-1 传统继电器-接触器的正反转控制电路原理图

合上闸刀开关 QS，按下正向启动按钮 SB2 时，KM1 线圈得电，主触头闭合，电动机正向启动运行。若需反向运行时，按下反向启动按钮，其常闭触点打开切断 KM1 线圈电源，电动机正向运行电源切断，同时 SB3 的常开触点闭合，使 KM2 线圈得电，KM2 的主触头闭合，改变了电动机的电源相序，使电动机反向运行。电动机需要停止运行时，只需按下停止按钮 SB1 即可实现。

（2）用翻译法实现三相异步电动机的正反转控制

用 PLC 实现对三相异步电动机的正反转控制时，需要停止按钮 SB1、正转启动按钮 SB2、反转启动按钮 SB3，还需要 PLC、正转接触器 KM1、反转接触器 KM2、三相异步交流电动机 M 和热继电器 FR 等。

用 PLC 实现对三相异步电动机的正反转控制时，其设计步骤如下。

① 将继电-接触器式正反转控制辅助电路的输入开关逐一改接到 PLC 的相应输入端；辅助电路的线圈逐一改接到 PLC 的相应输出端，其 I/O 分配如表 6-2 所示，PLC 外部接线如图 6-2 所示。

表 6-2　正反转控制电路的 I/O 分配表

输入			输出		
功能	元件	PLC 地址	功能	元件	PLC 地址
停止按钮	SB1	I0.0	正转控制接触器	KM1	Q0.0
正转启动按钮	SB2	I0.1	反转控制接触器	KM2	Q0.1
反转启动按钮	SB3	I0.2			
热继电器元件	FR	I0.3			

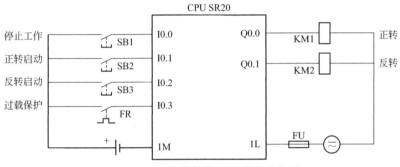

图 6-2　正反转控制的 PLC 外部接线图

② 参照表 6-1 所示，将继电-接触器式正反转控制辅助电路中的触点、线圈逐一转换成 PLC 梯形图虚拟电路中的虚拟触点、虚拟线圈，并保持连接顺序不变，但要将虚拟线圈之右的触点改接到虚拟线圈之左。

③ 检查所得 PLC 梯形图虚拟电路是否满足要求，如果不满足应作局部修改。

实际上，用户可以将图 6-2 进行优化：可以将 FR 热继电器元件改接到输出，这样节省了一个输入端口；另外 PLC 外部输出电路中还必须对正反转接触器 KM1 与 KM2 进行"硬互锁"，以避免正反转切换时发生短路故障。因此，优化后的 PLC 外部接线如图 6-3 所示，使用翻译法编写的程序如表 6-3 所示。

表 6-3　翻译法编写的正反转控制程序

程序段	LAD	STL
程序段 1	I0.1　I0.0　I0.2　Q0.1　Q0.0 Q0.0	LD　I0.1 O　Q0.0 AN　I0.0 AN　I0.2 AN　Q0.1 =　Q0.0
程序段 2	I0.2　I0.0　I0.1　Q0.0　Q0.1 Q0.1	LD　I0.2 O　Q0.1 AN　I0.0 AN　I0.1 AN　Q0.0 =　Q0.1

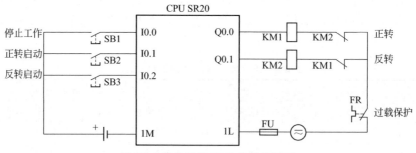

图 6-3　优化后的 PLC 外部接线图

程序段 1 为正向运行控制，按下正转启动按钮 SB2，I0.1 触点闭合，Q0.0 线圈输出，控制 KM1 线圈得电，使电动机正转启动运行，Q0.0 的常开触点闭合，形成自锁。

程序段 2 为反向运行控制，按下反转启动按钮 SB3，I0.2 的常开触点闭合，I0.2 的常闭触点打开，使电动机反转启动运行。

不管电动机是在正转还是反转，只要按下停止按钮 SB1，I0.0 常闭触点打开，都将切断电动机的电源，从而实现停转。

（3）程序仿真

① 启动 STEP7-Micro/WIN SMART，创建一个新的项目，按照表 6-2 所示输入 LAD（梯形图）或 STL（指令表）中的程序。再在【文件】→【操作】组件中选择"导出"→"POU"，在弹出的"导出"对话框中输入导出的 ASCII 文本文件的文件名。

② 打开 S7-200 仿真软件，单击菜单"Configuration"→"CPU Type"，选择合适的 CPU 型号。

③ 单击菜单"Program"→"Load Program"或点击工具条中的第二个按钮 ▓，弹出"Load in CPU"对话框，按下"Accept"键后，在弹出的"打开"对话框中选择在 STEP7-Micro/WIN 项目中导出的 .awl 文件。

④ 在 S7-200 仿真软件中，执行菜单命令"PLC"→"RUN"，使 CPU 处于模拟运行状态。在模拟运行状态下，直接点击某位拨码开关使其处于 ON 或 OFF 状态，例如单击"1"位拨码开关后，将其设置为"ON"，其仿真效果如图 6-4 所示。在图中，输入位"1"为绿色，表示 I0.1 为 ON 状态；输出位"0"为绿色，表示 Q0.0 线圈处于得电状态，即电动机处于正转运行。

例 6-2　三相异步电动机的多地控制

（1）三相异步电动机的多地控制原理图分析

在一些大型生产机械或设备上，要求操作人员能够在不同方位对同一台电动机进行操作或控制，即多地控制。多地控制是用多组启动按钮、停止按钮来进行的。本例以 3 地址为例，讲述三相异步电动机的多地控制，其传统继电-接触器控制电路图如图 6-5 所示。

3 地控制时按钮连接的原则是启动按钮的常开触头并联，停止按钮的常闭触头要串联。图中，SB11、SB12 安装在甲地，SB21、SB22 安装在乙地，SB31、SB32 安装在丙地。这样可以在甲地或乙地或丙地控制同一台电动机的启动或停止。

（2）用翻译法实现三相异步电动机的多地控制

采用 PLC 对电动机进行 3 地控制，需要 6 个输入点和 1 个输出点，I/O 分配如表 6-4 所示，其 PLC 外部接线如图 6-6 所示。

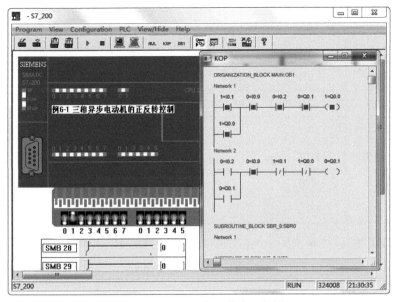

图 6-4　正反转控制的仿真运行图

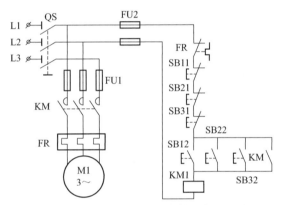

图 6-5　继电-接触器多地控制电路原理图

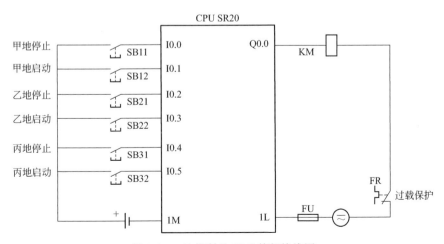

图 6-6　3 地控制的 PLC 外部接线图

表 6-4　3 地控制的 I/O 分配表

输入			输出		
功能	元件	PLC 地址	功能	元件	PLC 地址
甲地　停止按钮 1	SB11	I0.0	M1 电动机控制接触器	KM	Q0.0
启动按钮 1	SB12	I0.1			
乙地　停止按钮 2	SB21	I0.2			
启动按钮 2	SB22	I0.3			
丙地　停止按钮 3	SB31	I0.4			
启动按钮 3	SB32	I0.5			

根据表 6-1 将继电-接触器的 3 地控制电路翻译成梯形图，程序如表 6-5 所示。

表 6-5　3 地启动控制程序

程序段	LAD	STL
程序段 1	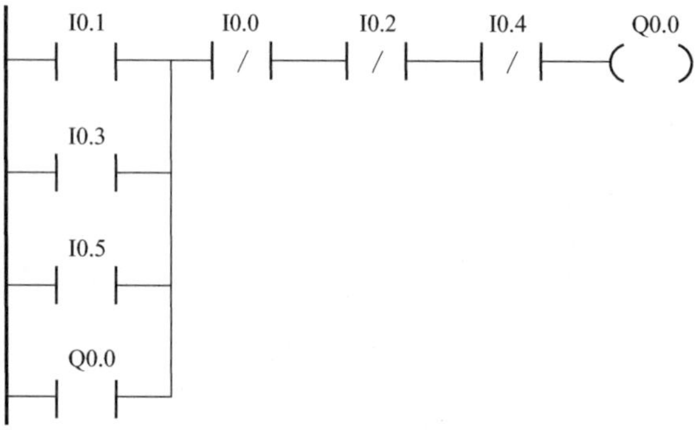 I0.1 I0.0 I0.2 I0.4 Q0.0 I0.3 I0.5 Q0.0	LD　I0.1 O　I0.3 O　I0.5 O　Q0.0 AN　I0.0 AN　I0.2 AN　I0.4 =　Q0.0

（3）程序仿真

① 启动 STEP7-Micro/WIN SMART，创建一个新的项目，按照表 6-5 所示输入 LAD（梯形图）或 STL（指令表）中的程序。再在【文件】→【操作】组件中选择"导出"→"POU"，在弹出的"导出"对话框中输入导出的 ASCII 文本文件的文件名。

② 打开 S7-200 仿真软件，单击菜单"Configuration"→"CPU Type"，选择合适的 CPU 型号。

③ 单击菜单"Program"→"Load Program"或点击工具条中的第二个按钮 🔳，弹出"Load in CPU"对话框，按下"Accept"键后，在弹出的"打开"对话框中选择在 STEP7-Micro/WIN 项目中导出的.awl 文件。

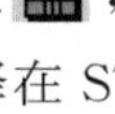

④ 在 S7-200 仿真软件中，执行菜单命令"PLC"→"RUN"，使 CPU 处于模拟运行状态。在模拟运行状态下，直接点击某位拨码开关使其处于 ON 或 OFF 状态，例如单击"3"位拨码开关后，将其设置为"ON"，模拟在乙地按下启动按钮，Q0.0 线圈得电使电动机启动运行，其仿真效果如图 6-7 所示。

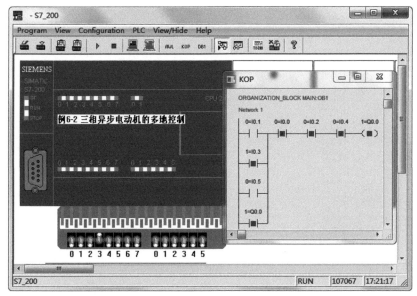

图 6-7　三相异步电动机的多地控制的仿真运行图

6.2　经验设计法及应用举例

6.2.1　经验设计法简述

在 PLC 发展的初期，沿用了设计继电器电路图的方法来设计梯形图程序，即在已有的典型梯形图上，根据被控对象对控制的要求，不断修改和完善梯形图。有时需要多次反复地调试和修改梯形图，不断地增加中间编程元件的触点，最后才能得到一个较为满意的结果。这种方法没有普遍的规律可以遵循，设计所用的时间、设计的质量与编程者的经验有很大的关系，所以有人将这种设计方法称为经验设计法。

经验设计法要求设计者具有一定的实践经验，掌握较多的典型应用程序的基本环节。根据被控对象对控制系统的具体要求，凭经验选择基本环节，并把它们有机地组合起来。其设计过程是逐步完善的，一般不易获得最佳方案，程序初步设计后，还需反复调度、修改完善，直至满足被控对象的控制要求。

6.2.2　经验设计法实例

例 6-3　三相异步电动机的"长动＋点动"控制

（1）三相异步电动机的"长动＋点动"控制原理图分析

三相异步电动机的"长动＋点动"控制电路原理图如图 6-8 所示。

在初始状态下，按下按钮 SB2，KM 线圈得电，KM 主触头闭合，电动机得电启动，同时 KM 常开辅助触头闭合形成自锁，使电动机进行长动运行。若想电动机停止工作，只需按下停止按钮 SB1 即可。工业控制中若需点动控制时，在初始状态下，只需按下复合开关 SB3 即可。当按下 SB3 时，KM 线圈得电，KM 主触头闭合，电动机启动，同时 KM 的辅助触头闭合，由于 SB3 的常闭触头打开，因此断开了 KM 自锁回路，电动机只能进行点动控制。

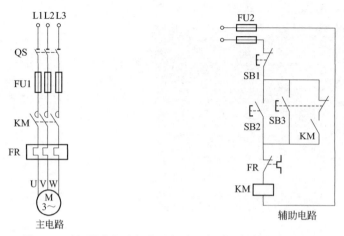

图 6-8　三相异步电动机的"长动＋点动"控制电路原理图

当操作者松开复合按钮 SB3 后，若 SB3 的常闭触头先闭合，常开触头后打开时，则接通了 KM 自锁回路，使 KM 线圈继续保持得电状态，电动机仍然维持运行状态，这样点动控制变成了长动控制，因此在电气控制中称这种情况为"触头竞争"。触头竞争是触头在过渡状态下的一种特殊现象。若同一电器的常开和常闭触头同时出现在电路的相关部分，当这个电器发生状态变化（接通或断开）时，电器接点状态的变化不是瞬间完成的，还需要一定时间。常开和常闭触头有动作先后之别，在吸合和释放过程中，继电器的常开触头和常闭触头存在一个同时断开的特殊过程。因此在设计电路时，如果忽视了上述触头的动态过程，就可能会导致产生破坏电路执行正常工作程序的触头竞争，使电路设计遭受失败。如果已存在这样的竞争，一定要从电器设计和选择上来消除，如电路上采用延时继电器等。

（2）用经验法实现三相异步电动机的"长动＋点动"控制

用 PLC 实现对三相异步电动机的"长动＋点动"控制时，需要停止按钮 SB1、长动按钮 SB2、点动按钮 SB3，还需要 PLC、接触器 KM、三相交流异步电动机 M 和热继电器 FR等，I/O 分配如表 6-6 所示，PLC 外部接线如图 6-9 所示。

表 6-6　"长动＋点动"控制的 I/O 分配表

输入			输出		
功能	元件	PLC 地址	功能	元件	PLC 地址
停止按钮	SB1	I0.0	M 电动机控制接触器	KM	Q0.0
长动按钮	SB2	I0.1			
点动按钮	SB3	I0.2			

用 PLC 实现"长动＋点动"控制时，其控制过程为：当 SB1 按下时，I0.0 的常闭触点断开，Q0.0 线圈断电输出状态为 0（OFF），使 KM 线圈断点，从而使电动机停止运行；当 SB2 按下，I0.1 的常开触点闭合，Q0.0 线圈得电输出状态为 1（ON），使 KM 线圈得电，从而使电动机长动运行；当 SB3 按下，I0.2 的常开触点闭合，Q0.0 线圈得电输出状态为 1，使 KM 线圈得电，从而使电动机点动运行。

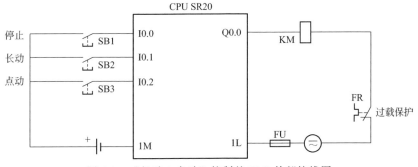

图 6-9 "长动＋点动"控制的 PLC 外部接线图

从 PLC 的控制过程可以看出，可以理解由长动控制程序和点动控制程序构成，如图 6-10 所示。图中，两个程序段的输出都为 Q0.0 线圈，应避免这种现象存在。试着将这两个程序直接合并，希望得到"既能长动又能点动"的控制程序，如图 6-11 所示。

如果直接按图 6-11 合并，将会产生点动控制不能实现的故障。因为不管是 I0.1 或 I0.2 常开触点闭合，Q0.0 线圈得电，使 Q0.0 常开触点闭合而实现了通电自保。

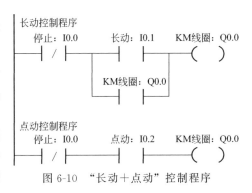

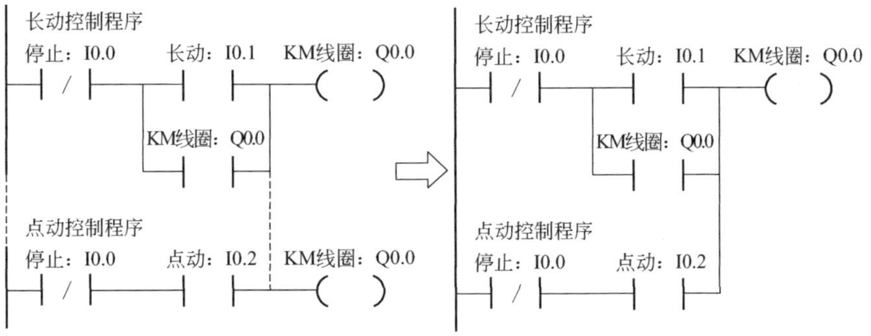

图 6-10 "长动＋点动"控制程序

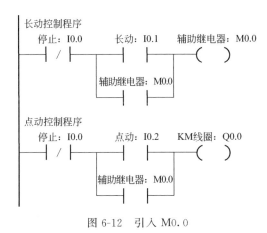

图 6-11 "长动＋点动"控制程序直接合并

图 6-12 引入 M0.0

针对这种情况，可以有两种方法解决：一是在 Q0.0 常开触点支路上串联 I0.2 常闭触点；另一方法是引入内部辅助继电器触点 M0.0，如图 6-12 所示。在图 6-12 中，既实现了点动控制，又实现了长动控制。长动控制的启动信号到来（I0.1 常开触点闭合），M0.0 通电自保，再由 M0.0 的常开触点传递到 Q0.0，从而实现三相异步电动机的长动控制。这里的关键是 M0.0 对长动的启动信号自保，而与点动信号无关。点动控制信号直接控制 Q0.0，Q0.0 不应自保，因为点动控制排斥自保。

根据梯形图的设计规则，图 6-12 还需进一步优化，需将 I0.0 常闭触点放在并联回路的右方，且点动控制程序中的 I0.0 常闭触点可以省略，因此编写的程序如表 6-7 所示。

表 6-7 "长动＋点动"控制程序

程序段	LAD	STL
程序段 1	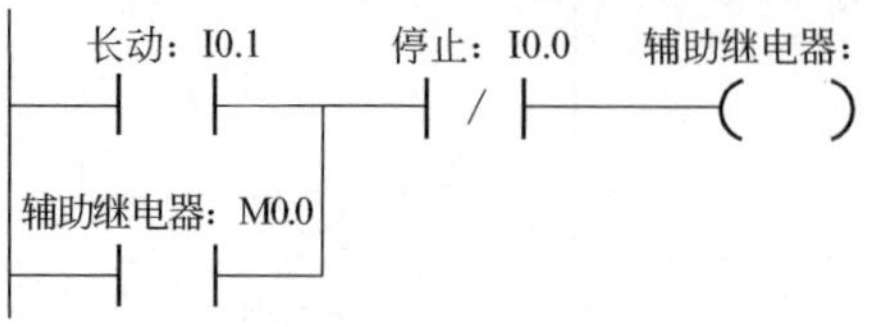 长动：I0.1　停止：I0.0　辅助继电器：M0.0 辅助继电器：M0.0	LD　　长动：I0.1 O　　辅助继电器：M0.0 AN　　停止：I0.0 =　　辅助继电器：M0.0
程序段 2	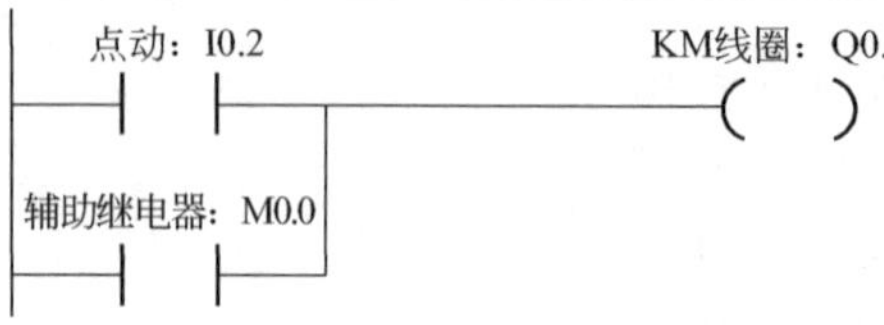 点动：I0.2　KM线圈：Q0.0 辅助继电器：M0.0	LD　　点动：I0.2 O　　辅助继电器：M0.0 =　　KM 线圈：Q0.0

（3）程序仿真

① 启动 STEP7-Micro/WIN SMART，创建一个新的项目，按照表 6-7 所示输入 LAD（梯形图）或 STL（指令表）中的程序。再在【文件】→【操作】组件中选择"导出"→"POU"，在弹出的"导出"对话框中输入导出的 ASCII 文本文件的文件名。

② 打开 S7-200 仿真软件，单击菜单"Configuration"→"CPU Type"，选择合适的 CPU 型号。

③ 单击菜单"Program"→"Load Program"或点击工具条中的第二个按钮 ，弹出"Load in CPU"对话框，按下"Accept"键后，在弹出的"打开"对话框中选择在 STEP7-Micro/WIN 项目中导出的 .awl 文件。

④ 在 S7-200 仿真软件中，执行菜单命令"PLC"→"RUN"，使 CPU 处于模拟运行状态。在模拟运行状态下，直接点击 1 位拨码开关使其处于 ON，输出位"0"为绿色（表示 Q0.0 输出为"1"），此时再点击 1 位拨码开关使其处于 OFF，输出位"0"为绿色，仿真效果如图 6-13 所示。当 2 位拨码开关处于 ON，输出位"0"为绿色，此时再将 2 位拨码开关处于 OFF，输出位"0"绿色消失，表示 Q0.0 输出为"0"。

例 6-4 三相异步电动机的串电阻降压启动控制

（1）继电-接触器的串电阻降压启动控制原理图分析

传统继电-接触器的正反转控制电路原理图如图 6-14 所示。在左侧的主电路中，KM1 为降压接触器，KM2 为全压接触器，KT 为降压启动时间继电器。

在右侧的辅助控制电路中，按下启动按钮 SB2，KM1 和 KT 线圈同时得电。KM1 线圈得电，主触头闭合，主电路的电流通过降压电阻流入电动机，使电动机降压启动，同时 KM1 的辅助触头闭合，形成自锁。KT 线圈得电开始延时，当延时到一定时间的时候，KT 延时闭合动合触头闭合，使 KM2 线圈得电。KM2 线圈得电，其辅助常开触头闭合，形成自锁，辅助常闭触头打开，切断了 KM1 和 KT 线圈的电源，KM2 主触头闭合，使电动机全电压运行。同样，当按下 SB1 时，KM2 线圈失电，电动机停止运转。

（2）用经验法实现三相异步电动机的串电阻降压启动控制

串电阻降压启动控制，需要 2 个输入点和 2 个输出点，I/O 分配如表 6-8 所示，PLC 外部接线如图 6-15 所示。

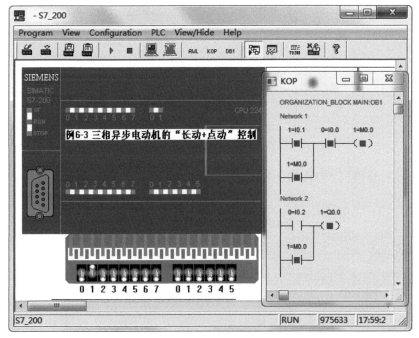

图 6-13 "长动＋点动" 控制的仿真运行结果

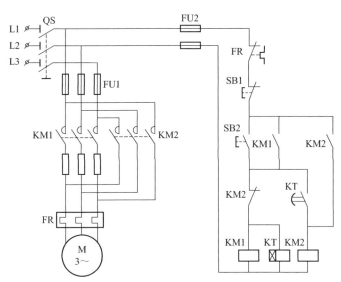

图 6-14 传统继电-接触器的串电阻降压启动控制电路原理图

表 6-8 串电阻降压启动控制的 I/O 分配表

输入			输出		
功能	元件	PLC 地址	功能	元件	PLC 地址
停止按钮	SB1	I0.0	串电阻降压启动接触器	KM1	Q0.0
启动按钮	SB2	I0.1	切除串电阻全压运行接触器	KM2	Q0.1

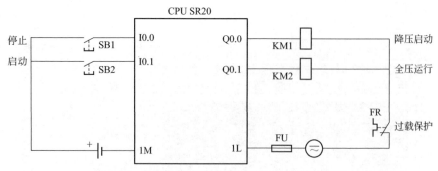

图 6-15 串电阻降压启动控制的 PLC 外部接线图

根据表 6-1，将继电-接触器的串电阻降压启动控制电路翻译成梯形图，程序如表 6-9 所示。

表 6-9 串电阻降压启动控制程序

程序段	LAD	STL
程序段 1	I0.0 / I0.1 Q0.1 Q0.0 Q0.0 IN TON 20 PT 100ms T37	LDN I0.0 LD I0.1 O Q0.0 ALD AN Q0.1 = Q0.0 TON T37,20
程序段 2	I0.0 / I0.1 T37 Q0.1 Q0.0 Q0.1	LDN I0.0 LD I0.1 O Q0.0 A T37 O Q0.1 ALD = Q0.1

从表 6-9 中可以看出，在程序段 1 和程序段 2 中均有 I0.1 常开触点与 Q0.0 常开触点并联后再与 I0.0 常闭触点进行串联的电路，因此可以将其进行优化，形成一个公共的程序段，因此最终程序如表 6-10 所示。

按下启动按钮 SB2 时，程序段 1 的 I0.1 常开触点闭合，辅助继电器线圈 M0.0 有效，以控制程序段 2 和程序段 3。程序段 2 的 M0.0 常开触点闭合时，Q0.0 线圈有效，使 KM1 主触头闭合，控制电动机串电阻进行降压启动，同时定时器开始延时。若延时 2s 时，程序段 3 中 T37 的常开触点闭合，Q0.1 线圈有效，使 KM2 主触头闭合，同时程序段 2 中的 Q0.1 常闭触点断开，KM1 恢复初态，控制电动机全电压运行。

表 6-10 串电阻降压启动控制最终程序

程序段	LAD	STL
程序段 1	I0.1 I0.0 / M0.0 M0.0	LD I0.1 O M0.0 AN I0.0 = M0.0

程序段	LAD	STL

程序段 2	M0.0 Q0.1 Q0.0
	─┤ ├──┬──┤ / ├──( )──
	                T37
	         └──┌IN TON┐
	      20─┤PT 100ms└
		LD M0.0
		LPS
		AN Q0.1
		= Q0.0
		LPP
		TON T37,20

程序段 3	M0.0 T37 Q0.1 ─┤ ├──┤ ├──( )──	LD M0.0 A T37 = Q0.1

（3）程序仿真

① 启动 STEP7-Micro/WIN SMART，创建一个新的项目，按照表 6-10 所示输入 LAD（梯形图）或 STL（指令表）中的程序。再在【文件】→【操作】组件中选择"导出"→"POU"，在弹出的"导出"对话框中输入导出的 ASCII 文本文件的文件名。

② 打开 S7-200 仿真软件，单击菜单"Configuration"→"CPU Type"，选择合适的 CPU 型号。

③ 单击菜单"Program"→"Load Program"或点击工具条中的第二个按钮 ，弹出"Load in CPU"对话框，按下"Accept"键后，在弹出的"打开"对话框中选择在 STEP7-Micro/WIN 项目中导出的 .awl 文件。

④ 在 S7-200 仿真软件中，执行菜单命令"PLC"→"RUN"，使 CPU 处于模拟运行状态。在模拟运行状态下，直接点击"1"位拨码开关后，将其设置为"ON"，M0.0 和 Q0.0 线圈得电，同时 T37 进行延时，表示电动机串电阻降压启动。当 T37 延时达到设定值时，Q0.0 线圈失电，而 Q0.1 线圈得电，表示电动机全电压启动，其仿真效果如图 6-16 所示。

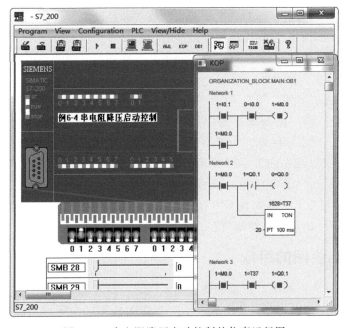

图 6-16　串电阻降压启动控制的仿真运行图

6.3 顺序控制设计法与顺序功能图

在工业控制中存在着大量的顺序控制，如机床的自动加工、自动生产线的自动运行、机械手的动作等，它们都是按照固定的顺序进行动作的。在顺序控制系统中，对于复杂顺序控制程序仅靠基本指令系统编程会感到很不方便，其梯形图复杂且不直观。针对此种情况，可以使用顺序控制设计法进行相关程序编写。

所谓顺序控制，就是按照生产工艺预先规定的顺序，在各个输入信号的作用下，根据内部状态和时间的顺序，在生产过程中各个执行机构自动地有秩序地进行操作。使用顺序控制设计法首先根据系统的工艺过程，画出顺序功能图，然后根据顺序功能图编写程序。有的PLC编程软件为用户提供了顺序功能（Sequential Function Chart，简称 SFC）语言，在编程软件中生成顺序功能图后便完成了编程工作。例如西门子 S7-300/400 系列 PLC 为用户提供了顺序功能图语言，用于编制复杂的顺序控制程序。利用这种编程方法能够较容易地编写出复杂的顺序控制程序，从而提高工作效率。

6.3.1 顺序控制设计法

顺序控制设计法是一种先进的设计方法，很容易被初学者接受，对于有经验的工程师，也会提高设计的效率，程序的调试、修改和阅读也很方便。其设计思想是将系统的一个工作周期划分为若干个顺序相连的阶段，这些阶段称为"步"（step），并明确每一"步"所要执行的输出，"步"与"步"之间通过指定的条件进行转换，在程序中只需要通过正确连接进行"步"与"步"之间的转换，便可以完成系统的全部工作。

顺序控制程序与其它 PLC 程序在执行过程中的最大区别是：SFC 程序在执行程序过程中始终只有处于工作状态的"步"（称为"有效状态"或"活动步"）才能进行逻辑处理与状态输出，而其它状态的步（称为"无效状态"或"非活动步"）的全部逻辑指令与输出状态均无效。因此，使用顺序控制进行程序设计时，设计者只需要分别考虑每一"步"所需要确定的输出，以及"步"与"步"之间的转换条件，并通过简单的逻辑运算指令就可完成程序的设计。

顺序控制设计法有多种，用户可以使用不同的方式编写顺序控制程序。但是，如果使用的 PLC 类型及型号不同，编写顺序控制程序的方式也不完全一样。比如日本三菱公司的 FX_{2N} 系列 PLC 可以使用启保停、步进指令、移位寄存器和置位/复位指令这 4 种编写方式；西门子 S7-200、S7-200 SMART 系列 PLC 可以使用启保停、置位/复位指令和 SFC 顺控指令这 3 种编写方式；西门子 S7-300/400 系列 PLC 可以使用启保停、置位/复位指令和使用 S7 Graph 这 3 种编写方式；欧姆龙 CP1H 系列 PLC 可以使用启保停、置位/复位指令和顺控指令（步启动/步开始）这 3 种编写方式。

6.3.2 顺序功能图的组成

顺序功能图又称为流程图，它是描述控制系统的控制过程、功能和特性的一种图形，也是设计 PLC 的顺序控制程序的有力工具。顺序功能图并不涉及所描述的控制功能的具体技术，它是一种通用的技术语言，可以进一步设计和不同专业的人员之间进行技术交流之用。

各个 PLC 厂家都开发了相应的顺序功能图，各个国家也都制定了顺序功能图的国家标准，我国于 1986 年颁布了顺序功能图的国家标准（GB6988.6—86）。顺序功能图主要由步、有向连线、转换、转换条件和动作（或命令）组成，如图 6-17 所示。

（1）步

在顺序控制中"步"又称为状态，它是指控制对象的某一特定的工作情况。为了区分不同的状态，同时使得 PLC 能够控制这些状态，需要对每一状态赋予一定的标记，这一标记称为"状态元件"。在 S7-200 SMART PLC 中，使用启保停、置位/复位指令时状态元件通常用内部标志寄存器 M 来表示（如 M0.0）；使用顺控指令时，状态元件用顺序控制继电器 S0.0～S31.7 来表示。

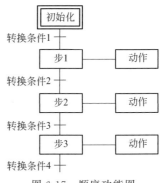

图 6-17　顺序功能图

步主要分为初始步、活动步和非活动步。

初始状态一般是系统等待启动命令的相对静止的状态。系统在开始进行自动控制之前，首先应进入规定的初始状态。与系统的初始状态相对应的步称为初始步，初始步用双线框表示，每一个顺序控制功能图至少应该有 1 个初始步。

当系统处于某一步所在的阶段时，该步处于活动状态，称为"活动步"。步处于活动状态时，相应的动作被执行。处于不活动状态的步称为非活动步，其相应的非存储型动作被停止执行。

（2）动作

可以将一个控制系统划分为施控系统和被控系统，对于被控系统，动作是某一步所要完成的操作；对于施控系统，在某一步中要向被控系统发出某些"命令"，这些命令也可称为动作。

（3）有向连接

有向连线就是状态间的连接线，它决定了状态的转换方向与转换途径。在顺序控制功能图程序中的状态一般需要 2 条以上的有向连线进行连接，其中一条为输入线，表示转换到本状态的上一级"源状态"，另一条为输出线，表示本状态执行转换时的下一级"目标状态"。在顺序功能图程序设计中，对于自上而下的正常转换方向，其连接线一般不需标记箭头，但是对于自下而上的转换或是向其它方向的转换，必须以箭头标明转换方向。

（4）转换

步的活动状态的进展是由转换的实现来完成的，并与控制过程的发展相对应。转换用有向连线上与有向连线垂直的短划线来表示，转换将相邻两步分隔开。

（5）转换条件

所谓转换条件是指用于改变 PLC 状态的控制信号，它可以是外部的输入信号，如按钮、主令开关、限位开关的接通/断开等；也可以是 PLC 内部产生的信号，如定时器、计数器常开触点的接通等，转换条件还可能是若干个信号的与、或、非逻辑组合。不同状态间的换转条件可以不同也可以相同，当转换条件各不相同时，顺序控制功能图程序每次只能选择其中的一种工作状态（称为选择分支）。当若干个状态的转换条件完全相同时，顺序控制功能图程序一次可以选择多个状态同时工作（称为并行分支）。只有满足条件的状态，才能进行逻辑处理与输出，因此，转换条件是顺序功能图程序选择工作状态的开关。

在顺序控制功能图程序中，转换条件通过与有向连线垂直的短横线进行标记，并在短横线旁边标上相应的控制信号地址。

6.3.3 顺序功能图的基本结构

在顺序控制功能图程序中，由于控制要求或设计思路的不同，使得步与步之间的连接形式也不同，从而形成了顺序控制功能图程序的 3 种不同基本结构形式：①单序列；②选择序列；③并行序列。这 3 种序列结构如图 6-18 所示。

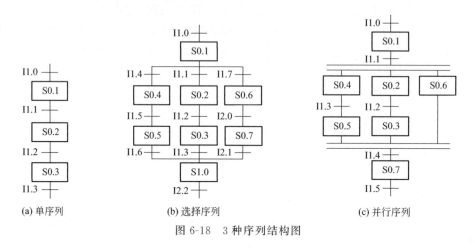

(a) 单序列　　　　(b) 选择序列　　　　(c) 并行序列

图 6-18　3 种序列结构图

（1）单序列

单序列由一系列相继激活的步组成，每一步的后面仅有一个转换，每一个转换的后面只有一个步，如图 6-18（a）所示。单序列结构的特点如下。

① 步与步之间采用自上而下的串联连接方式。

② 状态的转换方向始终是自上而下且固定不变（起始状态与结束状态除外）。

③ 除转换瞬间外，通常仅有 1 个步处于活动状态。基于此，在单序列中可以使用"重复线圈"（如输出线圈、内部辅助继电器等）。

④ 在状态转换的瞬间，存在一个 PLC 循环周期时间的相邻两状态同时工作的情况，因此对于需要进行"互锁"的动作，应在程序中加入"互锁"触点。

⑤ 在单序列结构的顺序控制功能图程序中，原则上定时器也可以重复使用，但不能在相邻两状态里使用同一定时器。

⑥ 在单序列结构的顺序控制功能图程序中，只能有一个初始状态。

（2）选择序列

选择序列的开始称为分支，如图 6-18（b）所示，转换符号只能在标在水平连线之下。在图 6-18（b）中，如果步 S0.1 为活动步且转换条件 I1.1 有效时，则发生由步 S0.1→步 S0.2 的进展；如果步 S0.1 为活动步且转换条件 I1.4 有效时，则发生由步 S0.1→步 S0.4 的进展；如果步 S0.1 为活动步且转换条件 I1.7 有效时，则发生由步 S0.1→步 S0.6 的进展。

在步 S0.1 之后选择序列的分支处，每次只允许选择一个序列。选择序列的结束称为合并，几个选择序列合并到一个公共序列时，用与需要重新组合的序列相同数量的转换符号和水平连线来表示，转换符号只允许标在连线之上。

允许选择序列的某一条分支上没有步，但是必须有一个转换，这种结构的选择序列称为跳步序列。跳步序列是一种特殊的选择序列。

（3）并行序列

并行序列的开始称为分支，如图 6-18（c）所示，当转换的实现导致几个序列同时激活时，这些序列称为并行序列。在图 6-18（c）中，当步 S0.1 为活动步时，若转换条件 I1.1 有效，则步 S0.2、步 S0.4 和步 S0.6 均同时变为活动步，同时步 S0.1 变为不活动步。为了强调转换的同步实现，水平连线用双线表示。步 S0.2、步 S0.4 和步 S0.6 被同时激活后，每个序列中活动步的进展将是独立的。在表示同步的水平双线上，只允许有一个转换符号。并行序列用来表示系统的几个同时工作的独立部分的工作情况。

6.4　启保停方式的顺序控制

启保停电路即启动保持停止电路，它是梯形图设计中应用比较广泛的一种电路。其工作原理是：如果输入信号的常开触点接通，则输出信号的线圈得电，同时对输入信号进行"自锁"或"自保持"，这样输入信号的常开触点在接通后可以断开。

这种编写方法通用性强，编程容易掌握，一般在原继电-接触器控制系统的 PLC 改造过程中应用较多。注意，在启保停方式中，状态寄存器 S 用内部标志寄存器 M 来代替。

6.4.1　单序列启保停方式的顺序控制

（1）单序列启保停方式的顺序功能图与梯形图的对应关系

单序列启保停方式的顺序功能图与梯形图的对应关系，如图 6-19 所示。图中，M_{i-1}、M_i、M_{i+1} 是顺序功能图中的连续 3 步，I_i 和 I_{i+1} 为转换条件。对于 M_i 步来说，它的前级步为 M_{i-1}，转换条件为 I_i，所以 M_i 的启动条件为辅助继电器的常开触点 M_{i-1} 与转换条件常开触点 I_i 的串联组合。M_i 的后续步为 M_{i+1}，因此 M_i 的停止条件为 M_{i+1} 常闭触点。

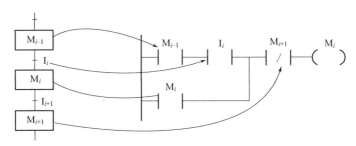

图 6-19　单序列启保停方式的顺序功能图与梯形图的对应关系

（2）单序列启保停方式的顺序控制应用实例

例 6-5　单序列启保停方式在某回转工作台控制钻孔中的应用。

1）控制过程　某 PLC 控制的回转工作台控制钻孔的过程是：当回转工作台不转且钻头回转时，如果传感器工件到位，则 I0.0 信号为 1，Q0.0 线圈控制钻头向下工进。当钻到一定深度使钻头套筒压到下接近开关时，I0.1 信号为 1，控制 T37 计时。T37 延时 5s 后，Q0.1 线圈控制钻头快退。当快退到上接近开关时，I0.2 信号为 1，就回到原位。

2）单序列启保停方式实现某回转工作台控制钻孔　根据控制过程可知，需要 3 个输入和 2 个输出点，I/O 分配如表 6-11 所示，PLC 外部接线如图 6-20 所示。

表 6-11　某回转工作台控制钻孔的 I/O 分配表

输入			输出		
功能	元件	PLC 地址	功能	元件	PLC 地址
启动按钮	SB	I0.0	工进电动机	KM1	Q0.0
下接近开关	SQ1	I0.1	钻头电动机	KM2	Q0.1
上接近开关	SQ2	I0.2			

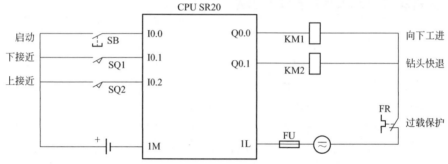

图 6-20　某回转工作台控制钻孔的 PLC 外部接线图

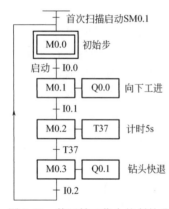

图 6-21　某回转工作台控制钻孔的顺序控制功能图

根据某回转工作台控制钻孔的控制过程，画出顺序控制功能图如图 6-21 所示。现以 M0.0 步为例，讲述启保停方式的梯形图程序编写。从图中看出，M0.0 的一个启动条件为 M0.3 的常开触点和转换条件 I0.2 的常开触点组成的串联电路；此外 PLC 刚运行时应将初始步 M0.0 激活，否则系统无法工作，所以初始化脉冲 SM0.1 为 M0.0 的另一个启动条件，这两个启动条件应并联。为了保证活动状态能持续到下一步活动为止，还需并上 M0.0 的自锁触点。当 M0.0、I0.0 的常开触点同时为 1 时，步 M0.1 变为活动步，M0.0 变为不活动步，因此将 M0.1 的常闭触点串入 M0.0 的回路中作为停止条件。此后 M0.1～M0.3 步的梯形图转换与 M0.0 步梯形图的转换一致，其程序编写如表 6-12 所示。

表 6-12　单序列启保停方式编写某回转工作台控制钻孔中的应用程序

程序段	LAD	STL
程序段 1	M0.3　I0.2　M0.1　M0.0 ├┤├─┤├─┤/├─( ) SM0.1 ├┤├ M0.0 ├┤├	LD　M0.3 A　I0.2 O　SM0.1 O　M0.0 AN　M0.1 =　M0.0

程序段	LAD	STL
程序段 2	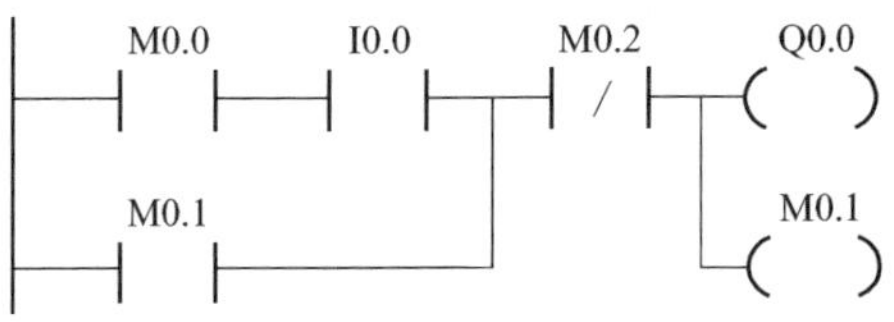 M0.0 I0.0 M0.2 Q0.0 M0.1 M0.1	LD M0.0 A I0.0 O M0.1 AN M0.2 = Q0.0 = M0.1
程序段 3	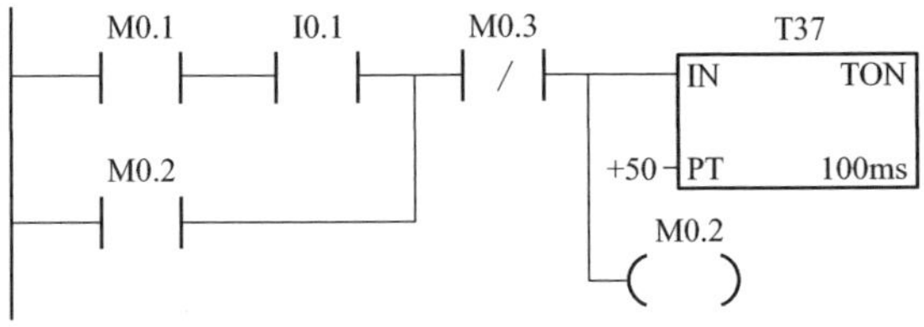 M0.1 I0.1 M0.3 T37 IN TON +50 PT 100ms M0.2 M0.2	LD M0.1 A I0.1 O M0.2 AN M0.3 TON T37,+50 = M0.2
程序段 4	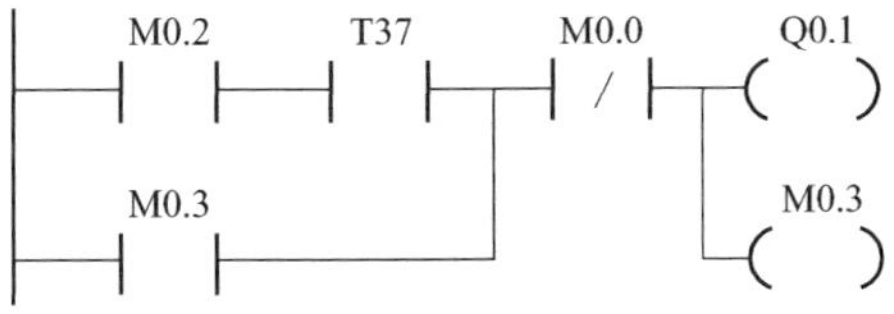 M0.2 T37 M0.0 Q0.1 M0.3 M0.3	LD M0.2 A T37 O M0.3 AN M0.0 = Q0.1 = M0.3

3）程序仿真

① 启动 STEP7-Micro/WIN SMART，创建一个新的项目，按照表 6-12 所示输入 LAD（梯形图）或 STL（指令表）中的程序。再在【文件】→【操作】组件中选择"导出"→"POU"，在弹出的"导出"对话框中输入导出的 ASCII 文本文件的文件名。

② 打开 S7-200 仿真软件，单击菜单"Configuration"→"CPU Type"，选择合适的 CPU 型号。

③ 单击菜单"Program"→"Load Program"或点击工具条中的第二个按钮 ▦，弹出"Load in CPU"对话框，按下"Accept"键后，在弹出的"打开"对话框中选择在 STEP7-Micro/WIN 项目中导出的.awl 文件。

④ 在 S7-200 仿真软件中，执行菜单命令"PLC"→"RUN"，使 CPU 处于模拟运行状态。刚进入模拟运行状态时，SM0.1 常开触点闭合 1 次，使 M0.0 线圈得电并自锁。先点击"0"位拨码开关后，将其设置为"ON"，M0.1 和 Q0.0 线圈得电，模拟钻头向下工进，其仿真效果如图 6-22 所示。再将"0"位拨码开关设置为"OFF"，"1"位拨码开关设置为"ON"，M0.1 和 Q0.0 线圈失电，同时 M0.2 线圈得电、T37 进行延时。当 T37 延时达 5s 时，M0.2 线圈失电，而 Q0.1 和 M0.3 线圈得电，模拟钻头快退。然后将"1"位拨码开关设置为"OFF"，"2"位拨码开关设置为"ON"，M0.3 和 Q0.1 线圈失电，同时 M0.0 线圈得电，又回到初始步状态。

6.4.2 选择序列启保停方式的顺序控制

（1）选择序列启保停方式的顺序功能图与梯形图的转换

选择序列启保停方式的顺序功能图转换为梯形图的关键点在于分支处和合并处程序的处理，其余与单序列的处理方法一致。

① 分支处编程 若某步后有一个由 N 条分支组成的选择程序，该步可能转换到不同的

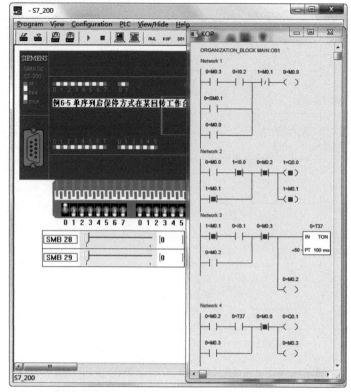

图 6-22　单序列启保停方式的某回转工作台控制钻孔的仿真效果图

N 步去，则应将这 N 个后续步对应的辅助继电器的常闭触点与该步线圈串联，作为该步的停止条件。启保停方式的分支序列分支处顺序功能图与梯形图的转换，如图 6-23 所示。图中，M_i 后有 1 个选择程序分支，M_i 的后续步分别为 M_{i+1}、M_{i+2}、M_{i+3}，当这 3 步有一个步为活动步时，M_i 都变为不活动步，所以将 M_{i+1}、M_{i+2}、M_{i+3} 的常闭触点与 M_i 线圈串联，作为活动步的停止条件。

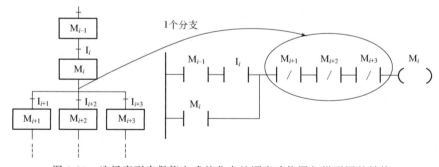

图 6-23　选择序列启保停方式的分支处顺序功能图与梯形图的转换

　　② 合并处编程　对于选择程序的合并，若某步之前有 N 个转换，即有 N 条分支进入该步，则控制代表该步的辅助继电器的启动电路由 N 条支路并联而成，每条支路都由前级步辅助继电器的常开触点与转换条件的触点构成的串联电路组成。启保停方式的选择序列合并处顺序功能与梯形图的转换，如图 6-24 所示。图中，M_i 前有一个程序选择分支，M_i 的前级步分别为 M_{i-1}、M_{i-2}、M_{i-3}，当这 3 步有一步为活动步，且转换条件 I_{i-1}、I_{i-2}、

I_{i-3} 为 1，M_i 变为活动步，所以将 M_{i-1}、M_{i-2}、M_{i-3} 的常开触点分别与转换条件 I_{i-1}、I_{i-2}、I_{i-3} 常开触点串联，作为该步的启动条件。

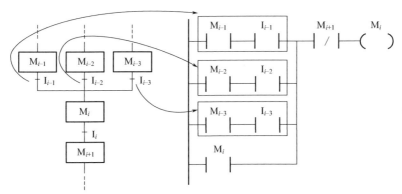

图 6-24 选择序列启保停方式的合并处顺序功能图与梯形图的转换

（2）选择序列启保停方式的顺序控制应用实例

例 6-6 选择序列启保停方式在某加工系统中的应用。

1）控制要求 某加工系统中有 2 台电动机 M0、M1，由 SB0～SB2、SQ0 和 SQ1 进行控制。系统刚通电时，如果按下 SB0（I0.0）向下工进按钮，M0 电动机工作控制钻头向下工进；如果按下 SB1（I0.1）向上工进按钮，M0 电动机工作控制钻头向上工进。若 M0 向下工进压到 SQ0（I0.3）下接近开关，或 M0 向上工进压到 SQ1（I0.4）上接近开关时，M1 电动机才能启动以进行零件加工操作。M1 运行时，若按下 SB2（I0.2）停止按钮，则 M1 立即停止运行，系统恢复到刚通电时的状态。

2）选择序列启保停方式实现某加工系统的控制 根据控制过程可知，需要 5 个输入和 3 个输出点，I/O 分配如表 6-13 所示，PLC 外部接线如图 6-25 所示。

表 6-13 某加工系统的 I/O 分配表

输入			输出		
功能	元件	PLC 地址	功能	元件	PLC 地址
向下工进按钮	SB0	I0.0	M0 向下工进	KM1	Q0.0
向上工进按钮	SB1	I0.1	M0 向上工进	KM2	Q0.1
停止按钮	SB2	I0.2	M1 零件加工	KM3	Q0.2
下接近开关	SQ1	I0.3			
上接近开关	SQ2	I0.4			

根据某加工系统的控制要求，画出顺序控制功能图如图 6-26 所示。从图中可看出，M0.0 步后有 1 个选择程序分支，M0.0 后续步分别为 M0.1 和 M0.2，这 2 步只要有一步为活动步，M0.0 步应变为不活动步，所以 M0.1 和 M0.2 的常闭触点与 M0.0 线圈串联，作为该步的停止条件。而 M0.0 的一个启动条件为 M0.3 的常开触点和转换条件 I0.4 的常开触点组成的串联电路；此外 PLC 刚运行时应将初始步 M0.0 激活，否则系统无法工作，所以初始化脉冲 SM0.1 为 M0.0 的另一个启动条件，这两个启动条件应并联。为了保证活动状态能持续到下一步活动为止，还需并上 M0.0 的自锁触点。

M0.1 步的一个启动条件为 M0.0 的常开触点和转换条件 I0.0 的常开触点组成的串联电

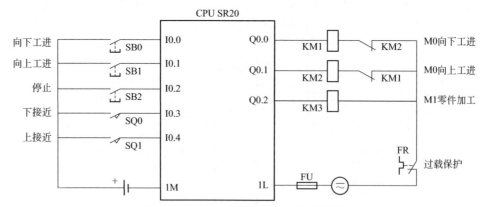

图 6-25　某加工系统的 PLC 外部接线图

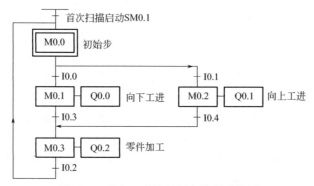

图 6-26　某加工系统的顺序控制功能图

路；为了保证活动状态能持续到下一步活动为止，还需并上 M0.1 的自锁触点。此外，M0.3 的常闭触点串入 M0.1 的回路中作为停止条件。

M0.2 步的一个启动条件为 M0.0 的常开触点和转换条件 I0.1 的常开触点组成的串联电路；为了保证活动状态能持续到下一步活动为止，还需并上 M0.2 的自锁触点。此外，M0.3 的常闭触点串入 M0.2 的回路中作为停止条件。

M0.3 步前有 1 个选择程序合并，M0.3 的前级步分别为 M0.1 和 M0.2，当这 2 步有 1 步为活动步，且转换条件 I0.3、I0.4 为 1，M0.3 变为活动步，所以将 M0.1、M0.2 常开触点与转换条件 I0.3、I0.4 串联，作为该步的启动条件。综合上述，其程序编写如表 6-14 所示。

表 6-14　选择序列启保停方式在某加工系统中的应用程序

程序段	LAD	STL
程序段 1	M0.3　I0.2　M0.1　M0.2　M0.0 ├─┤├──┤├──┤/├──┤/├──( ) SM0.1 ├─┤├ M0.0 ├─┤├	LD　　M0.3 A　　I0.2 O　　SM0.1 O　　M0.0 AN　　M0.1 AN　　M0.2 =　　M0.0

程序段	LAD	STL
程序段 2	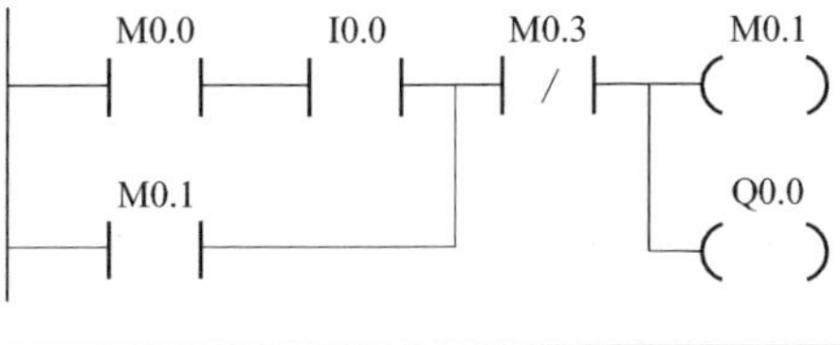 M0.0 I0.0 M0.3 M0.1 M0.1 — Q0.0	LD M0.0 A I0.0 O M0.1 AN M0.3 = M0.1 = Q0.0
程序段 3	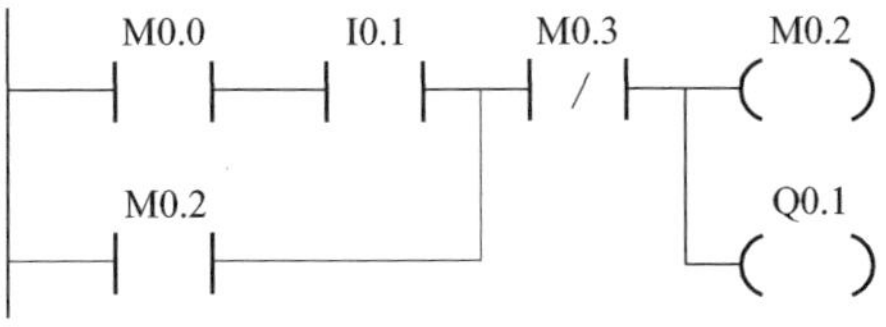 M0.0 I0.1 M0.3 M0.2 M0.2 — Q0.1	LD M0.0 A I0.1 O M0.2 AN M0.3 = M0.2 = Q0.1
程序段 4	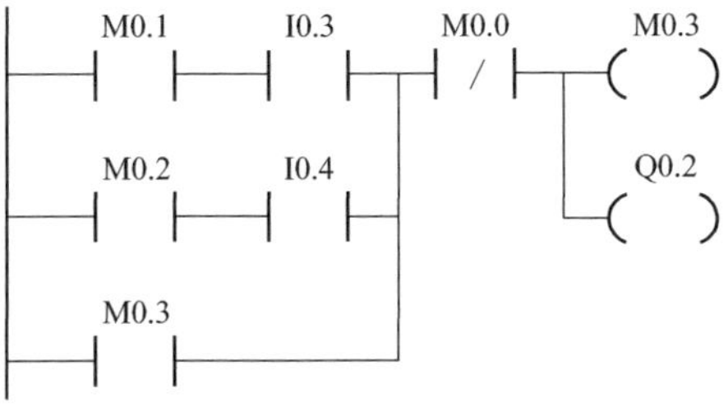 M0.1 I0.3 M0.0 M0.3 M0.2 I0.4 — Q0.2 M0.3	LD M0.1 A I0.3 LD M0.2 A I0.4 OLD O M0.3 AN M0.0 = M0.3 = Q0.2

3）程序仿真

① 启动 STEP7-Micro/WIN SMART，创建一个新的项目，按照表 6-14 所示输入 LAD（梯形图）或 STL（指令表）中的程序。再在【文件】→【操作】组件中选择"导出"→"POU"，在弹出的"导出"对话框中输入导出的 ASCII 文本文件的文件名。

② 打开 S7-200 仿真软件，单击菜单"Configuration"→"CPU Type"，选择合适的 CPU 型号。

③ 单击菜单"Program"→"Load Program"或点击工具条中的第二个按钮 ，弹出"Load in CPU"对话框，按下"Accept"键后，在弹出的"打开"对话框中选择在 STEP7-Micro/WIN 项目中导出的 .awl 文件。

④ 在 S7-200 仿真软件中，执行菜单命令"PLC"→"RUN"，使 CPU 处于模拟运行状态。刚进入模拟运行状态时，SM0.1 常开触点闭合 1 次，使 M0.0 线圈得电并自锁，其仿真效果如图 6-27 所示。点击"0"位拨码开关后，将其设置为"ON"，M0.1 和 Q0.0 线圈得电，模拟 M0 电动机向下工进。再将"0"位拨码开关设置为"OFF"，"3"位拨码开关设置为"ON"，M0.1 和 Q0.0 线圈失电，同时 M0.3、Q0.2 线圈得电，模拟 M1 电动机零件加工。将"3"位拨码开关设置为"OFF"，"2"位拨码开关设置为"ON"，M0.3 和 Q0.2 线圈失电，同时 M0.0 线圈得电，又回到初始步状态。点击"1"位拨码开关后，将其设置为"ON"，M0.2 和 Q0.1 线圈得电，模拟 M0 电动机向上工进。再将"1"位拨码开关设置为"OFF"，"4"位拨码开关设置为"ON"，M0.1 和 Q0.0 线圈失电，同时 M0.3、Q0.2 线圈得电，模拟 M1 电动机零件加工。将"4"位拨码开关设置为"OFF"，"2"位拨码开关设置为"ON"，M0.3 和 Q0.2 线圈失电，同时 M0.0 线圈得电，又回到初始步状态。

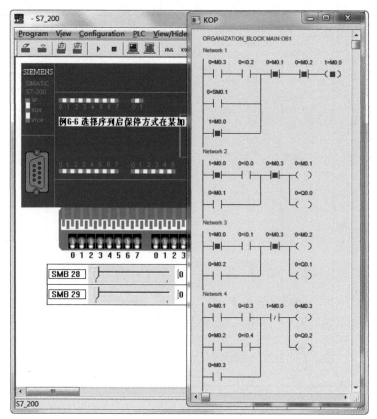

图 6-27　选择序列启保停方式的某加工系统控制仿真效果图

6.4.3　并行序列启保停方式的顺序控制

（1）并行序列启保停方式的顺序功能图与梯形图的转换

并行序列启保停方式的顺序功能图转换为梯形图的关键点也在于分支处和合并处程序的处理，其余与单序列的处理方法一致。

① 分支处编程　若并行程序某步后有 N 条并行分支，如果转换条件满足，则并行分支的第 1 步同时被激活。这些并行分支的第 1 步的启动条件均相同，都是前级步的常开触点与转换条件的常开触点组成的串联电路，不同的是各个并列分支的停止条件。串入各自后续步常闭触点作为停止条件。启保停方式的并行序列分支处顺序功能图与梯形图的转换，如图 6-28 所示。

② 合并处编程　对于合并程序的合并，若某步之前有 N 条分支，即有 N 条分支进入到该步，则并行分支的最后一步同时为 1，且转换条件满足时，方能完成合并。因此合并处的启动电路为所有并列分支最后一步的常开触点串联和转换条件的常开触点的组合；停止条件仍为后续步的常闭触点。启保停方式的并行序列合并处顺序功能图与梯形图的转换，如图 6-28 所示。

（2）并行序列启保停方式的顺序控制应用实例

例 6-7　并行序列启保停方式在十字路口信号灯控制中的应用

1）控制要求　某十字路口信号灯的控制示意如图 6-29 所示。按下启动按钮 SB0，东西

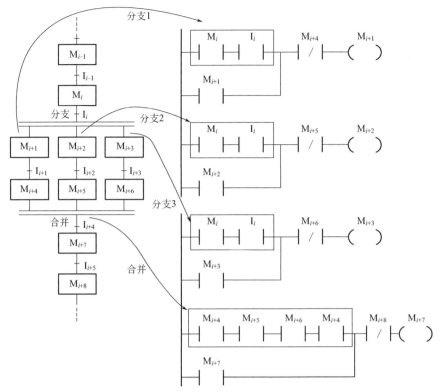

图 6-28 启保停方式的并行序列顺序功能图与梯形图的转换

方向绿灯点亮,绿灯亮 25s 后闪烁 3s,然后黄灯亮 2s 后熄灭,紧接着红灯亮 30s 后再熄灭,再接着绿灯亮……如此循环。在东西绿灯亮的同时,南北红灯亮 30s,接着绿灯点亮,绿灯亮 25s 后闪烁 3s,然后黄灯亮 2s 后熄灭,红灯亮……如此循环。

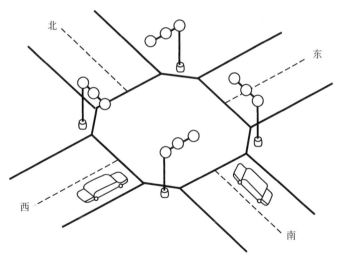

图 6-29 十字路口信号灯控制示意图

2) 并行序列启保停方式实现十字路口信号灯控制 根据控制过程可知,需要 2 个输入点和 6 个输出点,I/O 分配如表 6-15 所示,PLC 外部接线如图 6-30 所示。

表 6-15　十字路口信号灯控制的 I/O 分配表

输入			输出		
功能	元件	PLC 地址	功能	元件	PLC 地址
启动按钮	SB0	I0.0	东西绿灯	HL0	Q0.0
停止按钮	SB1	I0.1	东西黄灯	HL1	Q0.1
			东西红灯	HL2	Q0.2
			南北绿灯	HL3	Q0.3
			南北黄灯	HL4	Q0.4
			南北红灯	HL5	Q0.5

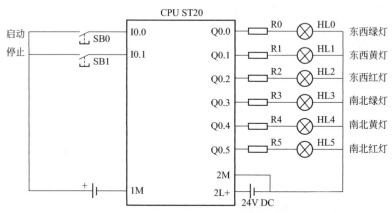

图 6-30　十字路口信号灯控制的 PLC 外部接线图

根据十字路口信号灯的控制要求，画出顺序功能图如图 6-31 所示。从图中看出，在 M0.0 后有 1 个并列分支。若 M0.0 为活动步且 I0.0 为 1 时，则 M0.1、M0.5 步同时激活，所以 M0.1、M0.5 步的启动条件相同，都为 M0.0 和 I0.0 常开触点的串联，但是它们的停

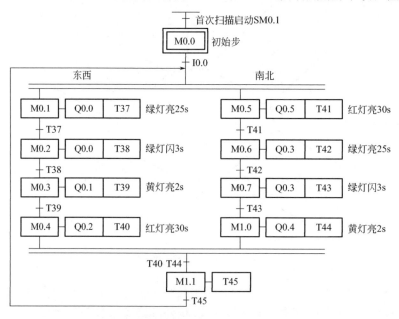

图 6-31　十字路口信号灯的顺序控制功能图

止条件不同，其中 M0.1 步的停止条件为串联 M0.2 常闭触点；M0.5 步的停止条件为串联 M0.6 常闭触点。

在 M1.1 之前有 1 个并行序列的合并，当 M0.4、M1.0 同时为活动步且转换条件 T40 和 T41 常开触点闭合时，M1.1 步应变为活动步，即 M1.1 的启动条件为 M0.4、M1.0、T40 和 T41 常开触点串联，停止条件为 M1.1 步中应串入 M0.1 和 M0.5 的常闭触点。综合上述，其程序编写如表 6-16 所示。

表 6-16　并行序列启保停方式在十字路口信号灯控制中的应用程序

程序段	LAD	STL
程序段 1		//初始步 LD I0.1 ED O SM0.1 O M0.0 AN M0.1 AN M0.2 = M0.0
程序段 2		//东西绿灯亮 25s LD M1.1 A T45 LD M0.0 A I0.0 OLD O M0.1 AN I0.1 AN M0.2 = M0.1 TON T37,250
程序段 3		//东西绿灯闪 3s LD M0.1 A T37 O M0.2 AN I0.1 AN M0.3 = M0.2 TON T38,30
程序段 4		//东西黄灯亮 2s LD M0.2 A T38 O M0.3 AN I0.1 AN M0.4 = M0.3 TON T39,20
程序段 5		//东西红灯亮 30s LD M0.3 A T39 O M0.4 AN I0.1 AN M1.1 = M0.4 TON T40,300

程序段	LAD	STL
程序段 6	（梯形图：M1.1 T45 I0.1 M0.6 M0.5；M0.0 I0.0；M0.5；定时器 T41 TON，300-PT 100ms）	//南北红灯亮 30s LD M1.1 A T45 LD M0.0 A I0.0 OLD O M0.5 AN I0.1 AN M0.6 = M0.5 TON T41,300
程序段 7	（梯形图：M0.5 T41 I0.1 M0.7 M0.6；M0.6；定时器 T42 TON，250-PT 100ms）	//南北绿灯亮 25s LD M0.5 A T41 O M0.6 AN I0.1 AN M0.7 = M0.6 TON T42,250
程序段 8	（梯形图：M0.6 T42 I0.1 M1.0 M0.7；M0.7；定时器 T43 TON，30-PT 100ms）	//南北绿灯闪 3s LD M0.6 A T42 O M0.7 AN I0.1 AN M1.0 = M0.7 TON T43,30
程序段 9	（梯形图：M0.7 T43 I0.1 M1.1 M1.0；M1.0；定时器 T44 TON，20-PT 100ms）	//南北黄灯亮 2s LD M0.7 A T43 O M1.0 AN I0.1 AN M1.1 = M1.0 TON T44,20
程序段 10	（梯形图：M0.4 M1.0 T40 T44 M0.1 M0.5 M1.1；M1.1；定时器 T45 TON，1-PT 100ms）	//暂停步 LD M0.4 A M1.0 A T40 A T44 O M1.1 AN M0.1 AN M0.5 = M1.1 TON T45,1
程序段 11	（梯形图：M0.2 SM0.5 Q0.0；M0.1）	//东西绿灯输出 LD M0.2 A SM0.5 O M0.1 = Q0.0

程序段	LAD	STL
程序段 12	M0.3 —||— Q0.1 —( )	//东西黄灯输出 LD M0.3 = Q0.1
程序段 13	M0.4 —||— Q0.2 —( )	//东西红灯输出 LD M0.4 = Q0.2
程序段 14	M0.7 —||— SM0.5 —||— Q0.3 —( ) M0.6 —||—	//南北绿灯输出 LD M0.7 A SM0.5 O M0.6 = Q0.3
程序段 15	M1.0 —||— Q0.4 —( )	//南北黄灯输出 LD M1.0 = Q0.4
程序段 16	M0.5 —||— Q0.5 —( )	//南北红灯输出 LD M0.5 = Q0.5

程序段 1 为初始步控制，PLC 一上电，SM0.1 常开触点接通 1 次，使得 M0.0 线圈得电并自锁。当按下停止按钮 SB1 时，十字路口信号灯停止工作，所以 M0.1～M1.1 步的停止条件中都串入 I0.1 常闭触点。但为了重启系统方便，M0.0 步中再加入一个启动条件，即 I0.1 常开触点的下降沿触发信号。程序段 2 为东西方向绿灯点亮 25s 控制；程序段 3 为东西方向绿灯闪烁 3s 控制；程序段 4 为东西方向黄灯点亮 2s 控制；程序段 5 为东西方向红灯亮 30s 控制；程序段 6 为南北方向红灯亮 30s 控制；程序段 7 为南北方向绿灯亮 25s 控制；程序段 8 为南北方向绿灯闪烁 3s 控制；程序段 9 为南北方向黄灯亮 2s 控制；程序段 10 出于编程方便而编写，T45 的时间仅为 0.1s，不影响程序的整体；程序段 11 为东西方向绿灯输出控制，M0.2 常开触点串入 SM0.5 是实现东西方向的绿灯闪烁；程序段 12 为东西方向黄灯输出控制；程序段 13 为东西方向红灯输出控制；程序段 14 为南北方向绿灯输出控制，M0.7 常开触点串入 SM0.5 是实现南北方向的绿灯闪烁；程序段 15 为南北方向黄灯输出控制；程序段 16 为南北方向红灯输出控制。

3）程序仿真

① 启动 STEP7-Micro/WIN SMART，创建一个新的项目，按照表 6-16 所示输入 LAD（梯形图）或 STL（指令表）中的程序。再在【文件】→【操作】组件中选择"导出"→"POU"，在弹出的"导出"对话框中输入导出的 ASCII 文本文件的文件名。

② 打开 S7-200 仿真软件，单击菜单"Configuration"→"CPU Type"，选择合适的 CPU 型号。

③ 单击菜单"Program"→"Load Program"或点击工具条中的第二个按钮 ▣，弹出"Load in CPU"对话框，按下"Accept"键后，在弹出的"打开"对话框中选择在 STEP7-Micro/WIN 项目中导出的.awl 文件。

④ 在 S7-200 仿真软件中，执行菜单命令"PLC"→"RUN"，使 CPU 处于模拟运行状态。刚进入模拟运行状态时，SM0.1 常开触点闭合 1 次，使 M0.0 线圈得电并自锁。点击

"0"位拨码开关后，将其设置为"ON"，M0.1和M0.5线圈得电，然后东西方向和南北方向的步根据时间顺序执行相应操作。图 6-32 为 M0.1 步和 M0.5 步处于活动步的仿真效果图，此时东西方向绿灯亮，南北方向红灯亮，即允许东西方向的车通行。

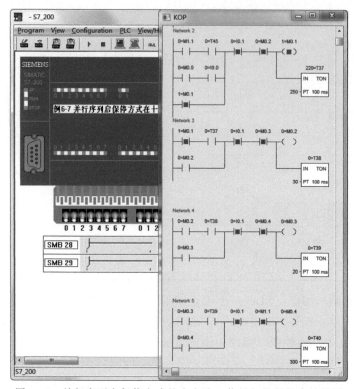

图 6-32　并行序列启保停方式的十字路口信号灯控制仿真效果图

6.5　转换中心方式的顺序控制

使用置位/复位指令的顺序控制功能梯形图的编写方法又称为以转换为中心的编写方法，它是用某一转换所有前级步对应的辅助继电器的常开触点与转换对应的触点或电路串联，作为使用所有后续步对应的辅助继电器置位和使所有前级步对应的辅助继电器复位的条件。在转换中心方式中，状态寄存器 S 用内部标志寄存器 M 来代替。

6.5.1　单序列转换中心方式的顺序控制

（1）单序列转换中心方式的顺序功能图与梯形图的对应关系

单序列启保停方式的顺序功能图与梯形图的对应关系，如图 6-33 所示。图中，M_{i-1}、M_i、M_{i+1} 是顺序功能图中的连续 3 步，I_i 和 I_{i+1} 为转换条件。M_{i-1} 为活动步，且转换条件 I_i 满足，M_i 被置位，同时 M_{i-1} 被复位，因此将 M_{i-1} 和 I_i 的常开触点组成的串联电路作为 M_i 步的启动条件，同时它也作为 M_{i-1} 步的停止条件。M_i 为活动步，且转换条件 I_{i+1} 满足，M_{i+1} 被置位，同时 M_i 被复位，因此将 M_i 和 I_{i+1} 的常开触点组成的串联电路作为 M_{i+1} 步的启动条件，同时它也作为 M_i 步的停止条件。

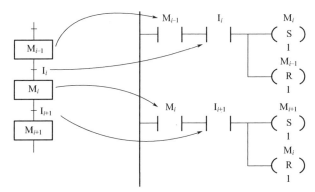

图 6-33　单序列转换中心方式的顺序功能图与梯形图的对应关系

（2）单序列转换中心方式的顺序控制应用实例

例 6-8　单序列转换中心方式在彩灯中的应用

1）控制要求　按下启动按钮 SB0，红灯亮；10s 后，绿灯亮；20s 后，黄灯亮；再过 10s 后返回到红灯亮，如此循环。

2）单序列转换中心方式实现彩灯控制　根据控制过程可知，需要 2 个输入和 3 个输出点，I/O 分配如表 6-17 所示，PLC 外部接线如图 6-34 所示。

表 6-17　彩灯控制的 I/O 分配表

输入			输出		
功能	元件	PLC 地址	功能	元件	PLC 地址
启动按钮	SB0	I0.0	红灯	HL0	Q0.0
停止按钮	SB1	I0.1	绿灯	HL1	Q0.1
			黄灯	HL2	Q0.2

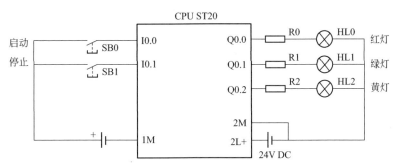

图 6-34　彩灯控制的 PLC 外部接线图

根据彩灯控制要求，画出顺序功能图如图 6-35 所示。从图中可以看出，PLC 一上电时，SM0.1 触发 1 次，M0.0 被置位，则 M0.0 步变为活动步。M0.0 为活动步，且转换条件 I0.0 常开触点闭合时，M0.0 被复位，M0.1 被置位，则 M0.1 步变为活动步，此时 Q0.0 线圈得电使得红灯点亮，同时 T37 延时。T37 延时 10s 后，T37 常开触点闭合，使 M0.1 被复位，M0.2 被置位，则 M0.2 步变为活动步，此时 Q0.1 线圈得电使得绿灯点亮，同时 T38 延时。T38 延时 20s 后，T38 常开触点闭合，使 M0.2 被复位，M0.3 被置位，则 M0.3 步变为活动步，此时 Q0.2 线圈得电使得黄灯点亮，同时 T39 延时。T39 延时 10s 后，若未按下停止按钮（I0.1 仍处于闭合状态），则 M0.3 被复位，M0.1 被置位变为活动步，如此循环。程序编写如表 6-18 所示。

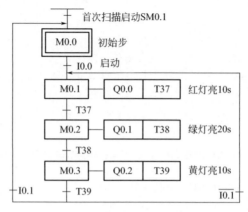

图 6-35　彩灯顺序控制功能图

表 6-18　单序列转换方式在彩灯控制中的应用程序

程序段	LAD	STL
程序段 1	I0.1 —[ ]—[P]— M0.0 (S) 1 SM0.1 —[ ]—	LD　　I0.1 EU O　　　SM0.1 S　　　M0.0,1
程序段 2	M0.0 —[ ]— I0.0 —[ ]— M0.1 (S) 1　M0.0 (R) 1	LD　　M0.0 A　　　I0.0 S　　　M0.1,1 R　　　M0.0,1
程序段 3	M0.1 —[ ]— T37 —[ ]— M0.2 (S) 1　M0.1 (R) 1	LD　　M0.1 A　　　T37 S　　　M0.2,1 R　　　M0.1,1
程序段 4	M0.1 —[ ]— I0.1 —[/]— Q0.0 ( ) T37 IN TON 100 PT 100ms	LD　　M0.1 AN　　I0.1 =　　　Q0.0 TON　T37,100
程序段 5	M0.2 —[ ]— T38 —[ ]— M0.3 (S) 1　M0.2 (R) 1	LD　　M0.2 A　　　T38 S　　　M0.3,1 R　　　M0.2,1

程序段	LAD	STL
程序段 6	M0.2 I0.1 Q0.1 ─┤ ├──┤/├──( ) 　T38 　IN　TON 200─PT　100ms	LD　M0.2 AN　I0.1 ＝　Q0.1 TON　T38,200
程序段 7	M0.3 T39 I0.1 M0.1 ─┤ ├──┤ ├──┤/├──(S) 　　　1 　　　M0.3 　　　(R) 　　　1	LD　M0.3 A　T39 AN　I0.1 S　M0.1,1 R　M0.3,1
程序段 8	M0.3 I0.1 Q0.2 ─┤ ├──┤/├──( ) 　T39 　IN　TON 100─PT　100ms	LD　M0.3 AN　I0.1 ＝　Q0.2 TON　T39,100
程序段 9	I0.1 M0.1 ─┤ ├──(R) 　　3 　　Q0.0 　　(R) 　　3	LD　I0.1 R　M0.1,3 R　Q0.0,3

程序段 1 中，当 PLC 一上电或按下停止按钮 SB1 时 M0.0 步被激活。程序段 2 中，当 M0.0 步为活动步时，如果按下启动按钮 SB0 时，M0.1 步变为活动步，而 M0.0 变为非活动步。程序段 3 中，当 M0.1 为活动步，且 T37 延时 10s 后，M0.2 步变为活动步，而 M0.1 变为非活动步。程序段 4 中，当 M0.1 为活动步时，Q0.0 得电且 T37 进行延时，红灯进行点亮。程序段 5 中，当 M0.2 为活动步，且 T38 延时 20s 后，M0.3 步变为活动步，而 M0.2 变为非活动步。程序段 6 中，当 M0.2 为活动步时，Q0.1 得电且 T38 进行延时，绿灯进行点亮。程序段 7 中，当 M0.3 为活动步，且 T39 延时 10s 后，M0.1 步变为活动步，而 M0.3 变为非活动步。程序段 8 中，当 M0.3 为活动步时，Q0.2 得电且 T39 进行延时，黄灯进行点亮。程序段 9 中，按下停止按钮 SB1 时，将 M0.1～M0.3 步复位、Q0.0～Q0.2 全部熄灭。

3）程序仿真

① 启动 STEP7-Micro/WIN SMART，创建一个新的项目，按照表 6-18 所示输入 LAD（梯形图）或 STL（指令表）中的程序。再在【文件】→【操作】组件中选择"导出"→"POU"，在弹出的"导出"对话框中输入导出的 ASCII 文本文件的文件名。

② 打开 S7-200 仿真软件，单击菜单"Configuration"→"CPU Type"，选择合适的 CPU 型号。

③ 单击菜单"Program"→"Load Program"或点击工具条中的第二个按钮 ，弹出"Load in CPU"对话框，按下"Accept"键后，在弹出的"打开"对话框中选择在 STEP7-Micro/WIN 项目中导出的.awl 文件。

④ 在 S7-200 仿真软件中，执行菜单命令"PLC"→"RUN"，使 CPU 处于模拟运行状态。刚进入模拟运行状态时，SM0.1 常开触点闭合 1 次，使 M0.0 线圈置 1。点击"0"位拨码开关后，将其设置为"ON"，M0.0 线圈复位，而 M0.1 线圈置 1，同时 Q0.0 线圈输出，T37 进行延时。T37 延时 10s 后，M0.1 线圈复位，而 M0.2 线圈置 1，同时 Q0.1 线圈输出，T38 进行延时，仿真效果如图 6-36 所示。T38 延时 20s 后，M0.2 线圈复位，而 M0.3 线圈置 1，同时 Q0.2 线圈输出，T39 进行延时。T39 延时 10s 后，M0.3 线圈复位，而 M0.1 线圈置 1，同时 Q0.0 线圈输出，T37 进行延时，如此循环。如果按下停止按钮 SB1 时，所有的彩灯均熄灭，系统恢复到初始步。

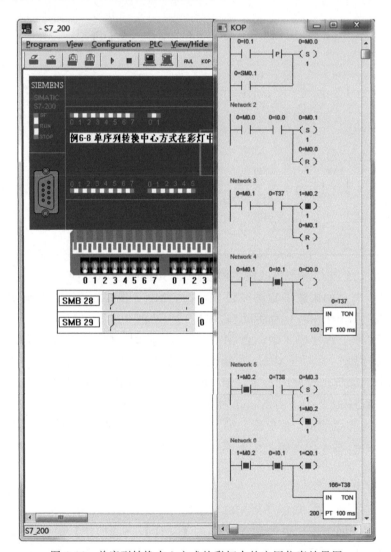

图 6-36　单序列转换中心方式的彩灯中的应用仿真效果图

6.5.2　选择序列转换中心方式的顺序控制

选择序列转换中心方式的顺序功能图转换为梯形图的关键点在于分支处和合并处的程序处理，它不需要考虑多个前级步和后续步的问题，只考虑转换即可。

例 6-9 选择序列转换中心方式在洗车控制系统中的应用

（1）控制要求

洗车过程通常包含 3 道工艺：泡沫洗车（Q0.0）、清水冲洗（Q0.1）和风干（Q0.2）。某洗车控制系统具有手动和自动两种方式。如果选择开关（SA）置于"手动"方式，按下启动按钮 SB0，则执行泡沫清洗；按下冲洗按钮 SB2，则执行清水冲洗；按下风干按钮 SB3，则执行风干；按结束按钮 SB4，则结束洗车作业。如果选择开关置于"自动"方式，按下启动按钮 SB0，则自动执行洗车操作。自动洗车流程为：泡沫清洗 20s→清水冲洗 30s→风干 15s→结束→回到待洗状态。洗车过程结束，警铃（Q0.3）发声提示。

（2）选择序列转换中心方式实现洗车控制系统

根据控制过程可知，需要 6 个输入点和 4 个输出点，I/O 分配如表 6-19 所示，PLC 外部接线如图 6-37 所示。

表 6-19　洗车控制系统的 I/O 分配表

输入			输出		
功能	元件	PLC 地址	功能	元件	PLC 地址
手动/自动选择开关	SA	I0.0	控制泡沫洗车电动机	KM1	Q0.0
启动按钮	SB0	I0.1	控制清水冲洗电动机	KM2	Q0.1
停止按钮	SB1	I0.2	控制风干电动机	KM3	Q0.2
冲洗按钮	SB2	I0.3	控制警铃	KA	Q0.3
风干按钮	SB3	I0.4			
结束按钮	SB4	I0.5			

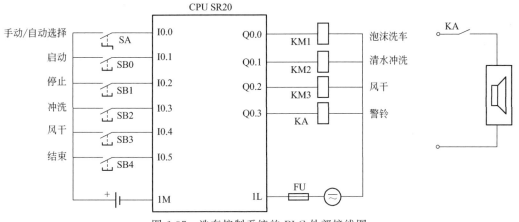

图 6-37　洗车控制系统的 PLC 外部接线图

根据洗车控制系统的工作过程，由于"手动"和"自动"工作方式只能选择其一，因此使用选择分支来实现，其顺序功能图如图 6-38 所示。初始状态为 M0.0，待洗状态用 M0.1 表示，洗车作业流程包括泡沫清洗、清水冲洗、风干 3 个工序，所以在"自动"和"手动"方式下可分别用 3 个状态来表示。自动方式使用 M0.2～M0.4，手动方式使用 M0.5～M0.7，洗车作业完成状态用 M1.0。

从图 6-38 中可以看出，PLC 一上电时，SM0.1 触发 1 次，M0.0 被置位，则 M0.0 步变为活动步。M0.0 为活动步，且转换条件 I0.1 常开触点闭合时，M0.0 被复位，M0.1 被

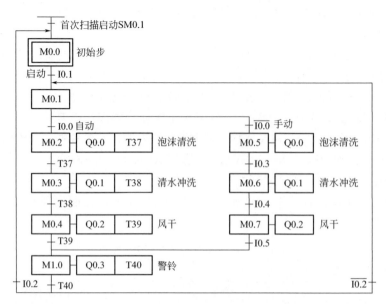

图 6-38 洗车控制系统的顺序控制功能图

置位，则 M0.1 步变为活动步。M0.1 为活动步时，若 I0.0 常开触点闭合，则执行自动洗车流程，否则执行手动洗车流程。

在自动洗车流程下，I0.0 常开触点闭合，M0.1 被复位，M0.2 被置位，则 M0.2 步变为活动步，此时 Q0.0 线圈得电执行泡沫冲洗工序，同时 T37 延时。T37 延时 20s 后，T37 常开触点闭合，使 M0.2 被复位，M0.3 被置位，则 M0.3 步变为活动步，此时 Q0.1 线圈得电执行清水冲洗工序，同时 T38 延时。T38 延时 30s 后，T38 常开触点闭合，使 M0.3 被复位，M0.4 被置位，则 M0.4 步变为活动步，此时 Q0.2 线圈得电执行风干工序，同时 T39 延时。T39 延时 15s 后，T39 常开触点闭合，使 M0.4 被复位，M1.0 被置位，则 M1.0 步变为活动步，此时 Q0.3 线圈得电发出警铃，同时 T40 延时。T40 延时 5s 后，若未按下停止按钮（I0.2 仍处于闭合状态），则 M1.0 被复位，M0.1 被置位变为活动步，如此循环。

在手动洗车流程下，I0.0 常闭触点闭合，M0.1 被复位，M0.5 被置位，则 M0.5 步变为活动步，此时 Q0.0 线圈得电执行泡沫冲洗工序。按下冲洗按钮 SB2，I0.3 常开触点闭合，使 M0.5 被复位，M0.6 被置位，则 M0.6 步变为活动步，此时 Q0.1 线圈得电执行清水冲洗工序。按下风干按钮 SB3，I0.4 常开触点闭合，使 M0.6 被复位，M0.7 被置位，则 M0.7 步变为活动步，此时 Q0.2 线圈得电执行风干工序。按下结束按钮 SB4，I0.5 常开触点闭合，使 M0.7 被复位，M1.0 被置位，则 M1.0 步变为活动步，此时 Q0.3 线圈得电发出警铃，同时 T40 延时。T40 延时 5s 后，若未按下停止按钮（I0.2 仍处于闭合状态），则 M1.0 被复位，M0.1 被置位变为活动步，如此循环。程序编写如表 6-20 所示。

程序段 1 中，当 PLC 一上电或按下停止按钮 SB1 时 M0.0 步被激活。程序段 2 中，若按下启动按钮 SB0，I0.1 常开触点闭合，使 M0.1 变为活动步，而 M0.0 变为非活动步。程序段 3 中，当 M0.1 为活动步，选择"自动"清洗时，I0.0 常开触点闭合，使 M0.2 变为活动步，而 M0.1 变为非活动步。在程序段 4 中，当 M0.1 为活动步，选择"手动"清洗时，I0.0 常闭触点闭合，使 M0.5 变为活动步，而 M0.1 变为非活动步。也就是程序段 3 和程序段 4 为选择分支控制。程序段 5 中，当 M0.2 为活动步，且 T37 延时 20s 后，M0.3 变为活动步，而 M0.2 变为非活动步。程序段 6 中，当 M0.2 为活动步时，T37 进行延时。程序段 7 中，当 M0.3 为活动步，且 T38 延时 30s 后，M0.4 变为活动步，而 M0.3 变为非活动步。程序段 8 中，当 M0.3 为活动步时，T38 进行延时。程序段 9 中，当 M0.4 为活动步，且 T39 延时 15s 后，M1.0 变为活动步，而 M0.4 变为非活动步。程序段 10 中，当 M0.4 为活动步时，T39 进行延时。程序段 11 中，当 M1.0 为活动步，且 T40 延时 5s 后，M0.1 变为活动步，而 M1.0 变为非活动步。程序段 12 中，当 M1.0 为活动步时，T40 进行延时。程序段 13 中，当 M0.5 为活动步，按下冲洗按钮 SB2，I0.3 常开触点闭合，M0.6 变为活动步，而 M0.5 变为非活动步。程序段 14 中，当 M0.6 为活动步，按下风干按钮 SB3，I0.4 常开触点闭合，M0.7 步变为活动步，而 M0.6 变为非活动步。程序段 15 中，当 M0.7 为活动步，按下结束按钮 SB4，I0.5 常开触点闭合，M1.0 变为活动步，而 M0.7 变为非活动步。程序段 9 和程序段 15 完成选择分支的合并操作。程序段 16 中，按下停止按钮 SB1 时，将所有的步及输出都复位。程序段 17～程序段 20 为相应的输出显示控制。

表 6-20　选择序列转换方式在洗车控制系统中的应用程序

程序段	LAD	STL
程序段 1	I0.2 —[ ]— P —(S)—1　M0.0 SM0.1 —[ ]—	LD I0.2 EU O SM0.1 S M0.0,1
程序段 2	M0.0 —[ ]— I0.1 —[ ]— (S)—1　M0.0 (R)—1　M0.1	LD M0.0 A I0.1 S M0.1,1 R M0.0,1
程序段 3	M0.1 —[ ]— I0.0 —[ ]— (S)—1　M0.1 (R)—1　M0.2	LD M0.1 A I0.0 S M0.2,1 R M0.1,1
程序段 4	M0.1 —[ ]— I0.0 —[/]— (S)—1　M0.1 (R)—1　M0.5	LD M0.1 AN I0.0 S M0.5,1 R M0.1,1
程序段 5	M0.2 —[ ]— T37 —[ ]— (S)—1　M0.2 (R)—1　M0.3	LD M0.2 A T37 S M0.3,1 R M0.2,1
程序段 6	M0.2 —[ ]— I0.2 —[/]— T37 IN TON 200—PT 100ms	LD M0.2 AN I0.2 TON T37,200

程序段	LAD	STL
程序段 7	M0.3 ── T38 ── M0.4 ─(S)─ 1 / M0.3 ─(R)─ 1	LD M0.3 A T38 S M0.4,1 R M0.3,1
程序段 8	M0.3 ── I0.2 ─/─ T38 IN TON / 300─PT 100ms	LD M0.3 AN I0.2 TON T38,300
程序段 9	M0.4 ── T39 ── M1.0 ─(S)─ 1 / M0.4 ─(R)─ 1	LD M0.4 A T39 S M1.0,1 R M0.4,1
程序段 10	M0.4 ── I0.2 ─/─ T39 IN TON / 150─PT 100ms	LD M0.4 AN I0.2 TON T39,150
程序段 11	M1.0 ── T40 ── I0.2 ─/─ M0.1 ─(S)─ 1 / M1.0 ─(R)─ 1	LD M1.0 A T40 AN I0.2 S M0.1,1 R M1.0,1
程序段 12	M1.0 ── I0.2 ─/─ T40 IN TON / 50─PT 100ms	LD M1.0 AN I0.2 TON T40,50
程序段 13	M0.5 ── I0.3 ── M0.6 ─(S)─ 1 / M0.5 ─(R)─ 1	LD M0.5 A I0.3 S M0.6,1 R M0.5,1
程序段 14	M0.6 ── I0.4 ── M0.7 ─(S)─ 1 / M0.6 ─(R)─ 1	LD M0.6 A I0.4 S M0.7,1 R M0.6,1
程序段 15	M0.7 ── I0.5 ── M1.0 ─(S)─ 1 / M0.7 ─(R)─ 1	LD M0.7 A I0.5 S M1.0,1 R M0.7,1

程序段	LAD	STL
程序段 16	I0.2　M0.1 —┤├——┤├——(R) 　　　　　9 　　　Q0.0 　　　——(R) 　　　　　4	LD　I0.2 R　M0.1,9 R　Q0.0,4
程序段 17	M0.2　　I0.2　　Q0.0 —┤├——┤/├——( ) M0.5 —┤├—	LD　M0.2 O　M0.5 AN　I0.2 =　Q0.0
程序段 18	M0.3　　I0.2　　Q0.1 —┤├——┤/├——( ) M0.6 —┤├—	LD　M0.3 O　M0.6 AN　I0.2 =　Q0.1
程序段 19	M0.4　　I0.2　　Q0.2 —┤├——┤/├——( ) M0.7 —┤├—	LD　M0.4 O　M0.7 AN　I0.2 =　Q0.2
程序段 20	M1.0　　SM0.5　　Q0.3 —┤├——┤├——( )	LD　M1.0 A　SM0.5 =　Q0.3

（3）程序仿真

① 启动 STEP7-Micro/WIN SMART，创建一个新的项目，按照表 6-20 所示输入 LAD（梯形图）或 STL（指令表）中的程序。再在【文件】→【操作】组件中选择"导出"→"POU"，在弹出的"导出"对话框中输入导出的 ASCII 文本文件的文件名。

② 打开 S7-200 仿真软件，单击菜单"Configuration"→"CPU Type"，选择合适的CPU 型号。

③ 单击菜单"Program"→"Load Program"或点击工具条中的第二个按钮 🖿，弹出"Load in CPU"对话框，按下"Accept"键后，在弹出的"打开"对话框中选择在 STEP7-Micro/WIN 项目中导出的 .awl 文件。

④ 在 S7-200 仿真软件中，执行菜单命令"PLC"→"RUN"，使 CPU 处于模拟运行状态。刚进入模拟运行状态时，SM0.1 常开触点闭合 1 次，使 M0.0 线圈置 1。点击"0"位和"1"拨码开关后，将它们都设置为"ON"，执行"自动"洗车操作。若只点击"1"拨码开关后，将其设置为"ON"，执行"手动"洗车操作。图 6-39 为"自动"洗车操作下，执行风干工序的模拟仿真效果图。

6.5.3 并行序列转换中心方式的顺序控制

（1）并行序列转换中心方式的顺序功能图与梯形图的转换

并行序列转换中心方式的顺序功能图转换为梯形图的关键点也在于分支处和合并处程序

的处理，其余与单序列的处理方法一致。

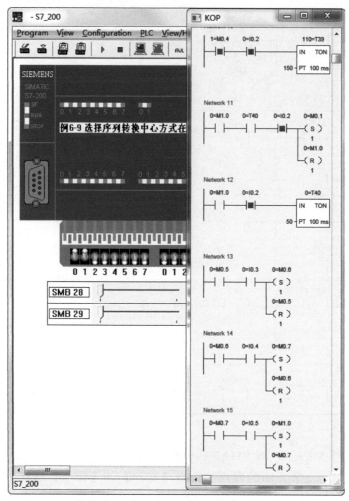

图 6-39　选择序列转换方式在洗车控制系统中的应用仿真效果图

① 分支处编程　若并行程序某步 M_i 后有 N 条并行分支，如果 M_i 为活动步且转换条件满足，则并行分支的 N 个后续步同时被激活。所以 M_i 与转换条件的常开触点串联来置位后 N 步，同时复位 M_i 步。转换中心方式的并行序列分支处顺序功能图与梯形图的转换，如图 6-40 所示。

② 合并处编程　对于合并程序的合并，若某步之前有 N 条分支，即有 N 条分支进入到该步，则并行分支的最后一步同时为 1，且转换条件满足时，方能完成合并。因此合并处的 N 个分支最后一步常开触点与转换条件的常开触点串联，置位 M_i 同时复位 M_i 所有前级步。转换中心方式的并行序列合并处顺序功能图与梯形图的转换，如图 6-40 所示。

（2）并行序列转换中心方式的顺序控制应用实例

例 6-10　并行序列转换中心方式在某专用钻床控制中的应用

1）控制要求　某专用钻床用两只钻头同时钻两个孔，这两只钻头分别由 M1 和 M2 电动机驱动，其工作示意图如图 6-41 所示。操作人员放好工件后，按下启动按钮 SB0，工件被夹紧后，两只钻头同时开始工作。钻到由限位开关 SQ1 和 SQ3 设定的深度时，回到由限

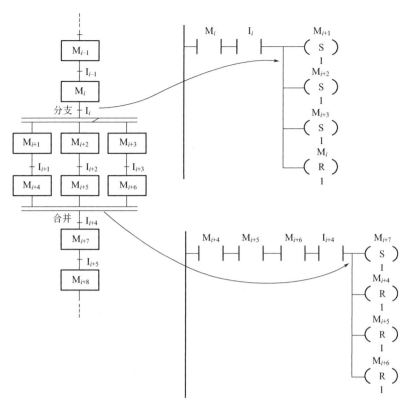

图 6-40　转换中心方式的并行序列顺序功能图与梯形图的转换

位开关 SQ2 和 SQ4 设定的起始位置时停止上行。两个都到位后，工件被松开，松开到位后，加工结束，系统返回到初始状态。

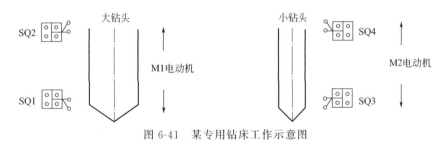

图 6-41　某专用钻床工作示意图

2）并行序列转换中心方式实现钻床控制　根据控制要求可知，需要 8 个输入点和 6 个输出点，I/O 分配如表 6-21 所示，PLC 外部接线如图 6-42 所示。

表 6-21　某专用钻床控制的 I/O 分配表

输入			输出		
功能	元件	PLC 地址	功能	元件	PLC 地址
启动按钮	SB0	I0.0	工件夹紧电磁阀	KV1	Q0.0
停止按钮	SB1	I0.1	M1 电动机下降控制	KM1	Q0.1
压力继电器触点	KA	I0.2	M1 电动机上升控制	KM2	Q0.2
大钻头下降限位	SQ1	I0.3	M2 电动机下降控制	KM3	Q0.3

输入			输出		
功能	元件	PLC 地址	功能	元件	PLC 地址
大钻头上升限位	SQ2	I0.4	M2 电动机上升控制	KM4	Q0.4
小钻头下降限位	SQ3	I0.5	工件松开电磁阀	KV2	Q0.5
小钻头上升限位	SQ4	I0.6			
工件松开按钮	SB2	I0.7			

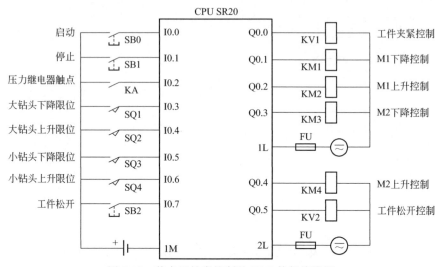

图 6-42　某专用钻床控制的 PLC 外部接线图

根据钻床的控制过程，画出顺序控制功能图如图 6-43 所示。两只钻头和各自的限位开关组成了两个子系统。这两个子系统在钻孔过程中并行工作，因此用并行序列中的两个子序列来分别表示这两个子系统的内部工作情况。

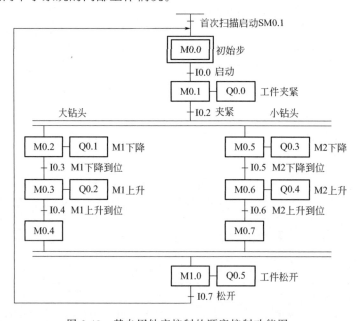

图 6-43　某专用钻床控制的顺序控制功能图

M0.1 为活动步时，Q0.0 为 1，夹紧电磁阀的线圈（Q0.0）通电，工件被夹紧后，压力继电器常开触点（I0.2）闭合，使 M0.1 步变为非活动步，而 M0.2 和 M0.5 步同时变为活动步，Q0.1 和 Q0.3 线圈得电，M1 和 M2 电动机执行下降操作，控制两个钻头向下进给，开始钻孔。当大、小孔分别钻完了，Q0.2 和 Q0.4 线圈得电，M1 和 M2 电动机执行上升操作，控制两个钻头向上运动，返回初始位置后，触碰到限位开关 SQ2 和 SQ4，I0.4 和 I0.6 常开触点闭合，等待 M0.4 和 M0.7 分别变为活动步。

只要 M0.4 和 M0.7 都变为活动步，M1.0 将直接变为活动步，Q0.5 线圈得电，工件电磁阀控制工件松开。工件被松开后，按钮 SB2 闭合，使得 I0.7 常开触点闭合，系统返回初始步 M0.0。程序编写如表 6-22 所示。

表 6-22 并行序列转换方式在某专用钻床控制系统中的应用程序

程序段	LAD	STL
程序段 1	I0.1 ──┤├──┤N├── (S) M0.0 / 1 SM0.1 ──┤├──	LD I0.1 ED O SM0.1 S M0.0,1
程序段 2	M0.0 ──┤├── I0.0 ──┤├── (S) M0.1 / 1 (R) M0.0 / 1	LD M0.0 A I0.0 S M0.1,1 R M0.0,1
程序段 3	M0.1 ──┤├── I0.2 ──┤├── (S) M0.2 / 1 (R) M0.5 / 1 (R) M0.1 / 1	LD M0.1 A I0.2 S M0.2,1 S M0.5,1 R M0.1,1
程序段 4	M0.2 ──┤├── I0.3 ──┤├── (S) M0.3 / 1 (R) M0.2 / 1	LD M0.2 A I0.3 S M0.3,1 R M0.2,1
程序段 5	M0.3 ──┤├── I0.4 ──┤├── (S) M0.4 / 1 (R) M0.3 / 1	LD M0.3 A I0.4 S M0.4,1 R M0.3,1
程序段 6	M0.5 ──┤├── I0.5 ──┤├── (S) M0.6 / 1 (R) M0.5 / 1	LD M0.5 A I0.5 S M0.6,1 R M0.5,1

程序段	LAD	STL
程序段 7	M0.6 —┤├— I0.6 —┤├— M0.7 (S) 1 ; M0.6 (R) 1	LD M0.6 A I0.6 S M0.7,1 R M0.6,1
程序段 8	M0.4 —┤├— M0.7 —┤├— M1.0 (S) 1 ; M0.4 (R) 1 ; M0.7 (R) 1	LD M0.4 A M0.7 S M1.0,1 R M0.4,1 R M0.7,1
程序段 9	M1.0 —┤├— I0.7 —┤├— I0.1 —┤/├— M0.0 (S) 1 ; M1.0 (R) 1	LD M1.0 A I0.7 AN I0.1 S M0.0,1 R M1.0,1
程序段 10	I0.1 —┤├— M0.0 (R) 8 ; Q0.0 (R) 5	LD I0.1 R M0.0,8 R Q0.0,5
程序段 11	M0.1 —┤├— ( ) Q0.0	LD M0.1 = Q0.0
程序段 12	M0.2 —┤├— ( ) Q0.1	LD M0.2 = Q0.1
程序段 13	M0.3 —┤├— ( ) Q0.2	LD M0.3 = Q0.2
程序段 14	M0.5 —┤├— ( ) Q0.3	LD M0.5 = Q0.3
程序段 15	M0.6 —┤├— ( ) Q0.4	LD M0.6 = Q0.4
程序段 16	M1.0 —┤├— ( ) Q0.5	LD M1.0 = Q0.5

程序段 1 中，当 PLC 一上电或按下停止按钮 SB1 时 M0.0 被激活。程序段 2 中，若按下启动按钮 SB0，I0.0 常开触点闭合，使 M0.1 变为活动步，而 M0.0 变为非活动步，Q0.0 线圈得电，工件被夹紧。程序段 3 中，工件被夹紧后 I0.2 常开触点闭合，使得 M0.2 和 M0.5 步变为活动步，实现了并行序列的分支控制。程序段 4 和程序段 5 为大钻头的钻孔控制；程序段 6 和程序段 7 为小钻头的钻孔控制；程序段 8 为并行序列的合并控制；程序段 9

为工件松开控制；程序段 10 为复位控制；程序段 11 和程序段 16 为电动机及电磁阀控制。

3）程序仿真

① 启动 STEP7-Micro/WIN SMART，创建一个新的项目，按照表 6-22 所示输入 LAD（梯形图）或 STL（指令表）中的程序。再在【文件】→【操作】组件中选择"导出"→"POU"，在弹出的"导出"对话框中输入导出的 ASCII 文本文件的文件名。

② 打开 S7-200 仿真软件，单击菜单"Configuration"→"CPU Type"，选择合适的 CPU 型号。

③ 单击菜单"Program"→"Load Program"或点击工具条中的第二个按钮，弹出"Load in CPU"对话框，按下"Accept"键后，在弹出的"打开"对话框中选择在 STEP7-Micro/WIN 项目中导出的.awl 文件。

④ 在 S7-200 仿真软件中，执行菜单命令"PLC"→"RUN"，使 CPU 处于模拟运行状态。刚进入模拟运行状态时，SM0.1 常开触点闭合一次，使 M0.0 线圈置 1。点击"0"位拨码开关后，将其设置为"ON"，Q0.0 线圈得电，表示系统已启动，正执行工件夹紧操作。点击"2"位拨码开关后，将其设置为"ON"，Q0.1 和 Q0.3 线圈得电，两个钻头向下工进，执行钻孔操作。点击"3"和"5"位拨码开关后，将它们都设置为"ON"，Q0.2 和 Q0.4 线圈得电，钻孔完成，两个钻头向上返回，其仿真效果如图 6-44 所示。点击"4"和

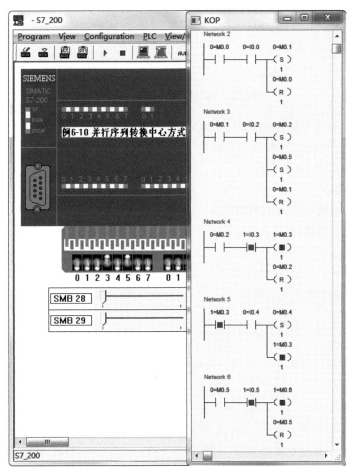

图 6-44　并行序列转换方式在某专用钻床控制系统中的应用仿真效果图

"6"位拨码开关后,将它们都设置为"ON",Q0.5 线圈得电,工件电磁阀控制工件松开。点击"7"位拨码开关后,将其设置为"ON",返回到初始步。在模拟运行过程中,不管执行到哪一步,如果点击"1"位拨码开关,将其设置为"ON",系统恢复为初始步,所有输出都被复位。

6.6　西门子 S7-200 SMART PLC 顺序控制

和其它的 PLC 一样,西门子 S7-200 SMART PLC 也有一套自己的专门编程法,即控制继电器指令编程法,它专用于编制 S7-200 SMART PLC 的顺序控制程序。

6.6.1　西门子 S7-200 SMART PLC 顺控继电器指令

在西门子 S7-200 SMART PLC 中,使用 3 条指令描述程序的顺序控制步进状态:顺序控制开始指令 SCR、顺序控制转移指令 SCRT 和顺序控制结束指令 SCRE。顺序控制程序段是从 SCR 指令开始,到 SCRE 指令结束,指令格式如图 6-45 所示。在顺控指令中,利用 LSCR n 指令将 S 位的值装载到 SCR 堆栈和逻辑堆栈顶;SCRT 指令执行顺控程序段的转换,一方面使上步工序自动停止,另一方面自动进入下一步的工序;SCRE 指令表示一个顺控程序段的结束。

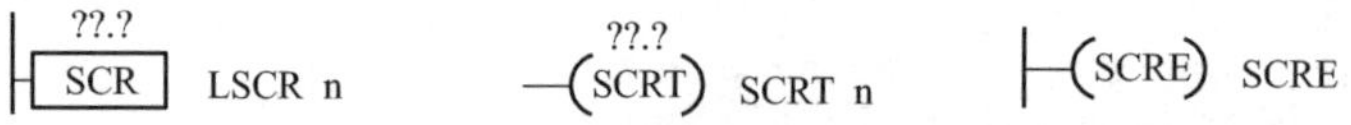

$$\underset{\text{SCR}}{\overset{??.?}{\boxed{\text{SCR}}}}\quad \text{LSCR n} \qquad \underset{\text{SCRT n}}{-(\text{SCRT})} \qquad \underset{\text{SCRE}}{\vdash(\text{SCRE})}$$

图 6-45　顺序控制继电器指令格式

在使用顺序控制指令时需注意以下几点。

① SCR 只对状态元件 S 有效,不能将同一个 S 位用于不同程序中,例如若主程序中用了 S0.1 位,子程序中就不能再用它了。

② 当需要保持输出时,可使用置位 S 或复位 R 指令。

③ 在 SCR 段之间不能使用跳转指令,不允许跳入或跳出 SCR 段。

④ 在 SCR 段中不能使用 FOR-NEXT 和 END 指令。

⑤ S7-200 PLC 仿真软件作为第三方软件,能够简单仿真 S7-200 SMART PLC 程序,但是该软件不支持顺序控制继电器指令,因此由顺序控制继电器指令编写的顺控程序其运行效果应通过 PLC 运行调试才能观看。

6.6.2　西门子 S7-200 SMART PLC 的顺序功能图

在 6.3.3 节中讲述了顺序功能图有三种基本结构,那么这三种基本结构均可通过顺控继电器指令来进行表述。

(1) 单序列顺序控制

单序列顺序控制如图 6-46 所示,从图中可以看出它可完成动作 A、动作 B 和动作 C 的操作,这 3 个动作分别有相应的状态元件 S0.0~S0.3,其中动作 A 的启动条件为 I0.1;动作 B 的转换条件为 I0.2;动作 C 的转换条件为 I0.3;I0.4 为动作重置条件。

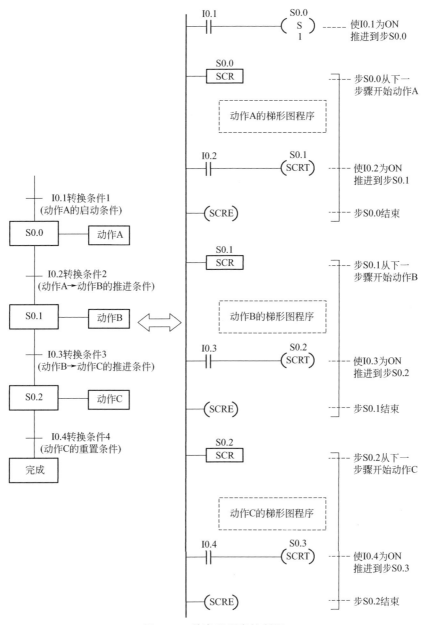

图 6-46 单序列顺序控制图

（2）选择序列顺序控制

选择序列顺序控制如图 6-47 所示，图中只使用了两个选择支路。对于两个选择的开始位置，应分别使用 SCRT 指令，以切换到不同的 S。在执行不同的选择任务时，应使用相应的 SCR 指令，以启动不同的动作。

（3）并行序列顺序控制

并行序列顺序控制如图 6-48 所示，在图 6-48（b）图中执行完动作 B 的梯形图程序后，继续描述动作 C 的梯形图程序，然后在动作 D 完成后，将 S0.2、S0.4 和 I0.4 常开触点串联在一起推进到步 S0.5，以表示两条支路汇合到 S0.5。

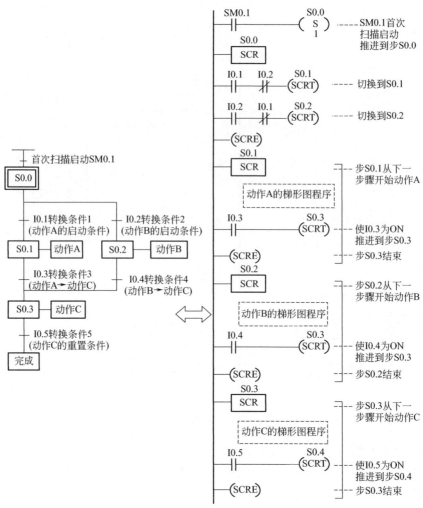

图 6-47　选择序列顺序控制图

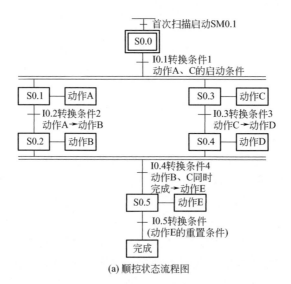

(a) 顺控状态流程图

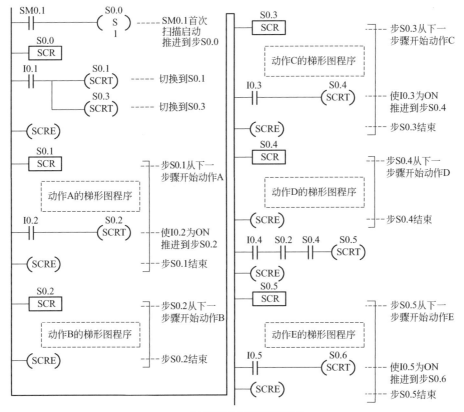

(b) 顺控指令描述的顺控图

图 6-48　并行序列顺序控制图

6.7　单序列的 S7-200 SMART PLC 顺序控制应用实例

6.7.1　液压动力滑台的 PLC 控制

（1）控制要求

某液压动力滑台的控制示意如图 6-49 所示，初始状态下，动力滑台停在左端，限位开关处于闭合状态。按下启动按钮 SB 时，动力滑台在各步中分别实现快进、工进、暂停和快退，最后返回初始位置和初始步后停止运动。

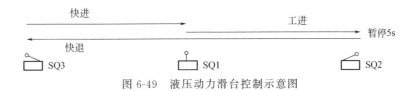

图 6-49　液压动力滑台控制示意图

（2）控制分析

这是典型的单序列顺控系统，它由 5 个步构成，其中步 0 为初始步，步 1 用于快进控制，步 2 用于工进控制，步 3 用于暂停控制，步 4 用于快退控制。

（3）I/O端子资源分配与接线

系统要求SQ1～SQ3和SB这4个输入端子，液压滑动台的快进、工进、后退可由3个输出端子控制，因此该系统的I/O端子资源分配如表6-23所示，其I/O接线如图6-50所示。

表6-23　液压动力滑台的PLC控制I/O端子资源分配表

输入			输出		
功能	元件	对应端子	功能	元件	对应端子
启动	SB	I0.0	工进控制	KM1	Q0.0
快进转工进	SQ1	I0.1	快进控制	KM2	Q0.1
暂停控制	SQ2	I0.2	后退控制	KM3	Q0.2
循环控制	SQ3	I0.3			

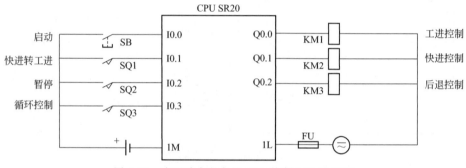

图6-50　液压动力滑台的PLC控制I/O接线图

（4）编写PLC控制程序

根据液压动力滑台的控制示意图和PLC资源配置，设计出液压动力滑台的顺序控制功能图，如图6-51所示，液压动力滑台的PLC控制程序如表6-24所示。

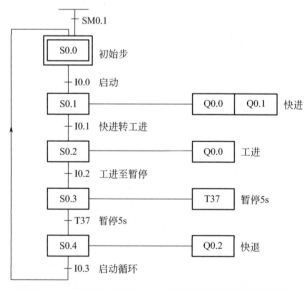

图6-51　液压动力滑台PLC控制的顺序控制功能图

表 6-24 液压动力滑台 PLC 控制程序

程序段	LAD	STL
程序段 1	SM0.1 —(S 1)— S0.0	LD SM0.1 S S0.0,1
程序段 2	S0.0 SCR	LSCR S0.0
程序段 3	I0.0 —(SCRT)— S0.1	LD I0.0 SCRT S0.1
程序段 4	—(SCRE)—	SCRE
程序段 5	S0.1 SCR	LSCR S0.1
程序段 6	SM0.0 —( )— Q0.0 —( )— Q0.1	LD SM0.0 = Q0.0 = Q0.1
程序段 7	I0.1 —(SCRT)— S0.2	LD I0.1 SCRT S0.2
程序段 8	—(SCRE)—	SCRE
程序段 9	S0.2 SCR	LSCR S0.2
程序段 10	SM0.0 —( )— Q0.0	LD SM0.0 = Q0.0
程序段 11	I0.2 —(SCRT)— S0.3	LD I0.2 SCRT S0.3
程序段 12	—(SCRE)—	SCRE
程序段 13	S0.3 SCR	LSCR S0.3
程序段 14	SM0.0 —[T37 IN TON]— +50—PT 100ms	LD SM0.0 TON T37,+50
程序段 15	T37 —(SCRT)— S0.4	LD T37 SCRT S0.4
程序段 16	—(SCRE)—	SCRE
程序段 17	S0.4 SCR	LSCR S0.4

程序段	LAD	STL
程序段 18	SM0.0　　　Q0.2　 ─┤├────( )	LD　　SM0.0 =　　　Q0.2
程序段 19	I0.3　　　　S0.0 ─┤├────(SCRT)	LD　　I0.3 SCRT　S0.0
程序段 20	─(SCRE)	SCRE

（5）程序监控

为了更好地对程序进行仿真，在 STEP 7-Micro/WIN SMART 软件中通过在线监控的方式进行。

① 用户启动 STEP 7-Micro/WIN SMART，创建一个新的项目，按照表 6-24 所示输入 LAD（梯形图）或 STL（指令表）中的程序，并对其进行保存。

② 通过 PPI 下载电缆将计算机与 CPU 连接好，然后在 STEP 7-Micro/WIN SMART 软件中，选择【PLC】→【传送】组件并单击"下载"，将程序固化到 CPU 中。

③ STEP 7-Micro/WIN SMART 软件中，在【PLC】→【操作】组件中单击"RUN"，使 PLC 处于运行状态，然后在【调试】→【状态】组件中单击"程序状态"，进入 STEP 7-Micro/WIN SMART 在线监控（即在线模拟）状态。

④ 刚进入在线监控状态时，S0.0 步显示蓝色，表示为活动步，将 I0.0 强制为"1"，S0.0 恢复为常态，变为非活动步；而 S0.1 为活动步；Q0.0 和 Q0.1 均输出为 1，此时再将 I0.0 强制为"0"，Q0.0 和 Q0.1 仍输出为 1。当 I0.1 强制为"1"状态，S0.1 变为非活动步；而 S0.2 变为活动步；Q0.0 输出为 1，而 Q0.1 输出为 0。当 I0.2 置为"1"状态，S0.2 恢复为常态，变为非活动步；而 S0.3 变为活动步；Q0.0 输出为 0，此时 T37 开始延时。当 T37 延时 5s 后，T37 常开触点瞬时闭合，使 S0.3 变为非活动步；S0.4 为活动步；Q0.2 输出为 1，监控运行效果如图 6-52 所示。此时再将 I0.3 置为"1"状态，使 S0.4 变为非活动步，S0.0 为活动步，这样可以继续下一轮循环操作。

6.7.2　PLC 在注塑成型生产线控制系统中的应用

在塑胶制品中，以制品的加工方法不同来分类，主要可以分为四大类：一为注塑成型产品；二为吹塑成型产品；三为挤出成型产品；四为压延成型产品。其中应用面最广、品种最多、精密度最高的当数注塑成品产品类。注塑成型机是将各种热塑性或热固性塑料经过加热熔化后，以一定的速度和压力注射到塑料模具内，经冷却保压后得到所需塑料制品的设备。

现代塑料注塑成型生产线控制系统是一个集机、电、液于一体的典型系统，由于这种设备具有成型复杂制品、后加工量少、加工的塑料种类多等特点，自问世以来，发展极为迅速，目前全世界 80% 以上的工程塑料制品均采用注塑成型机进行生产。

目前，常用的注塑成型控制系统有三种，即传统继电器型、可编程控制器型和微机控制型。近年来，可编程控制器（简称 PLC）以其高可靠性、高性能的特点，在注塑机控制系统中得到了广泛应用。

（1）控制要求

注塑成型生产工艺一般要经过闭模、射台前进、注射、保压、预塑、射台后退、开模、

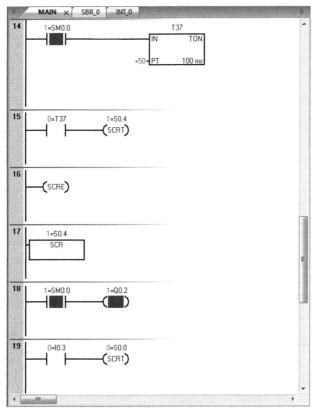

图 6-52　液压动力滑台的监控运行效果图

顶针前进、顶针后退和复位等操作工序。这些工序由 8 个电磁阀 YV1～YV8 来控制完成，其中注射和保压工序还需要一定的时间延迟。注塑成型生产工艺流程图如图 6-53 所示。

（2）控制分析

从图 6-53 中可以看出，各操作都是由行程开关控制相应电磁阀进行转换的。注塑成型生产工艺是典型的顺序控制，可以采用多种方式完成控制：①采用置位/复位指令和定时器指令；②采用移位寄存器指令和定时器指令；③采用步进指令和定时器指令。本例中将采用步进指令和定时器指令来实现此控制。

从图 6-53 中可知，它由 10 步完成，在程序中需使用状态元件 S0.0～S1.1。首次扫描 SM0.1 位闭合，激活 S0.0。延时 1s 可由 T37 控制，预置值为 10；延时 2s 可由 T38 控制，预置值为 20。

（3）I/O 端子资源分配与接线

根据控制要求及控制分析可知，该系统需要 10 个输入点和 8 个输出点，输入/输出地址分配如表 6-25 所示，其 I/O 接线如图 6-54 所示。

表 6-25　PLC 控制注塑成型生产线的输入/输出分配表

输入			输出		
功能	元件	PLC 地址	功能	元件	PLC 地址
启动按钮	SB0	I0.0	电磁阀 1	YV1	Q0.0
停止按钮	SB1	I0.1	电磁阀 2	YV2	Q0.1

输入			输出		
功能	元件	PLC 地址	功能	元件	PLC 地址
原点行程开关	SQ1	I0.2	电磁阀 3	YV3	Q0.2
闭模终止限位开关	SQ2	I0.3	电磁阀 4	YV4	Q0.3
射台前进终止限位开关	SQ3	I0.4	电磁阀 5	YV5	Q0.4
加料限位开关	SQ4	I0.5	电磁阀 6	YV6	Q0.5
射台后退终止限位开关	SQ5	I0.6	电磁阀 7	YV7	Q0.6
开模终止限位开关	SQ6	I0.7	电磁阀 8	YV8	Q0.7
顶针前进终止限位开关	SQ7	I1.0			
顶针后退终止限位开关	SQ8	I1.1			

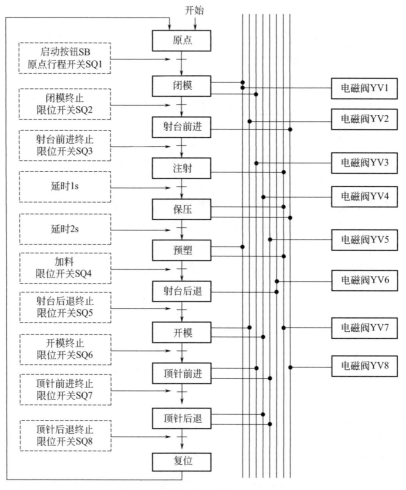

图 6-53　注塑成型生产线工艺流程图

（4）编写 PLC 控制程序

根据注塑成型生产线的生产工艺流程图和 PLC 资源配置，设计出 PLC 控制注塑成型生产线的顺序控制功能图如图 6-55 所示，PLC 控制注塑成型生产线的程序如表 6-26 所示。

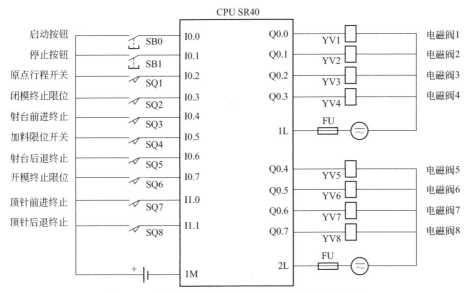

图 6-54 注塑成型生产线的 PLC 控制 I/O 接线图

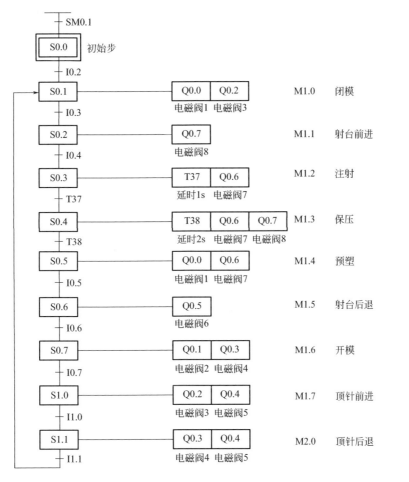

图 6-55 PLC 控制注塑成型生产线的顺序控制功能图

表 6-26　PLC 控制注塑成型生产线的程序

程序段	LAD	STL
程序段 1	I0.0　　I0.1　　M0.0 ─┤├──┤/├──( ) M0.0 ─┤├─	LD　　I0.0 O　　　M0.0 AN　　I0.1 =　　　M0.0
程序段 2	SM0.1　　S0.0 ─┤├───(S) 　　　　　　　1	LD　　SM0.1 S　　　S0.0,1
程序段 3	S0.0 ┌─────┐ │ SCR │ └─────┘	LSCR　S0.0
程序段 4	M0.0　　I0.2　　S0.1 ─┤├──┤├──(SCRT)	LD　　M0.0 A　　　I0.2 SCRT　S0.1
程序段 5	─(SCRE)	SCRE
程序段 6	S0.1 ┌─────┐ │ SCR │ └─────┘	LSCR　S0.1
程序段 7	M0.0　　M1.0 ─┤├──( )	LD　　M0.0 =　　　M1.0
程序段 8	M0.0　　I0.3　　S0.2 ─┤├──┤├──(SCRT)	LD　　M0.0 A　　　I0.3 SCRT　S0.2
程序段 9	─(SCRE)	SCRE
程序段 10	S0.2 ┌─────┐ │ SCR │ └─────┘	LSCR　S0.2
程序段 11	M0.0　　M1.1 ─┤├──( )	LD　　M0.0 =　　　M1.1
程序段 12	M0.0　　I0.4　　S0.3 ─┤├──┤├──(SCRT)	LD　　M0.0 A　　　I0.4 SCRT　S0.3
程序段 13	─(SCRE)	SCRE
程序段 14	S0.3 ┌─────┐ │ SCR │ └─────┘	LSCR　S0.3
程序段 15	M0.0　　M1.2 ─┤├──( ) 　　　　　　　T37 　　　┌IN　　　TON┐ +10─┤PT　　　100ms│	LD　　M0.0 =　　　M1.2 TON　　T37,+10

程序段	LAD	STL
程序段 16	M0.0 —[ ]— T37 —[ ]— S0.4 —(SCRT)	LD M0.0 A T37 SCRT S0.4
程序段 17	—(SCRE)	SCRE
程序段 18	S0.4 SCR	LSCR S0.4
程序段 19	M0.0 —[ ]— M1.3 —[ ]—( ) T38 IN TON +20—PT 100ms	LD M0.0 = M1.3 TON T38,+20
程序段 20	M0.0 —[ ]— T38 —[ ]— S0.5 —(SCRT)	LD M0.0 A T38 SCRT S0.5
程序段 21	—(SCRE)	SCRE
程序段 22	S0.5 SCR	LSCR S0.5
程序段 23	M0.0 —[ ]— M1.4 —( )	LD M0.0 = M1.4
程序段 24	M0.0 —[ ]— I0.5 —[ ]— S0.6 —(SCRT)	LD M0.0 A I0.5 SCRT S0.6
程序段 25	—(SCRE)	SCRE
程序段 26	S0.6 SCR	LSCR S0.6
程序段 27	M0.0 —[ ]— M1.5 —( )	LD M0.0 = M1.5
程序段 28	M0.0 —[ ]— I0.6 —[ ]— S0.7 —(SCRT)	LD M0.0 A I0.6 SCRT S0.7
程序段 29	—(SCRE)	SCRE
程序段 30	S0.7 SCR	LSCR S0.7
程序段 31	M0.0 —[ ]— M1.6 —( )	LD M0.0 = M1.6

程序段	LAD	STL
程序段 32	M0.0 ── I0.7 ──(SCRT) S1.0	LD M0.0 A I0.7 SCRT S1.0
程序段 33	──(SCRE)	SCRE
程序段 34	S1.0 SCR	LSCR S1.0
程序段 35	M0.0 ── M1.7 ──( )	LD M0.0 = M1.7
程序段 36	M0.0 ── I1.0 ──(SCRT) S1.1	LD M0.0 A I1.0 SCRT S1.1
程序段 37	──(SCRE)	SCRE
程序段 38	S1.1 SCR	LSCR S1.1
程序段 39	M0.0 ── M2.0 ──( )	LD M0.0 = M2.0
程序段 40	M0.0 ── I1.1 ──(SCRT) S0.1	LD M0.0 A I1.1 SCRT S0.1
程序段 41	──(SCRE)	SCRE
程序段 42	M1.0 ── Q0.0 ──( )	LD M1.0 = Q0.0
程序段 43	M1.6 ── Q0.1 ──( )	LD M1.6 = Q0.1
程序段 44	M1.0 ── Q0.2 ──( ) M1.7	LD M1.0 O M1.7 = Q0.2
程序段 45	M1.6 ── Q0.3 ──( ) M2.0	LD M1.6 O M2.0 = Q0.3
程序段 46	M1.7 ── Q0.4 ──( ) M2.0	LD M1.7 O M2.0 = Q0.4

程序段	LAD	STL
程序段 47	 M1.5 —| |— Q0.5 —( )	LD M1.5 = Q0.5
程序段 48	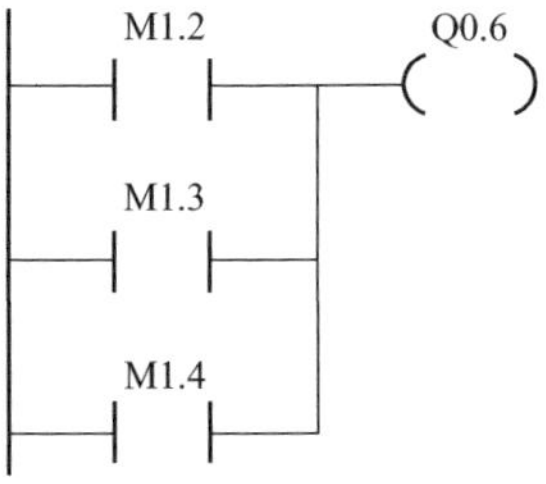 M1.2 —| |— Q0.6 —( ) M1.3 —| |— M1.4 —| |—	LD M1.2 O M1.3 O M1.4 = Q0.6
程序段 49	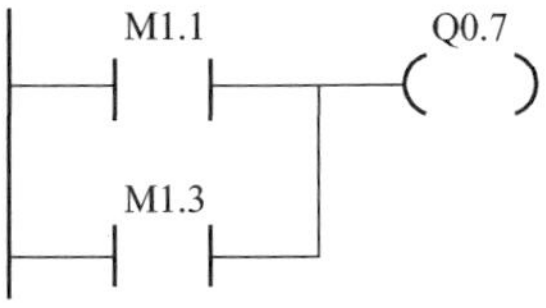 M1.1 —| |— Q0.7 —( ) M1.3 —| |—	LD M1.1 O M1.3 = Q0.7

（5）程序监控

① 用户启动 STEP 7-Micro/WIN SMART，创建一个新的项目，按照表 6-26 所示输入 LAD（梯形图）或 STL（指令表）中的程序，并对其进行保存。

② 通过下载电缆将程序固化到 CPU 后，在 STEP 7-Micro/WIN SMART 软件中，选择【PLC】→【操作】组件并单击"RUN"，使 PLC 处于运行状态，然后在【调试】→【状态】组件中单击"程序状态"，进入 STEP 7-Micro/WIN SMART 在线监控（即在线模拟）状态。

③ 刚进入在线监控状态时，S0.0 为活动步。将 I0.0 强制为 1，使 M0.0 线圈输出为 1。将 I0.2 强制为 1，S0.0 变为非活动步，而 S0.1 变为活动步，此时 Q0.0 和 Q0.2 均输出为 1，表示注塑机正进行闭模的工序，运行效果如图 6-56 所示。当闭模完成后，将 I0.3 强制为 1，S0.1 变为非活动步，S0.2 变为活动步，此时 Q0.7 线圈输出为 1，表示射台前进。当射台前进到达限定位置时，将 I0.4 强制为 1，S0.2 变为非活动步，S0.3 变为活动步，此时 Q0.6 线圈输出为 1，T37 进行延时，表示正进行注射的工序。当 T37 延时 1s 时间到，S0.3 变为非活动步，S0.4 变为活动步，此时 Q0.6 和 Q0.7 线圈输出均为 1，T38 进行延时，表示正进行保压的工序。当 T38 延时 2s 时间到，S0.4 变为非活动步，S0.5 变为活动步，此时 Q0.0 和 Q0.6 线圈输出均为 1，表示正进行加料预塑的工序。加完料后，将 I0.5 强制为 1，S0.5 变为非活动步，S0.6 变为活动步，此时 Q0.5 线圈输出为 1，表示射台后退。射台后退到限定位置时，I0.6 强制为 1，S0.6 变为非活动步，S0.7 变为活动步，此时 Q0.1 和 Q0.3 线圈输出均为 1，表示进行开模工序。开模完成后，I0.7 强制为 1，S0.7 变为非活动步，S1.0 变为活动步，此时 Q0.2 和 Q0.4 线圈输出均为 1，表示顶针前进。当顶针前进到限定位置时，I1.0 强制为 1，S1.0 变为非活动步，S1.1 变为活动步，此时 Q0.3 和 Q0.4 线圈均输出为 1，表示顶针后退。当顶针后退到原位点时，将 I1.1 和 I0.2 均强制为 1，系统开始重复下一轮的操作。注意，如果 M0.0 线圈输出为 0 时，各步动作均没有输出。

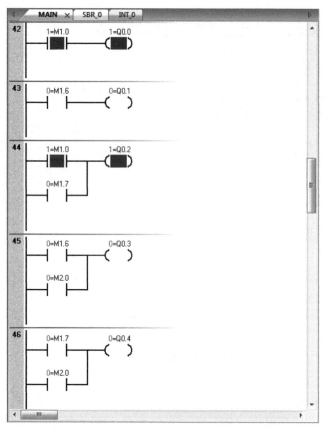

图 6-56　PLC 控制注塑成型生产线的监控效果图

6.7.3　PLC 在简易机械手中的应用

机械手是工业自动控制领域中经常使用的一种控制设备。机械手可以完成许多工作，如搬物、装配、切割、喷染等，应用非常广泛。

（1）控制要求

图 6-57 所示为某气动传送机械手的工作示意图，其任务是将工件从 A 点向 B 点移送。气动传送机械手的上升/下降和左行/右行动作分别由两个具有双线圈的两位电磁阀驱动气缸来完成。其中上升与下降对应的电磁阀的线圈分别为 YV1 和 YV2；左行与右行对应的电磁阀的线圈分别为 YV3 和 YV4。当某个电磁阀线圈通电，就一直保持现有的机械动作，直到相对的另一线圈通电为止。另外气动传送机械手的夹紧、松开的动作由另一个线圈的两位电磁阀驱动的气缸完成，线圈 YV5 通电夹住工件，线圈 YV5 断电时松开工件。机械手的工作臂都设有上、下限位和左、右限位的位置开关 SQ1、SQ2、SQ3、SQ4，夹紧装置不带限位开关，它是通过一定的延时来表示其夹紧动作的完成。

（2）控制分析

从图 6-57 机械手工作示意图中可知，机械手将工件从 A 点移到 B 点再回到原位的过程有 8 步动作，如图 6-58 所示。从原位开始按下启动按钮时，下降电磁阀通电，机械手开始下降。下降到底时，碰到下限位开关，下降电磁阀断电，下降停止；同时接通夹紧电磁阀，机械手夹紧，夹紧后，上升电磁阀开始通电，机械手上升；上升到顶时，碰到上限位开关，上升电磁阀断电，上升停止；同时接通右移电磁阀，机械手右移，右移到位时，碰到右移限位开关，右移电磁阀断电，右移停止。此时，下降电磁阀接通，机械手下降。下降到底时碰到下限位开关下降电磁阀断电，下降停止；同时夹紧电磁阀断电，机械手放松，放松后，上升电磁阀通电，机械手上升，上升碰到限位开关，上升电磁阀断电，上升停止；同时接通左移电磁阀，机械手左移；左移到原位时，碰到左限位开关，左移电磁阀断电，左移停止。至此机械手经过 8 步动作完成一个循环。

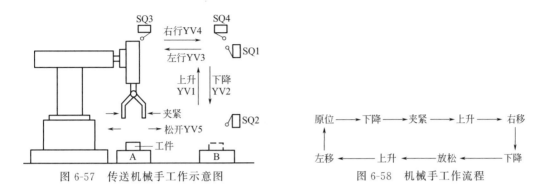

图 6-57　传送机械手工作示意图　　　　图 6-58　机械手工作流程

（3）I/O 端子资源分配与接线

根据控制要求及控制分析可知，该系统需要 7 个输入点和 6 个输出点，输入/输出地址分配如表 6-27 所示，其 I/O 接线如图 6-59 所示。

表 6-27　简易机械手的输入/输出分配表

输入			输出		
功能	元件	PLC 地址	功能	元件	PLC 地址
启动/停止按钮	SB0	I0.0	上升对应的电磁阀控制线圈	YV1	Q0.0
上限位行程开关	SQ1	I0.1	下降对应的电磁阀控制线圈	YV2	Q0.1
下限位行程开关	SQ2	I0.2	左移对应的电磁阀控制线圈	YV3	Q0.2
左限位行程开关	SQ3	I0.3	右行对应的电磁阀控制线圈	YV4	Q0.3
右限位行程开关	SQ4	I0.4	夹紧放松电磁阀控制线圈	YV5	Q0.4
工件检测	SQ5	I0.5			

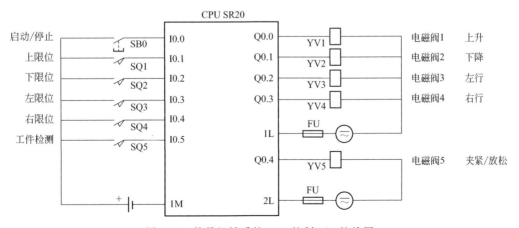

图 6-59　简易机械手的 PLC 控制 I/O 接线图

（4）编写 PLC 控制程序

根据简易机械手的工作流程图和 PLC 资源配置，设计出 PLC 控制简易机械手的顺序控制功能图如图 6-60 所示，PLC 控制简易机械手的程序如表 6-28 所示。

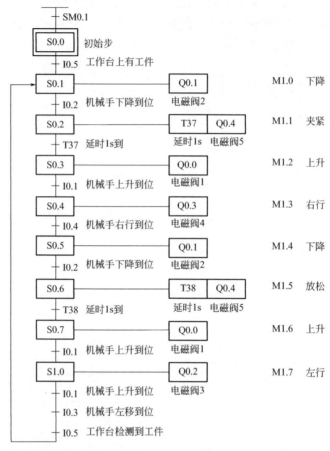

图 6-60　PLC 控制简易机械手的顺序控制功能图

表 6-28　PLC 控制简易机械手的程序

程序段	LAD	STL
程序段 1	启停按钮: I0.0　M0.1　电源: M0.0 启停按钮: I0.0　电源: M0.0	LD　启停按钮: I0.0 AN　M0.1 LDN　启停按钮: I0.0 A　电源: M0.0 OLD =　电源: M0.0
程序段 2	启停按钮: I0.0　M0.1　M0.1 启停按钮: I0.0　电源: M0.0	LD　启停按钮: I0.0 A　M0.1 LDN　启停按钮: I0.0 A　电源: M0.0 OLD =　M0.1
程序段 3	SM0.1　S0.0 (S) 1	LD　SM0.1 S　S0.0, 1

程序段	LAD	STL
程序段 4	S0.0 SCR	LSCR S0.0
程序段 5	电源：M0.0 I0.5 S0.1 (SCRT)	LD 电源：M0.0 A I0.5 SCRT S0.1
程序段 6	(SCRE)	SCRE
程序段 7	S0.1 SCR	LSCR S0.1
程序段 8	电源：M0.0 M1.0 ( )	LD 电源：M0.0 = M1.0
程序段 9	电源：M0.0 I0.2 S0.2 (SCRT)	LD 电源：M0.0 A I0.2 SCRT S0.2
程序段 10	(SCRE)	SCRE
程序段 11	S0.2 SCR	LSCR S0.2
程序段 12	电源：M0.0 M1.1 ( ) T37 IN TON +10 - PT 100ms	LD 电源：M0.0 = M1.1 TON T37,+10
程序段 13	电源：M0.0 T37 S0.3 (SCRT)	LD 电源：M0.0 A T37 SCRT S0.3
程序段 14	(SCRE)	SCRE
程序段 15	S0.3 SCR	LSCR S0.3
程序段 16	电源：M0.0 M1.2 ( )	LD 电源：M0.0 = M1.2
程序段 17	电源：M0.0 I0.1 S0.4 (SCRT)	LD 电源：M0.0 A I0.1 SCRT S0.4
程序段 18	(SCRE)	SCRE
程序段 19	S0.4 SCR	LSCR S0.4

程序段	LAD	STL
程序段 20	电源: M0.0 ─┤├─ M1.3 ─( )	LD 电源:M0.0 = M1.3
程序段 21	电源: M0.0 ─┤├─ I0.4 ─┤├─ S0.5 (SCRT)	LD 电源:M0.0 A I0.4 SCRT S0.5
程序段 22	─(SCRE)	SCRE
程序段 23	S0.5 SCR	LSCR S0.5
程序段 24	电源: M0.0 ─┤├─ M1.4 ─( )	LD 电源:M0.0 = M1.4
程序段 25	电源: M0.0 ─┤├─ I0.2 ─┤├─ S0.6 (SCRT)	LD 电源:M0.0 A I0.2 SCRT S0.6
程序段 26	─(SCRE)	SCRE
程序段 27	S0.6 SCR	LSCR S0.6
程序段 28	电源: M0.0 ─┤├─ M1.5 ─( ) T38 IN TON +10─PT 100ms	LD 电源:M0.0 = M1.5 TON T38,+10
程序段 29	电源: M0.0 ─┤├─ T38 ─┤├─ S0.7 (SCRT)	LD 电源:M0.0 A T38 SCRT S0.7
程序段 30	─(SCRE)	SCRE
程序段 31	S0.7 SCR	LSCR S0.7
程序段 32	电源: M0.0 ─┤├─ M1.6 ─( )	LD 电源:M0.0 = M1.6
程序段 33	电源: M0.0 ─┤├─ I0.1 ─┤├─ S1.0 (SCRT)	LD 电源:M0.0 A I0.1 SCRT S1.0
程序段 34	─(SCRE)	SCRE
程序段 35	S1.0 SCR	LSCR S1.0

程序段	LAD	STL
程序段 36	电源: M0.0　　M1.7　　( )	LD　　电源:M0.0 =　　M1.7
程序段 37	电源: M0.0　I0.1　　I0.3　　I0.5　　S0.1 (SCRT)	LD　　电源:M0.0 A　　I0.1 A　　I0.3 A　　I0.5 SCRT　S0.1
程序段 38	(SCRE)	SCRE
程序段 39	M1.2　　Q0.0 （ ） M1.6	LD　　M1.2 O　　M1.6 =　　Q0.0
程序段 40	M1.0　　Q0.1 （ ） M1.4	LD　　M1.0 O　　M1.4 =　　Q0.1
程序段 41	M1.7　　Q0.2 （ ）	LD　　M1.7 =　　Q0.2
程序段 42	M1.3　　Q0.3 （ ）	LD　　M1.3 =　　Q0.3
程序段 43	M1.1　　Q0.4 （ ） M1.5	LD　　M1.1 O　　M1.5 =　　Q0.4

（5）程序监控

① 用户启动 STEP 7-Micro/WIN SMART，创建一个新的项目，按照表 6-28 所示输入 LAD（梯形图）或 STL（指令表）中的程序，并对其进行保存。

② 通过下载电缆将程序固化到 CPU 后，在 STEP 7-Micro/WIN SMART 软件中，选择【PLC】→【操作】组件并单击"RUN"，使 PLC 处于运行状态，然后在【调试】→【状态】组件中单击"程序状态"，进入 STEP 7-Micro/WIN SMART 在线监控（即在线模拟）状态。

③ 刚进入在线监控状态时，S0.0 为活动步。奇数次设置 I0.0 为 1 时，M0.0 线圈输出为 1；偶数次设置 I0.0 为 1 时，M0.0 线圈输出为 0，这样使用一个输入端子即可实现电源的开启与关闭操作。只有当 M0.0 线圈输出为 1 才能完成程序中所有步的操作，否则执行程序步没有任何意义。当 M0.0 线圈输出为 1，S0.0 为活动步时，首先进行原位的复位操作，将 Q0.4 线圈复位使机械手处于松开状态。若机械手没有处于上升限定位置及左行限定位置，Q0.0 和 Q0.2 线圈输出 1。当机械手处于上升限定位置及左行限定位置时 Q0.0 和 Q0.2 线圈输出 0，表示机械手已处于原位初始状态，可以执行机械手的其它操作。此时将 I0.1 和 I0.3 常开触点均设置为 1，如果检测到工件，则将 I0.5 设置为 1，S0.0 变为非活动

步，S0.1 变为活动步，Q0.1 线圈输出为 1，使机械手执行下降操作，其监控运行如图 6-61 所示。当机械手下降到限定位置时，将 I0.2 设置为 1，S0.1 变为非活动步，S0.2 变为活动步，此时 Q0.4 线圈输出 1，执行夹紧操作，并启动 T37 延时。当 T37 延时达 1s，S0.2 变为非活动步，S0.3 变为活动步，Q0.0 线圈输出为 1，执行上升操作。当上升达到限定位置时，将 I0.1 设置为 1，S0.3 变为非活动步，S0.4 变为活动步，Q0.3 线圈输出为 1，执行右移操作。当右移到限定位置时，将 I0.2 设置为 1，S0.4 变为非活动步，S0.5 变为活动步，Q0.1 线圈输出为 1，执行下降操作。当下降达到限定位置时，将 I0.2 设置为 1，S0.5 变为非活动步，S0.6 变为活动步，Q0.4 线圈输出为 1，执行放松操作，并启动 T38 延时。当 T38 延时达 1s，S0.6 变为非活动步，S0.7 变为活动步，Q0.0 线圈输出为 1，执行上升操作。当上升达到限定位置时，将 I0.1 设置为 1，S0.7 变为非活动步，S1.0 变为活动步，Q0.2 线圈输出为 1，执行左移操作。当左移到限定位置时，将 I0.3 和 I0.5 这两个常开触点强制为 1，S1.0 变为非活动步，S0.1 变为活动步，这样机械手可以重复下一轮的操作。

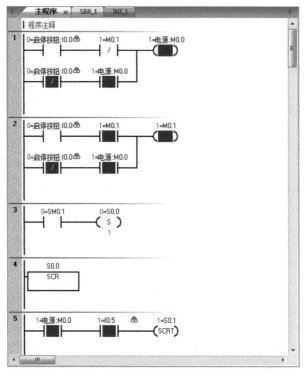

图 6-61 PLC 控制简易机械手的监控效果图

6.8 选择序列的 S7-200 SMART PLC 顺序控制应用实例

6.8.1 闪烁灯控制

（1）控制要求

某控制系统有 5 只发光二极管 LED1～LED5，要求进行闪烁控制。SB0 为电源开启/断开按钮，按下按钮 SB1 时，LED1 持续点亮 1s 后熄灭，然后 LED2 持续点亮 3s 后熄灭；按下 SB2 按钮时，LED3 持续点亮 2s 后熄灭，然后 LED4 持续点亮 2s 后熄灭。如果按下 SB3 按钮，将重复操作，以实现闪烁灯控制，否则 LED5 点亮。

（2）控制分析

此系统是一个 SFC 条件分支选择顺序控制系统。假设 5 只发光二极管 LED1～LED5 分别与 Q0.0～Q0.4 连接；按钮 SB0～SB3 分别与 I0.0～I0.3 连接。在 SB0 开启电源的情况下，如果 I0.1 有效时选择方式 1，Q0.0 输出为 1，同时启动 T37 定时。当 T37 延时达到设定值时，Q0.1 输出 1，并启动 T38 定时。当 T38 延时达到设定值时，如果 I0.3 有效，则进入循环操作，否则 Q0.4 输出 1。如果 I0.2 有效时选择方式 2，I0.3 输出为 1，同时启动 T39 定时。当 T39 延时达到设定值时，Q0.4 输出，并启动 T40 定时。当 T40 延时达到设定值时，如果 I0.3 有效，则进入循环操作，否则 Q0.4 输出 1。

（3）I/O 端子资源分配与接线

根据控制要求及控制分析可知，该系统需要 4 个输入点和 5 个输出点，输入/输出地址分配如表 6-29 所示，其 I/O 接线如图 6-62 所示。

表 6-29　闪烁灯的输入/输出分配表

输入			输出		
功能	元件	PLC 地址	功能	元件	PLC 地址
开启/断开按钮	SB0	I0.0	驱动 LED1	LED1	Q0.0
选择 1	SB1	I0.1	驱动 LED2	LED2	Q0.1
选择 2	SB2	I0.2	驱动 LED3	LED3	Q0.2
循环	SB3	I0.3	驱动 LED4	LED4	Q0.3
			驱动 LED5	LED5	Q0.4

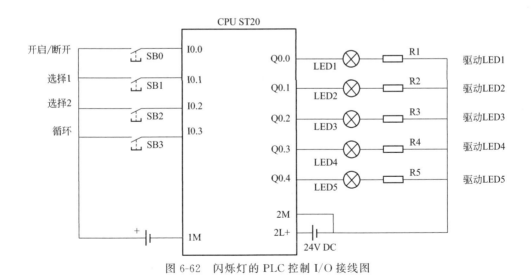

图 6-62　闪烁灯的 PLC 控制 I/O 接线图

（4）编写 PLC 控制程序

根据闪烁灯的控制分析和 PLC 资源配置，设计出 PLC 控制闪烁的顺序控制功能图如图 6-63 所示，PLC 控制闪烁灯的程序如表 6-30 所示。

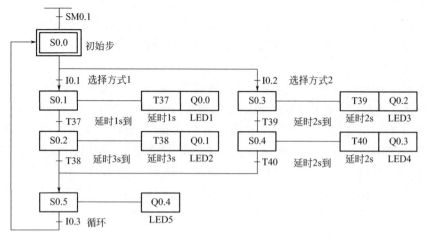

图 6-63　PLC 控制闪烁灯的顺序控制功能图

表 6-30　PLC 控制闪烁灯的程序

程序段	LAD	STL
程序段 1	启停按钮：I0.0　M0.1　电源：M0.0 （ ） 启停按钮：I0.0　电源：M0.0	LD　启停按钮：I0.0 AN　M0.1 LDN　启停按钮：I0.0 A　电源：M0.0 OLD =　电源：M0.0
程序段 2	启停按钮：I0.0　M0.1　M0.1 （ ） 启停按钮：I0.0　电源：M0.0	LD　启停按钮：I0.0 A　M0.1 LDN　启停按钮：I0.0 A　电源：M0.0 OLD =　M0.1
程序段 3	SM0.1　S0.0 （S） 1	LD　SM0.1 S　S0.0,1
程序段 4	S0.0 SCR	LSCR　S0.0
程序段 5	选择方式1：I0.1　选择方式2：I0.2　S0.1 （SCRT）	LD　选择方式 1：I0.1 AN　选择方式 2：I0.2 SCRT　S0.1
程序段 6	选择方式2：I0.2　选择方式1：I0.1　S0.3 （SCRT）	LD　选择方式 2：I0.2 AN　选择方式 1：I0.1 SCRT　S0.3
程序段 7	（SCRE）	SCRE
程序段 8	S0.1 SCR	LSCR　S0.1

程序段	LAD	STL
程序段 9	电源：M0.0　　　Q0.0 ├──┤├──┬──( ) 　　　　　　　　T37 　　　　　　IN　　TON 　　　+10─PT　　100ms	LD　　电源：M0.0 =　　　Q0.0 TON　　T37,+10
程序段 10	电源：M0.0　　T37　　　S0.2 ├──┤├──┤├──┤├──(SCRT)	LD　　电源：M0.0 A　　　T37 SCRT　S0.2
程序段 11	├──(SCRE)	SCRE
程序段 12	S0.2 ┌─────┐ │ SCR │	LSCR　S0.2
程序段 13	电源：M0.0　　　Q0.1 ├──┤├──┬──( ) 　　　　　　　　T38 　　　　　　IN　　TON 　　　+30─PT　　100ms	LD　　电源：M0.0 =　　　Q0.1 TON　　T38,+30
程序段 14	电源：M0.0　　T38　　　S0.5 ├──┤├──┤├──┤├──(SCRT)	LD　　电源：M0.0 A　　　T38 SCRT　S0.5
程序段 15	├──(SCRE)	SCRE
程序段 16	S0.3 ┌─────┐ │ SCR │	LSCR　S0.3
程序段 17	电源：M0.0　　　Q0.2 ├──┤├──┬──( ) 　　　　　　　　T39 　　　　　　IN　　TON 　　　+20─PT　　100ms	LD　　电源：M0.0 =　　　Q0.2 TON　　T39,+20
程序段 18	电源：M0.0　　T39　　　S0.4 ├──┤├──┤├──┤├──(SCRT)	LD　　电源：M0.0 A　　　T39 SCRT　S0.4
程序段 19	├──(SCRE)	SCRE
程序段 20	S0.4 ┌─────┐ │ SCR │	LSCR　S0.4

程序段	LAD	STL
程序段 21	电源: M0.0　　Q0.3 ├┤├──────┤├──( ) 　　　　　　　　　T40 　　　　　　　IN　　TON 　　　　　+20─PT　　100ms	LD　　　电源:M0.0 =　　　.Q0.3 TON　T40,+20
程序段 22	电源: M0.0　　T40　　　S0.5 ├┤├──────┤├─────┤├──(SCRT)	LD　　　电源:M0.0 A　　　T40 SCRT S0.5
程序段 23	├──(SCRE)	SCRE
程序段 24	S0.5 ├SCR	LSCR　S0.5
程序段 25	电源: M0.0　　Q0.4 ├┤├──────( )	LD　　　电源:M0.0 =　　　Q0.4
程序段 26	电源: M0.0　　I0.3　　　S0.0 ├┤├──────┤├─────┤├──(SCRT)	LD　　　电源:M0.0 A　　　I0.3 SCRT S0.0
程序段 27	├──(SCRE)	SCRE

（5）程序监控

① 用户启动 STEP 7-Micro/WIN SMART，创建一个新的项目，按照表 6-30 所示输入 LAD（梯形图）或 STL（指令表）中的程序，并对其进行保存。

② 通过下载电缆将程序固化到 CPU 后，在 STEP 7-Micro/WIN SMART 软件中，选择 【PLC】→【操作】组件并单击"RUN"，使 PLC 处于运行状态，然后在【调试】→【状态】组件中单击"程序状态"，进入 STEP 7-Micro/WIN SMART 在线监控（即在线模拟）状态。

③ 刚进入在线监控状态时，S0.0 步为活动步。奇数次设置 I0.0 为 1 时，M0.0 线圈输出为 1；偶数次设置 I0.0 为 1 时，M0.0 线圈输出为 0，这样使用 1 个输入端子即可实现电源的开启与关闭操作。只有当 M0.0 线圈输出为 1 才能完成程序中所有步的操作，否则所有 LED1～LED5 都处于熄灭状态。当 M0.0 线圈输出为 1，S0.0 为活动步时，可进行 LED 的选择操作。若设置 I0.1 为 1 时选择方式 1，S0.0 变为非活动步，S0.1 变为活动步，Q0.0 线圈输出为 1，使 LED1 点亮，并启动 T37 延时。当 T37 延时 1s，S0.1 变为非活动步，S0.2 变为活动步，Q0.0 线圈输出为 0，Q0.1 线圈输出为 1，使 LED2 点亮，并启动 T38 延时。当 T38 延时 3s，S0.2 变为非活动步，S0.5 变为活动步，Q0.1 线圈输出为 0，Q0.4 线圈输出为 1，使 LED5 点亮。若设置 I0.3 为 1 时，S0.5 变为非活动步，S0.0 变为活动步，重复下一轮循环操作。若设置 I0.2 为 1 时选择方式 2，S0.0 变为非活动步，S0.3 变为活动步，Q0.2 线圈输出为 1，使 LED3 点亮，并启动 T39 延时。当 T39 延时 2s，S0.3 变为非活

动步，S0.4 变为活动步，Q0.2 线圈输出为 0，Q0.3 线圈输出为 1，使 LED4 点亮，并启动 T40 延时。当 T40 延时 2s，S0.4 为非活动步，S0.5 变为活动步，Q0.3 线圈输出为 0，Q0.4 线圈输出为 1，使 LED5 点亮。若设置 I0.3 为 1 时，S0.5 变为非活动步，S0.0 变为活动步，重复下一轮循环操作。在选择方式 1 时，如果 I0.1 和 I0.3 均设置为 1，则可实现 LED1、LED2 的闪烁显示；在选择方式 2 时，如果 I0.2 和 I0.3 均设置为 1，也可实现 LED3、LED4 闪烁显示，其监控效果如图 6-64 所示。

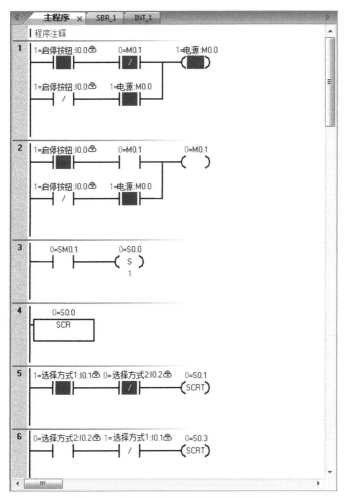

图 6-64　PLC 控制闪烁灯的监控效果图

6.8.2　多台电动机的 PLC 启停控制

（1）控制要求

某控制系统中有 4 台电动机 M1～M4，3 个控制按钮 SB0～SB2，其中 SB0 为电源控制按钮。当按下启动按钮 SB1 时，M1～M4 电动机按顺序逐一启动运行，即 M1 电动机运行 2s 后启动 M2 电动机；M2 电动机运行 3s 后启动 M3 电动机；M3 电动机运行 4s 后启动 M4 电动机运行。当按下停止按钮 SB2 时，M1～M4 电动机按相反顺序逐一停止运行，即 M4 电动机停止 2s 后使 M3 电动机停止；M3 电动机停止 3s 后使 M2 电动机停止；M2 电动机停止 4s 后使 M1 电动机停止运行。

（2）控制分析

此任务可以使用 SFC 的单序列控制完成，也可使用选择序列控制完成，在此使用选择序列来完成操作。假设 4 个电动机 M1～M4 分别由 Q0.0、Q0.1、Q0.2、Q0.3 控制；按钮 SB0～SB2 分别与 I0.0～ I0.2 连接。系统中使用 S0.0～S0.7、S1.0～S1.3 这 12 个步，其中步 S1.1～S1.3 中没有任务动作。在 SB0 开启电源的情况下，如果按下 SB1 时，启动 M1 电动机运行，此时如果按下了停止按钮 SB2，则进入步 S1.3，然后由 S1.3 直接跳转到步 S1.0。如果 M1 电动机启动后，没有按下按钮 SB2，则进入到步 S0.2，启动 M2 电动机运行。如果按下了停止按钮 SB2，则进入步 S1.2，然后由 S1.2 直接跳转到步 S0.7。如果 M2 电动机启动后，没有按下按钮 SB2，则进入到步 S0.3，启动 M3 电动机运行。如果按下了停止按钮 SB2，则进入步 S1.1，然后由 S1.1 直接跳转到步 S0.6。如果 M3 电动机启动后，没有按下按钮 SB2，则进入到步 S0.4，启动 M4 电动机运行。M4 电动机运行后，如果按下了停止按钮 SB2，则按步 S0.5～步 S1.0 的顺序逐一使 M4～M1 电动机停止运行。

（3）I/O 端子资源分配与接线

根据控制要求及控制分析可知，该系统需要 3 个输入点和 4 个输出点，输入/输出地址分配如表 6-31 所示，其 I/O 接线如图 6-65 所示。

表 6-31　多台电动机的 PLC 启停控制输入/输出分配表

输入			输出		
功能	元件	PLC 地址	功能	元件	PLC 地址
开启/断开按钮	SB0	I0.0	控制电动机 M1	KM1	Q0.0
启动电动机	SB1	I0.1	控制电动机 M2	KM2	Q0.1
停止电动机	SB2	I0.2	控制电动机 M3	KM3	Q0.2
			控制电动机 M4	KM4	Q0.3

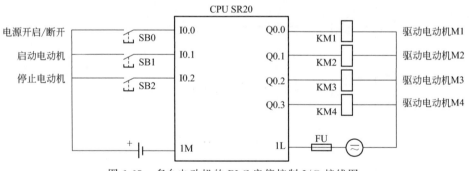

图 6-65　多台电动机的 PLC 启停控制 I/O 接线图

（4）编写 PLC 控制程序

根据多台电动机的 PLC 启停控制分析和 PLC 资源配置，设计出多台电动机的 PLC 启停控制的顺序控制功能图如图 6-66 所示注意，图 6-66（a）为单序列结构的顺序控制功能图，图 6-66（b）为选择序列结构的顺序控制功能图。在图 6-66（b）中需要注意，步 S1.1、S1.2 和 S1.3 这三个步没有相应的动作，处于空状态，这是因为选择序列中，在分支线上一定要有一个以上的步，所以需设置空状态的步。例如，步 S0.1 动作时，若 I0.2 接通，则 S1.3 为活动步，然后直接跳转到 S1.0。读者可以根据图 6-66（a）自行写出使用顺控指令的 LAD

和 STL 程序，在此编写出图 6-66（b）所示的多台电动机的 PLC 启停控制的程序如表 6-32 所示。

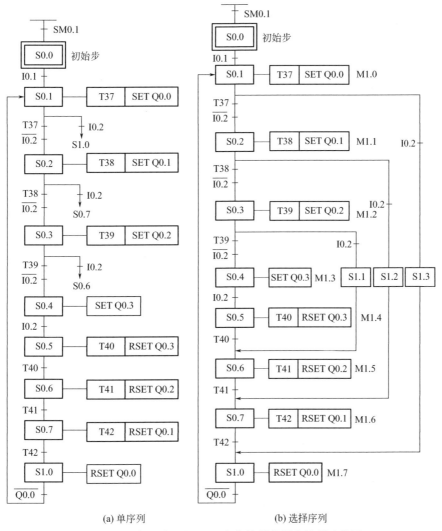

(a) 单序列　　　　　　　　(b) 选择序列

图 6-66　多台电动机的 PLC 启停控制的顺序控制功能图

表 6-32　多台电动机的 PLC 启停控制的程序

程序段	LAD	STL
程序段 1	启停按钮：I0.0　　M0.1　　　　电源：M0.0 ├──┤ ├──┤／├──────（ ） 启停按钮：I0.0　　电源：M0.0 ├──┤／├──┤ ├──	LD　　启停按钮：I0.0 AN　　M0.1 LDN　启停按钮：I0.0 A　　　电源：M0.0 OLD ＝　　　电源：M0.0
程序段 2	启停按钮：I0.0　　M0.1　　　　M0.1 ├──┤ ├──┤ ├──────（ ） 启停按钮：I0.0　　电源：M0.0 ├──┤／├──┤ ├──	LD　　启停按钮：I0.0 A　　　M0.1 LDN　启停按钮：I0.0 A　　　电源：M0.0 OLD ＝　　　M0.1

程序段	LAD	STL
程序段 3	SM0.1 ──┤├── S0.0 ──(S)── 1	LD SM0.1 S S0.0,1
程序段 4	S0.0 / SCR	LSCR S0.0
程序段 5	电源：M0.0 ──┤├── 启动电机：I0.1 ──┤├── S0.1 ──(SCRT)──	LD 电源：M0.0 A 启动电机：I0.1 SCRT S0.1
程序段 6	──(SCRE)──	SCRE
程序段 7	S0.1 / SCR	LSCR S0.1
程序段 8	电源：M0.0 ──┤├── M1.0 ──( )── T37 IN TON +20─┤PT 100ms	LD 电源：M0.0 = M1.0 TON T37,+20
程序段 9	电源：M0.0 ──┤├── T37 ──┤├── 停止电机：I0.2 ──┤/├── S0.2 ──(SCRT)──	LD 电源：M0.0 A T37 AN 停止电机：I0.2 SCRT S0.2
程序段 10	电源：M0.0 ──┤├── 停止电机：I0.2 ──┤├── S1.3 ──(SCRT)──	LD 电源：M0.0 A 停止电机：I0.2 SCRT S1.3
程序段 11	──(SCRE)──	SCRE
程序段 12	S0.2 / SCR	LSCR S0.2
程序段 13	电源：M0.0 ──┤├── M1.1 ──( )── T38 IN TON +30─┤PT 100ms	LD 电源：M0.0 = M1.1 TON T38,+30
程序段 14	电源：M0.0 ──┤├── T38 ──┤├── 停止电机：I0.2 ──┤/├── S0.3 ──(SCRT)──	LD 电源：M0.0 A T38 AN 停止电机：I0.2 SCRT S0.3

程序段	LAD	STL
程序段 15	电源：M0.0　停止电机：I0.2　S1.2 ├┤├──┤├──┤/├──(SCRT)	LD　　电源：M0.0 A　　停止电机：I0.2 SCRT　S1.2
程序段 16	├(SCRE)	SCRE
程序段 17	S0.3 SCR	LSCR　S0.3
程序段 18	电源：M0.0　　M1.2 ├┤├──┤├──( ) 　　　　　　　　　T39 　　　　　　　IN　　TON 　　　　+40─PT　　100ms	LD　　电源：M0.0 =　　　M1.2 TON　T39，+40
程序段 19	电源：M0.0　T39　停止电机：I0.2　S0.4 ├┤├──┤├──┤├──┤/├──(SCRT)	LD　　电源：M0.0 A　　T39 AN　　停止电机：I0.2 SCRT　S0.4
程序段 20	电源：M0.0　停止电机：I0.2　S1.1 ├┤├──┤├──┤├──(SCRT)	LD　　电源：M0.0 A　　停止电机：I0.2 SCRT　S1.1
程序段 21	├(SCRE)	SCRE
程序段 22	S0.4 SCR	LSCR　S0.4
程序段 23	电源：M0.0　　M1.3 ├┤├──┤├──( )	LD　　电源：M0.0 =　　　M1.3
程序段 24	电源：M0.0　停止电机：I0.2　S0.5 ├┤├──┤├──┤├──(SCRT)	LD　　电源：M0.0 A　　停止电机：I0.2 SCRT　S0.5
程序段 25	├(SCRE)	SCRE
程序段 26	S0.5 SCR	LSCR　S0.5
程序段 27	电源：M0.0　　M1.4 ├┤├──┤├──( ) 　　　　　　　　　T40 　　　　　　　IN　　TON 　　　　+30─PT　　100ms	LD　　电源：M0.0 =　　　M1.4 TON　T40，+30

程序段	LAD	STL
程序段 28	电源: M0.0　T40　S0.6 ├─┤ ├──┤ ├──(SCRT)	LD　电源:M0.0 A　T40 SCRT　S0.6
程序段 29	├──(SCRE)	SCRE
程序段 30	S0.6 SCR	LSCR　S0.6
程序段 31	电源: M0.0　M1.5 ├─┤ ├──( ) T41 IN　TON +20─PT　100ms	LD　电源:M0.0 =　M1.5 TON　T41,+20
程序段 32	电源: M0.0　T41　S0.7 ├─┤ ├──┤ ├──(SCRT)	LD　电源:M0.0 A　T41 SCRT　S0.7
程序段 33	├──(SCRE)	SCRE
程序段 34	S0.7 SCR	LSCR　S0.7
程序段 35	电源: M0.0　M1.6 ├─┤ ├──( ) T42 IN　TON +10─PT　100ms	LD　电源:M0.0 =　M1.6 TON　T42,+10
程序段 36	电源: M0.0　T42　S1.0 ├─┤ ├──┤ ├──(SCRT)	LD　电源:M0.0 A　T42 SCRT　S1.0
程序段 37	├──(SCRE)	SCRE
程序段 38	S1.0 SCR	LSCR　S1.0
程序段 39	电源: M0.0　M1.7 ├─┤ ├──( )	LD　电源:M0.0 =　M1.7
程序段 40	电源: M0.0　Q0.0　S0.1 ├─┤ ├──┤/├──(SCRT)	LD　电源:M0.0 AN　Q0.0 SCRT　S0.1

程序段	LAD	STL
程序段 41	┤├─(SCRE)	SCRE
程序段 42	S1.3 SCR	LSCR S1.3
程序段 43	电源:M0.0 ── S1.0 ──(SCRT)	LD 电源:M0.0 SCRT S1.0
程序段 44	┤├─(SCRE)	SCRE
程序段 45	S1.2 SCR	LSCR S1.2
程序段 46	电源:M0.0 ── S0.7 ──(SCRT)	LD 电源:M0.0 SCRT S0.7
程序段 47	┤├─(SCRE)	SCRE
程序段 48	S1.1 SCR	LSCR S1.1
程序段 49	电源:M0.0 ── S0.6 ──(SCRT)	LD 电源:M0.0 SCRT S0.6
程序段 50	┤├─(SCRE)	SCRE
程序段 51	M1.0 ── M1.7 ── Q0.0 Q0.0	LD M1.0 O Q0.0 AN M1.7 = Q0.0
程序段 52	M1.1 ── M1.6 ── Q0.1 Q0.1	LD M1.1 O Q0.1 AN M1.6 = Q0.1
程序段 53	M1.2 ── M1.5 ── Q0.2 Q0.2	LD M1.2 O Q0.2 AN M1.5 = Q0.2
程序段 54	M1.3 ── M1.4 ── Q0.3 Q0.3	LD M1.3 O Q0.3 AN M1.4 = Q0.3

（5）程序监控

①用户启动 STEP 7-Micro/WIN SMART，创建一个新的项目，按照表 6-32 所示输入 LAD（梯形图）或 STL（指令表）中的程序，并对其进行保存。

②通过下载电缆将程序固化到 CPU 后，在 STEP 7-Micro/WIN SMART 软件中，选择【PLC】→【操作】组件并单击"RUN"，使 PLC 处于运行状态，然后在【调试】→【状态】组件中单击"程序状态"，进入 STEP 7-Micro/WIN SMART 在线监控（即在线模拟）状态。

③刚进入在线监控状态时，S0.0 步为活动步。奇数次设置 I0.0 为 1 时，M0.0 线圈输出为 1；偶数次设置 I0.0 为 1 时，M0.0 线圈输出为 0，这样使用 1 个输入端子即可实现电源的开启与关闭操作。只有当 M0.0 线圈输出为 1 才能完成程序中所有步的操作，否则 M1~M4 电动机都处于停止状态。当 S0.0 线圈输出为 1，S0.0 为活动步时，将 I0.1 设置为 1，S0.0 变为非活动步，S0.1 变为活动步，Q0.0 线圈输出 1 使电动机 M1 启动，并且 T37 定时器延时。T37 延时到达 1s，T37 常开触点闭合，S0.1 变为非活动步，S0.2 变为活动步，Q0.0 保持为 1，Q0.1 线圈输出 1 使电动机 M2 启动，并且 T38 定时器延时。若没有按下停止按钮（即 I0.2 没有设置为 1），依此顺序使 M2、M3 启动运行，仿真效果如图 6-67 所示。如果按下停止按钮，则直接跳转到相应位置，使电动机按启动的反顺序延时停止运行。例如 M2 电动机在运行且 M3 电动机未启动，按下停止按钮（I0.2 设置为 1），则直接跳转到步 S1.3，使 M2、M1 电动机按顺序停止运行。

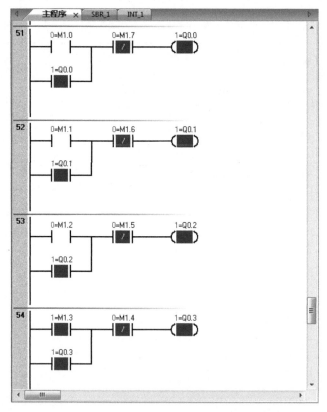

图 6-67　多台电动机的 PLC 启停控制的监控效果图

6.8.3 大小球分拣机的 PLC 控制

（1）控制要求

大小球分拣机的结构如图 6-68 所示，其中 M 为传送带电动机。机械手臂原始位置在左限位，电磁铁在上限位。接近开关 SQ0 用于检测是否有球，SQ1～SQ5 分别用于传送机械手臂上下左右运行的定位。

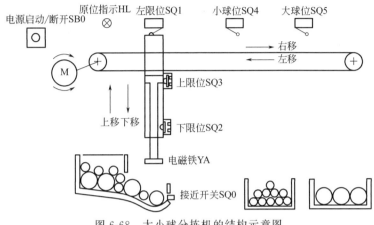

图 6-68　大小球分拣机的结构示意图

启动后，当接近开关检测到有球时电磁杆就下降，如果电磁铁碰到大球时下限位开关不动作，如果电磁铁碰到小球时下限位开关动作。电磁杆下降 2s 后电磁铁吸球，吸球 1s 后上升，到上限位后机械手臂右移，如果吸的是小球，机械手臂到小球位，电磁杆下降 2s，电磁铁失电释放小球，如果吸的是大球，机械手臂就到大球位，电磁杆下降 2s，电磁铁失电释放大球，停留 1s 上升，到上限位后机械手臂左移到左限位，并重复上述动作。如果要停止，必须在完成一次上述动作后到左限位停止。

（2）控制分析

大小球分拣机拣球时，可能抓的是大球，也可能抓的是小球。如果抓的是大球，则执行抓取大球控制；若抓的是小球，则执行抓取小球控制。因此，这是一种选择性控制，本系统可以使用 SFC 条件分支选择顺序控制来实现任务操作。在执行抓球时，可以进行自动抓球，也可以进行手动抓球，因此在进行系统设计时，需考虑手动操作控制。

手动控制一般可以采用按钮点动控制，手动控制时应考虑控制条件，如右移控制时，应保证电磁铁在上限位，当移到最右端时碰到限位开关 SQ5 应停止右移，右移和左移应互锁。

（3）I/O 端子资源分配与接线

根据控制要求及控制分析可知，该系统需要 13 个输入点和 6 个输出点，其中 I0.1～I0.7 作为自动拣球控制，I1.0～I1.4 作为手动拣球控制。大小球分拣机的输入/输出地址分配如表 6-33 所示，其 I/O 接线如图 6-69 所示。

表 6-33　大小球分拣机的输入/输出地址分配表

输入			输出		
功能	元件	PLC 地址	功能	元件	PLC 地址
电源启动/断开	SB0	I0.0	下移	YV1	Q0.0

输入			输出		
功能	元件	PLC 地址	功能	元件	PLC 地址
自动拣球	SB1	I0.1	电磁铁	YA	Q0.1
接近开关	SQ0	I0.2	上移	YV2	Q0.2
左限位开关	SQ1	I0.3	右移	KM1	Q0.3
下限位开关	SQ2	I0.4	左移	KM2	Q0.4
上限位开关	SQ3	I0.5	原位指示	HL	Q0.5
小球位开关	SQ4	I0.6			
大球位开关	SQ5	I0.7			
手动左移按钮	SB2	I1.0			
手动右移按钮	SB3	I1.1			
手动上移按钮	SB4	I1.2			
手动下移按钮	SB5	I1.3			
手动电磁铁按钮	SB6	I1.4			

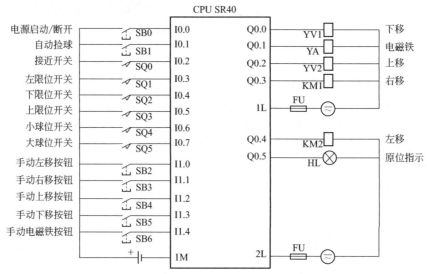

图 6-69　大小球分拣机的 I/O 接线图

（4）编写 PLC 控制程序

根据大小球分拣机的工作流程图和 PLC 资源配置，设计出 PLC 控制大小球分拣机的顺序控制功能图如图 6-70 所示，PLC 控制大小球分拣机的程序如表 6-34 所示。

表 6-34　PLC 控制大小球分拣机的程序

程序段	LAD	STL
程序段 1	启停按钮: I0.0　　M0.1　　电源: M0.0 ├──┤ ├──┤/├──────( ) 启停按钮: I0.0　　电源: M0.0 ├──┤/├──────┤ ├──	LD　启停按钮:I0.0 AN　M0.1 LDN　启停按钮:I0.0 A　　电源:M0.0 OLD =　　电源:M0.0

程序段	LAD	STL
程序段 2	启停按钮: I0.0 ──┤├── M0.1 ──┤├── M0.1 ──( ) 启停按钮: I0.0 ──┤/├── 电源: M0.0 ──┤├──	LD　启停按钮: I0.0 A　　M0.1 LDN　启停按钮: I0.0 A　　电源: M0.0 OLD =　　M0.1
程序段 3	SM0.1 ──┤├── S0.0 ──(S) 　　　　　　　　　1	LD　SM0.1 S　　S0.0, 1
程序段 4	S0.0 ┌─────┐ │ SCR │ └─────┘	LSCR　S0.0
程序段 5	左限位: I0.3 ──┤├── 上限位: I0.5 ──┤├── 下移: Q0.0 ──┤/├── M3.0 ──( )	LD　左限位: I0.3 A　　上限位: I0.5 AN　下移: Q0.0 =　　M3.0
程序段 6	电源: M0.0 ──┤├── 上限位: I0.5 ──┤├── 左限位: I0.3 ──┤/├── Q0.3 ──┤/├── M3.1 ──( )	LD　电源: M0.0 A　　上限位: I0.5 AN　左限位: I0.3 AN　Q0.3 =　　M3.1
程序段 7	电源: M0.0 ──┤├── 上限位: I0.5 ──┤├── I0.7 ──┤/├── Q0.4 ──┤/├── M3.2 ──( )	LD　电源: M0.0 A　　上限位: I0.5 AN　I0.7 AN　Q0.4 =　　M3.2
程序段 8	电源: M0.0 ──┤├── 上限位: I0.5 ──┤/├── 下移: Q0.0 ──┤/├── M3.3 ──( )	LD　电源: M0.0 AN　上限位: I0.5 AN　下移: Q0.0 =　　M3.3
程序段 9	电源: M0.0 ──┤├── I0.4 ──┤/├── I0.2 ──┤/├── M3.4 ──( )	LD　电源: M0.0 AN　I0.4 AN　I0.2 =　　M3.4
程序段 10	I1.2 ──┤├── I1.2 ──┤/├── 电源: M0.0 ──┤├── M3.5 ──( ) Q0.1 ──┤├── Q0.1 ──┤/├──	LD　I1.2 O　　Q0.1 LDN　I1.2 ON　Q0.1 ALD A　　电源: M0.0 =　　M3.5
程序段 11	电源: M0.0 ──┤├── Q0.5 ──┤├── S0.1 ──(SCRT)	LD　电源: M0.0 A　　Q0.5 SCRT　S0.1
程序段 12	──(SCRE)	SCRE
程序段 13	S0.1 ┌─────┐ │ SCR │ └─────┘	LSCR　S0.1

程序段	LAD	STL
程序段 14	电源: M0.0　　M1.1　（　） T37　IN　TON +20—PT　100ms	LD　　电源：M0.0 =　　　M1.1 TON　T37,+20
程序段 15	T37　电源: M0.0　I0.4　S0.2（SCRT）	LD　　T37 A　　电源：M0.0 A　　I0.4 SCRT　S0.2
程序段 16	T37　电源: M0.0　I0.4 /　S1.1（SCRT）	LD　　T37 A　　电源：M0.0 AN　　I0.4 SCRT　S1.1
程序段 17	（SCRE）	SCRE
程序段 18	S0.2 SCR	LSCR　S0.2
程序段 19	电源: M0.0　　M1.2　（　） T38　IN　TON +10—PT　100ms	LD　　电源：M0.0 =　　　M1.2 TON　T38,+10
程序段 20	电源: M0.0　T38　S0.3（SCRT）	LD　　电源：M0.0 A　　T38 SCRT　S0.3
程序段 21	（SCRE）	SCRE
程序段 22	S0.3 SCR	LSCR　S0.3
程序段 23	电源: M0.0　　M1.3　（　）	LD　　电源：M0.0 =　　　M1.3
程序段 24	电源: M0.0　I0.5　S0.4（SCRT）	LD　　电源：M0.0 A　　I0.5 SCRT　S0.4
程序段 25	（SCRE）	SCRE
程序段 26	S0.4 SCR	LSCR　S0.4
程序段 27	电源: M0.0　　M1.4　（　）	LD　　电源：M0.0 =　　　M1.4

程序段	LAD	STL
程序段 28	电源：M0.0　　I0.6　　S0.5 —┤├——┤├——(SCRT)	LD　　电源:M0.0 A　　I0.6 SCRT　S0.5
程序段 29	—(SCRE)	SCRE
程序段 30	S1.1 [SCR]	LSCR　S1.1
程序段 31	电源：M0.0　　M2.1 —┤├——┤├——( ) 　　　　　　　　　　　T38 　　　　　　　　　IN　　　TON 　　　　+10—PT　　　100ms	LD　　电源:M0.0 =　　M2.1 TON　T38,+10
程序段 32	电源：M0.0　　T38　　S1.2 —┤├——┤├——(SCRT)	LD　　电源:M0.0 A　　T38 SCRT　S1.2
程序段 33	—(SCRE)	SCRE
程序段 34	S1.2 [SCR]	LSCR　S1.2
程序段 35	电源：M0.0　　M2.2 —┤├——┤├——( )	LD　　电源:M0.0 =　　M2.2
程序段 36	电源：M0.0　　上限位：I0.5　　S1.3 —┤├——┤├——(SCRT)	LD　　电源:M0.0 A　　上限位:I0.5 SCRT　S1.3
程序段 37	—(SCRE)	SCRE
程序段 38	S1.3 [SCR]	LSCR　S1.3
程序段 39	电源：M0.0　　M2.3 —┤├——┤├——( )	LD　　电源:M0.0 =　　M2.3
程序段 40	电源：M0.0　　I0.7　　S0.5 —┤├——┤├——(SCRT)	LD　　电源:M0.0 A　　I0.7 SCRT　S0.5
程序段 41	—(SCRE)	SCRE
程序段 42	S0.5 [SCR]	LSCR　S0.5
程序段 43	电源：M0.0　　M1.5 —┤├——┤├——( )	LD　　电源:M0.0 =　　M1.5

程序段	LAD	STL
程序段 44	电源：M0.0　I0.4　S0.6 —(SCRT)	LD　电源：M0.0 A　I0.4 SCRT　S0.6
程序段 45	—(SCRE)	SCRE
程序段 46	S0.6 SCR	LSCR　S0.6
程序段 47	电源：M0.0　M1.6 —( ) T39 IN　TON +10—PT　100ms	LD　电源：M0.0 =　M1.6 TON　T39，+10
程序段 48	电源：M0.0　T39　S0.7 —(SCRT)	LD　电源：M0.0 A　T39 SCRT　S0.7
程序段 49	—(SCRE)	SCRE
程序段 50	S0.7 SCR	LSCR　S0.7
程序段 51	电源：M0.0　M1.7 —( )	LD　电源：M0.0 =　M1.7
程序段 52	电源：M0.0　上限位：I0.5　S1.0 —(SCRT)	LD　电源：M0.0 A　上限位：I0.5 SCRT　S1.0
程序段 53	—(SCRE)	SCRE
程序段 54	S1.0 SCR	LSCR　S1.0
程序段 55	电源：M0.0　M2.0 —( )	LD　电源：M0.0 =　M2.0
程序段 56	电源：M0.0　左限位：I0.3　I0.1　S0.0 —(SCRT)	LD　电源：M0.0 A　左限位：I0.3 A　I0.1 SCRT　S0.0
程序段 57	电源：M0.0　左限位：I0.3　I0.1　S0.1 —(SCRT)	LD　电源：M0.0 A　左限位：I0.3 AN　I0.1 SCRT　S0.1

程序段	LAD	STL
程序段 58	—(SCRE)	SCRE
程序段 59	M3.0　　　Q0.5 ├─┤├───( )─	LD　　M3.0 =　　Q0.5
程序段 60	M3.1　　　Q0.4 ├─┤├───( )─ M2.0 ├─┤├	LD　　M3.1 O　　M2.0 =　　Q0.4
程序段 61	M3.2　　　Q0.3 ├─┤├───( )─ M1.4 ├─┤├ M2.3 ├─┤├	LD　　M3.2 O　　M1.4 O　　M2.3 =　　Q0.3
程序段 62	M3.3　　　Q0.2 ├─┤├───( )─ M1.3 ├─┤├ M2.2 ├─┤├ M1.7 ├─┤├	LD　　M3.3 O　　M1.3 O　　M2.2 O　　M1.7 =　　Q0.2
程序段 63	M3.5　　　M1.6　　　Q0.1 ├─┤├───┤/├───( )─ M1.2 ├─┤├ M1.3 ├─┤├ M1.4 ├─┤├ M1.5 ├─┤├ M2.1 ├─┤├ M2.2 ├─┤├ M2.3 ├─┤├	LD　　M3.5 O　　M1.2 O　　M1.3 O　　M1.4 O　　M1.5 O　　M2.1 O　　M2.2 O　　M2.3 AN　　M1.6 =　　Q0.1

程序段	LAD	STL
程序段 64	M3.4　　下移: Q0.0 ├─┤ ├──────( ) M1.1 ├─┤ ├──	LD　　M3.4 O　　 M1.1 =　　 下移:Q0.0

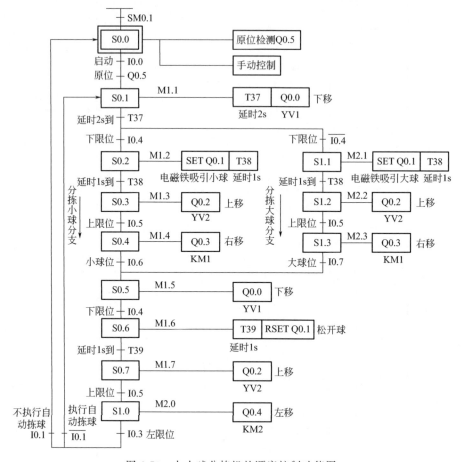

图 6-70　大小球分拣机的顺序控制功能图

（5）程序监控

① 用户启动 STEP 7-Micro/WIN SMART，创建一个新的项目，按照表 6-34 所示输入 LAD（梯形图）或 STL（指令表）中的程序，并对其进行保存。

② 通过下载电缆将程序固化到 CPU 后，在 STEP 7-Micro/WIN SMART 软件中，选择【PLC】→【操作】组件并单击"RUN"，使 PLC 处于运行状态，然后在【调试】→【状态】组件中单击"程序状态"，进入 STEP 7-Micro/WIN SMART 在线监控（即在线模拟）状态。

③ 刚进入在线监控状态时，S0.0 步为活动步。奇数次设置 I0.0 为 1 时，M0.0 线圈输出为 1；偶数次设置 I0.0 为 1 时，M0.0 线圈输出为 0，这样使用 1 个输入端子即可实现电源的开启与关闭操作。只有当 M0.0 线圈输出为 1 才能完成程序中所有步的操作，否则大小球分拣机

不能执行任何操作。当S0.0线圈输出为1,S0.0为活动步时,在程序段5执行原位指示。如果分拣机没在原位,则应设置I0.3和I0.5为1,而程序段6~10中为手动分拣球操作控制。当I0.3和I0.5设置为1时,S0.0变为非活动步,S0.1变为活动步,监控效果如图6-71所示,将I0.2设置为1,Q0.0线圈为1执行下移操作,同时启动T37延时。当T37延时2s后,执行大小球分拣选择操作,当I0.4常开触点为ON时(设置为1),则按顺序执行程序段18~29中的程序,以完成小球分拣操作;当I0.4常开触点为OFF时(设置为0),则按顺序执行程序段30~41中的程序,以完成大球分拣操作。在执行小球分拣时,如果在程序段28中将I0.6设置为1,表示电磁铁已吸住小球,程序则跳转到程序段42;在执行大球分拣时,如果在程序段40中将I0.7设置为1,表示电磁铁已吸住大球,程序则跳转到程序段42,这样实现两个选择分支的汇合。程序段42~47中仿真电磁铁放置大小球的操作;程序段50~57监控分拣机到原位的操作。程序段59~64分别控制相应的输出映像继电器。

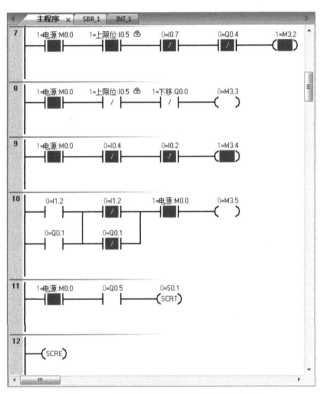

图6-71 大小球分拣机的监控效果图

6.9 并行序列的 S7-200 SMART PLC 顺序控制应用实例

6.9.1 人行道交通信号灯控制

(1)控制要求

某人行道交通信号灯控制示意如图6-72所示,道路上的交通灯由行人控制,在人行道的两边各设一个按钮。当行人要过人行道时,交通灯按图6-73所示的时间顺序变化,在交通灯进入运行状态时，再按按钮不起作用。

Q0.0：红灯
Q0.1：绿灯
Q0.2：黄灯
Q0.3：红灯
Q0.4：绿灯
I0.1
I0.0

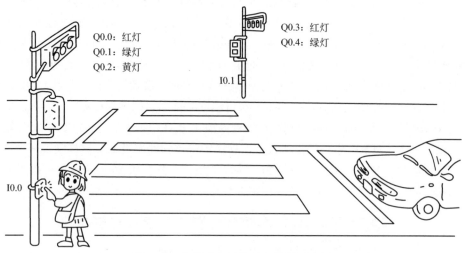

图 6-72　人行道交通信号灯控制示意图

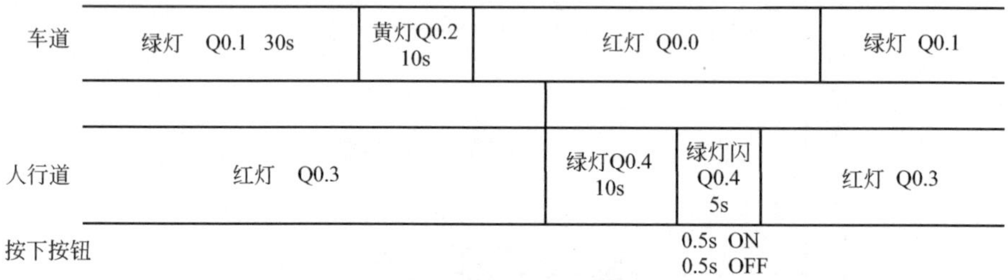

车道
绿灯　Q0.1　30s
黄灯Q0.2
10s
红灯　Q0.0
绿灯　Q0.1
人行道
红灯　Q0.3
绿灯Q0.4
10s
绿灯闪
Q0.4
5s
红灯　Q0.3
按下按钮
0.5s ON
0.5s OFF

图 6-73　人行道交通信号灯通行时间图

（2）系统分析

从控制要求可看出，人行道交通信号属于典型的时间顺序控制，可以使用 SFC 并行序列来完成操作任务。根据控制的通行时间关系，可以将时间按照车道和人行道分别标定。在并行序列中，车道按照定时器 T37、T38 和 T39 设定的时间工作；人行道按照定时器 T40、T41 和 T42 设定的时间工作。人行道绿灯闪烁可使用 SM0.5 触点实现秒闪控制。

（3）I/O 端子资源分配与接线

根据控制要求及控制分析可知，该系统需要 2 个输入点和 5 个输出点，输入/输出地址分配如表 6-35 所示，其 I/O 接线如图 6-74 所示。

表 6-35　人行道交通信号灯控制的输入/输出分配表

输入			输出		
功能	元件	PLC 地址	功能	元件	PLC 地址
电源启动/断开	SB0	I0.0	车道红灯	HL0	Q0.0
人行按钮	SB1	I0.1	车道绿灯	HL1	Q0.1
			车道黄灯	HL2	Q0.2
			人行道红灯	HL3	Q0.3
			人行道绿灯	HL4	Q0.4

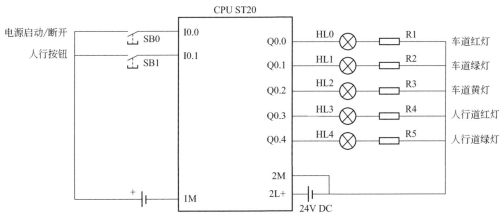

图 6-74　人行道交通信号灯控制的 I/O 接线图

（4）编写 PLC 控制程序

根据人行道交通信号灯控制的工作流程图和 PLC 资源配置，设计出 PLC 控制人行交通信号灯的顺序控制功能图，如图 6-75 所示，PLC 控制人行道交通信号灯的程序如表 6-36 所示。

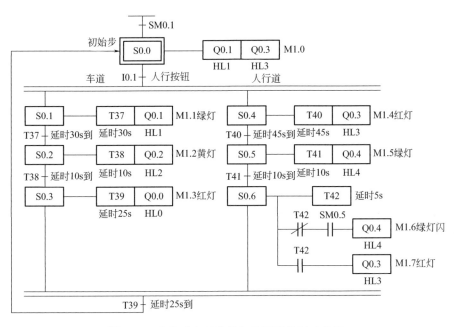

图 6-75　人行道交通信号灯的顺序控制功能图

表 6-36　人行道交通信号灯控制程序

程序段	LAD	STL
程序段 1	启停按钮：I0.0　　M0.1　　　电源：M0.0　 ├──┤ ├──┤/├────────( )───┤ 启停按钮：I0.0　　电源：M0.0 ├──┤/├──────┤ ├──┤	LD　启停按钮：I0.0 AN　M0.1 LDN　启停按钮：I0.0 A　电源：M0.0 OLD =　电源：M0.0

程序段	LAD	STL
程序段 2	启停按钮: I0.0　　　M0.1　　　　　M0.1 启停按钮: I0.0　　电源: M0.0	LD　　启停按钮:I0.0 A　　 M0.1 LDN　启停按钮:I0.0 A　　 电源:M0.0 OLD =　　 M0.1
程序段 3	SM0.1　　　　S0.0 　　　　　　　(S) 　　　　　　　　1	LD　　SM0.1 S　　 S0.0,1
程序段 4	S0.0 SCR	LSCR　　S0.0
程序段 5	电源: M0.0　　　M1.0	LD　　电源:M0.0 =　　 M1.0
程序段 6	电源: M0.0　　人行按钮: I0.1　　S0.1 　　　　　　　　　　　　　(SCRT) 　　　　　　　　　　　　S0.4 　　　　　　　　　　　　(SCRT)	LD　　电源:M0.0 A　　 人行按钮:I0.1 SCRT S0.1 SCRT S0.4
程序段 7	(SCRE)	SCRE
程序段 8	S0.1 SCR	LSCR　S0.1
程序段 9	电源: M0.0　　　M1.1 　　　　　　　　　　　　T37 　　　　　　　　　IN　　TON 　　　　　+300-PT　　100ms	LD　　电源:M0.0 =　　 M1.1 TON　 T37,+300
程序段 10	电源: M0.0　　　T37　　　　S0.2 　　　　　　　　　　　　　(SCRT)	LD　　电源:M0.0 A　　 T37 SCRT S0.2
程序段 11	(SCRE)	SCRE
程序段 12	S0.2 SCR	LSCR　S0.2
程序段 13	电源: M0.0　　　M1.2 　　　　　　　　　　　　T38 　　　　　　　　　IN　　TON 　　　　　+100-PT　　100ms	LD　　电源:M0.0 =　　 M1.2 TON　 T38,+100

程序段	LAD	STL
程序段 14	电源：M0.0 ─┤├─ T38 ─┤├─ S0.3 ─(SCRT)	LD 电源：M0.0 A T38 SCRT S0.3
程序段 15	─(SCRE)	SCRE
程序段 16	S0.3 SCR	LSCR S0.3
程序段 17	电源：M0.0 ─┤├─ M1.3 ─( ) T39 IN TON +250─PT 100ms	LD 电源：M0.0 = M1.3 TON T39,+250
程序段 18	─(SCRE)	SCRE
程序段 19	S0.4 SCR	LSCR S0.4
程序段 20	电源：M0.0 ─┤├─ M1.4 ─( ) T40 IN TON +450─PT 100ms	LD 电源：M0.0 = M1.4 TON T40,+450
程序段 21	电源：M0.0 ─┤├─ T40 ─┤├─ S0.5 ─(SCRT)	LD 电源：M0.0 A T40 SCRT S0.5
程序段 22	─(SCRE)	SCRE
程序段 23	S0.5 SCR	LSCR S0.5
程序段 24	电源：M0.0 ─┤├─ M1.5 ─( ) T41 IN TON +100─PT 100ms	LD 电源：M0.0 = M1.5 TON T41,+100
程序段 25	电源：M0.0 ─┤├─ T41 ─┤├─ S0.6 ─(SCRT)	LD 电源：M0.0 A T41 SCRT S0.6
程序段 26	─(SCRE)	SCRE

程序段	LAD	STL
程序段 27	S0.6 SCR	LSCR S0.6
程序段 28	电源: M0.0　　　　T42 IN　TON +50-PT　100ms T42　SM0.5　M1.6 ─┤/├─┤├─( ) T42　M1.7 ─┤├─( )	LD　电源:M0.0 LPS TON　T42,+50 AN　T42 A　SM0.5 =　M1.6 LPP A　T42 =　M1.7
程序段 29	电源: M0.0　S0.3　S0.6　T39　S0.0 ─┤├─┤├─┤├─┤├─(SCRT)	LD　电源:M0.0 A　S0.3 A　S0.6 A　T39 SCRT　S0.0
程序段 30	─(SCRE)	SCRE
程序段 31	M1.3　Q0.0 ─┤├─( )	LD　M1.3 =　Q0.0
程序段 32	M1.0　Q0.1 ─┤├─( ) M1.1 ─┤├─	LD　M1.0 O　M1.1 =　Q0.1
程序段 33	M1.2　Q0.2 ─┤├─( )	LD　M1.2 =　Q0.2
程序段 34	M1.0　Q0.3 ─┤├─( ) M1.4 ─┤├─ M1.7 ─┤├─	LD　M1.0 O　M1.4 O　M1.7 =　Q0.3
程序段 35	M1.5　Q0.4 ─┤├─( ) M1.6 ─┤├─	LD　M1.5 O　M1.6 =　Q0.4

（5）程序监控

① 用户启动 STEP 7-Micro/WIN SMART，创建一个新的项目，按照表 6-36 所示输入 LAD（梯形图）或 STL（指令表）中的程序，并对其进行保存。

② 通过下载电缆将程序固化到 CPU 后，在 STEP 7-Micro/WIN SMART 软件中，选择【PLC】→【操作】组件并单击"RUN"，使 PLC 处于运行状态，然后在【调试】→【状态】组件中单击"程序状态"，进入 STEP 7-Micro/WIN SMART 在线监控（即在线模拟）状态。

③ 刚进入在线监控状态时，S0.0 步为活动步。奇数次设置 I0.0 为 1 时，M0.0 线圈输出为 1；偶数次设置 I0.0 为 1 时，M0.0 线圈输出为 0，这样使用 1 个输入端子即可实现电源的开启与关闭操作。只有当 M0.0 线圈输出为 1 才能完成程序中所有步的操作，否则人行道交通信号灯控制不能执行任何操作。当 M0.0 线圈输出为 1，S0.0 为活动步时，Q0.1 线圈输出为 1（即车道绿灯亮），Q0.3 线圈输出为 1（即人行道红灯亮），表示汽车可以通行，行人不能通行。如果行人要通过马路，按下行人按钮（即将 I0.1 强制为 1），S0.0 为非活动步时，S0.1 为活动步，将执行人行道交通信号灯控制，其监控效果如图 6-76 所示。

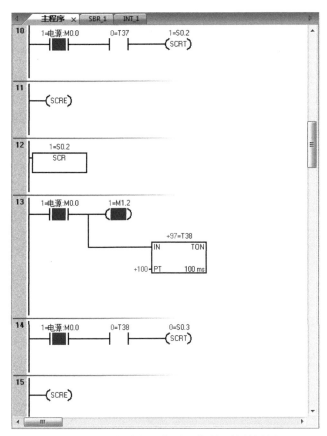

图 6-76　人行道交通信号灯控制监控效果图

6.9.2　双面钻孔组合机床的 PLC 控制

组合机床是由一些通用部件组成的高效率自动化或半自动化专用加工设备。这些机床都具有工作循环，并同时用十几把甚至几十把刀具进行加工。组合机床的控制系统大多采用机械、液压、电气或气动相结合的控制方式，其中，电气控制起着中枢连接作用。传统的电气控制通常采用继电器逻辑控制方式，使用了大量的中间继电器、时间继电器、行程开关等，这样的继电器控制方式具有故障率高，维修困难等问题。如果使用 PLC 与液压控制相结合的方法对双面钻孔组合机床进行改造，则可以降低故障率，维护、维修也较方便。

（1）双面钻孔机床的组成与电路原理图

双面钻孔组合机床是在工件两相对表面上钻孔的一种高效率自动化专用加工设备，其基本结构示意如图 6-77 所示。机床的两个液压动力滑台对面布置，左、右刀具电动机分别固定在两边的滑台上，中间底座上装有工件定位夹紧装置。

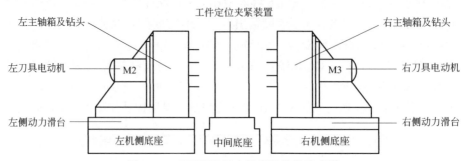

图 6-77　双面钻孔组合机床的结构示意图

该机床采用电动机和液压系统（未画出）相结合的驱动方式，其中电动机 M2、M3 分别驱动左、右主轴箱刀具，为主轴提供切削主运行，而左、右动力滑台的工件夹紧装置则由液压系统驱动，M1 为液压泵的驱动电动机，M4 为冷却泵电动机。双面钻孔组合机床的主电路原理图如图 6-78 所示。

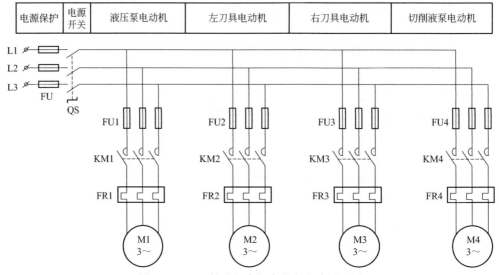

图 6-78　双面钻孔组合机床的主电路原理图

（2）控制要求

双面钻孔组合机床的自动工作循环过程如图 6-79 所示。工作时，将工件装入夹具（定位夹紧装置），按动系统启动按钮 SB3，开始工件的定位和夹紧，然后两边的动力滑台同时开始快速进给、工作进给和快速退回的加工循环，此时刀具电动机也启动工作，冷却泵在工进过程中提供冷却液。加工循环结束后，动力滑台退回原位，夹具松开并拔出定位销，一次加工循环结束。

双面钻孔组合机床的工作的具体要求如下。

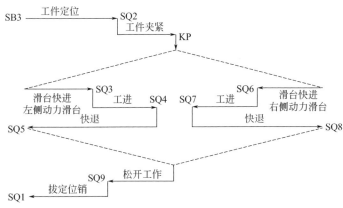

图 6-79 双面钻孔组合机床的循环工作过程

① 双面钻孔组合机床各电动机控制要求：双面钻孔组合机床各电动机只有在液压泵电动机 M1 正常启动运转，机床供油系统正常供油后，才能启动。刀具电动机 M2、M3 应在滑台进给循环开始时启动运转，滑台退回原位后停止运转。切削液泵电动机 M4 可以在滑台工进时自动启动，在工进结束后自动停止，也可以用手动方式控制启动和停止。

② 机床动力滑台、工件定位、夹紧装置控制要求：机床动力滑台、工进定位、夹紧装置由液压系统驱动。电磁阀 YV1 和 YV2 控制定位销液压缸活塞的运动方向；YV3、YV4 控制夹紧液压缸活塞的运行方向；YV5、YV6、YV7 为左侧动力滑台油路中的换向电磁阀；YV8、YV9、YV10 为右侧动力滑台油路中的换向电磁阀，各电磁阀线圈的通电状态如表 6-37 所示。

表 6-37　各电磁阀线圈的通电状态

工步	电磁换向阀线圈通电状态										转换主令
	定位		夹紧		左侧动力滑台			右侧动力滑台			
	YV1	YV2	YV3	YV4	YV5	YV6	YV7	YV8	YV9	YV10	
工件定位	+										SB4
工件夹紧			+								SQ2
滑台快进			+		+		+	+		+	KP
滑台工进			+		+			+			SQ3、SQ6
滑台快退			+			+			+		SQ4、SQ7
松开工件				+							SQ5、SQ8
拔定位销		+									SQ9
停止											SQ1

注：表中的"+"为电磁阀线圈通电接通。

从表 6-37 中可以看出，电磁阀 YV1 线圈通电时，机床工件定位装置将工件定位；当电磁阀 YV3 通电时，机床工件夹紧装置将工件夹紧；当电磁阀 YV3、YV5、YV7 通电时，左侧滑台快速移动；当电磁阀 YV3、YV8、YV10 通电时，右侧滑台快速移动；当电磁阀 YV3、YV5 或 YV3、YV8 通电时，左侧滑台或右侧滑台工进；当电磁阀 YV3、YV6 或 YV3、YV9 通电时，左侧滑台或右侧滑台快速后退；当电磁阀 YV4 通电时，松开定位销；当电磁阀 YV2 通电时，机床拔开定位销；定位销松开后，撞击行程开关 SQ1，机床停止运行。

当需要机床工作时，将工件装入定位夹紧装置，按下液压系统启动按钮 SB4，机床按以下步骤工作。

按下液压系统启动按钮 SB4→工件定位和夹紧→左、右两面动力滑台同时快速进给→左、右两面动力滑台同时工进→左、右两面动力滑台快退至原位→夹紧装置松开→拔出定位销。在左、右动力滑台快速进给的同时，左刀具电动机 M2、右刀具电动机 M3 启动运转工作，提供切削动力；在左、右两面动力滑台工进时，切削液泵电动机 M4 自动启动，在工进结束后切削液泵电动机 M4 自动停止。在滑台退回原位后，左、右刀具电动机 M2、M3 停止运转。

（3）控制分析

双面钻孔组合机床的电气控制属于单机控制，输入输出均为开关量，根据实际控制要求，并考虑系统改造成本核算，在准备计算 I/O 点数的基础上，可以采用 CPU226 可编程控制器。该控制系统中所有输入触发信号采用常开触点接法，所需的 24V 直流电源由 PLC内部提供。根据双面钻孔组合机床的控制要求可知，该控制系统需要实现 3 个控制功能：①动力滑台的点动、复位控制；②动力滑台的单机自动循环控制；③整机全自动工作循环控制。动力滑台的点动、复位控制可由手动控制程序来实现；动力滑台的单机自动循环控制可采用顺序控制循环，应用步进顺控指令对其编程，可使程序简化，提高编程效率，为程序的调试、试运行带来许多方便；整机全自动工作循环控制可由总控制程序实现。

（4）I/O 端子资源分配与接线

根据控制要求及控制分析可知，该系统需要 23 个输入点和 15 个输出点，输入/输出地址分配如表 6-38 所示，其 I/O 接线如图 6-80 所示。

表 6-38　双面钻孔组合机床的 PLC 控制输入/输出分配表

输入			输出		
功能	元件	PLC 地址	功能	元件	PLC 地址
工件手动夹紧按钮	SB0	I0.0	工件夹紧指示灯	HL	Q0.0
总停止按钮	SB1	I0.1	电磁阀	YV1	Q0.1
液压泵电动机 M1 启动按钮	SB2	I0.2	电磁阀	YV2	Q0.2
液压系统停止按钮	SB3	I0.3	电磁阀	YV3	Q0.3
液压系统启动按钮	SB4	I0.4	电磁阀	YV4	Q0.4
左刀具电动机 M2 启动按钮	SB5	I0.5	电磁阀	YV5	Q0.5
右刀具电动机 M3 启动按钮	SB6	I0.6	电磁阀	YV6	Q0.6
夹紧松开手动按钮	SB7	I0.7	电磁阀	YV7	Q0.7
左刀具电动机快进点动按钮	SB8	I1.0	电磁阀	YV8	Q1.0
左刀具电动机快退点动按钮	SB9	I1.1	电磁阀	YV9	Q1.1
右刀具电动机快进点动按钮	SB10	I1.2	电磁阀	YV10	Q1.2
右刀具电动机快退点动按钮	SB11	I1.3	液压泵电动机 M1 接触器	KM1	Q1.3
松开工件定位行程开关	SQ1	I1.4	左刀具电动机 M2 接触器	KM2	Q1.4
工件定位行程开关	SQ2	I1.5	右刀具电动机 M3 接触器	KM3	Q1.5
左机滑台快进结束行程开关	SQ3	I1.6	切削液泵电动机 M4 接触器	KM4	Q1.6

输入			输出		
功能	元件	PLC 地址	功能	元件	PLC 地址
左机滑台工进结束行程开关	SQ4	I1.7			
左机滑台快退结束行程开关	SQ5	I2.0			
右机滑台快进结束行程开关	SQ6	I2.1			
右机滑台工进结束行程开关	SQ7	I2.2			
右机滑台快退结束行程开关	SQ8	I2.3			
工件压紧原位行程开关	SQ9	I2.4			
工件夹紧压力继电器	KP	I2.5			
手动和自动选择开关	SA	I2.6			

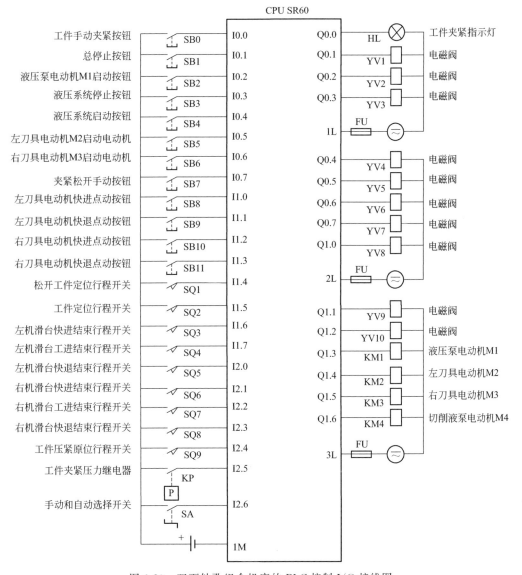

图 6-80 双面钻孔组合机床的 PLC 控制 I/O 接线图

（5）编写 PLC 控制程序

根据双面钻孔组合机床的循环工作过程图、控制分析和 PLC 资源配置，设计出双面钻孔组合机床 PLC 自动控制顺序功能图如图 6-81 所示，双面钻孔组合机床 PLC 的程序如表 6-39 所示。

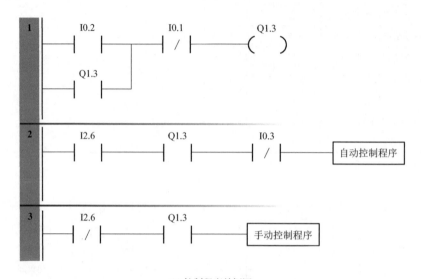

(a) 控制程序总框图

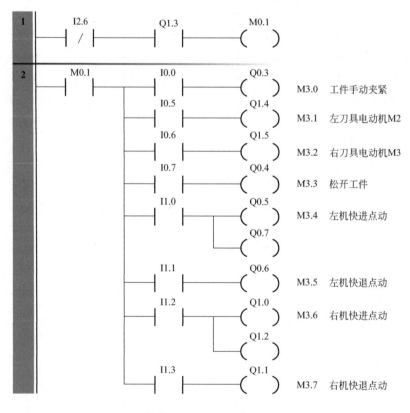

(b) 手动控制程序梯形图

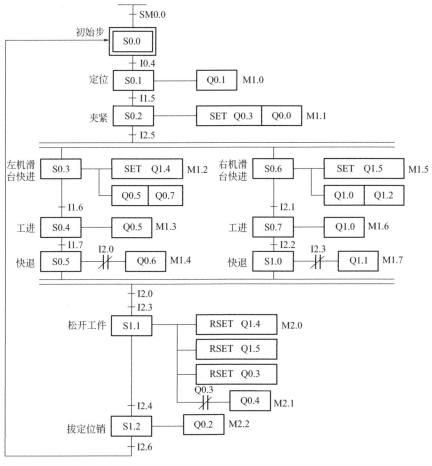

(c) 自动控制状态流程图

图 6-81　双面钻孔组合机床 PLC 自动控制顺序功能图

表 6-39　双面钻孔组合机床的 PLC 控制程序

程序段	LAD	STL
程序段 1	I0.2　　I0.1　　Q1.3 ├─┤├─┬─┤/├──( )─ 　Q1.3 ├─┤├─┘	LD　　I0.2 O　　 Q1.3 AN　　I0.1 =　　 Q1.3
程序段 2	I2.6　　Q1.3　　I0.3　　M0.0 ├─┤├──┤├──┤/├──( )─	LD　　I2.6 A　　 Q1.3 AN　　I0.3 =　　 M0.0
程序段 3	SM0.1　　　S0.0 ├─┤├──────(S)─ 　　　　　　　 1	LD　　SM0.1 S　　 S0.0,1
程序段 4	S0.0 ┌─────┐ │ SCR │ └─────┘	LSCR　S0.0

程序段	LAD	STL
程序段 5	M0.0 ── I0.4 ── S0.1 ─(SCRT)	LD　M0.0 A　　I0.4 SCRT　S0.1
程序段 6	─(SCRE)	SCRE
程序段 7	S0.1 SCR	LSCR　S0.1
程序段 8	M0.0 ── M1.0 ─( )	LD　　M0.0 =　　　M1.0
程序段 9	M0.0 ── I1.5 ── S0.2 ─(SCRT)	LD　　M0.0 A　　　I1.5 SCRT　S0.2
程序段 10	─(SCRE)	SCRE
程序段 11	S0.2 SCR	LSCR　S0.2
程序段 12	M0.0 ── M1.1 ─( )	LD　　M0.0 =　　　M1.1
程序段 13	M0.0 ── I2.5 ── S0.3 ─(SCRT) S0.6 ─(SCRT)	LD　　M0.0 A　　　I2.5 SCRT　S0.3 SCRT　S0.6
程序段 14	─(SCRE)	SCRE
程序段 15	S0.3 SCR	LSCR　S0.3
程序段 16	M0.0 ── M1.2 ─( )	LD　　M0.0 =　　　M1.2
程序段 17	M0.0 ── I1.6 ── S0.4 ─(SCRT)	LD　　M0.0 A　　　I1.6 SCRT　S0.4
程序段 18	─(SCRE)	SCRE
程序段 19	S0.4 SCR	LSCR　S0.4
程序段 20	M0.0 ── M1.3 ─( )	LD　　M0.0 =　　　M1.3
程序段 21	M0.0 ── I1.7 ── S0.5 ─(SCRT)	LD　　M0.0 A　　　I1.7 SCRT　S0.5

程序段	LAD	STL
程序段 22	─(SCRE)	SCRE
程序段 23	S0.5 SCR	LSCR S0.5
程序段 24	M0.0 ── I2.0 /── M1.4 ( )	LD M0.0 AN I2.0 = M1.4
程序段 25	─(SCRE)	SCRE
程序段 26	S0.6 SCR	LSCR S0.6
程序段 27	M0.0 ── M1.5 ( )	LD M0.0 = M1.5
程序段 28	M0.0 ── I2.1 ── M1.7 (SCRT)	LD M0.0 A I2.1 SCRT S0.7
程序段 29	─(SCRE)	SCRE
程序段 30	S0.7 SCR	LSCR S0.7
程序段 31	M0.0 ── M1.6 ( )	LD M0.0 = M1.6
程序段 32	M0.0 ── I2.2 ── S1.0 (SCRT)	LD M0.0 A I2.2 SCRT S1.0
程序段 33	─(SCRE)	SCRE
程序段 34	S1.0 SCR	LSCR S1.0
程序段 35	M0.0 ── I2.3 /── M1.7 ( )	LD M0.0 AN I2.3 = M1.7
程序段 36	S0.5 ── S1.0 ── I2.0 ── I2.3 ── S1.1 (SCRT)	LD S0.5 A S1.0 A I2.0 A I2.3 SCRT S1.1
程序段 37	─(SCRE)	SCRE
程序段 38	S1.1 SCR	LSCR S1.1

程序段	LAD	STL
程序段 39	M0.0 ── M2.0 ─( ) Q0.3 ── M2.1 ─( )/──	LD M0.0 = M2.0 AN Q0.3 = M2.1
程序段 40	M0.0 ── I2.4 ── M1.2 ─(SCRT)	LD M0.0 A I2.4 SCRT S1.2
程序段 41	─(SCRE)	SCRE
程序段 42	S1.2 SCR	LSCR S1.2
程序段 43	M0.0 ── M2.2 ─( )	LD M0.0 = M2.2
程序段 44	I2.6 ── S0.0 ─(SCRT)	LD I2.6 SCRT S0.0
程序段 45	─(SCRE)	SCRE
程序段 46	M1.1 ── Q0.0 ─( )	LD M1.1 = Q0.0
程序段 47	M1.0 ── Q0.1 ─( )	LD M1.0 = Q0.1
程序段 48	M2.2 ── Q0.2 ─( )	LD M2.2 = Q0.2
程序段 49	M1.1 ── M2.0 ── Q0.3 ─( )/── M1.2 M1.3 M1.4 M1.5 M1.6 M1.7 M3.0	LD M1.1 O M1.2 O M1.3 O M1.4 O M1.5 O M1.6 O M1.7 O M3.0 AN M2.0 = Q0.3

程序段	LAD	STL
程序段 50	M2.1 ─┤├─ Q0.4 ─( ) M3.3 ─┤├─	LD M2.1 O M3.3 = Q0.4
程序段 51	M1.2 ─┤├─ Q0.5 ─( ) M1.3 ─┤├─ M3.4 ─┤├─	LD M1.2 O M1.3 O M3.4 = Q0.5
程序段 52	M1.4 ─┤├─ Q0.6 ─( ) M3.5 ─┤├─	LD M1.4 O M3.5 = Q0.6
程序段 53	M1.2 ─┤├─ Q0.7 ─( ) M3.4 ─┤├─	LD M1.2 O M3.4 = Q0.7
程序段 54	M1.5 ─┤├─ Q1.0 ─( ) M1.6 ─┤├─ M3.6 ─┤├─	LD M1.5 O M1.6 O M3.6 = Q1.0
程序段 55	M1.7 ─┤├─ Q1.1 ─( ) M3.7 ─┤├─	LD M1.7 O M3.7 = Q1.1
程序段 56	M1.5 ─┤├─ Q1.2 ─( ) M3.6 ─┤├─	LD M1.5 O M3.6 = Q1.2

程序段	LAD	STL
程序段 57	M1.2 M2.0 Q1.4 M1.3 M1.4 M1.5 M1.6 M1.7 M3.1	LD M1.2 O M1.3 O M1.4 O M1.5 O M1.6 O M1.7 O M3.1 AN M2.0 = Q1.4
程序段 58	M1.5 M2.0 Q1.5 M1.6 M1.7 M3.2	LD M1.5 O M1.6 O M1.7 O M3.2 AN M2.0 = Q1.5
程序段 59	I2.6 Q1.3 M0.1	LDN I2.6 A Q1.3 = M0.1
程序段 60	M0.1 I0.0 M3.0 I0.5 M3.1 I0.6 M3.2 I0.7 M3.3 I1.0 M3.4 I1.1 M3.5 I1.2 M3.6 I1.3 M3.7	LD M0.1 LPS A I0.0 = M3.0 LRD A I0.5 = M3.1 LRD A I0.6 = M3.2 LRD A I0.7 = M3.3 LRD A I1.0 = M3.4 LRD A I1.1 = M3.5 LRD A I1.2 = M3.6 LPP A I1.3 = M3.7

（6）程序监控

① 用户启动 STEP 7-Micro/WIN SMART，创建一个新的项目，按照表 6-39 所示输入 LAD（梯形图）或 STL（指令表）中的程序，并对其进行保存。

② 通过下载电缆将程序固化到 CPU 后，在 STEP 7-Micro/WIN SMART 软件中，选择【PLC】→【操作】组件并单击"RUN"，使 PLC 处于运行状态，然后在【调试】→【状态】组件中单击"程序状态"，进入 STEP 7-Micro/WIN SMART 在线监控（即在线模拟）状态。

③ 刚进入在线监控状态时，S0.0 步为活动步。在程序段 1 中将 I0.2 设置为 1，以启动液压泵电动机 M1。M1 启动后，可以在程序段 59 中对 I2.6 进行相应设置以进行手动或自动选择操作。例如选择手动操作后，设置相应的触点为闭合状态，可以实现相应操作。图 6-82 所示的仿真图是在手动操作下，Q0.3 线圈输出为 1（工件夹紧）、Q1.5 线圈输出为 1（右机电动机 M3 启动）。

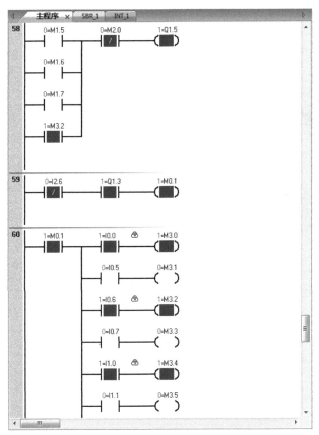

图 6-82　双面钻孔组合机床的 PLC 控制监控效果图

第7章

西门子S7-200 SMART PLC
模拟量功能与PID控制

PLC 是在数字量控制的基础上发展起来的工业控制装置，但是在许多工业控制系统中，其控制对象除了是数字量，还有可能是模拟量，例如温度、流量、压力、物位等均是模拟量。为了适应现代工业控制系统的需要，PLC 的功能不断增强，在第二代 PLC 就实现了模拟控制。当今第五代 PLC 已增加了许多模拟量处理功能，具有较强的 PID 控制能力，完全可以胜任各种较复杂的模拟控制。S7-200 SMART PLC 系统通过配置相应的模拟量输入/输出单元模块可以很好地进行模拟量的控制。

7.1 模拟量的基本概念

7.1.1 模拟量处理流程

连续变化的物理量称为模拟量，例如温度、流量、压力、速度、物位等。在 S7-200 SMART PLC 系统中，CPU 是以二进制算法来处理模拟值。模拟量输入模块用于将输入的模拟量信号转换成为 CPU 内部处理的数字信号；模拟量输出模块用于将 CPU 送给它的数字信号转换为成比例的电压信号或电流信号，对执行机构进行调节或控制。模拟量处理流程如图 7-1 所示。

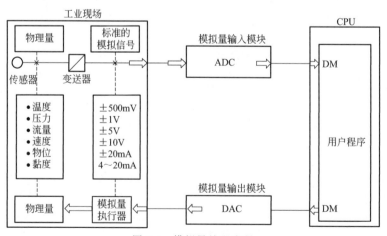

图 7-1 模拟量处理流程

若需将外界信号传送到 CPU 时，首先通过传感器采集所需的外界信号并将其转换为电信号，该电信号可能是离散性的电信号，需通过变送器将它转换为标准的模拟量电压或电流信号。模拟量输入模块接收到这些标准模拟量信号后，通过 ADC 转换为与模拟量成比例的数字量信号，并存放在缓冲器中（AI）。CPU 读取模拟量输入模块缓冲器中数字量信号，并传送到 CPU 指定的存储区中。

若 CPU 需控制外部相关设备时，首先 CPU 将指定的数字量信号传送到模拟量输出模块的缓冲器中（AQ）。这些数字量信号在模拟量输出模块中通过 DAC 转换后，转换为成比例的标准模拟电压或电流信号。标准模块电压或电流信号驱动相应的模拟量执行器进行相应动作，从而实现 PLC 的模拟量输出控制。

7.1.2 模拟值的表示及精度

（1）模拟值的精度

CPU 只能以二进制处理模拟值。对于具有相同标称范围的输入和输出值来说，数字化的模拟值都相同。模拟值用一个由二进制补码定点数来表示，第 15 位为符号位。符号位为 0 表示正数，为 1 表示负数。

模拟值的精度如表 7-1 所示，表中以符号位对齐，未用的低位则用"0"来填补，表中的"×"表示未用的位。

表 7-1　模拟值的精度

精度（位数）	分辨率		模拟值	
	十进制	十六进制	高 8 位字节	低 8 位字节
8	128	0x80	符号 0 0 0 0 0 0 0	1 × × × × × × ×
9	64	0x40	符号 0 0 0 0 0 0 0	0 1 × × × × × ×
10	32	0x20	符号 0 0 0 0 0 0 0	0 0 1 × × × × ×
11	16	0x10	符号 0 0 0 0 0 0 0	0 0 0 1 × × × ×
12	8	0x08	符号 0 0 0 0 0 0 0	0 0 0 0 1 × × ×
13	4	0x04	符号 0 0 0 0 0 0 0	0 0 0 0 0 1 × ×
14	2	0x02	符号 0 0 0 0 0 0 0	0 0 0 0 0 0 1 ×
15	1	0x01	符号 0 0 0 0 0 0 0	0 0 0 0 0 0 0 1

（2）输入量程的模拟值表示

① 电压测量范围为 $-10\sim+10\mathrm{V}$、$-5\sim5\mathrm{V}$、$-2.5\sim2.5\mathrm{V}$ 的模拟值表示如表 7-2 所示。

表 7-2　电压测量范围为 $-10\sim+10\mathrm{V}$、$-5\sim5\mathrm{V}$、$-2.5\sim2.5\mathrm{V}$ 的模拟值表示

电压测量范围				模拟值	
所测电压	±10V	$-5\sim5\mathrm{V}$	$-2.5\sim2.5\mathrm{V}$	十进制	十六进制
上溢	11.85V	5.926V	2.963V	32 767	0x7FFF
				32 512	0x7F00
上溢警告	11.759V	5.879V	2.940V	32 511	0x7EFF
				27 649	0x6C01

	电压测量范围			模拟值	
	10V	5V	2.5V	27648	0x6C00
	7.5V	3.75V	1.875V	20736	0x5100
正常范围	361.7μV	180.8μV	90.4μV	1	0x1
	0V	0V	0V	0	0x0
				−1	0xFFFF
	−7.5V	−3.75V	−1.875V	−20736	0xAF00
	−10V	−5V	−2.5V	−27648	0x9400
				−27649	0x93FF
下溢警告	−11.759V	−5.879V	−2.940V	−32512	0x8100
				−4864	0xED00
下溢				−32513	0x80FF
	−11.85V	−5.926V	−2.963V	−32768	0x8000

② 电流测量范围为 0～20mA 和 4～20mA 的模拟值表示如表 7-3 所示。

表 7-3　电流测量范围为 0～20mA 和 4～20mA 的模拟值表示

	电流测量范围		模拟值	
所测电流	0～20mA	4～20mA	十进制	十六进制
上溢	23.70mA	22.96mA	32767	0x7FFF
			32512	0x7F00
上溢警告	23.52mA	22.81mA	32511	0x7EFF
			27649	0x6C01
	20mA	20mA	27648	0x6C00
	15mA	16mA	20736	0x5100
	723.4nA	4mA+578.7nA	1	0x1
正常范围	0mA	4mA	0	0x0
			−1	0xFFFF
			−20736	0xAF00
			−27648	0x9400
			−27649	0x93FF
下溢警告			−32512	0x8100
	−3.52mA	1.185mA	−4864	0xED00
下溢			−32513	0x80FF
			−32768	0x8000

（3）输出量程的模拟值表示

① 电压输出范围为 −10～10V 的模拟值表示如表 7-4 所示。

表 7-4　电压输出范围为−10～10V 的模拟值表示

数字量			输出电压范围	
百分比	十进制	十六进制	−10～10V	输出电压
118.5149%	32767	0x7FFF	0.00V	上溢,断路和去电
	32512	0x7F00		
117.589%	32511	0x7EFF	11.76V	上溢警告
	27649	0x6C01		
100%	27648	0x6C00	10V	正常范围
75%	20736	0x5100	7.5V	
0.003617%	1	0x1	361.7μV	
0%	0	0x0	0V	
	−1	0xFFFF	−361.7μV	
−75%	−20736	0xAF00	−7.5V	
−100%	−27648	0x9400	−10V	
	−27649	0x93FF		下溢警告
−25%	−6912	0xE500		
	−6913	0xE4FF		
−117.593%	−32512	0x8100	−11.76V	
	−32513	0x80FF		下溢,断路和去电
−118.519%	−32768	0x8000	0.00V	

② 电流输出范围为 0～20mA 以及 4～20mA 的模拟值表示如表 7-5 所示。

表 7-5　电流输出范围为 0～20mA 以及 4～20mA 的模拟值表示

数字量			输出电流范围		
百分比	十进制	十六进制	0～20mA	4～20mA	输出电流
118.5149%	32767	0x7FFF	0.00mA	0.00mA	上溢
	32512	0x7F00			
117.589%	32511	0x7EFF	23.52mA	22.81mA	上溢警告
	27649	0x6C01			
100%	27648	0x6C00	20mA	20mA	正常范围
75%	20736	0x5100	15mA	16mA	
0.003617%	1	0x1	723.4nA	4mA+578.7nA	
0%	0	0x0	0mA	4mA	
	−1	0xFFFF			
−75%	−20736	0xAF00			
−100%	−27648	0x9400			

数字量			输出电流范围		
	−27649	0x93FF			
−25%	−6912	0xE500		0mA	下溢警告
	−6913	0xE4FF			
−117.593%	−32512	0x8100	输出值限制在 0mA		
	−32513	0x80FF			下溢
−118.519%	−32768	0x8000	0.00mA	0.00mA	

7.1.3 模拟量输入方法

模拟量的输入有两种方法：用模拟量输入模块输入模拟量、用采集脉冲输入模拟量。

（1）用模拟量输入模块输入模拟量

模拟量输入模块是将模拟过程信号转换为数字格式，其处理流程可参见图 7-1。使用该模块时，要了解其性能，主要的性能如下。

① 模拟量规格：指可接受或可输出的标准电流或标准电压的规格，一般多些好，便于选用。

② 数字量位数：指转换后的数字量，用多少位二进制数表达，位越多，精度越高。

③ 转换时间：只实现一次模拟量转换的时间，越短越好。

④ 转换路数：只可实现多少路的模拟量的转换，路数越多越好，可处理多路信号。

⑤ 功能：除了实现模数转换时的一些附加功能，有的还有标定、平均峰值及开方功能。

（2）用采集脉冲输入模拟量

PLC 可采集脉冲信号，可用于高速计数单元或特定输入点采集。也可用输入中断的方法采集，而把物理量转换为电脉冲信号也很方便。

7.1.4 模拟量输出方法

模拟量输出的方法有三种：用模拟量输出模块控制输出、用开关量 ON/OFF 比值控制输出、用可调制脉冲宽度的脉冲量控制输出。

（1）用模拟量输出模块控制输出

为使控制的模拟量能连续、无波动地变化，最好采用模拟量输出模块。模拟量输出模块是将数字输出值转换为模拟信号，其处理流程可参见图 7-1。模拟量输出模拟的参数包括诊断中断、组诊断、输出类型选择（电压、电流或禁用）、输出范围选择及对 CPU STOP 模式的响应。使用模拟量输出模块时应按以下步骤进行。

① 选用　确定是选用 CPU 单元的内置模拟量输入/输出模块，还是选用外扩大的模拟量输出模块。在选择外扩时，要选性能合适的输出模块，既要与 PLC 型号相当，规格、功能也要一致，而且配套的附件或装置也要选好。

② 接线　模拟量输出模块可为负载和执行器提供电源。模拟量输出模块使用屏蔽双绞线电缆连接模拟量信号至执行器。电缆两端的任何电位差都可能导致在屏蔽层产生等电位电流，进行干扰模拟信号。为防止发生这种情况，应只将电缆的一端屏蔽层接地。

③ 设定　有硬设定及软设定。硬设定用 DIP 开关，软设定用存储区或运行相当的初始

化 PLC 程序。做了设定，才能确定要使用哪些功能，选用什么样的数据转换，数据存储于什么单元等。总之，没有进行必要的设定，如同没有接好线一样，模块也是不能使用的。

（2）用开关量 ON/OFF 比值控制输出

改变开关量 ON/OFF 比例，进而用这个开关量去控制模拟量，是模拟量控制输出最简单的办法。这个方法不用模拟量输出模块，即可实现模拟量控制输出。其缺点：这个方法的控制输出是断续的，系统接收的功率有波动，不是很均匀。如果系统惯性较大，或要求不高，允许不大的波动时可用。为了减少波动，可缩短工作周期。

（3）用可调制脉冲宽度的脉冲量控制输出

有的 PLC 有半导体输出的输出点，可缩短工作周期，提高模拟量输出的平稳性。用其控制模拟量，则是既简单又平稳的方法。

7.2 西门子 S7-200 SMART PLC 的模拟量扩展模块

S7-200 SMART PLC 的模拟量模块包括：模拟量输入扩展模块、模拟量输出扩展模块和模拟量输入/输出扩展模块。

7.2.1 模拟量输入扩展模块

S7-200 SMART PLC 的模拟量输入扩展模块有两种型号：EM AE04 和 EM AE08。其中，EM AE04 为 4 路模拟量输入，EM AE08 为 8 路模拟量输入。

EM AE04 和 EM AE08 是将输入的模拟量信号转换为数字量，并将结果存入模拟量输入映像寄存器 AI 中，AI 中的数据是以字（1 个字 16 位）的形式存取，存储的 16 位数据中，电压模式有效位为 12 位＋符号位，电流模式有效位为 12 位。

模拟量输入扩展模块 EM AE04 和 EM AE08 有 4 种量程，分别为 0～20mA、-10～10V、-5～5V、-2.5～2.5V。这 4 种量程的选择是通过编程软件 STEP 7-Micro/WIN SMART 来设置，具体设置参见 3.2.3 节。

对于单极性满量程输入范围对应的数字量输出为 0～27648；双极性满量程输入范围对应的数字量输出为 -27648～27648。

模拟量输入扩展模块的接线如图 7-2 所示，它们需要 DC 24V 电源供电，可以外接开关电源，也可由来自 PLC 的传感器电源（L+、M 之间 DC 24V）提供。在扩展模块及外围元件较多的情况下，不建议使用 PLC 的传感器电源供电。

通道 0（0+、0-）和通道 1（1+、1-），不能同时测量电压和电流信号，只能二选一。通道 2（2+、2-）和通道 3（3+、3-），通道 4（4+、4-）和通道 5（5+、5-），通道 6（6+、6-）和通道 7（7+、7-），也是如此。

模拟量输入扩展模块安装时，将其连接器插入 CPU 模块或其它扩展模块的插槽中，不再是 S7-200 PLC 那种采用扁平电缆的连接方式。

7.2.2 模拟量输出扩展模块

S7-200 SMART PLC 的模拟量输出扩展模块也有两种型号：EM AQ02 和 EM AQ04。其中，EM AQ02 为 2 路模拟量输出，EM AQ04 为 4 路模拟量输出。

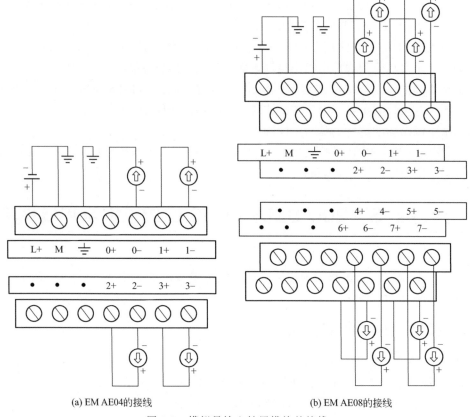

(a) EM AE04的接线　　　　　　　　(b) EM AE08的接线

图 7-2　模拟量输入扩展模块的接线

EM AQ02 和 EM AQ04 是将模拟量输出映像寄存器 AQ 中的数字量转换为可用于驱动执行元件的模拟量。AQ 中的数据是以字（1 个字 16 位）的形式存取，存储的 16 位数据中，电压模式有效位为 11 位＋符号位，电流模式有效位为 11 位。

模拟量输出扩展模块 EM AQ02 和 EM AQ04 有两种量程，分别是±10V 和 0～20mA，对应的数字量为－27648～27648 和 0～27648。这两种量程的选择也是通过编程软件 STEP 7-Micro/WIN SMART 来设置。

模拟量输出扩展模块的接线如图 7-3 所示，它们需要 DC 24V 电源供电，可以外接开关电源，也可由来自 PLC 的传感器电源（L＋、M 之间 DC 24V）提供。在扩展模块及外围元件较多的情况下，不建议使用 PLC 的传感器电源供电。

7.2.3　模拟量输入/输出扩展模块

S7-200 SMART PLC 的模拟量输入/输出扩展模块同样有两种型号：EM AM03 和 EM AM06。其中，EM AM03 为 2 路模拟量输入/1 路模拟量输出，EM AM06 为 4 路模拟量输入/2 路模拟量输出。

模拟量输入/输出扩展模块的接线如图 7-4 所示，它们需要 DC 24V 电源供电，可以外接开关电源，也可由来自 PLC 的传感器电源（L＋、M 之间 DC 24V）提供。在扩展模块及外围元件较多的情况下，不建议使用 PLC 的传感器电源供电。

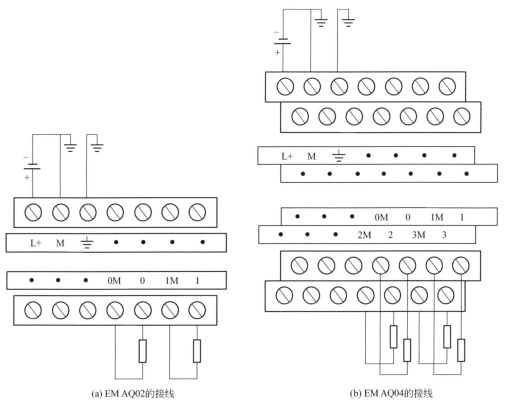

(a) EM AQ02的接线　　　　　　　　　　　(b) EM AQ04的接线

图 7-3　模拟量输出扩展模块的接线

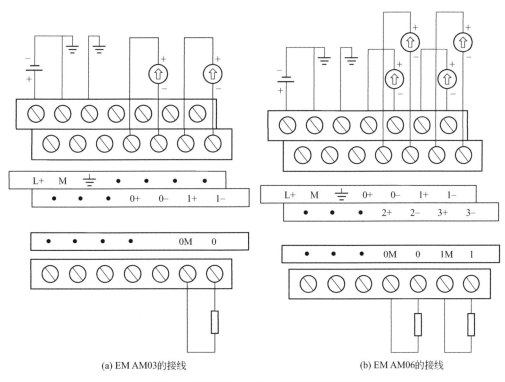

(a) EM AM03的接线　　　　　　　　　　　(b) EM AM06的接线

图 7-4　模拟量输入/输出扩展模块的接线

7.3 模拟量控制的使用

7.3.1 模块的地址编排

S7-200 SMART PLC 本机有一定数量的 I/O 点，其地址分配也是固定的。当 I/O 点数不够时，通过连接 I/O 扩展模块或安装信号板，可以实现 I/O 点数的扩展。扩展模块一般安装在本机的右端，最多可以扩展 6 个扩展模块。扩展模块可以分为数字量输入扩展模块、数字量输出扩展模块、数字量输入/输出扩展模块、模拟量输入扩展模块、模拟量输出扩展模块、模拟量输入/输出扩展模块等。

扩展模块的地址分配是由 I/O 模块的类型和模块在 I/O 链中的位置决定。数字量 I/O 模块的地址以字节为单位，某些 CPU 信号和数字量 I/O 点数如不是 8 的整数倍，最后一个字节中未用的位不会分配给 I/O 链中的后续模块。

每个模拟量扩展模块，按扩展模块的先后顺序进行排序，其中，模拟量根据输入、输出不同分别排序。模拟量的数据格式为一个字长，所以地址必须从偶数字开始。例如：AIW16，AIW32……AQW16，AQW32……

CPU、信号板和各扩展模块的连接及起始地址分配，如表 7-6 所示。用系统块组态硬件时，编程软件 STEP 7-Micro/WIN SMART 会自动分配各模拟和信号板的地址，本书 3.2.3 节硬件组态中有详细阐述，这里不再赘述。

表 7-6 CPU、信号板和各扩展模块的连接及起始地址分配

地址	CPU	信号板	信号模块 0	信号模块 1	信号模块 2	信号模块 3
起始地址	I0.0 Q0.0	I7.0	I8.0	I12.0	I16.0	I20.0
		Q7.0	Q8.0	Q12.0	Q16.0	Q20.0
		无 AI 信号板	AIW16	AIW32	AIW48	AIW64
		AQW12	AQW16	AQW32	AQW48	AQW64

7.3.2 模拟量信号的转换

模拟量信号通过 A/D 转换变成 PLC 可以识别的数字信号，模拟量输出信号通过模拟量转换器（DAC）转换将 PLC 中的数字信号转换成模拟量输出信号。在 PLC 的程序设计中为了实现控制需要，将有关的模拟量通过手工计算转换为数字量，具体的换算公式如下。

（1）模拟量到数字量的转换公式

$$D = (A - A_0) \times \frac{D_m - D_0}{A_m - A_0} + D_0 \tag{7-1}$$

（2）数字量到模拟量的转换公式

$$A = (D - D_0) \times \frac{A_m - A_0}{D_m - D_0} + A_0 \tag{7-2}$$

式中，A_m 为模拟量输入信号的最大值；A_0 为模拟量输出信号的最小值；D_m 为 A_m 经

A/D 转换得到的数值；D_0 为 A_0 经 A/D 转换得到的数值；A 为模拟量信号值；D 为 A 经 A/D 转换得到的数值。

例 7-1 已知 S7-200 SMART PLC 的模拟量输入模块加入标准电信号为 $0\sim20$mA（$A_0\sim A_m$），经 A/D 转换后数值为 $0\sim27648$（$D_0\sim D_m$），试分别计算：当输入信号为 12mA 时，经 A/D 转换后存入模拟量输入寄存器 AIW 中的数值；当已知存入模拟量输入寄存器 AIW 中的数值是 12000，则对应的输入端信号值。

① 由式（7-1）得到 AIW 中的数值 D 为

$$D=(A-A_0)\times\frac{D_m-D_0}{A_m-A_0}+D_0=(12-0)\times\frac{27648-0}{20-0}+0=16589$$

② 由式（7-2）得到输入端信号的值 A 为

$$A=(D-D_0)\times\frac{A_m-A_0}{D_m-D_0}+A_0=(12000-0)\times\frac{20-0}{27648-0}+0=8.68(\text{mA})$$

7.3.3 模拟量扩展模块的应用

例 7-2 EM AE04 电压量程的应用。某压力变送器量程为 $0\sim20$MPa，输出信号为 $0\sim10$V，要求使用模拟量输入模块 EM AE04 电压量程，根据转换后的数字量计算出压力值，并编写相应程序。

分析：假设使用模拟量输入模块 EM AE04 的电压量程为 $-10\sim10$V，其转换后的数字量范围为 $0\sim27648$。压力变送器输出信号的量程为 $0\sim10$V，正好和模拟量输入模块 EM AE04 的量程一半 $0\sim10$V 一一对应，因此对应关系成正比，实际物理量 0MPa 对应模拟量模块内部数字量为 0，实际物理量 20MPa 对应模拟量模块内部数字量为 27648。如果转换后的数字量为 D，根据式（7-2）得出压力值所对应的 A 值：$A=(D-D_0)\times\dfrac{A_m-A_0}{D_m-D_0}+A_0=$

$(D-0)\times\dfrac{20-0}{27648-0}+0=\dfrac{20D}{27648}(\text{mA})$，编写程序如表 7-7 所示。

表 7-7 EM AE04 电压量程的应用程序

程序段	LAD	STL

程序段 1	I0.0 —[ ]— MOV_W (EN ENO) AIW16→IN OUT→VW0；I_DI (EN ENO) VW0→IN OUT→VD10；MUL_DI (EN ENO) VD10→IN1 OUT→VD20, +20→IN2；DIV_DI (EN ENO) VD20→IN1 OUT→VD30, +27648→IN2	LD I0.0
		MOVW AIW16,VW0
		ITD VW0,VD10
		MOVD VD10,VD20
		*D +20,VD20
		MOVD VD20,VD30
		/D +27648,VD30

在程序段 1 中，MOVW 指令将模拟量模块转换的数字量（D）由 AIW16 送入到 VW0 中，然后通过 ITD 指令将 VW0 中的值转换为双整数，并送入 VD10 中。$*D$ 指令将 VD10 中的值乘以 20，得到的积送入 VD20 中，即实现了公式中的 $20 \times D$，/D 指令将 VD20 中的值除以 27648，得到的商送入 VD30 中，即实现了公式中的 $20 \times D/27648$。由于程序段中使用的数据类型为整数，因此得出的压力值为整数类型。

例 7-3 EM AE04 电流量程的应用。某压力变送器量程为 0～10MPa，输出信号为 4～20mA，要求使用模拟量输入模块 EM AE04 电流量程，根据转换后的数字量计算出压力值，并编写相应程序。

分析：模拟量输入模块 EM AE04 的电流量程为 0～20mA，其转换后的数字量范围为 0～27648。压力变送器输出信号的量程为 4～20mA，与模拟量输入模块 EM AE04 的量程不完全对应。4mA 对应的数字量为 $27648 \times 4/20$，约为 5530，因此实际物理量 0MPa 对应模拟量模块内部数字量为 5530，实际物理量 10MPa 对应模拟量模块内部数字量为 27648。如果转换后的数字量为 D，根据式(7-2) 得出压力值所对应的 A 值：$A = (D - D_0) \times \dfrac{A_m - A_0}{D_m - D_0} + A_0 = (D - 5530) \times \dfrac{10 - 0}{27648 - 5530} + 0 = \dfrac{10 \times (D - 5530)}{27648 - 5530}$（mA），编写程序如表 7-8 所示。

表 7-8 EM AE04 电流量程的应用程序

程序段	LAD	STL

程序段 1	I0.0 — [I_DI EN ENO / AIW16—IN OUT—VD10] [DI_R EN ENO / VD10—IN OUT—VD20] [SUB_R EN ENO / VD20—IN1 OUT—VD30 / 5530.0—IN2] [MUL_R EN ENO / VD30—IN1 OUT—VD40 / 10.0—IN2] [SUB_R EN ENO / 27648.0—IN1 OUT—VD50 / 5530.0—IN2] [DIV_R EN ENO / VD40—IN1 OUT—VD60 / VD50—IN2]	LD I0.0
		ITD AIW16,VD10
		DTR VD10,VD20
		MOVR VD20,VD30
		-R 5530.0,VD30
		MOVR VD30,VD40
		*R 10.0,VD40
		MOVR 27648.0,VD50
		-R 5530.0,VD50
		MOVR VD40,VD60
		/R VD50,VD60

在程序段 1 中，ITD 指令将模拟量模块转换的数字量（D）AIW16 中的值转换为双整数，并送入 VD10 中。并通过 DTR 指令将 VD10 中的双整数转换为实数，结果送入 VD20 中。第 1 条-R 指令，将 VD20 中的实数减去 5530.0，结果送入 VD30 中，即执行 $D-5530.0$ 操作。＊R 指令，将 VD30 中的值乘以 10，结果送入 VD40 中，即执行 $10\times(D-5530.0)$ 操作。第 2 条-R 指令，执行 27648-5530 操作，差值送入 VD50 中。/R 指令，将 VD40 除以 VD50，结果送入 VD60，即计算出的压力值送入 VD60 中。由于程序段中使用的数据类型为实数，因此得出的压力值为实数类型。

7.4 PID 控制

7.4.1 PID 控制原理

（1）PID 控制的基本概念

PID（Proportional Integral Derivative）即比例（P）-积分（I）-微分（D），其功能是实现有模拟量的自动控制领域中需要按照 PID 控制规律进行自动调节的控制任务，如温度、压力、流量等。PID 是根据被控制输入的模拟物理量的实际数值与用户设定的调节目标值的相对差值，按照 PID 算法计算出结果，输出到执行机构进行调节，以达到自动维持被控制的量跟随用户设定的调节目标值变化的目的。

当被控对象的结构和参数不能完全掌握，或者得不到精确的数学模型，并且难以采用控制理论的其他技术，系统控制器的结构和参数必须依靠经验和现场调试来确定，在这种情况下，可以使用 PID 控制技术。PID 控制技术包含了比例控制、微分控制和积分控制。

① 比例控制（Proportional）　　比例控制是一种最简单的控制方式。其控制器的输出与输入误差信号成比例关系，增大比例系数使系统反应灵敏，调节速度加快，并且可以减小稳态误差。但是，比例系数过大会使超调量增大，振荡次数增加，调节时间加长，动态性能变坏，比例系数太大甚至会使闭环系统不稳定。当仅有比例控制时系统输出存在稳态误差（steady-state error）。

② 积分控制（Integral）　　在 PID 中的积分对应于图 7-5 中的误差曲线 $ev(t)$ 与坐标轴包围的面积，图中，T_S 为采样周期。通常情况下，用图中各矩形面积之和来近似精确积分。

在积分控制中，PID 的输出与输入误差信号的积分成正比关系。每次 PID 运算时，在原来的积分值基础上，增加一个与当前的误差值 $ev(n)$ 成正比的微小部分。误差为负值时，积分的增量为负。

对一个自动控制系统，如果在进入稳态后存在稳态误差，则称这个控制系统为有稳态误差系统，或简称有差系统（system with steady-state error）。为了消除稳态误差，在控制器中必须引入"积分项"。积分项对误差的运算取决于积分时间 T_I，T_I 在积分项的分母中。T_I 越小，积分

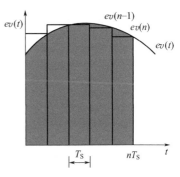

图 7-5　积分的近似计算

项变化的速度越快，积分作用越强。

③ 比例积分控制　PID 输出中的积分项与输入误差的积分成正比。输入误差包含当前误差及以前的误差，它会随时间而增加而累积，因此积分作用本身具有严重的滞后特性，对系统的稳定性不利。如果积分项的系数设置得不好，其负面作用很难通过积分作用本身迅速地修正。而比例项没有延迟，只要误差一出现，比例部分就会立即起作用。因此积分作用很少单独使用，它一般与比例和微分联合使用，组成 PI 或 PID 控制器。

PI 和 PID 控制器既克服了单纯的比例调节有稳态误差的缺点，又避免了单纯的积分调节响应慢、动态性能不好的缺点，因此被广泛使用。

如果控制器有积分作用（例如采用 PI 或 PID 控制），积分能消除阶跃输入的稳态误差，这时可以将比例系数调得小一些。如果积分作用太强（即积分时间太小），其累积的作用会使系统输出的动态性能变差，有可能使系统不稳定。积分作用太弱（即积分时间太大），则消除稳态误差的速度太慢，所以要取合适的积分时间值。

④ 微分控制　在微分控制中，控制器的输出与输入误差信号的微分（即误差的变化率）成正比关系，误差变化越快，其微分绝对值越大。误差增大时，其微分为正；误差减小时，其微分为负。由于在自动控制系统中存在较大的惯性组件（环节）或有滞后（delay）组件，具有抑制误差的作用，其变化总是落后于误差的变化。因此，自动控制系统在克服误差的调节过程中可能会出现振荡甚至失稳。在这种情况下，可以使抑制误差作用的变化"超前"，即在误差接近零时，抑制误差的作用就应该是零。也就是说，在控制器中仅引入"比例"项往往是不够的，比例项的作用仅是放大误差的幅值，而目前需要增加的是"微分项"，它能预测误差变化的趋势，这样，具有比例＋微分的控制器就能够提前使抑制误差的控制作用等于零，甚至为负值，从而避免被控量的严重超调。所以对有较大惯性或滞后的被控对象，比例＋微分（PD）控制器能改善系统在调节过程中的动态特性。

（2）PID 控制器的主要优点

PID 控制器成为广泛应用的控制器，它具有以下优点。

① 不需要知道被控对象的数学模型。实际上大多数工业对象准确的数学模型是无法获得的，对于这一类系统，使用 PID 控制可以得到比较满意的效果。

② PID 控制器具有典型的结构，其算法简单明了，各个控制参数相对较为独立，参数的选定较为简单，形成了完整的设计参数调整方法，很容易为工程技术人员所掌握。

③ 有较强的灵活性和适应性，对各种工业应用场合，都可在不同程度上应用，特别适用于"一阶惯性环节＋纯滞后"和"二阶惯性环节＋纯滞后"的过程控制对象。

④ PID 控制根据被控对象的具体情况，可以采用各种 PID 控制的变种和改进的控制方式，如 PI、PD、带死区的 PID、积分分离式 PID、变速积分 PID 等。

（3）PID 表达式

PID 控制器的传递函数为

$$\frac{MV(t)}{EV(t)} = K_p(1 + \frac{1}{T_{1s}} + T_D s)$$

模拟量 PID 控制器的输出表达式为

$$mv(t) = K_p * [ev(t) + \frac{1}{T_I}\int ev(t)\mathrm{d}t + T_D \frac{\mathrm{d}ev(t)}{\mathrm{d}t}] + M \qquad (7\text{-}3)$$

式(7-3)中控制器的输入量（误差信号）$ev(t) = sp(t) - pv(t)$，$sp(t)$ 为设定值，

$pv(t)$ 为过程变量（反馈值）；$mv(t)$ 是 PID 控制器的输出信号，是时间的函数；K_p 是 PID 回路的比例系数；T_I 和 T_D 分别是积分时间常数和微分时间常数，M 是积分部分的初始值。

为了在数字计算机内运行此控制函数，必须将连续函数化成为偏差值的间断采样。数字计算机使用式（7-4）为基础的离散化 PID 运算模型。

$$Mv(n) = K_p * ev(n) + K_i \sum_{i=1}^{n} e_i + Mx + K_d * (ev(n) - ev(n-1)) \qquad (7-4)$$

式(7-4) 中，$Mv(n)$ 为第 n 次采样时刻的 PID 运算输出值；K_p 为 PID 回路的比例系数；K_i 为 PID 回路的积分系数；K_d 为 PID 回路的微分系数；$ev(n)$ 为第 n 次采样时刻的 PID 回路的偏差；$ev(n-1)$ 为第 $n-1$ 次采样时刻的 PID 回路的误差；e_i 为采样时刻 i 的 PID 回路的偏差；Mx 为 PID 回路输出的初始值。

式(7-4) 中，第一项叫作比例项，第二项由两项的和构成，叫积分项，最后一项叫微分项。比例项是当前采样的函数，积分项是从第一采样至当前采样的函数，微分项是当前采样及前一采样的函数。在数字计算机内，这里既不可能也没有必要存储全部偏差项的采样。因为从第一采样开始，每次对偏差采样时都必须计算其输出数值，因此，只需要存储前一次的偏差值及前一次的积分项数值。利用计算机处理的重复性，可对上述计算公式进行简化。简化后的公式为式（7-5）。

$$Mv(n) = K_p * ev(n) + (K_i * ev(n) + Mx) + K_d * (ev(n) - ev(n-1)) \qquad (7-5)$$

（4）PID 参数的整定

PID 控制器的参数整定是控制系统设计的核心内容。它是根据被控过程的特性，确定 PID 控制器的比例系数、积分时间和微分时间的大小。PID 控制器有 4 个主要的参数 K_p、T_I、T_D 和 T_S 需整定，无论哪一个参数选择得不合适都会影响控制效果。在整定参数时应把握住 PID 参数与系统动态、静态性能之间的关系。

在 P（比例）、I（积分）、D（微分）这三种控制作用中，比例部分与误差信号在时间上是一致的，只要误差一出现，比例部分就能及时地产生与误差成正比的调节作用，具有调节及时的特点。

增大比例系数 K_p 一般将加快系统的响应速度，在有静差的情况下，有利于减小静差，提高系统的稳态精度。但是，对于大多数系统而言，K_p 过大会使系统有较大的超调，并使输出量振荡加剧，从而降低系统的稳定性。

积分作用与当前误差的大小和误差的历史情况都有关系，只要误差不为零，控制器的输出就会因积分作用而不断变化，一直要到误差消失，系统处于稳定状态时，积分部分才不再变化。因此，积分部分可以消除稳态误差，提高控制精度，但是积分作用的动作缓慢，可能给系统的动态稳定性带来不良影响。积分时间常数 T_I 增大时，积分作用减弱，有利于减小超调，减小振荡，使系统的动态性能（稳定性）有所改善，但是消除稳态误差的时间变长。

微分部分是根据误差变化的速度，提前给出较大的调节作用。微分部分反映了系统变化的趋势，它较比例调节更为及时，所以微分部分具有超前和预测的特点。微分时间常数 T_D 增大时，有利于加快系统的响应速度，使系统的超调量减小，动态性能得到改善，稳定性增加，但是抑制高频干扰的能力减弱。

选取采样周期 T_S 时，应使它远远小于系统阶跃响应的纯滞后时间或上升时间。为使采样值能及时反映模拟量的变化，T_S 越小越好。但是 T_S 太小会增加 CPU 的运算工作量，相邻两次采样的差值几乎没有什么变化，所以也不宜将 T_S 取得过小。

对 PID 控制器进行参数整定时，可实行先比例、后积分、再微分的整定步骤。

首先整定比例部分。将比例参数由小变大，并观察相应的系统响应，直至得到反应快、超调小的响应曲线。如果系统没有静差或静差已经小到允许范围内，并且对响应曲线已经满意，则只需要比例调节器即可。

如果在比例调节的基础上系统的静差不能满足设计要求，则必须加入积分环节。在整定时先将积分时间设定到一个比较大的值，然后将已经调节好的比例系数略为缩小（一般缩小为原值的 0.8），然后减小积分时间，使得系统在保持良好动态性能的情况下，静差得到消除。在此过程中，可根据系统的响应曲线的好坏反复改变比例系数和积分时间，以期得到满意的控制过程和整定参数。

反复调整比例系数和积分时间，如果还不能得到满意的结果，则可以加入微分环节。微分时间 T_D 从 0 逐渐增大，反复调节控制器的比例、积分和微分各部分的参数，直至得到满意的调节效果。

7.4.2 PID 回路控制参数表及指令

（1）PID 回路控制参数表

PID 控制回路的运算是根据参数表中的输入测量值、控制设定值和 PID 参数来求得输出控制值。回路参数表的长度为 80 个字节，其格式如表 7-9 所示，其中地址偏移量 0~35 用于基本 PID 回路控制，36~80 用于自整定 PID 控制。

表 7-9 PID 回路控制参数表格式

地址偏移量(VD)	参数	数据格式	参数类型	说明
0	过程变量(PVn)	实数	输入	过程变量,必须在 0.0~1.0 之间
4	设定值(SPn)	实数	输入	给定值,必须在 0.0~1.0 之间
8	输出值(Mn)	实数	输入/输出	输出值,必须在 0.0~1.0 之间
12	增益(Kc)	实数	输入	增益是比例常数,可正可负
16	采样时间(Ts)	实数	输入	单位为秒,必须是正数
20	积分时间(TI)	实数	输入	单位为分钟,必须是正数
24	微分时间(TD)	实数	输入	单位为分钟,必须是正数
28	积分项前项(MX)	实数	输入	积分项前项,必须在 0.0~1.0 之间
32	过程变量前值(PVn-1)	实数	输入/输出	最近一次 PID 运算的过程变量值
36	PID 扩展表 ID	ASCII	常数	'PIDA'(PID 扩展表,版本 A):ASCII 常数
40	AT 控制(ACNTL)	字节	输入	各位定义详见图 7-6(a)
41	AT 状态(ASTAT)	字节	输出	每次自整定序列启动时,CPU 会清除警告位并置位进行位,自整定完成后,CPU 会清除进行位,各位定义详见图 7-6(b)
42	AT 结果(ARES)	字节	输入/输出	各位定义详见图 7-6(c)
43	AT 配置(ACNFG)	字节	输入	各位定义详见图 7-6(d)
44	偏差(DEV)	实数	输入	最大 PV 振荡幅度的标准化值(范围 0.025~0.25)
48	滞后(HYS)	实数	输入	用于确定过零的 PV 滞后标准化值(范围 0.005~0.1)。如果 DEV 与 HYS 的比值小于 4,自整定期间会发出警告

地址偏移量(VD)	参数	数据格式	参数类型	说明
52	初始输出阶段(STEP)	实数	输入	输出值中阶跃变化的标准化大小,用于使PV产生振荡(范围0.05～0.4)
56	看门狗时间(WDOG)	实数	输入	两次过零之间允许的最大秒数值(范围60～7200)
60	建议增益(AT_Kc)	实数	输出	自整定过程确定的建议回路增益
64	建议积分时间(AT_Ti)	实数	输出	自整定过程确定的建议积分时间
68	建议微分时间(AT_TD)	实数	输出	自整定过程确定的建议微分时间
72	实际阶跃大小(ASTEP)	实数	输出	自整定过程确定的标准化阶跃大小值
76	实际滞后(AHYS)	实数	输出	自整定过程确定的标准化PV滞后值

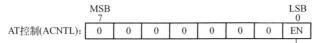

(a) AT控制的各位定义

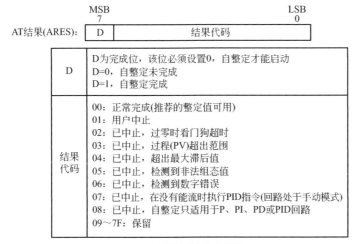

(b) AT状态的各位定义

(c) AT结果的各位定义

图 7-6

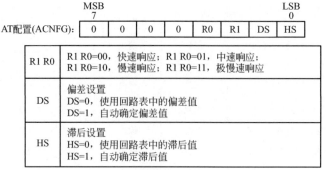

(d) AT配置的各位定义

图 7-6　AT 控制和状态字段的各位定义

在许多控制系统中，有时只采用一种或两种回路控制类型即可，例如只需要比例回路或者比例积分回路。通过设置常量参数，可以选择需要的回路控制类型，其方法如下。

① 如果不需要积分回路（即 PID 计算中没有"I"），可以把积分时间 T_I（复位）设为无穷大"INF"。虽然没有积分作用，但由于初值不为零，所以积分项还是不为零。

② 如果不需要微发回路（即 PID 计算中没有"D"），应将微分时间 T_D 设为零。

③ 如果不需要比例回路（即 PID 计算中没有"I"），但需要积分（I）或积分、微分（ID）回路，应将增益值 K_c 设为零。由于 K_c 是计算积分和微分项公式中的系数，系统会在积分和微分项时，将增益当作 1.0 看待。

（2）PID 回路控制指令

PID 回路控制指令是利用回路参数表 TBL 中的输入信息和组态信息进行 PID 运算，其指令如表 7-10 所示。

表 7-10　PID 回路控制指令

指令	LAD	STL	说明
PID	PID EN　ENO TBL LOOP	PID　TBL,LOOP	TBL：参数表起始地址 VB，数据类型：字节 LOOP：回路号，常量（0～7），数据类型：字节

PID 回路指令可以用来进行 PID 运算，但是进行 PID 运算的前提条件是逻辑堆栈的栈顶（TOS）值必须为 1.该指令有两个操作数：TBL 和 LOOP。TBL 是 PID 回路表的起始地址；LOOP 是回路编号，可以是 0～7 的整数。

在程序中最多可以使用 8 条 PID 指令，分别编号为 0～7。如果有两个或两个以上的 PID 指令用了同一个回路号，那么即使这些指令回路表不同，这些 PID 运算之间也会相互干涉，产生错误。

PID 指令不对参数表输入值进行范围检查。必须保证过程变量和给定值积分项前值和过程变量前值在 0.0～1.0 之间。

为了让 PID 运算以预想的采样频率工作，PID 指令必须用在定时发生的中断程序中，或者用在主程序中被定时器所控制以一定频率执行，采样时间必须通过回路表输入到 PID 运算中。

7.4.3 PID回路控制

（1）控制方式

PID回路没有设置控制方式，只要PID块有效，就可以执行PID运算。也就是说，S7-200 SMART PLC执行PID指令时为"自动"运行方式，不执行PID指令时为"手动"模式。同计数器指令相似，PID指令有一个使能位EN。当该使能位检测到一个信号的正跳变（从0到1），PID指令执行一系列的动作，使PID指令从手动方式无扰动地切换到自动方式。为了达到无扰动切换，在转变到自动控制前，必须用手动方式把当前输出值填入回路表中的M_n栏，用来初始化输出值M_n，且进行一系列的操作，对回路表中值进行组态，完成一系统的动作包括：

① 置给定值SP_n＝过程变量PV_n

② 置过程变量前值PV_{n-1}＝过程变量当前值PV_n

③ 置积分项前值M_x＝输出值M_n

PID使能位EN的默认值是1，在CPU启动或从STOP方式转到RUN方式时首次使PID块有效，此时若没有检测到使能位的正跳变，也就不会执行"无扰动"自动变换。

（2）回路输入和转换的标准化

每个PID回路有两个输入量，即给定值（SP）和过程变量（PV）。给定值通常是一个固定的值，比如设定的汽车速度。过程变量是与PID回路输出有关，可以衡量输出对控制系统作用的大小。在汽车速度控制系统的实例中，过程变量应该是测量轮胎转速的测速计输入。给定值和过程变量都可能是实际的值，它们的大小、范围和工程单位都可能不一样。在PID指令对这些实际值进行运算之前，必须把它们转换成标准的浮点型表达形式，其步骤如下。

① 将16位整数数值转换成浮点型实数值，下面指令是将整数转换为实数。

XORD	AC0，AC0	//将AC0清0
ITD	AIW0，AC0	//将输入值转换成32位的双整数
DIR	AC0，AC0	//将32位双整数转换成实数

② 将实际的实数值转换成0.0～1.0之间的标准化值。用下面的公式可实现：

实际的实数值＝实际数值的非标准化数值或原始实数÷取值范围＋偏移量

式中取值范围＝最大可能值－最小可能值。单极性时取值范围为27648，偏移量为0.0；双极性时取值范围为55296，偏移量为0.5。

下面指令是将双极性实数标准化为0.0～1.0之间的实数。

/R	55296.0，AC0	//将累加器中的数值标准化
＋R	0.5，AC0	//加偏移量，使其在0.5～1.0之间
MOVR	AC0，VD100	//标准化的值存入回路表

（3）PID回路输出值转换为成比例的整数值

程序执行后，回路输出值一般是控制变量，比如，在汽车速度控制中，可以是油阀开度的设置。回路输出是0.0和1.0之间的一个标准化的实数值。在回路输出可以用于驱动模拟输出之前，回路输出必须转换成一个16位的标定整数值。这一过程，是给定值或过程变量的标准化转换的逆过程。

PID回路输出成比例实数数值＝（PID回路输出标准化实数值－偏移量）×取值范围

程序如下：

```
MOVR    VD108，AC0          //将 PID 回路输出值送入 AC0
-R         0.5，AC0          //双极性值减偏移量 0.5（仅双极性有此句）
*R 55296.0，AC0              //将 AC0 的值×取值范围，变为 32 位整数
ROUND AC0，AC0              //将实数转换成 32 位整数
DTI        AC0，LW0          //将 32 位整数转换成 16 位整数
MOVW LW0，AQW0             //将 16 位整数写入模拟量输出寄存器
```

（4）PID 回路的正作用与反作用

如果 PID 回路增益 K_c 为正，那么该回路为正作用回路；若增益 K_c 为负，则为反作用回路。对于增益值为 0.0 的积分或微分控制来说，如果指定积分时间、微分时间为正，就是正作用回路；如果指定为负值，就是反作用回路。

（5）变量与范围

过程变量和给定值是 PID 运算的输入值，因此在回路控制参数表中的这些变量只能被 PID 指令读而不能被改写。输出变量是由 PID 运算产生的，所以在每一次 PID 运算完成之后，需更新回路表中的输出值，输出值被限定在 0.0~1.0 之间。当 PID 指令从手动方式转变到自动方式时，回路表中的输出值可以用来初始化输出值。

如果使用积分控制，积分项前值要根据 PID 运算结果更新。这个更新了的值用作下一次 PID 运算的输入，当输出值超过范围（大于 1.0 或小于 0.0），那么积分项前值必须根据下列公式进行调整：

$$M_x = 1.0 - (MP_n + MD_n) \quad 当前输出值 M_n > 1.0$$

或者
$$M_x = -(MP_n + MD_n) \quad 当前输出值 M_n < 0.0$$

式中，M_x 是经过调整了的积分项前值；MP_n 是第 n 次采样时刻的比例项；MD_n 是第 n 次采样时刻的微分项。

这样调整积分前值，一旦输出回到范围后，可以提高系统的响应性能。调整积分前值后，应保证 M_x 的值在 0.0~1.0 之间。

7.5 PID 应用控制

在 S7-200 SMART PLC 中，PID 的应用控制可以采用三种方式进行：PID 应用指令方式、PID 向导方式和 PID 自整定控制面板方式。其中，PID 应用指令方式就是直接使用 PID 回路控制指令进行操作；PID 向导就是在 STEP7-Micro/WIN SMART 软件中通过设置相应参数来完成 PID 运算操作；PID 自整定控制面板方式就是在 STEP7-Micro/WIN SMART 软件中，允许用户以图形方式监视 PID 回路、启动自整定序列、中止序列以及应用默认的整定值或用户自己的整定值，使控制系统达到最佳的控制效果。使用 PID 自整定控制面板方式时，CPU 模块必须与计算机进行通信，并且该 CPU 中必须有一个用 PID 向导生成的组态，所以在此以前两种方式为例，讲述 PID 的应用控制。

7.5.1 PID 指令应用控制

例 7-4 PID 指令在恒压供水控制中的应用

（1）控制任务

一恒压供水水箱，通过变频器驱动的水泵供水，维持水位在满水位的70％，满水位为200cm。以PLC为主控制器，采用EM AM06模拟量模块实现模拟量和数字量的转换，差压变送器送出的水位测量值通过模拟量输入通道送入PLC中，PID回路输出值通过模拟量转化控制变频器实现对水泵转速的调节。

（2）PID回路参数表

PID回路参数如表7-11所示。

表7-11　供水水箱PID控制回路参数

地址	参数	数值
VB300	过程变量当前值 PV_n	水位检测计提供的模拟量经A/D转换后的标准化数值
VD304	给定值 SP_n	0.7
VD308	输出值 M_n	PID回路
VD312	增益 K_c	0.3
VD316	采样时间 T_S	0.1
VD320	积分时间 T_I	30
VD324	微分时间 T_D	0（关闭微分作用）
VD328	上一次积分值 M_x	根据PID运算结果更新
VD332	上一次过程变量 PV_{n-1}	最近一次PID的变量值

（3）程序分析

水位测量值为过程变量 PV，满水位的70％为给定值 SP。本例中过程变量 PV 和回路输出量归一化采用单极性方案。控制方式采用比例、积分控制，PID参数采用如下设置：$K_c = 0.3$，$T_S = 0.1s$，$T_D = 0min$。模拟量由AIW16输入，AQW16为模拟量输出。恒压供水PID控制程序如表7-12所示。

表7-12　恒压供水PID控制程序

程序段	LAD	STL

程序段1		LD　　　　SM0.1
		//设定值　0.7送VD304
		MOVR　　0.7, VD304
		//回路增益 0.3送VD312
		MOVR　　0.3, VD312
		//采样时间 0.1送VD316
		MOVR　　0.1, VD316
		//积分时间 30.0送VD320
		MOVR　　30.0, VD320
		//微分时间 0.0送VD324
		MOVR　　0.0, VD324

程序段	LAD	STL
程序段 2	SM0.0 **I_DI** — EN / ENO, AIW16 — IN / OUT — AC0 **DI_R** — EN / ENO, AC0 — IN / OUT — AC0 **DIV_R** — EN / ENO, AC0 — IN1 / OUT — AC0, 27648.0 — IN2 **MOV_R** — EN / ENO, AC0 — IN / OUT — VD300	LD SM0.0 ITD AIW16,AC0 DTR AC0,AC0 /R 27648.0,AC0 MOVR AC0,VD300
程序段 3	SM0.0 **PID** — EN / ENO, VB300 — TBL, 0 — LOOP	LD SM0.0 //检测值 VD300 PID VB300,0

程序段 4	SM0.0
	
	MUL_R — EN / ENO, VD308 — IN1 / OUT — AC1, 27648.0 — IN2
	ROUND — EN / ENO, AC1 — IN / OUT — AC1
	DI_I — EN / ENO, AC1 — IN / OUT — VW0
	MOV_W — EN / ENO, VW0 — IN / OUT — AQW16
		LD SM0.0
		// VD308 为控制输出
		MOVR VD308,AC1
		＊R 27648.0,AC1
		ROUND AC1,AC1
		DTI AC1,VW0
		MOVW VW0,AQW16

7.5.2　PID 向导应用控制

STEP 7-Micro/WIN SMART 软件提供了 PID 向导，用户只要在向导下设置相应的参数，就可以快捷地完成 PID 运算的子程序。在主程序中通过调用由向导生成的子程序，就可以完成控制任务。

例 7-5　PID 向导方式实现恒压供水控制

分析：在 STEP 7-Micro/WIN SMART 软件中按下以步骤即可通过 PID 向导方式实现恒压供水控制。

（1）启动 PID 向导

打开 STEP 7-Micro/WIN SMART 软件，在【工具】→【向导】组中选择 "PID"，即可启动 PID 回路向导，如图 7-7 所示。

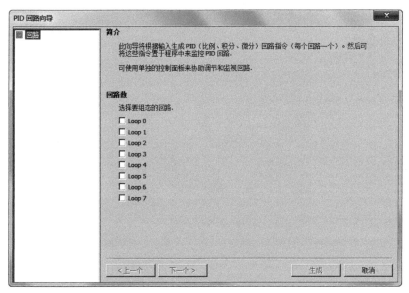

图 7-7　启动 PID 回路向导

（2）选择 PID 组态回路

STEP 7-Micro/WIN SMART 软件中，最多允许用户配置 8 个 PID 回路，即 Loop 0～Loop 7。在图 7-7 中选择回路为 "Loop 0"，其左侧的 "项目树" 中增添了 Loop 0 的相关设置内容，如图 7-8 所示。

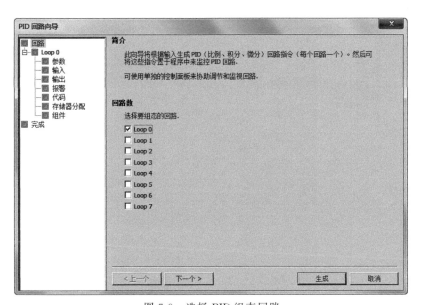

图 7-8　选择 PID 组态回路

（3）为 PID 回路组态重命名

在图 7-8 中，单击 "下一个" 按钮后，可为回路组态自定义名称。此部分的默认名称是

"Loop x", 其中 "x" 等于回路编号, 如图 7-9 所示。

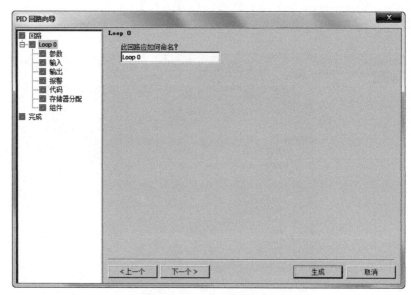

图 7-9 PID 回路组态重命名

（4）设定 PID 回路参数

在图 7-9 中, 单击 "下一个" 按钮后, 将弹出 PID 回路参数设置对话框。PID 回路参数设置分为 4 个部分, 分别为增益 (即比例常数) 设置、采样时间设置、积分时间设置和微分时间设置。在此, 选择默认值 (如图 7-10 所示), 即增益为 "1.0", 采样时间为 "1.0" 秒, 积分时间为 "10.0" 分钟, 微分时间为 "0.0" 分钟。注意, 这些参数的数值均为实数。在向导完成后, 如果想修改这些参数, 必须返回向导中修改, 不能在程序中或状态表中修改。

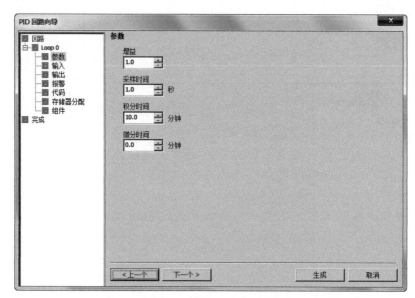

图 7-10 设定 PID 回路参数

（5）设定输入回路过程变量

在图 7-10 中设置好后, 单击 "下一个" 按钮, 将进入回路输入选项的设置对话框, 如

图 7-11 所示。此对话框主要有两大项设置内容：类型及标定。

① 类型　类型的设置即过程变量标定的设置，它有 5 种类型可选：单极、单极 20% 偏移量、双极、温度×10℃、温度×10°F。

单极：即输入的信号为正，如 0～10V 或 0～20mA。

双极：输入信号在从负到正的范围内变化，如输入信号为 −10～10V、−5～5V 等时选用。

单极 20% 偏移量：如果输入为 4～20mA，则选择此项。4mA 是 0～20mA 信号的 20%，所以选择 20% 偏移，即 4mA 对应 5530，20mA 对应 27648。

② 标定　标定的设置包含两部分：过程变量及回路设定值。回路设定值可设置 SP_n 如何标定，其默认值为 0.0～100.0。过程变量设置各类型的上、下限值，具体如下。

选择"单极"时，对应的输入信号为 0～10V 或 0～20mA，其过程变量的默认值为 0～27648。

选择"双级"时，对应的输入信号为 −10～10V、−5～5V 等时，其过程变量的默认值为 −27648～27648。

选择"单极 20% 偏移量"时，对应的输入信号为 4～20mA，其过程变量的默认值为 5530～27648。

在图 7-11 对话框中，选择"单极"、过程变量为 0～27648，回路设定值为 0.0～100.0。

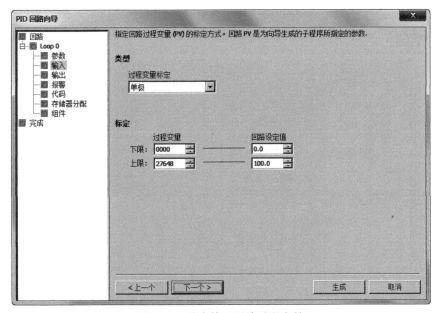

图 7-11　设定输入回路过程变量

（6）设定输出回路过程变量

在图 7-11 中设置好后，单击"下一个"按钮，将进入回路输出选项的设置对话框。在此对话框的"类型"中可以选择模拟量输出或数字输出。模拟量输出用来控制一些需要模拟控制的设备，如变频器等；数字量输出实际上是控制输出点的通、断状态按照一定的占空比变化，可以控制固态继电器等。选择模拟量输出，其信号极性、量程范围的意义与输入回路的类同，在此设置如图 7-12 所示。

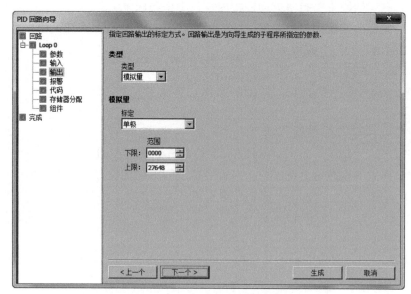

图 7-12　设定输出回路过程变量

（7）设定回路报警选项

在图 7-12 中设置好后，单击"下一个"按钮，将进入回路报警选项的设置。向导可以为回路状态提供输出信号，输出信号将在报警条件满足时置位。在此，回路报警选项的设置如图 7-13 所示。

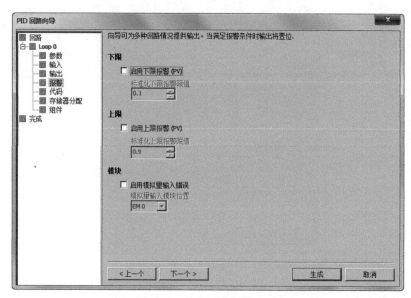

图 7-13　设定回路报警选项

（8）创建子程序、中断程序

在图 7-13 中设置完后，单击"下一个"按钮，将进入所创建的初始化子程序、中断程序名称的设置。PID 向导生成的初始化子程序名默认为 PID0 _ CTRL，中断程序名默认为 PID _ EXE，用户也可以自定义这些名称。选择手动控制 PID，处于手动模式时，不执行PID 控制。在此其设置如图 7-14 所示。

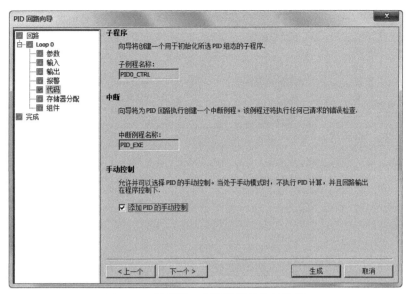

图 7-14　子程序、中断程序名称的设置

（9）指定 PID 运算数据存储区

在图 7-14 中设置完后，单击"下一个"按钮，将进入 V 存储区的设置。PID 向导需要一个 120 字节的数据存储区（V 区），其中 80 个字节用于回路表，另外 40 个字节用于计算。注意，设置了相应的存储区后，在程序的其它地方就不能重复使用这些地址，否则将出现不可预料的错误。如果点击"建议"按钮，则向导将自动设定当前程序中没有用过的 V 区地址。在此设置其地址如图 7-15 所示。

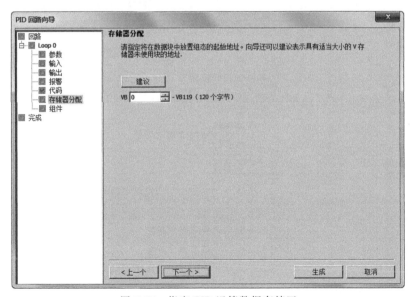

图 7-15　指定 PID 运算数据存储区

（10）PID 生成子程序、中断程序和全局符号表

在图 7-15 中设置完后，单击"下一个"按钮，PID 指令向导将生成子程序、中断程序和全局符号表，如图 7-16 所示。

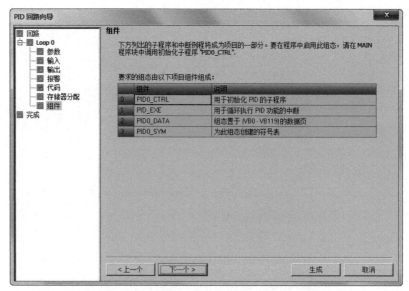

图 7-16　PID 生成子程序、中断程序和全局符号表

在图 7-16 中单击"完成"后,将弹出"完成"对话框。如果 PID 向导设置没有问题,则单击"是"按钮,否则还可以返回继续修改设置。单击"是"按钮后,在 STEP 7-Micro/WIN SMART 软件的"项目树"中,点击"数据块"→"向导"→"PID0 _ DATA",可以查看向导生成的数据表,如图 7-17 所示。

至此,PID 向导已经配置完成。

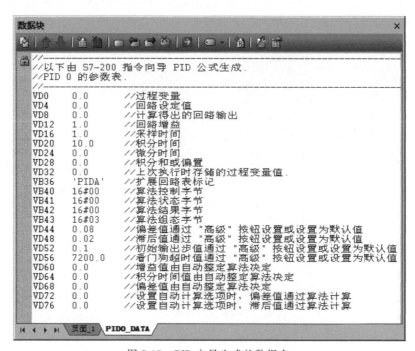

图 7-17　PID 向导生成的数据表

(11) 恒压供水水箱 PID 控制的主程序

PID 向导配置完成后,只要在主程序块中使用 SM0.0 在每个扫描周期中调用子程序

PID0 _ CTRL 即可。程序编好后,将 PID 控制程序、数据块下载到 CPU 中。恒压供水水箱 PID 控制的主程序如表 7-13 所示。

在 PID0 _ CTRL 子程序中包括以下几项:①反馈过程变量值地址 PV _ I,即 AIW16; ②设置值 Setpoint _ R,即 70.0;③手动/自动控制方式选择 Auto _ Manual,即 I0.0;④手动控制输出值 ManualOutput,即 0.5;⑤PID 控制输出值地址 Output,即 AQW16。注意, PID0 _ CTRL 子程序中,Setpoint _ R 端是输入设定值变量地址,块中显示为 "Setpoin~"; Auto _ manual 为手动/自动选择控制端,块中显示为 "Auto~";ManualOutput 为手动输出控制端,块中显示为 "Manual~"。

表 7-13　恒压供水水箱 PID 控制的主程序

程序段	LAD	STL
程序段 1	SM0.0　　　PID0_CTRL ├┤├──────┤EN AIW16─┤PV_I　Output├─AQW16 70.0─┤Setpoin~ I0.0─┤Auto~ 0.5─┤Manual~	LD　　SM0.0 CALL　PID0_CTRL:SBR1,AIW16,70.0,I0.0, 0.5,AQW16

第**8**章

西门子S7-200 SMART PLC 的通信与网络

网络是将分布在不同物理位置上的具有独立工作能力的计算机、终端及其附属设备用通信设备和通信线路连接起来，并配置网络软件，以实现计算机资源共享的系统。随着计算机网络技术的发展，自动控制系统也从传统的集中式控制向多级分布式控制方向发展。为适应形式的发展，许多 PLC 生产企业加强了 PLC 的网络通信能力，并研制开发出自己的 PLC 网络系统。

8.1 通信基础知识

8.1.1 传输方式

在计算机系统中，CPU 与外部数据的传送方式有两种：并行数据传送和串行数据传送。

并行数据传送方式，即多个数据的各位同时传送，它的特点是传送速度快，效率高，但占用的数据线较多，成本高，仅适用于短距离的数据传送。

串行数据传送方式，即每个数据是一位一位地按顺序传送，它的特点是数据传送的速度受到限制，但成本较低，只需两根线就可传送数据。主要用于传送距离较远，数据传送速度要求不高的场合。

通常将 CPU 与外部数据的传送称为通信。因此，通信方式分为并行通信和串行通信，如图 8-1 所示。并行数据通信是以字节或字为单位的数据传输方式，除了 8 根或 16 根数据线和 1 根公共线外，还需要双方联络用的控制线。串行数据通信是以二进制的位为单位进行数据传输，每次只传送 1 位。串行通信适用于传输距离较远的场合，所以在工业控制领域中 PLC 一般采用串行通信。

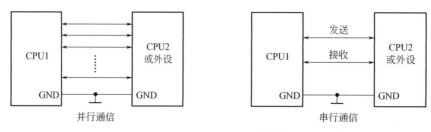

图 8-1 数据传输方式示意图

8.1.2 串行通信的分类

按照串行数据的时钟控制方式，将串行通信分为异步通信和同步通信两种方式。

8.1.2.1 异步通信（asynchronous communication）

异步通信中的数据是以字符（或字节）为单位组成字符帧进行传送的。这些字符帧在发送端是一帧一帧地发送，在接收端通过数据线一帧一帧地接收字符或字节。发送端和接收端可以由各自的时钟控制数据的发送和接收，这两个时钟彼此独立，互不同步。

在异步串行数据通信中，有两个重要的指标：字符帧和波特率。

（1）字符帧（character frame）

在异步串行数据通信中，字符帧也称为数据帧，它具有一定的格式，如图 8-2 所示。

从图 8-2 中可以看出，字符帧由起始位、数据位、奇偶校验位、停止位 4 部分组成。

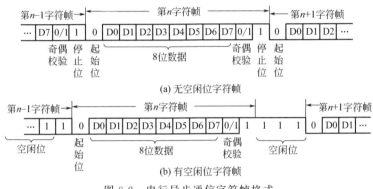

图 8-2　串行异步通信字符帧格式

① 起始位：位于字符帧的开头，只占一位，始终为逻辑低电平，发送器通过发送起始位表示一个字符传送的开始。

② 数据位：起始位之后紧跟着的是数据位。在数据位中规定，低位在前（左），高位在后（右）。

③ 奇偶校验位：在数据位之后，就是奇偶校验位，只占一位，用于检查传送字符的正确性。它有 3 种可能：奇校验、偶校验或无校验，用户根据需要进行设定。

④ 停止位：奇偶校验位之后为停止位。它位于字符帧的末尾，用来表示一个字符传送的结束，为逻辑高电平。通常停止位可取 1 位、1.5 位或 2 位，根据需要确定。

⑤ 位时间：一个格式位的时间宽度。

⑥ 帧（frame）：从起始位开始到结束位为止的全部内容称为一帧。帧是一个字符的完整通信格式。因此也把串行通信的字符格式称为帧格式。

在串行通信中，发送端一帧一帧发送信息，接收端一帧一帧地接收信息，两相邻字符帧之间可以无空闲位，也可以有空闲位。图 8-2(a) 为无空闲位，图 8-2(b) 为 3 个空闲位的字符帧格式。两相邻字符帧之间是否有空闲位，由用户根据需要而决定。

（2）波特率（band rate）

数据传送的速率称为波特率，即每秒传送二进制代码的位数，也称为比特数，单位为 bps（bit per second），即位/秒（b/s）。波特率是串行通信中的一个重要性能指标，用来表示数据传输的速度。波特率越高，数据传输速度越快。波特率和字符实际的传输速率不同，字符的实际传输速率是指每秒内所传字符帧的帧数，它和字符帧格式有关。

例如，波特率为1200bps，若采用10个代码位的字符帧（1个起始位，1个停止位，8个数据位），则字符的实际传送速率为：$1200 \div 10 = 120$ 帧/秒；采用图8-2(a)的字符帧，则字符的实际传送速率为：$1200 \div 11 = 109.09$ 帧/秒；采用图8-2(b)的字符帧，则字符的实际传送速率为：$1200 \div 14 = 85.71$ 帧/秒。

每一位代码的传送时间 T_d 为波特率的倒数。例如波特率为2400bps的通信系统，每位的传送时间为

$$T_d = \frac{1}{2400} = 0.4167(\text{ms})$$

波特率与信道的频带有关，波特率越高，信道频带越宽。因此，波特率也是衡量通道频宽的重要指标。

在串行通信中，可以使用的标准波特率在 RS-232C 标准中已有规定，使用时应根据速度需要、线路质量等因素选定。

8.1.2.2　同步通信（synchronous communication）

同步通信是一种连续串行传送数据的通信方式，一次通信可传送若干个字符信息。同步通信的信息帧与异步通信中的字符帧不同，它通常含有若干个数据字符，如图8-3所示。

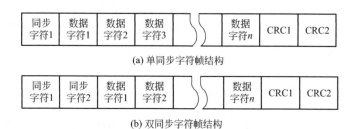

(a) 单同步字符帧结构

(b) 双同步字符帧结构

图 8-3　串行同步通信字符帧格式

图8-3(a)为单同步字符帧结构，图8-3(b)为双同步字符帧结构。从图中可以看出，同步通信的字符帧由同步字符、数据字符、校验字符 CRC 三部分组成。同步字符位于字符帧的开头，用于确认数据字符的开始（接收端不断对传输线采样，并把采样的字符和双方约定的同步字符比较，比较成功后才把后面接收到的字符加以存储）；校验字符位于字符帧的末尾，用于接收端对接收到的数据字符进行正确性的校验。数据字符长度由所需传输的数据块长度决定。

在同步通信中，同步字符采用统一的标准格式，也可由用户约定。通常单同步字符帧中的同步字符采用 ASCII 码中规定的 SYN（即0x16）代码，双同步字符帧中的同步字符采用国际通用标准代码0xEB90。

同步通信的数据传输速率较高，通常可达56000bps或更高。但是，同步通信要求发送时钟和接收时钟必须保持严格同步，发送时钟除应和发送波特率一致外，还要求把它同时传送到接收端。

8.1.3　串行通信的数据通路形式

在串行通信中，数据的传输是在两个站之间进行的，按照数据传送方向的不同，串行通信的数据通路有单工、半双工和全双工三种形式。

（1）单工（simplex）

在单工形式下数据传送是单向的。通信双方中一方固定为发送端，另一方固定为接收端，数据只能从发送端传送到接收端，因此只需一根数据线，如图 8-4 所示。

（2）半双工（half duplex）

在半双工形式下数据传送是双向的，但任何时刻只能由其中的一方发送数据，另一方接收数据。即数据从 A 站发送到 B 站时，B 站只能接收数据；数据从 B 站发送到 A 站时，A 站只能接收数据，如图 8-5 所示。

图 8-4　单工形式

（3）全双工（full duplex）

在全双工形式下数据传送也是双向的，允许双方同时进行数据双向传送，即可以同时发送和接收数据，如图 8-6 所示。

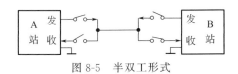

图 8-5　半双工形式

图 8-6　全双工形式

由于半双工和全双工可实现双向数据传输，所以在 PLC 中使用比较广泛。

8.1.4　串行通信的接口标准

串行异步通信接口主要有 RS-232C、RS-449、RS-422 和 RS-485 接口。在 PLC 控制系统中常采用 RS-232C、RS-422 和 RS-485 接口。

（1）RS-232C 标准

RS-232C 是使用最早、应用最广的一种串行异步通信总线标准，是美国电子工业协会 EIA（Electronic Industry Association）的推荐标准。RS 表示 Recommended Standard，232 为该标准的标识号，C 表示修订次数。

该标准定义了数据终端设备 DTE（Data Terminal Equipment）和数据通信设备 DCE（Data Communication Equipment）间按位串行传输的接口信息，合理安排了接口的电气信号和机械要求。DTE 是所传送数据的源或宿主，它可以是一台计算机或一个数据终端或一个外围设备；DCE 是一种数据通信设备，它可以是一台计算机或一个外围设备。例如编程器与 CPU 之间的通信采用 RS-232C 接口。

RS-232C 标准规定的数据传输速率为每秒 50、75、100、150、300、600、1200、2400、4800、9600、19200 波特。由于它采用单端驱动非差分接收电路，因此传输距离不太远（最大传输距离 15m），传输速率不太高（最大位速率为 20Kb/s）。

① RS-232C 信号线的连接　RS-232C 标准总线有 25 芯和 9 芯两种"D"型插头，25 芯插头座（DB-25）的引脚排列如图 8-7 所示。9 芯插头座的引脚排列如图 8-8 所示。

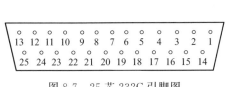

图 8-7　25 芯 232C 引脚图

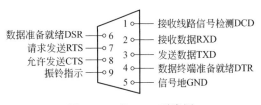

图 8-8　9 芯 232C 引脚图

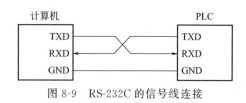

计算机   PLC

图 8-9   RS-232C 的信号线连接

在工业控制领域中 PLC 一般使用 9 芯的 "D" 型插头，当距离较近时只需要 3 根线即可实现，如图 8-9 所示，图中的 GND 为信号地。

RS-232C 标准总线的 25 根信号线是为了各设备或器件之间进行联系或信息控制而定义的。各引脚的定义如表 8-1 所示。

表 8-1   RS-232C 信号引脚定义

引脚	名称	定义	引脚	名称	定义
*1	GND	保护地	14	STXD	辅助通道发送数据
*2	TXD	发送数据	*15	TXC	发送时钟
*3	RXD	接收数据	16	SRXD	辅助通道接收数据
*4	RTS	请求发送	17	RXC	接收时钟
*5	CTS	允许发送	18		未定义
*6	DSR	数据准备就绪	19	SRTS	辅助通道请求发送
*7	GND	信号地	*20	DTR	数据终端准备就绪
*8	DCD	接收线路信号检测	*21		信号质量检测
*9	SG	接收线路建立检测	*22	RI	振铃指示
10		线路建立检测	*23		数据信号速率选择
11		未定义	*24		发送时钟
12	SDCD	辅助通道接收线信号检测	25		未定义
13	SCTS	辅助通道清除发送			

注：表中带 "∗" 号的 15 根引线组成主信道通信，除了 11、18 及 25 三个引脚未定义外，其余的可作为辅信道进行通信，但是其传输速率比主信道要低，一般不使用。若使用，则主要用来传送通信线路两端所接的调制解调器的控制信号。

② RS-232C 接口电路   在计算机中，信号电平是 TTL 型的，即规定 ≥2.4V 时，为逻辑电平 "1"；≤0.5V 时，为逻辑电平 "0"。在串行通信中若 DTE 和 DCE 之间采用 TTL 信号电平传送数据时，如果两者的传送距离较大，很可能使源点的逻辑电平 "1" 在到达目的点时，就衰减到 0.5V 以下，使通信失败，所以 RS-232C 有其自己的电气标准。RS-232C 标准规定：在信号源点，+5～+15V 时，为逻辑电平 "0"，−5～−15V 时，为逻辑电平 "1"；在信号目的点，+3～+15V 时，为逻辑电平 "0"，−3～−15V 时，为逻辑电平 "1"，噪声容限为 2V。通常，RS-232C 总线为 +12V 时表示逻辑电平 "0"；−12V 时表示逻辑电平 "1"。

由于 RS-232C 的电气标准不是 TTL 型的，在使用时不能直接与 TTL 型的设备相连，必须进行电平转换，否则会使 TTL 电路烧坏。

为实现电平转换，RS-232C 一般采用运算放大器、晶体管和光电管隔离器等电路来完成。电平转换集成电路有传输线驱动器 MC1488 和传输线接收器 MC1489。MC1488 把 TTL 电平转换成 RS-232C 电平，其内部有 3 个与非门和 1 个反相器，供电电压为 ±12V，输入为 TTL 电平，输出为 RS-232C 电平。MC1489 把 RS-232C 电平转换成 TTL 电平，其内部有 4 个反相器，供电电压为 ±5V，输入为 RS-232C 电平，输出为 TTL 电平。RS-232C 使用单端驱动器 MC1488 和单端接收器 MC1489 的电路如图 8-10 所示，该线路容易受到公共地线上的电位差和外部引入干扰信号的影响。

（2）RS-422 和 RS-485

RS-422 是一种单机发送、多机接收的单向、平衡传输规范，被命名为 TIA/EIA-422-A 标准。它是在 RS-232 的基础上发展起来的，用来弥补 RS-232 之不足而提出的。为改进 RS-232 通信距离短、速率低的缺点，RS-422 定义了一种平衡通信接口，

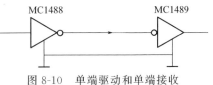

图 8-10　单端驱动和单端接收

将传输速率提高到 10Mb/s，传输距离延长到 4000ft❶（速率低于 100Kb/s 时），并允许在一条平衡总线上连接最多 10 个接收器。为扩大应用范围，EIA 又于 1983 年在 RS-422 基础上制定了 RS-485 标准，增加了多点、双向通信能力，即允许多个发送器连接到同一条总线上，同时增加了发送器的驱动能力和冲突保护特性，扩展了总线共模范围，后命名为 TIA/EIA-485-A 标准。由于 EIA 提出的建议标准都是以"RS"作为前缀，所以在通信工业领域，仍然习惯将上述标准以 RS 作前缀称谓。

① 平衡传输　RS-422、RS-485 与 RS-232 不一样，数据信号采用差分传输方式，也称作平衡传输，它使用一对双绞线，将其中一线定义为 A，另一线定义为 B。

通常情况下，发送驱动器 A、B 之间的正电平为 +2～+6V，是一个逻辑状态，负电平为 -2～-6V，是另一个逻辑状态。另有一个信号地 C，在 RS-485 中还有一"使能"端，而在 RS-422 中这是可用或可不用的。"使能"端是用于控制发送驱动器与传输线的切断与连接。当"使能"端起作用时，发送驱动器处于高阻状态，称作"第三态"，即它有别于逻辑"1"与"0"的第三态。

接收器也作出了与发送端相对应的规定，收、发端通过平衡双绞线将 AA 与 BB 对应相连，当在接收端 AB 之间有大于 +200mV 的电平时，输出正逻辑电平，小于 -200mV 时，输出负逻辑电平。接收器接收平衡线上的电平范围通常在 200mV～6V 之间。

② RS-422 电气规定　RS-422 标准全称是"平衡电压数字接口电路的电气特性"，它定义了接口电路的特性。图 8-11 是典型的 RS-422 四线接口，它有两根发送线 SDA、SDB 和两根接收线 RDA 和 RDB。由于接收器采用高输入阻抗和发送驱动器比 RS-232 更强的驱动能力，故允许在相同传输线上连接多个接收节点，最多可接 10 个节点。即一个主设备（Master），其余为从设备（Slave），从设备之间不能通信，所以 RS-422 支持点对多的双向通信。接收器输入阻抗为 4kΩ，故发送端最大负载能力是 10×4kΩ+100Ω（终接电阻）。RS-422 四线接口由于采用单独的发送和接收通道，因此不必控制数据方向，各装置之间任何的信号交换均可以按软件方式（XON/XOFF 握手）或硬件方式（一对单独的双绞线）实现。

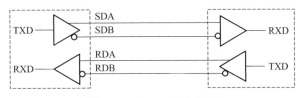

图 8-11　RS-422 通信接线

---

❶　1ft＝0.3048m。

RS-422 的最大传输距离约 1219m，最大传输速率为 10Mb/s。其平衡双绞线的长度与传输速率成反比，在 100Kb/s 速率以下，才可能达到最大传输距离。只有在很短的距离下才能获得最高传输速率。一般 100m 长的双绞线上所能获得的最大传输速率仅为 1Mb/s。

RS-422 需要一终接电阻，接在传输电缆的最远端，其阻值约等于传输电缆的特性阻抗。在短距离传输时可不需终接电阻，即一般在 300m 以下不需终接电阻。RS-232、RS-422、RS-485 接口的有关电气参数如表 8-2 所示。

表 8-2 三种接口的电气参数

规定		RS-232 接口	RS-422 接口	RS-485 接口
工作方式		单端	差分	差分
节点数		1 个发送、1 个接收	1 个发送、10 个接收	1 个发送、32 个接收
最大传输电缆长度		15m	1219m	1219m
最大传输速率		20Kb/s	10Mb/s	10Mb/s
最大驱动输出电压		$-25\sim+25$V	$-0.25\sim+6$V	$-7\sim+12$V
驱动器输出信号电平（负载最小值）	负载	$\pm5\sim\pm15$V	±2.0V	±1.5V
驱动器输出信号电平（空载最大值）	负载	±25V	±6V	±6V
驱动器负载阻抗/Ω		$3\sim7$k	100	54
接收器输入电压范围		$-15\sim+15$V	$-10\sim+10$V	$-7\sim+12$V
接收器输入电阻/Ω		$3\sim7$k	4k(最小)	$\geqslant12$k
驱动器共模电压			$-3\sim+3$V	$-1\sim+3$V
接收器共模电压			$-7\sim+7$V	$-7\sim+12$V

③ RS-485 电气规定 由于 RS-485 是从 RS-422 基础上发展而来的，所以 RS-485 许多电气规定与 RS-422 类似。都采用平衡传输方式、都需要在传输线上接终接电阻等。RS-485 可以采用二线或四线制传输方式，二线制可实现真正的多点双向通信，而采用四线制连接时，与 RS-422 一样只能实现点对多的通信，即只能有一个主（Master）设备，其余为从设备，但它比 RS-422 有改进，无论四线还是二线连接方式总线上最多可接到 32 个设备。

RS-485 与 RS-422 的不同还在于其共模输出电压是不同的，RS-485 是 $-7\sim+12$V 之间，而 RS-422 在 $-7\sim+7$V 之间，RS-485 接收器最小输入阻抗为 12kΩ，而 RS-422 是 4kΩ；RS-485 满足所有 RS-422 的规范，所以 RS-485 的驱动器可以在 RS-422 网络中应用。

RS-485 与 RS-422 一样，其最大传输距离约为 1219m，最大传输速率为 10Mb/s。平衡双绞线的长度与传输速率成反比，在 100Kb/s 速率以下，才可能使用规定最长的电缆长度。只有在很短的距离下才能获得最高传输速率。一般 100m 长双绞线最大传输速率仅为 1Mb/s。

RS-485 需要 2 个终接电阻，接在传输总线的两端，其阻值要求等于传输电缆的特性阻抗。在短距离传输时可不需终接电阻，即一般在 300m 以下不需终接电阻。

将 RS-422 的 SDA 和 RDA 连接在一起，SDB 和 RDB 连接在一起就可构成 RS-485 接口，如图 8-12 所示。RS-485 为半双工，只有一对平衡差分信号线，不能同时发送和接收数据。使用 RS-485 的双绞线可构成分布式串行通信网络系统，系统中最多可达 32 个站。

图 8-12　RS-485 通信接线

8.1.5　通信传输介质

通信传输介质一般有三种，分别为双绞线、同轴电缆和光纤电缆，如图 8-13 所示。

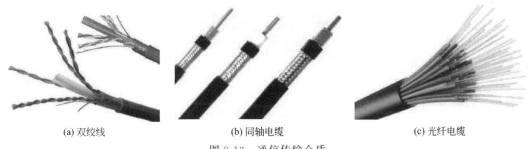

(a) 双绞线　　　　　　　　(b) 同轴电缆　　　　　　　　(c) 光纤电缆

图 8-13　通信传输介质

双绞线是将两根导线扭绞在一起，以减少外部电磁干扰。如果使用金属网加以屏蔽时，其抗干扰能力更强。双绞线具有成本低、安装简单等特点，RS-485 接口通常采用双绞线进行通信。

同轴电缆有 4 层，最内层为中心导体，中心导体的外层为绝缘层，包着中心体。绝缘外层为屏蔽层，同轴电缆的最外层为表面的保护皮。同轴电缆可用于基带传输，也可用于宽带数据传输，与双绞线相比，具有传输速率高、距离远、抗干扰能力强等优点，但是其成本比双绞线要高。

光纤电缆有全塑料光纤电缆、塑料护套光纤电缆、硬塑料护套光纤电缆等类型，其中硬塑料护套光纤电缆的数据传输距离最远，全塑料光纤电缆的数据传输距离最短。光纤电缆与同轴电缆相比具有抗干扰能力强，传输距离远等优点，但是其价格高，维修复杂。双绞线、同轴电缆和光纤电缆的性能比较如表 8-3 所示。

表 8-3　双绞线、同轴电缆和光纤电缆的性能比较

性能	双绞线	同轴电缆	光纤电缆
传输速率	9.6Kb/s～2Mb/s	1～450Mb/s	10～500Mb/s
连接方法	点到点 多点 1.5km 不用中继器	点到点 多点 10km 不用中继器(宽带) 1～3km 不用中继器(宽带)	点到点 50km 不用中继器
传送信号	数字、调制信号、纯模拟信号(基带)	调制信号、数字(基带)、数字、声音、图像(宽带)	调制信号(基带)、数字、声音、图像(宽带)
支持网络	星形、环形、小型交换机	总线形、环形	总线形、环形
抗干扰	好(需是屏蔽)	很好	极好
抗恶劣环境	好	好,但必须将同轴电缆与腐蚀物隔开	极好,耐高温与其它恶劣环境

8.2 工业局域网基础

8.2.1 网络拓扑结构

网络结构又称为网络拓扑结构，它是指网络中的通信线路和节点间的几何连接结构。网络中通过传输线连接的点称为节点或站点。网络结构反映了各个站点间的结构关系，对整个网络的设计、功能、可靠性和成本都有影响。按照网络中的通信线路和节点间的连接方式不同，可分为星形结构、总线形结构和环形结构、树形结构、网状结构等，其中星形结构、总线形结构和环形结构为最常见的拓扑结构形式，如图 8-14 所示。

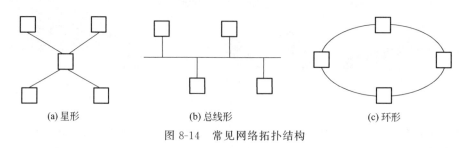

| (a) 星形 | (b) 总线形 | (c) 环形 |

图 8-14　常见网络拓扑结构

（1）星形结构

星形拓扑结构是以中央节点为中心节点，网络上其它节点都与中心节点相连接。通信功能由中心节点进行管理，并通过中心节点实现数据交换。通信由中心节点管理，任何两个节点之间通信都要通过中心节点中继转发。星形网络的结构简单、便于管理控制，建网容易，网络延迟时间短，误码率较低，便于集中开发和资源共享。但系统花费大，网络共享能力差，负责通信协调工作的上位计算机负荷大，通信线路利用率不高，且系统可靠性不高，对上位计算机的依靠性也很强，一旦上位机发生故障，整个网络通信就会瘫痪。星形网络常用双绞线作为通信介质。

（2）总线形结构

总线形结构是将所有节点接到一条公共通信总线上，任何节点都可以在总线上进行数据的传送，并且能被总线上任一节点所接收。在总线形网络中，所有节点共享一条通信传输线路，在同一时刻网络上只允许一个节点发送信息。一旦两个或两个以上节点同时传送信息时，总线上传送的信息就会发生冲突和碰撞，出现总线竞争现象，因此必须采用网络协议来防止冲突。这种网络结构简单灵活，容易加扩新节点，甚至可用中继器连接多个总线。节点间可直接通信，速度快、延时小。

（3）环形结构

环形结构中的各节点通过有源接口连接在一条闭合的环形通信线路上，环路上任何节点均可以请求发送信息。请求一旦批准，信息按事先规定好的方向从源节点传送到目的节点。信息传送的方向可以是单向也可以是双向，但由于环线是公用的，传送一个节点信息时，该信息有可能需穿过多个节点，因此如果某个节点出现故障时，将阻碍信息的传输。

8.2.2 网络协议

在工业局域网中，由于各节点的设备型号、通信线路类型、连接方式、同步方式、通信方式有可能不同，这样会给网络中各节点的通信带来不便，有时会影响整个网络的正常运行，因此在网络系统中，必须有相应通信标准来规定各部件在通信过程中的操作，这样的标准称为网络协议。

国际标准化组织 ISO（International Standard Organization）于 1978 年提出了开放式系统互连模型 OSI（Open Systems Interconnection），作为通信网络国际标准化的参考模型。该模型所用的通信协议一般为 7 层，如图 8-15 所示。

在 OSI 模型中，最底层为物理层，物理层的下面是物理互连媒介，如双绞线、同轴电缆等。实际通信就是通过物理层在物理互连媒介上进行的，如 RS-232C、RS-422/RS-485 就是在物理层进行通信的。通信过程中 OSI 模型其余层都以物理层为基础，对等层之间可以实现开放系统互连。

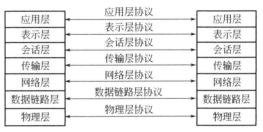

图 8-15 OSI 开放式系统互连模型

在通信过程中，数据是以帧为单位进行传送，每一帧包含一定数量的数据和必要的控制信息，如同步信息、地址信息、差错控制和流量控制等。数据链路层就是在两个相邻节点间进行差错控制、数据成帧、同步控制等操作。

网络层用来对报文包进行分段，当报文包阻塞时进行相关处理，在通信子网中选择合适的路径。

传输层用来对报文进行流量控制、差错控制，还向上一层提供一个可靠的端到端的数据传输服务。

会话层的功能是运行通信管理和实现最终用户应用进行之间的同步，按正确的顺序收发数据，进行各种对话。

表示层用于应用层信息内容的形式变换，如数据加密/解密、信息压缩/解压和数据兼容，把应用层提供的信息变成能够共同理解的形式。

应用层为用户的应用服务提供信息交换，为应用接口提供操作标准。

8.2.3 现场总线

在传统的自动化控制中，生产现场的许多设备和装置（如传感器、调节器、变送器、执行器等）都是通过信号电缆与计算机、PLC 相连的。当这些装置和设备相隔的距离较远，并且分布较广时，就会使电缆线的用量和铺设费用大大增加，造成整个项目的投资成本增加、系统连线复杂、可靠性下降、维护工作量增大、系统进一步扩展困难等问题。因此人们迫切需要一种可靠、快速、能经受工业现场环境并且成本低廉的通信总线，通过这种总线将分散的设备连接起来，对其实施监控。基于此，现场总线（Field Bus）产生了。

现场总线始于 20 世纪 80 年代，20 世纪 90 年代技术日趋成熟。国际电工委员会 IEC 对现场总线的定义是"安装在制造和过程区域的现场设备、仪表与控制室内的自动控制装置系统之间的一种串行、数字式、多点通信的数据总线"。随着计算机技术、通信技术、集成电路技术的发展，以标准、开放、独立、全数字式现场总线为代表的互联规范，正在迅猛发展和扩大。现场总线 I/O 集检测、数据处理、通信为一体，可以代替变送器、调节器、记录仪等模拟仪表，它不需要框架、机柜，能够直接安装在现场导轨槽上。现场总线 I/O 的连线极为简单，只需一要电缆，从主机开始，沿数据链从一个现场总线 I/O 连接到下一个现场总线 I/O。这样使用现场总线后，还可以减少自控系统的配线、安装、调试等方面的费用。

由于采用现场总线将使控制系统结构简单，系统安装费用减少并且易于维护；用户可以自由选择不同厂商、不同品牌的现场设备达到最佳的系统集成等一系列的优点，现场总线技术正越来越受到人们的重视。近十几年由于现场总线的国际标准没完全统一，使得现场总线发展的种类较多，有 40 余种，但主要有基金会现场总线 FF（Foundation Field Bus）；过程现场总线 PROFIBUS（Process Field Bus）；WorldFIP；ControlNet/DeviceNet；CAN 等。下面简单介绍部分现场总线。

（1）基金会现场总线 FF

现场总线基金会包含 100 多个成员单位，负责制订一个综合 IEC/ISA 标准的国际现场总线。它的前身是可互操作系统协议 ISP（Interperable System Protocol）——基于德国的 ProfiBis 标准，和工厂仪表世界协议 WorldFIP（World Factory Instrumentation Protocol）——基于法国的 FIP 标准。ISP 和 WorldFIP 于 1994 年 6 月合并成立了现场总线基金会。

基金会现场总线 FF 采用国际标准化组织 ISO 的开放化系统互联 OSI 的简化模型（物理层、数据链路层和应用层），另外增加了用户层。基金会现场总线 FF 标准无专利许可要求，可供所有的生产厂家使用。

（2）过程现场总线 PROFIBUS

PROFIBUS 是一种国际化、开放式、不依赖于设备生产商的现场总线标准，广泛适用于制造业自动化、流程工业自动化和楼宇、交通、电力等其他领域自动化。

（3）WorldFIP

WorldFIP（World Factory Instrumentation Protocol）协会成立于 1987 年 3 月，以法国 CEGELEC、SCHNEIDER 等公司为基础开发了 FIP（工厂仪表协议）现场总线系列产品。产品适用于发电与输配电、加工自动化、铁路运输、地铁和过程自动化等领域。1996 年 6 月 WorldFIP 被采纳为欧洲标准 EN50170。WorldFIP 是一个开放系统，不同系统、不同厂家生产的装置都可以使用 WorldFIP，应用结构可以是集中型、分散型和主站-从站型。WorldFIP 现场总线构成的系统可分为三级：过程级、控制级和监控级，这样用单一的 WorldFIP 总线就可以满足过程控制、工厂制造加工系统和各种驱动系统的需要了。

WorldFIP 协议由物理层、数据链路层和应用层组成。应用层定义为两种：MPS 定义和 SubMMS 定义。MPS 是工厂周期/非周期服务，SubMMS 是工厂报文的子集。

物理层的作用能够确保连接到总线上的装置间进行位信息的传递。介质是屏蔽双绞线或光纤。传输速度有 31.25Kb/s、1Mb/s 和 2.5Mb/s，标准速度是 1Mb/s，使用光纤时最高可达 5Mb/s。

WorldFIP 的帧由三部分组成，即帧起始定界符（FSS）、数据和检验字段以及帧结束定界符。

应用层服务有三个不同的组：BAAS（Bus Arbitrator Application Services），MPS

（Manufacturing Periodical / a Periodical Services），SubMMS（Subset of Messaging Services）。MPS 服务提供给用户：本地读/写服务，远方读/写服务，参数传输/接收指示，使用信息的刷新等。

处理单元通过 WorldFIP 的通信装置（通信数据库和通信芯片组成）挂到现场总线上。通信芯片包括通信控制器和线驱动，通信控制器有 FIPIU2、FIPCO1、FULLFIP2、MICROFIP 等，线驱动器用于连接电缆（FIELDRIVE，CREOL）或光纤（FIPOPTIC/FIPOPTIC-TS）。通信数据库用于在通信控制器和用户应用之间建立链接。

（4）ControlNet/DeviceNet

ControlNet 的基础技术是 Rockwell Automation 企业于 1995 年 10 月公布。1997 年 7 月成立了 ControlNet International 组织，Rockwell 转让此项技术给该组织。组织成员有 50 多个，如 ABBRoboties、HoneywellInc.、YokogawaCorp.、ToshibaInternational、Procter&Gamble、OmronElectronicsInc. 等。

传统的工厂级的控制体系结构有五层，即工厂层、车间层、单元层、工作站层、设备层组成。而 Rockwell 自动化系统简化为三层结构模式：信息层（Ethernet 以太网），控制层（ControlNet 控制网），设备层（DeviceNet 设备网）。ControlNet 层通常传输大量的 I/O 和对等通信信息，具有确定性和可重复性的，紧密联系控制器和 I/O 设备的要求。ControlNet 应用于过程控制、自动化制造等领域。

（5）CAN

CAN（Controller Area Network）称为控制局域网，属于总线式通信网络。CAN 总线规范了任意两个 CAN 节点之间的兼容性，包括电气特性及数据解释协议，CAN 协议分为二层：物理层和数据链路层。物理层决定了实际位传送过程中的电气特性，在同一网络中，所有节点的物理层必须保持一致，但可以采用不同方式的物理层。CAN 的数据链路层功能包括帧组织形式、总线仲裁和检错、错误报告及处理等。CAN 网络具有如下特点：CANBUS 网络上任意一个节点均可在任意时刻主动向网络上的其它节点发送信息，而不分主从。通信灵活，可方便地构成多机备份系统及分布式监测、控制系统。网络上的节点可分成不同的优先级以满足不同的实时要求。采用非破坏性总线裁决技术，当两个节点同时向网络上传送信息时，优先级低的节点主动停止数据发送，而优先级高的节点可不受影响地继续传输数据。具有点对点、一点对多点及全局广播传送接收数据的功能。通信距离最远可达 10km/5Kbps，通信速率最高可达 1Mbps/40m。网络节点数实际可达 110 个。每一帧的有效字节数为 8 个，这样传输时间短，受干扰的概率低。每帧信息都有 CRC 校验及其它检错措施，数据出错率极低，可靠性极高。通信介质采用廉价的双绞线即可，无特殊要求。在传输信息出错严重时，节点可自动切断它与总线的联系，以使总线上的其它操作不受影响。

8.3　西门子 S7-200 SMART PLC 的通信部件及通信协议简介

8.3.1　西门子 S7-200 SMART PLC 的通信部件

西门子 S7-200 SMART PLC 的通信部件主要包括通信端口、通信信号板、PC/PPI 电缆、网络连接器、PROFIBUS 网络电缆、网络中继器、EM DP01 等。

（1）通信端口

S7-200 SMART PLC 的标准型 CPU 模块集成了 1 个以太网接口和 1 个 RS-485 通信接口；经济型 CPU 模块只集成了 1 个 RS-485 通信接口。

① RS-485 通信口　S7-200 SMART CPU 模块内部集成的 PPI 接口的物理特性为 RS-485 串行通信接口（端口 0），它是 9 针超小 D 型连接器。该通信接口符合欧洲标准 EN50170 中 PROFIBUS 标准，端口各个引脚名称及其表示意义如表 8-4 所示。

表 8-4　S7-200 SMART 系列 RS-485 通信端口引脚名称

引脚	连接器		名称	端口 0
1			屏蔽	机壳接地
2			24V 返回	逻辑地
3			RS-485 信号 B	RS-485 信号 B
4	引脚9　　引脚5		发送申请	RTS(TTL)
5			5V 返回	逻辑地
6			+5V	+5V,100Ω 串联电阻
7	引脚6　　引脚1		+24V	+24V
8			RS-485 信号 A	RS-485 信号 A
9			不用	10 位协议选择（输入）
连接器外壳			屏蔽	机壳接地

通过集成的 RS-485 通信口，可以使 CPU 模块与变频器、触摸屏等第三方设备进行通信。如果 CPU 模块还需要额外的接口，可通过扩展 CM01 信号板来实现。

② 以太网通信口　标准型 CPU 模块集成了以太网通信口，而经济型 CPU 模块没有以太网端口，只能使用 RS-485 通信口进行通信。

集成的以太网通信口，支持 TCP、UDP、ISO_on_TCP 通信协议。通过该端口，可与多种终端进行有效连接：使用普通网线与计算机连接即可实现程序的下载，不需要通过专用编程电缆，不仅方便且有效降低用户成本；与 SMART LINE 触摸屏进行通信，实现 CPU 运行状况的监控；通过交换机与多台以太网设备进行通信，实现数据的快速交互。

（2）通信信号板

通信信号板 SB CM01 可以扩展标准型 CPU 模块的通信端口，将其与 CPU 模块连接后，SB CM01 被视为端口 1，而 CPU 模块内部集成的 RS-485 通信口被视为端口 0。SB CM01 各个引脚名称及其表示意义如表 8-5 所示。

表 8-5　SB CM01 引脚名称

引脚	连接器	名称	端口 1
1	6ES7 288-5CM01-0AA0	接地	机壳接地
2		Tx/B	RS-232-Tx(发送)/RS-485-B(信号正)
3		请求发送	RTS(TTL 电平)
4	SB CM01	M 接地	逻辑公共端
5		Rx/A	RS-232-Rx(接收)/RS-485-A(信号负)
6		+5V	+5V,100Ω 串联电阻

（3）PC/PPI 电缆

使用计算机对 PLC 进行编程时，一般用 PC/PPI（个人计算机/点对点接口）电缆连接计算机与 PLC，这是一种低成本的通信方式。由于 S7-200 SMART PLC 的通信端口采用 RS-485 接口，而计算机通信端口采用 RS-232C 接口或 USB 通信端口，所以 PC/PPI 分为两种：RS-232C/PPI 电缆和 USB/PPI 电缆。

① RS-232C/PPI 电缆　RS-232C/PPI 的电缆外形如图 8-16 所示。使用 RS-232C/PPI 电缆在自由端口通信模式下，S7-200 SMART 可以与其它有 RS-232C 接口的设备进行通信。

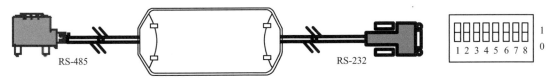

图 8-16　RS-232C/PPI 电缆

将 RS-232C/PPI 电缆上标有"PC"的 RS-232 端连接到计算机的 RS-232 通信接口，标有"PPI"的 RS-485 端连接到 PLC 的 CPU 模块，拧紧两边螺钉即可。RS-232C/PPI 电缆的护套上有 8 个 DIP 开关，DIP 开关的 1～3 位设置通信的波特率，其设置方法见表 8-6 所示。第 4 位和第 8 位为空闲位；第 5 位为 1 时选择 PPI（M 主站）模式，第 5 位为 0 时选择自由端口模式；第 6 位为 0 时选择本地模式（相当于数据通信设备 DCE），第 6 位为 1 时选择远端模式（相当于数据终端设备 DTE）；第 7 位为 0 时选择 10 位 PPI 协议，第 7 位为 1 时选择 11 位 PPI 协议。

表 8-6　波特率设置

波特率/(bit/s)	开关 1、2、3	波特率/(bit/s)	开关 1、2、3
115200	1 1 0	9600	0 1 0
57600	1 1 1	4800	0 1 1
38400	0 0 0	2400	1 0 0
19200	0 0 1	1200	1 0 1

当波特率小于等于 187500bit/s 时，通过 RS-232C/PPI 电缆或 USB/PPI 电缆能以最简单和经济的方式将 PLC 编译软件 STEP7-Micro/WIN SMART 连接到 S7-200 SMART PLC 或 S7-200 SMART 网络。USB/PPI 电缆是一种即插即用设备，适用于支持 USB1.1 版以上的计算机，当在 187500bit/s 下进行 PPI 通信时，它能将 PC 和 S7-200 隔离，此时不需要设置任何开关。将 PLC 编译软件 STEP7-Micro/WIN 与 PLC 通信时，不能同时使用多根 USB/PPI 连接到计算机上。

② USB/PPI 电缆　USB/PPI 的电缆外形如图 8-17 所示。要使用此电缆，计算机必须安装 STEP 7 Micro/WIN SMART V2.3（或更高版本）。

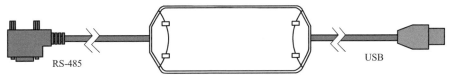

图 8-17　USB/PPI 电缆

USB/PPI 电缆不支持自由端口通信，如果将该电缆连接到 CPU 的 RS-485 端口，则会强制 CPU 退出自由端口模式并启用 PPI 模式，同时 STEP 7-Micro/WIN SMART V2.3 恢复 CPU 控制。

RS-232C/PPI 电缆或 USB/PPI 电缆上都带有绿色 LED，用来显示计算机或 S7-200 SMART 网络是否进行通信，其中 Tx LED 用来指示电缆是否在将信息传送给计算机；Rx LED 用来指示电缆是否在接收 PC 传来的信息；PPI LED 用来指示电缆是否在网络上传输信息。

使用 RS-232C/PPI 电缆或 USB/PPI 电缆将计算机与 PLC 连接好后，需进行通信时必须进行相应的通信设置。

（4）网络连接器

为了能够把多个设备很容易地连接到网络中，西门子公司提供两种网络连接器：一种标准网络连接器和另一种带编程接口的连接器。后者允许在不影响现有网络连接的情况下，再连接一个编程站或者一个 HMI 设备到网络中。带编程接口的连接器将 S7-200 SMART 的所有信号（包括电源引脚）传到编程接口。这种连接器对于那些从 S7-200 SMART 取电源的设备（例如 TD 400C）尤为有用。

两种连接器都有两组螺钉连接端子，可以用来连接输入连接电缆和输出连接电缆。在整个网络中，始端和终端节点的网络一定要有网络偏置和终端匹配以减少网络在通信过程中的传输错误。所以处在始端和终端节点的网络连接器的网络偏置和终端匹配选择开关应拨在 ON 位置，而其它节点的网络连接器的网络偏置和终端匹配选择开关应拨在 OFF 位置上。典型的网络连接器偏置和终端如图 8-18 所示。

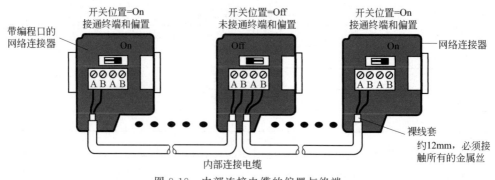

图 8-18　内部连接电缆的偏置与终端

（5）PROFIBUS 网络电缆

如果使用 RS-485 通信口进行通信，且通信设备相距较远时，可使用 PROFIBUS 电缆进行连接，表 8-7 中列出了 PROFIBUS 网络电缆的性能指标。

表 8-7　PROFIBUS 网络电缆性能指标

特性	规范	特性	规范
电缆类型	屏蔽双绞线	衰减	0.9dB/100m
回路电阻	≤115Ω/km	横截面积	$0.3\sim0.5mm^2$
有效电容	30pF/m	电缆直径	8mm
额定阻抗	约 135～160Ω		

PROFIBUS 网络的最远距离有赖于波特率和所用电缆的类型，表 8-8 中列出了规范电缆时网络段的最远距离。

表 8-8　PROFIBUS 网络的最大长度

波特率	不使用隔离器或中继器的电缆最远距离	带中继器的电缆最远距离
9.6～187.5Kbps	50m	1000m
500Kbps	不支持	400m
1～1.5Mbps	不支持	200m
3～12Mbps	不支持	100m

（6）网络中继器

为增加网络传输距离，通常在网络中使用中继器就可以使网络的通信距离扩展 50m。如果在已连接的两个中继器之间没有其它节点，那么网络的长度将能达到波特率允许的最大值。在波特率为 9600bps，传输距离 50m 范围时，一个网段最多可以连接 32 个设备，但使用一个中继器后，将在网络上可再增加 32 个设备。但是在同一个串联网络中，最多只能增加 9 个中继器，且网络的总长度不能超过 9600m。含中继器的网络如图 8-19 所示。

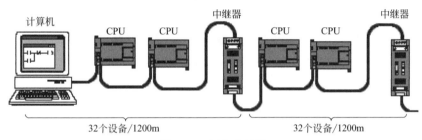

图 8-19　网络中继器

（7）EM DP01 模块

EM DP01 模块是专用于 PROFIBUS-DP（PROFIBUS Decentralized Periphery）协议通信的通信扩展模块，该模块只适用于标准型 CPU 模块，而经济型 CPU 模块不能外扩该模块。EM DP01 模块的外形如图 8-20 所示，其外壳上有 1 个 RS-485 接口，通过该接口可将 S7-200 SMART CPU 连接至网络，它支持 PROFIBUS-DP 和 MPI 协议。

PROFIBUS-DP 是欧洲标准 EN 50170 和国际标准 IEC611158 定义的一种远程 I/O 通信协议。遵守这种标准的设备，即使是由不同公司制造的，也是兼容的。DP 表示分布式外围设备，即远程 I/O；PROFIBUS 表示过程现场总线。EM DP01 作为 PROFIBUS-DP 协议下的从站，实现通信功能。

图 8-20　EM DP01 外形

通过 EM DP01 模块，可将 S7-200 SMART CPU 连接到 PROFIBUS-DP 网络。EM DP01 经过串行 I/O 总线连接到 S7-200 SMART CPU，PROFIBUS 网络经过其 DP 通信端口，连接到 EM DP01 模块。这个端口可运行于 9600bit/s 和 12Mbit/s 之间的任何 PROFIBUS 支持的波特率。作为 DP 从站，EM DP01 模块接受从主站来的多种不同的 I/O

配置,向主站发送和接收不同数量的数据,这种特性使用户能够修改所传输的数据量,以满足实际应用的需要。与许多 DP 主站不同的是 EM DP01 模块不仅能传输 I/O 数据,还能读写 S7-200 SMART CPU 中定义的变量数据块,这样使用户能与主站交换任何类型的数据。首先,将数据移到 S7-200 SMART CPU 中的变量存储器,就可将输入计数值、定时器值或其它计算值传送到主站。类似地,从主站来的数据存储在 S7-200 SMART CPU 中的变量存储器内,并可移到其它数据区。EM DP01 模块的 DP 端口可连接到网络上的一个 DP 主站上,但仍能作为一个 MPI 从站或同一网络上(如 SIMATIC 编程器或 S7-300/400 CPU 等)其它主站进行通信。图 8-21 表示有一个 S7-200 SMART CPU SR20 和一个 EM DP01 模块的 PROFIBUS 网络。在这种场合下,CPU 315-2 作为 DP 主站,通过装有 STEP 7 编程软件的 SIMATIC 编程设备进行组态后,CPU 315-2 能够从 EM DP01 模块中读取或写入数据。S7-200 SMART CPU SR20 和 ET 200 I/O 模块作为 CPU 315-2 所有的 DP 从站。S7-400 CPU 连接到 PROFIBUS 网络上并使用 S7-400 CPU 用户程序中的 X-GET 指令读取 CPU SR20 中的数据。

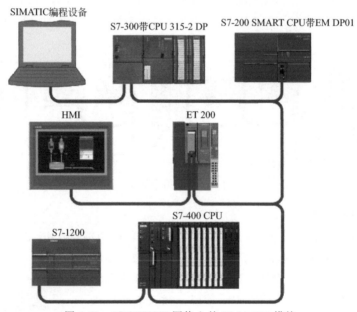

图 8-21　PROFIBUS 网络上的 EM DP01 模块

8.3.2　西门子 S7-200 SMART PLC 的通信协议简介

西门子 S7-200 SMART PLC 支持多种通信协议,根据所使用的 S7-200 SMART CPU,网络可以支持一个或多个协议,如 PPI 点到点(Point to Point)协议、MPI 多点(Multi Point)协议、PROFIBUS 协议、自由通信接口协议、USS 协议等。PPI 点到点协议、MPI 多点协议和 PROFIBUS 协议可以在 PLC 网络中同时运行,不会形成干扰。

(1)PPI 点到点协议

PPI 是西门子专为 S7-200 PLC 开发的主-从协议。在该协议中主站器件(如 CPU、西门子编程器或 TD 400)给从站发送申请,从站器件响应。从站器件不发送信息,只是等待主站的要求并对要求作出响应。主站靠一个 PPI 协议管理的共享连接来与从站通信。在一个网络中 PPI 协议不限制从站的数量，但是要求主站的个数最多不能超过 32 个。

在 S7-200 PLC 中，PLC 与 PLC 之间的通信可以采用 PPI 协议而进行数据的交换。作为 S7-200 的升级版 S7-200 SMART 也支持 PPI 协议，但是，在该模式下只支持 S7-200 SMART CPU 与 HMI（Human Machine Interface，人机界面）设备之间的通信。

主站和从站可通过两芯屏蔽双绞线进行联网，如图 8-22 所示，其数据传输速率为 9600bit/s、19200bit/s、187500bit/s。

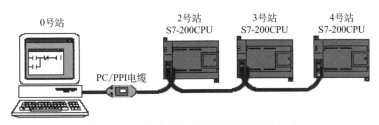

图 8-22　一个主站和多个从站的 PPI 方式

（2）MPI 多点协议

MPI 可以是主-主协议，也可以是主-从协议，这取决于设备的类型。如果设备是 S7-300/400CPU，MPI 就建立主-主协议，因为所有的 S7-300/400CPU 都可以是主站。但如果设备是 S7-200 SMART CPU，MPI 就建立主-从协议，因为 S7-200 SMART CPU 是从站。MPI 网采用全局数据（Globe Data）通信模式，可在 PLC 之间进行少量数据交换。它不需要额外的硬件和软件，具有成本低，用法简单等特点。MPI 网可连接多个不同的 CPU 或设备，如图 8-23 所示。MPI 符合 RS-485 标准，具有多点通信的功能，其波特率设定为 187.5Kbps。

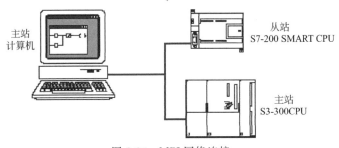

图 8-23　MPI 网络连接

（3）PROFIBUS 协议

PROFIBUS 是一种用于工厂自动化车间级监控和现场设备层数据通信与控制的现场总线技术。可实现现场设备层到车间级监控的分散式数字控制和现场通信网络，从而为实现工厂综合自动化和现场设备智能化提供可行的解决方案。在 PLC 系统中 PROFIBUS 应用比较广泛，下面对其进行相关介绍。

① PROFIBUS 的组成　PROFIBUS 由三个兼容部分组成，即 PROFIBUS-DP（Decentralized Periphery）、PROFIBUS-PA（Process Automation）、PROFIBUS-FMS（Fieldbus Message Specification）。

PROFIBUS-DP 是一种高速（数据传输速率 9600～12000bit/s）低成本的设备级网络，主要用于设备级控制系统与分散式 I/O 的通信。它可满足系统快速响应的时间要求：位于这一级的 PLC 或工业控制计算机可以通过 PROFIBUS-DP 同分散的现场设备进行通信。主站之间的通信为令牌方式，主站与从站之间为主从方式。

PROFIBUS-PA 专为过程自动化设计，可使传感器和执行机构连在一根总线上，可用于安全性要求较高的场合。

PROFIBUS-FMS 用于车间级监控网络，是一个令牌结构、实时多主网络。它可提供大量生产的通信服务，用以完成中等级传输速度进行的循环和非循环的通信服务。对于 FMS 而言，考虑的是系统功能而不是系统响应时间。FMS 服务向用户提供广泛的应用空间的更大的灵活性，通常用于大范围、复杂的通信系统。

② PROFIBUS 的结构　PROFIBUS 协议结构是根据 ISO7498 国际标准，以开放式系统互联网络 OSI（Open System Interconnection）作为参考模型的。该模型共有 7 层，第 1 层为物理层，定义了物理的传输特性；第 2 层为数据链路层；第 3～6 层未使用；第 7 层为应用层。应用层包括现场总线信息规范（Fieldbus Message Specification——FMS）和低层接口（Lower Layer Interface——LLI）。FMS 包括了应用协议并向用户提供了可广泛选用的强有力的通信服务；LLI 协调不同的通信关系并提供不依赖设备的第 2 层访问接口。

PROFIBUS-DP 物理层与 ISO/OSI 参考模型的第 1 层相同，采用了 EIA-RS-485 协议。RS-485 传输是 PROFIBUS 最常用的一种传输技术，它采用屏蔽双绞铜线的电缆，如图 8-24 所示。图中两根数据线 A、B 分别对应 RXD/TXD-P 和 RXD/TXD-N。根据数据传输速率不同，可选用双绞线和光纤两种传输介质。

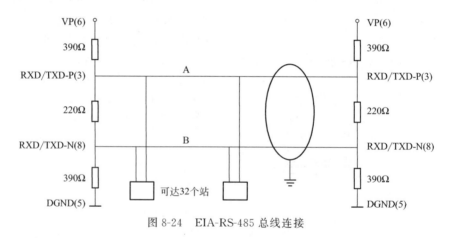

图 8-24　EIA-RS-485 总线连接

PROFIBUS-DP 并未采用 ISO/OSI 参考模型的应用层，而是自行设置了一个用户层，该层定义了 DP 的功能、规范与扩展要求等。PROFIBUS-DP 使用统一的介质存取协议，由 OSI 参考模型的第 2 层来实现，并提供了令牌总线方式和主从方式这两种基本的介质存取控制方式。令牌总线与局域网 IEEE 8024 协议一致，主从方式的数据链路层协议与局域网标准不同，它符合 HDLC 中的非平衡正常响应模式 NRM。

（4）自由端口协议

自由端口协议模式（Freeport Mode）是 S7-200 SMART PLC 一个很有特色的功能，用户通过用户程序对通信口进行操作，自己定义通信协议（如 ASCII 协议）。

用户自行定义协议使 PLC 可通信的范围增大，控制系统的配置更加灵活、方便。应用此种通信协议，使 S7-200 PLC 可以与任何通信协议兼容，并使串口的智能设备和控制器进行通信，如打印机、条形码阅读器、调制解调器、变频器和上位 PC 机等。当然这种协议也可以使两个 CPU 之间进行简单的数据交换。当连接的智能设备具有 RS-485 接口，可以通过双绞线进行连接；如果连接的智能设备具有 RS-232C 接口，可以通过 RS-232C/PPI 电缆连接起来进行自由口通信，此时通信口支持的速率为 1200～115200bit/s。

与智能外设连接后，在自由口通信模式下，通信协议完全由用户程序控制。通过设定特殊存储字节 SMB30（端口 0）或者 SMB130（端口 1）允许自由口模式，用户程序可以通过使用接收中断、发送中断、发送指令（XMT）和接收指令（RCV）对通信口进行操作。

应注意只有当 CPU 处于 RUN 模式时才能允许自由口模式，当 CPU 处于 STOP 模式时，自由口通信停止，通信口自动转换成正常的 PPI 协议操作，编程器与 CPU 恢复正常的通信。

（5）USS 协议

USS 协议（Universal Serial Interface Protocol，通用串行接口协议）是用于传动控制设备（变频器等）通信的一种协议，S7-200 SMART 提供了 USS 协议指令，用户使用该指令可以方便地实现对变频器的控制。

通过串行 USS 总线，最多可连接 30 台变频器作为从站。这些变频器用一个主站（计算机或西门子公司的 PLC 产品）进行控制，包括变频器的启/停、频率设定，参数修改等操作，总线上的每个传动控制装置都有一个从站号（在参数中设定），主站依靠从站号对它们进行识别。USS 协议为主从式总线结构，从站只是对主站发来的报文作出回应，并发送报文。

8.4　西门子 S7-200 SMART PLC 的 Modbus 通信

Modbus 是一种应用于电子控制器上的通信协议，于 1979 年由 Modicon 公司（现为施耐德公司旗下品牌）发明，并公开推向市场。由于 Modbus 是制造业、基础设施环境下真正的开放协议，所以得到了工业界的广泛支持，是事实上的工业标准。还由于其协议简单、容易实施和高性价比等特点，所以得到全球超过 400 个厂家的支持，使用的设备节点超过 700 万个，有多达 250 个硬件厂商提供 Modbus 的兼容产品。如 PLC、变频器、人机界面、DCS 和自动化仪表等都广泛使用 Modbus 协议。

8.4.1　Modbus 通信协议

Modbus 协议现为一通用工业标准协议，通过此协议，控制器相互之间、控制器通过网络（例如以太网）和其它设备之间可以通信。它已经成为一个通用工业标准。有了它，不同厂商生产的控制设备可以连成工业网络，进行集中监控。

Modbus 协议定义了一个控制器能认识使用的消息结构，而不管它们是经过何种网络进行通信的。它描述了控制器请求访问其它设备的过程，如何回应来自其它设备的请求，以及怎样侦测错误并记录。它制定了消息域格式和内容的公共格式。

在 Modbus 网络上通信时，协议规定对于每个控制器必须要知道它们的设备地址、能够识别按地址发来的消息及决定要产生何种操作。如果需要回应，控制器将生成反馈信息并用 Modbus 协议发出。在其它网络上，包含了 Modbus 协议的消息转换在此网络上使用的帧或包结构。这种转换也扩展了根据具体的网络解决节地址、路由路径及错误检测的方法。

Modbus 通信协议具有多个变种，其具有支持串口和以太网多个版本，其中最著名的是 Modbus RTU、Modbus ASCII 和 Modbus TCP 三种。其中 Modbus RTU 与 Modbus ASCII 均为支持 RS-485 总线的通信协议。Modbus RTU 由于其采用二进制表现形式以及紧凑数据结构，通信效率较高，应用比较广泛。Modbus ASCII 由于采用 ASCII 码传输，并且利用特殊字符作为其字节的开始与结束标识，其传输效率要远远低于 Modbus RTU 协议，一般只有在通信数据量较小的情况下才考虑使用 Modbus ASCII 通信协议，在工业现场一般都是采用 Modbus RTU 协议。通常基于串口通信的 Modbus 通信协议都是指 Modbus RTU 通信协议。

（1）Modbus 协议网络选择

在 Modbus 网络上传输时，标准的 Modbus 口是使用 RS-232C 或 RS-485 串行接口，它定义了连接口的针脚、电缆、信号位、传输波特率、奇偶校验。控制器能直接或通过 Modem 进行组网。

控制器通信使用主-从技术，即仅一个主站设备能初始化传输（查询）。其它从站设备根据主站设备查询提供的数据作出相应反应。典型的主站设备，如主机和可编程仪表。典型的从站设备，如可编程控制器等。

主站设备可单独与从站设备进行通信，也能以广播方式和所有从站设备通信。如果单独通信，从站设备返回一消息作为回应，如果是以广播方式查询的，则不作任何回应。Modbus 协议建立了主站设备查询的格式：设备（或广播）地址、功能代码、所有要发送的数据、一错误检测域。

从站设备回应消息也由 Modbus 协议构成，包括确认要行动的域、任何要返回的数据和一错误检测域。如果在消息接收过程中发生一错误，或从站设备不能执行其命令，从站设备将建立一错误消息并把它作为回应发送出去。

在其它网络上，控制器使用对等技术通信，故任何控制都能初始化并和其它控制器通信。这样在单独的通信过程中，控制器既可作为主站设备也可作为从站设备。提供的多个内部通道可允许同时发生的传输进程。

在消息位，Modbus 协议仍提供了主-从原则，尽管网络通信方法是"对等"。如果一控制器发送一消息，它只是作为主站设备，并期望从从站设备得到回应。同样，当控制器接收到一消息，它将建立一从站设备回应格式并返回给发送的控制器。

（2）Modbus 协议的查询-回应周期

Modbus 协议的主-从式查询-回应周期如图 8-25 所示。

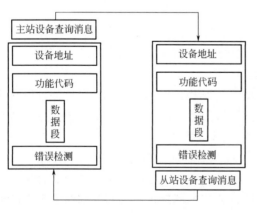

图 8-25　主-从式查询-回应周期

查询消息中的功能代码告之被选中的从站设备要执行何种功能。数据段包含了从站设备要执行功能的任何附加信息。例如功能代码 03 是要求从站设备读保持寄存器并返回它们的内容。数据段必须包含要告之从站设备的信息：从何寄存器开始读及要读的寄存器数量。错误检测域为从站设备提供了一种验证消息内容是否正确的方法。

如果从站设备产生正常的回应，在回应消息中的功能代码是在查询消息中的功能代码的回应。数据段包括了从站设备收集的数据。如果有错误发生，功能代码将被修改并指出回应消息是错误的，同时数据段包含了描述此错误信息的代码。错误检测域允许主站设备确认消息内容是否可用。

（3）Modbus 的报文传输方式

Modbus 网络通信协议有两种报文传输方式：ASCII（美国标准交换信息码）和 RTU（远程终端单元）。Modbus 网络上以 ASCII 模式通信，在消息中的每个 8bit 字节都作为两个 ASCII 字符发送。这种方式的主要优点是字符发送的时间间隔可达到 1s 而不产生错误。

Modbus 网络上以 RTU 模式通信，在消息中的每个 8bit 字节包含两个 4bit 的十六进制字符。这种方式的主要优点是：在同样的波特率下，其传输的字符的密度高于 ASCII 模式，每个信息必须连续传输。

8.4.2 Modbus 通信帧结构

在 Modbus 网络通信中，无论是 ASCII 模式还是 RTU 模式，Modbus 信息是以帧的方式传输，每帧有确定的起始位和停止位，使接收设备在信息的起始位开始读地址，并确定要寻址的设备以及信息传输的结束时间。

（1）Modbus ASCII 通信帧结构

在 ASCII 模式中，以 "："号（ASCII 的 3AH）表示信息开始，以换行键（CRLF）（ASCII 的 0D 和 0AH）表示信息结束。

对其它的区，允许发送的字符为十六进制字符 0～9 和 A～F。网络中设备连续检测并接收一个冒号（：）时，每台设备对地址区解码，找出要寻址的设备。

（2）Modbus RTU 通信帧结构

Modbus RTU 通信帧结构如图 8-26 所示，从站地址为 0～247，它和功能码各占一个字节，命令帧中 PLC 地址区的起始地址和 CRC 各占一个字，数据以字或字节为单位，以字为单位时高字节在前，低字节在后。但是发送时 CRC 的低字节在前，高字节在后，帧中的数据为十六进制数。

图 8-26　Modbus RTU 通信帧结构

8.4.3 Modbus RTU 寻址

Modbus 的地址通常有 5 个字符值，其中包含数据类型和偏移量。第 1 个字符决定数据类型，后 4 个字符选择数据类型内的正确数值。Modbus RTU 的寻址分为两种情况：主站寻址和从站寻址。

（1）Modbus RTU 主站寻址

Modbus RTU 主站指令将地址映射至正确功能，以发送到从站。Modbus RTU 主站指令支持下列 Modbus 地址：

① 00001～09999 是数字量输出（线圈）；

② 10001～19999 是数字量输入（触点）；

③ 30001～39999 是输入寄存器（通常是模拟量输入）；

④ 40001～49999 是保持寄存器。

所有 Modbus 地址均从 1 开始，也就是说，第 1 个数据值从地址 1 开始。实际有效地址范围取决于从站。不同的从站支持不同的数据类型和地址范围。

（2）Modbus RTU 从站寻址

Modbus RTU 从站指令将地址映射至正确的功能。Modbus RTU 从站指令支持下列 Modbus 地址：

① 00001～00256 是映射到 Q0.0～Q31.7 的数字量输出；

② 10001～10256 是映射到 I0.0～I31.7 的数字量输入；

③ 30001～30256 是映射到 AIW0～AIW110 的模拟量输入寄存器；

④ 40001～49999 和 400001～465535 是映射到 V 存储器的保持寄存器。

8.4.4 Modbus RTU 通信指令

STEP7-Micro/WIN SMART 指令库有专为 Modbus 通信设计的预先定义的子程序和中断服务程序，使得与 Modbus 设备的通信变得更简单。通过 Modbus 协议指令，可以将 S7-200 SMART 组态为 Modbus 主站或从站设备。

Modbus 通信指令主要包括 6 条指令：MBUS _ CTRL、MB _ CTRL2、MBUS _ MSG、MB _ MSG2、MBUS _ INIT、MBUS _ SLAVE，其中前 4 条指令与主站有关；后 2 条指令与从站有关。

（1）MBUS _ CTRL 和 MB _ CTRL2 指令

MBUS _ CTRL 和 MB _ CTRL2 为初始化主站指令，这两条指令具有相同的作用和参数，其中 MBUS _ CTRL 用于单个 Modbus RTU 主站；MB _ CTRL2 用于第二个 Modbus RTU 主站。

MBUS _ CTRL 和 MB _ CTRL2 指令将主站的 S7-200 SMART 通信端口使能、初始化或禁止 Modbus 通信，它们的指令格式如表 8-9 所示。在使用 MBUS _ MSG 和 MB _ MSG2 指令之前，必须正确执行 MBUS _ CTRL 和 MB _ CTRL2 指令，指令执行完成后，立即设定"完成"位，才能继续执行下一条指令。

表 8-9 MBUS _ CTRL 和 MB _ CTRL2 指令格式

LAD	STL	参数	数据类型	操作数
MBUS_CTRL EN Mode Baud Done Parity Error Port Timeout	CALL MBUS _ CTRL，Mode，Baud，Parity，Port，Timeout，Done，Error	Mode	BOOL	I、Q、M、S、SM、T、C、V、L
		Baud	DWORD	VD、ID、QD、MD、SD、SMD、LD、AC、常数、* VD、* AC、* LD
		Parity	BYTE	VB、IB、QB、MB、SB、SMB、LB、AC、常数、* VD、* AC、* LD
		Port	BYTE	VB、IB、QB、MB、SB、SMB、LB、AC、常数、* VD、* AC、* LD
MB_CTRL2 EN Mode Baud Done Parity Error Port Timeout	CALL MB _ CTRL2，Mode，Baud，Parity，Port，Timeout，Done，Error	Timeout	WORD	VW、IW、QW、MW、SW、SMW、LW、AC、常数、* VD、* AC、* LD
		Done	BOOL	I、Q、M、S、SM、T、C、V、L
		Error	BYTE	VB、IB、QB、MB、SB、SMB、LB、AC、* VD、* AC、* LD

EN：使能控制端。必须保证每一扫描周期都被使能，可由 SM0.0 常开触点控制。

Mode：模式选择端。为 1 将 CPU 端口分配给 Modbus 协议并启用该协议；为 0 将 CPU 端口分配给 PPI 协议，并禁用 Modbus 协议。

Baud：波特率设置端。波特率可设定为 1200bps、2400bps、4800bps、9600bps、19200bps、38400bps、57600bps 或 115200bps。

Parity：校验设置端。设置奇偶校验使其与 Modbus 从站相匹配，为 0 时表示无校验；为 1 时表示奇校验；为 2 时表示偶校验。

Port：端口号。为 0 选择 CPU 模块集成的 RS-485 通信口，即选择端口 0；为 1 选择 CM01 通信信号板，即选择端口 1。

Timeout：超时。主站等待来自从站响应的毫秒时间，典型的设置值为 1000ms，允许设置的范围为 1～32767。

Done：完成位。初始化完成，此位会自动置 1。可以用该位启动 MBUS_MSG 或 MB_MSG2 读写操作。

Error：出错时返回的错误代码。0 表示无错误；1 表示校验选择非法；2 表示波特率选择非法；3 表示超时无效；4 表示模式选择非法；9 表示端口无效；10 表示 SB CM01 信号板端口 1 缺失或未组态。

（2）MBUS_MSG 和 MB_MSG2 指令

MBUS_MSG 和 MB_MSG2 指令具有相同的作用和参数，其中 MBUS_MSG 用于单个 Modbus RTU 主站；MB_MSG2 用于第二个 Modbus RTU 主站。

MBUS_MSG 和 MB_MSG2 指令用于启动对 Modbus 从站的请求，并处理应答，它们的指令格式如表 8-10 所示。当 EN 输入和"首次"输入打开时，MBUS_MSG、MB_MSG2 指令启动对 Modbus 从站的请求。

表 8-10　MBUS_MSG 和 MB_MSG2 指令格式

LAD	STL	参数	数据类型	操作数
MBUS_MSG EN First Slave　Done RW　Error Addr Count DataPtr	CALL MBUS_MSG，First，Slave，RW，Addr，Count，DataPtr，Done，Error	First	BOOL	I,Q,M,S,SM,T,C,V,L（受上升沿检测元素控制的能流）
		Slave	BYTE	VB、IB、QB、MB、SB、SMB、LB、AC、常数、*VD、*AC、*LD
		RW	BYTE	VB、IB、QB、MB、SB、SMB、LB、AC、常数、*VD、*AC、*LD
		Addr	DWORD	VD、ID、QD、MD、SD、SMD、LD、AC、常数、*VD、*AC、*LD
MB_MSG2 EN First Slave　Done RW　Error Addr Count DataPtr	CALL MB_MSG2，First，Slave，RW，Addr，Count，DataPtr，Done，Error	Count	INT	VW、IW、QW、MW、SW、SMW、LW、AC、常数、*VD、*AC、*LD
		DataPtr	DWORD	＆VB
		Done	BOOL	I,Q,M,S,SM,T,C,V,L
		Error	BYTE	VB、IB、QB、MB、SB、SMB、LB、AC、*VD、*AC、*LD

EN：使能控制端。同一时刻只能有一个读写功能，即 MBUS ＿ MSG 或 MB ＿ MSG2 使能。可以在每一个读写功能（MBUS ＿ MSG 或 MB ＿ MSG2）都用上一个 MBUS ＿ MSG 或 MB ＿ MSG2 指令的 Done 完成位来激活，以保证所有读写指令循环进行。

First：读写请求位。该参数应该在有新请求要发送时才打开，进行一次扫描。该参数应当通过一个边沿检测元素（例如上升沿）打开，以保证请求被传送一次。

Slave：Modbus 从站地址。允许的范围是 1～247。

RW：读/写操作控制位。为 0 时进行读操作；为 1 时进行写操作。

Addr：Modbus 的起始地址。S7-200 SMART 支持的地址范围是：000001～09999 为数字量输出；10001～19999 为数字量输入；30001～39999 为模拟量输入寄存器；40001～49999 和 400001～465535 为保持寄存器。Modbus 从站设备支持的地址决定了 Addr 的实际取值范围。

Count：读取或写入数据元素的个数。Modbus 主站可读写的最大数据量为 120 个字（是指每 1 个 MBUS ＿ CTRL 和 MB ＿ CTRL2 指令）。

DataPtr：数据指针。S7-200 SMART CPU 的 V 存储器中与读取或写入请求相关数据的间接地址指针。对于读请求，将 DataPtr 设置为用于存储从 Modbus 从站读取的数据的第一个 CPU 存储单元。对于写请求，将 DataPtr 设置为要发送到 Modbus 从站的数据的第一个 CPU 存储单元。

Done：读写功能完成位。

Error：出错时返回的错误代码。0 表示无错误；1 表示响应校验错误；2 未使用；3 表示接收超时（从站无响应）；4 表示请求参数错误，一个或多个参数（Slave、RW、Addr、Count）被设置为非法值；5 表示 Modbus/自由口未使能；6 表示 Modbus 正在忙于其它请求；7 表示响应错误（响应不是请求的操作）；8 表示响应 CRC 校验和错误；101 表示从站不支持请求的功能；102 表示从站不支持数据地址；103 表示从站不支持此种数据类型；104 表示从站设备故障；105 表示从站接收了信息，但是响应被延迟；106 表示从站忙，拒绝了该信息；107 表示从站拒绝了信息；108 表示从站存储器奇偶错误。

（3）MBUS ＿ INIT 指令

MBUS ＿ INIT 为从站初始化指令。该指令将从站的 S7-200 SMART 通信端口使能、初始化或禁止 Modbus 通信，其指令格式如表 8-11 所示。只有在本指令执行无误后，才能执行 MBUS ＿ SLAVE 指令。

表 8-11　MBUS ＿ INIT 指令格式

LAD	STL	参数	数据类型	操作数
MBUS_INIT EN Mode　　Done Addr　　Error Baud Parity Port Delay MaxIQ MaxAI MaxHold HoldStart	CALL 　MBUS ＿ INIT，Mode，Addr，Baud，Parity，Port，Delay，MaxIQ，MaxAI，MaxHold，HoldStart，Done，Error	Mode	BYTE	VB、IB、QB、MB、SB、SMB、LB、AC、常数、＊VD、＊AC、＊LD
		Addr	BYTE	VB、IB、QB、MB、SB、SMB、LB、AC、常数、＊VD、＊AC、＊LD
		Baud	DWORD	VD、ID、QD、MD、SD、SMD、LD、AC、常数、＊VD、＊AC、＊LD
		Parity	BYTE	VB、IB、QB、MB、SB、SMB、LB、AC、常数、＊VD、＊AC、＊LD

LAD	STL	参数	数据类型	操作数
		Port	BYTE	VB、IB、QB、MB、SB、SMB、LB、AC、常数、*VD、*AC、*LD
		Delay	WORD	VW、IW、QW、MW、SW、SMW、LW、AC、常数、*VD、*AC、*LD
MBUS_INIT EN Mode　　Done Addr　　Error Baud Parity Port Delay MaxIQ MaxAI MaxHold HoldStart	CALL 　MBUS_INIT,Mode, Addr,Baud,Parity,Port, Delay,MaxIQ,MaxAI, MaxHold,HoldStart, Done,Error	MaxIQ	WORD	VW、IW、QW、MW、SW、SMW、LW、AC、常数、*VD、*AC、*LD
		MaxAI	WORD	VW、IW、QW、MW、SW、SMW、LW、AC、常数、*VD、*AC、*LD
		MaxHold	WORD	VW、IW、QW、MW、SW、SMW、LW、AC、常数、*VD、*AC、*LD
		HoldStart	DWORD	VD、ID、QD、MD、SD、SMD、LD、AC、常数、*VD、*AC、*LD
		Done	BOOL	I,Q,M,S,SM,T,C,V,L
		Error	BYTE	VB、IB、QB、MB、SB、SMB、LB、AC、*VD、*AC、*LD

Mode：模式选择端。为 1 将 CPU 端口分配给 Modbus 协议并启用该协议；为 0 将 CPU 端口分配给 PPI 协议，并禁用 Modbus 协议。

Addr：Modbus 从站的起始地址，允许的范围是 1～247。

Baud：波特率设置端。波特率可设定为 1200bps、2400bps、4800bps、9600bps、19200bps、38400bps、57600bps 或 115200bps，其它值无效。

Parity：校验设置端。设置奇偶校验使其与 Modbus 从站相匹配，为 0 时表示无校验，为 1 时表示奇校验，为 2 时表示偶校验。

Port：端口号。为 0 选择 CPU 模块集成的 RS-485 通信口，即选择端口 0；为 1 选择 CM01 通信信号板，即选择端口 1。

Delay：延时端。附加字符间延时，默认值为 0。

MaxIQ：最大 I/O 位。将 Modbus 地址 0xxxx 和 1xxxx 使用的 I 和 Q 点数设为 0～256 的数值。值为 0 时，将禁用所有对输入和输出的读写操作，通常 MaxIQ 值设为 256。

MaxAI：最大 AI 字数。将 Modbus 地址 3xxxx 使用的字输入（AI）寄存器数目设为 0～56 的数值。值为 0 时，将禁止读取模拟量输入。对于经济型 CPU 模块，该值应设为 0，其它类型的 CPU 模块，该值可设为 56。

MaxHold：最大保持寄存器区。用来指定主设备可以访问的保持寄存器（V 存储器字）的最大个数。

HoldStart：保持寄存器区起始地址。用来设置 V 存储区内保持寄存器的起始地址，一般为 VB0。

Done：完成位。初始化完成，此位会自动置 1。

Error：出错时返回的错误代码。0 表示无错误；1 表示存储器范围错误；2 表示波特率或奇偶校验错误；3 表示从站地址错误；4 表示 Modbus 参数值错误；5 表示保持寄存器与Modbus 从站符号重叠；6 表示收到奇偶校验错误；7 表示收到 CRC 错误；8 表示功能请求错误；9 表示请求中的存储器地址非法；10 表示从站功能未启用；11 表示端口号无效；12 表示 SB CM01 通信信号板端口 1 缺失或未组态。

（4）MBUS _ SLAVE 指令

MBUS _ SLAVE 指令用于响应 Modbus 主站发出的请求服务。该指令应该在每个扫描周期都被执行，以检查是否有主站的请求，指令格式如表 8-12 所示。

表 8-12　MBUS _ SLAVE 指令格式

LAD	STL	参数	数据类型	操作数
MBUS_SLAVE EN Done Error	CALL MBUS_SLAVE，Done，Error	Done	BOOL	I,Q,M,S,SM,T,C,V,L
		Error	BYTE	VB、IB、QB、MB、SB、SMB、LB、AC、* VD、* AC、* LD

Done：完成位。当响应 Modbus 主站的请求时，Done 位有效，输出为 1。如果没有服务请求时，Done 位输出为 0。

Error：出错时返回的错误代码。0 表示无错误；1 表示存储器范围错误；2 表示波特率或奇偶校验错误；3 表示从站地址错误；4 表示 Modbus 参数值错误；5 表示保持寄存器与Modbus 从站符号重叠；6 表示收到奇偶校验错误；7 表示收到 CRC 错误；8 表示功能请求错误；9 表示请求中的存储器地址非法；10 表示从站功能未启用；11 表示端口号无效；12 表示 SB CM01 通信信号板端口 1 缺失或未组态。

8.4.5　西门子 S7-200 SMART PLC 的 Modbus 通信应用举例

例 8-1　两台 S7-200 SMART PLC 采用 Modbus 通信，其中一台作为主站，另外一台作为从站。要求主站 CPU ST30 能读取从站 CPU ST20 以 I0.0 起始的连续 16 位的值，并向从站 VB1000 起始的连续 5 个保持寄存器写入数据。

（1）硬件配置

两台 S7-200 SMART PLC 的硬件配置如图 8-27 所示，其硬件主要包括 1 根 PC/PPI 电缆、1 台 CPU ST30、1 台 CPU ST20、1 根 PROFIBUS 网络电缆（含 2 个网络连接器）。

图 8-27　例 8-1 的硬件配置

（2）编写 PLC 程序

这两台 S7-200 SMART PLC 设备都需要编写相应的源程序，其中主站程序如表 8-13 所示；从站程序如表 8-14 所示。

表 8-13   例 8-1 的主站程序

程序段	LAD	STL
程序段 1	首次扫描，复位各标志位和起始位 SM0.1 ——— M2.0 ——| |——（R） 8 M4.0 （R） 8 M0.0 （R） 2	LD SM0.1 R M2.0, 8 R M4.0, 8 R M0.0, 2
程序段 2	主站Modbus通信初始化 SM0.0 MBUS_CTRL ——| |—— EN SM0.0 ——| |—— Mode 9600 — Baud Done — M0.0 0 — Parity Error — MB1 0 — Port 1000 — Timeout	LD SM0.0 = L60.0 LD SM0.0 = L63.7 LD L60.0 CALL MBUS_CTRL：SBR1, L63.7, 9600, 0, 0, 1000, M0.0, MB1
程序段 3	主站初始化完成后，启动读写指令 M0.0 M0.1 ——| |——| P |——（S） 1	LD M0.0 EU S M0.1, 1
程序段 4	读取从站保持寄存器的数据 M0.1 MBUS_MSG ——| |—— EN M2.3 ——| |—— M0.1 ——| |——| P |—— First M2.3 2 — Slave Done — M2.1 ——| |——| P |—— 0 — RW Error — MB3 40001 — Addr 5 — Count &VB1000 — DataPtr	LD M0.1 O M2.3 = L60.0 LD M0.1 EU LD M2.3 EU OLD = L63.7 LD L60.0 CALL MBUS_MSG：SBR2, L63.7, 2, 0, 40001, 5, &VB1000, M2.1, MB3
程序段 5	读取从站保持寄存器的数据完成，复位请求 M2.1 M0.1 ——| |——（R） 1 M2.3 （R） 1	LD M2.1 R M0.1, 1 R M2.3, 1

程序段	LAD	STL
程序段 6	读取从站输入点 M2.1 ── MBUS_MSG EN M2.1 ──P── First 2─Slave Done─M2.2 0─RW Error─MB4 10001─Addr 2─Count &VB2000─DataPtr	LD M2.1 = L60.0 LD M2.1 EU = L63.7 LD L60.0 CALL MBUS_MSG：SBR2, L63.7, 2, 0, 10001, 2, &VB2000,M2.2,MB4
程序段 7	读取从站输入点完成，复位请求 M2.2 ──(R)── M2.1 1	LD M2.2 R M2.1,1
程序段 8	写从站实际输出值 M2.2 ── MBUS_MSG EN M2.2 ──P── First 2─Slave Done─M2.3 1─RW Error─MB5 1─Addr 5─Count &VB3000─DataPtr	LD M2.2 = L60.0 LD M2.2 EU = L63.7 LD L60.0 CALL MBUS_MSG：SBR2, L63.7, 2, 1, 1, 5, &VB3000, M2.3,MB5
程序段 9	写从站实际输出值完成，复位请求 M2.3 ──(R)── M2.2 1	LD M2.3 R M2.2,1

表 8-14　例 8-1 的从站程序

程序段	LAD	STL
程序段 1	首次循环内初始化Modbus从站协议 SM0.1 ── MBUS_INIT EN 1─Mode Done─M6.1 2─Addr Error─MB7 9600─Baud 0─Parity 0─Port 0─Delay 256─MaxIQ 56─MaxAI 1000─MaxHold &VB1000─HoldSt~	LD SM0.1 CALL MBUS_INIT：SBR1, 1,2,9600,0,0,0,256,56, 1000,&VB1000,M6.1,MB7

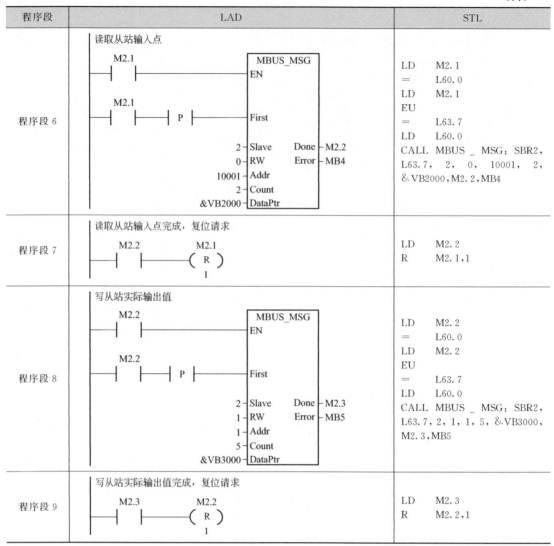

程序段	LAD	STL
程序段 2	在每个循环周期内执行Modbus从站协议 SM0.0 ┤├─ MBUS_SLAVE EN Done ─ M6.2 Error ─ MB8	LD SM0.0 CALL MBUS _ SLAVE: SBR2,M6.2,MB8

主站程序中，PLC 一上电，程序段 1 在首次扫描时将各标志位和起始位进行复位。程序段 2 中，执行主站 Modbus 通信初始化操作，将通信波特率设置为 9600bps（Baud＝9600），不进行校验（Parity＝0），使用端口 0（Port＝0），主站等待从站时间为 1s（Timeout＝1000），完成位为 M0.0，错误代码存储于 MB1 中。主站 Modbus 通信初始化完成后，程序段 3 中的 M0.0 常开触点闭合，使得 M0.1 置位，启动主站对从站的读写操作。程序段 4 为主站读取从站保持寄存器中的数据，从站地址为 2（Slave＝2），执行读操作（RW＝0），主站读取从站的保持寄存器的中数据（Addr＝40001），连续 5 个保持寄存器（Count＝5）存储到主站 VB1000 起始位置（即主从保存寄存器 40001～40005 中的数据存储到主站 VB1000～VB1004），完成后 M2.1 置 1（Done＝M2.1），错误代码存储于 MB3 中。读取从站保存寄存器中的数据后，程序段 5 中的 M2.1 常开触点闭合，使 M0.1 和 M2.3 复位。同时，程序段 6 中执行 MBUS _ MSG 指令。在程序段 6 中，从站地址为 2（Slave＝2），执行读操作（RW＝0），主站读取从站的数字量输入（Addr＝10001），读取 2 个字的内容（Count＝2），即 I0.0～I1.7 共 16 位输入数字量，并将这些数字量存储到主站 VB2000～VB2001，完成后 M2.2 置 1（Done＝M2.2），错误代码存储于 MB4 中。读取从站 16 位输入数字量后，程序段 7 中的 M2.2 常开触点闭合，使 M2.1 复位。同时，程序段 8 中执行 MBUS _ MSG 指令。在程序段 8 中，从站地址为 2（Slave＝2），执行写操作（RW＝1），主站向从站前 5 个保持寄存器写入数据，完成后 M2.3 置 1（Done＝M2.3），错误代码存储于 MB5 中。主站向从站写入数据后，程序段 9 中的 M2.3 常开触点闭合，使 M2.2 复位。

从站程序中，PLC 一上电，程序段 1 执行从站 Modbus 通信初始化操作，将通信波特率设置为 9600bps（Baud＝9600），不进行校验（Parity＝0），使用端口 0（Port＝0），延时时间为 0s（Delay＝0），最大 I/O 位为 256（MaxIQ＝256），最大 AI 字数为 56（MaxAI＝56），最大保持寄存器区为 1000（MaxHold＝1000），保持寄存器区起始地址为 VB1000（HoldStart＝&VB1000），完成位为 M6.1，错误代码存储于 MB7 中。同时，程序段 2 在每个循环周期内执行 Modbus 从站协议。

注意，主站和从站程序中 Modbus 指令的调用方法：点击项目树中的"指令"→"库"，然后将所需的指令拖到程序段合适的位置即可，如图 8-28 所示。在调用了 Modbus 指令库的指令后，还要对库存储器进行分配，若不分配，则即使编写的程序没有语法错误，程序编译后也会显示一些错误。分配库存储器的方法：在【文件】→【库】组选中"存储器"，将弹出"库存储器分配"对话框，在此对话框中进行设置即可，如图 8-29 所示。

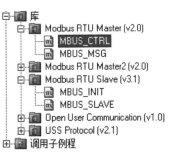

图 8-28　调用 Modbus 指令

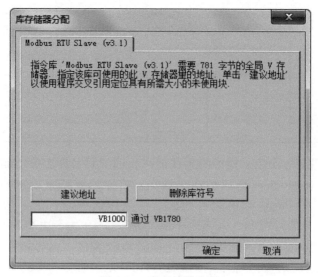

图 8-29　库存储器分配

例 8-2　两台 S7-200 SMART PLC 采用 Modbus 通信，其中一台为主站，另外一台作为从站，要求主站 CPU ST30 发出启停信号，从站 CPU ST30 接收到该信号后，控制从站指示灯进行秒闪控制。

（1）硬件配置

两台 S7-200 SMART PLC 的硬件配置如图 8-30 所示，其硬件主要包括 1 根 PC/PPI 电缆、2 台 CPU ST30、1 根 PROFIBUS 网络电缆（含 2 个网络连接器）。主站 CPU ST30 的 I0.0 外接启动按钮，I0.1 外接停止按钮；从站 CPU ST30 的 Q0.0 外接 HL 指示灯。主站和从站的 PLC 接线如图 8-31 所示。

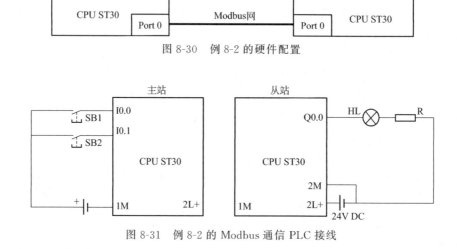

图 8-30　例 8-2 的硬件配置

图 8-31　例 8-2 的 Modbus 通信 PLC 接线

（2）编写 PLC 程序

这两台 CPU ST30 设备都需要相应的程序，所以编写的主站程序和从站程序如表 8-15 所示。

表 8-15 　例 8-2 的 Modbus 通信程序

站	程序段	LAD	STL
主站	程序段 1	SM0.0 ─┤├─ EN — MBUS_CTRL SM0.0 ─┤├─ Mode 9600 — Baud　　Done — M0.0 1 — Parity　　Error — MB1 0 — Port 1000 — Timeout	LD　　SM0.0 =　　L60.0 LD　　SM0.0 =　　L63.7 LD　　L60.0 //波特率为 9600bps，奇校验， Modbus 模式 CALL　MBUS_CTRL：SBR1， L63.7，9600，1，0，1000， M0.0，MB1
	程序段 2	SM0.0 ─┤├─ EN — MBUS_MSG SM0.5 ─┤├─┤P├─ First 2 — Slave　　Done — M0.1 1 — RW　　Error — MB2 40001 — Addr 1 — Count &VB200 — DataPtr	LD　　SM0.0 =　　L60.0 LD　　SM0.5 EU =　　L63.7 LD　　L60.0 //从站地址为 2，向从站写数据， 数据存储起始地址为 VW200，字 长为 1 CALL　MBUS_MSG：SBR2， L63.7，2，1，40001，1，&VB200， M0.1，MB2
	程序段 3	I0.0 ─┤├─┬─ I0.1 ─┤/├─ V200.0 ─( ) V200.0 ─┤├─┘	LD　　I0.0 O　　V200.0 AN　　I0.1 =　　V200.0
从站	程序段 1	SM0.1 ─┤├─ EN — MBUS_INIT 1 — Mode　　Done — M0.0 2 — Addr　　Error — VB0 9600 — Baud 1 — Parity 0 — Port 0 — Delay 256 — MaxIQ 56 — MaxAI 1000 — MaxHold &VB200 — HoldSt~	LD　　SM0.1 //Modbus 模式，从站地址为 2， 波特率为 9600，奇校验，接收数据 存储区的首址为 VW200 CALL　MBUS_INIT：SBR1，1，2， 9600，1，0，0，256，56，1000， &VB200，M0.0，VB0
	程序段 2	SM0.0 ─┤├─ EN — MBUS_SLAVE 　　Done — M0.1 　　Error — VB1	LD　　SM0.0 CALL　MBUS_SLAVE：SBR2， M0.1，VB1
	程序段 3	V200.0 ─┤├─ SM0.5 ─┤├─ Q0.0 ─( )	LD　　V200.0 //接收启停信息，以进行秒闪 控制 A　　SM0.5 =　　Q0.0

主站 CPU ST30 的程序有 3 个程序段：程序段 1 通过 MBUS_CTRL 指令主要设置波特率及 Modbus 模式等；程序段 2 通过 MBUS_MSG 指令设置从站地址、数据存储起始地址；程序段 3 中将主站的启停信息存储在 V200.0 中。

从站 CPU ST30 的程序也有 3 个程序段：程序段 1 通过 MBUS_INIT 指令主要设置波特率及接收 V 存储区等；程序段 2 通过 MBUS_SLAVE 指令检测主站是否发送启停信息；程序段 3 中将接收的启停信息，并串联 SM0.5 驱动 Q0.0 作为指示灯的闪烁控制。

例 8-3 S7-200 SMART PLC 与 S7-1200 PLC 间的 Modbus 通信。其中一台 S7-1200 PLC 作为主站，另一台 S7-200 SMART PLC 作为从站，要求将主站上的以 I0.0 起始的连续 16 位的值传送到从站 VB10 起始的单元中。

（1）硬件配置

S7-200 SMART PLC 作为从站时，使用端口 0；S7-1200 PLC 只有 1 个通信口，即 PROFINET 口，所以要进行 Modbus 通信就必须配置 RS-485 模块（如 CM1241 RS-485）或者 RS-232 模块（如 CM1241 RS-232），这两个模块都由 CPU 供电，不需外接供电电源。本例的硬件配置如图 8-32 所示，其硬件主要包括 1 根 PC/PPI 电缆、1 台 CPU ST30、1 台 CPU 1214C、1 台 CM1241（RS-485）、1 根 PROFIBUS 网络电缆（含 2 个网络连接器）。

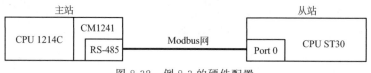

图 8-32　例 8-3 的硬件配置

（2）S7-1200 PLC 硬件组态

S7-1200 PLC 在编程前，应进行相应的硬件组态。在 TIA Protal 编程软件中，对于初学者来说，可按以下步骤完成 CPU 1214C 的硬件组态。

① 新建主站项目。启动 TIA Protal 软件，选择"创建新项目"，并输入项目名称和设置项目的保存路径，如图 8-33 所示。

图 8-33　新建主站项目

② 进入组态设备。首先在图 8-33 中单击"创建"按钮，进入如图 8-34 所示界面并选择"组态设备"，然后进入如图 8-35 所示界面，选择"添加新设备"。

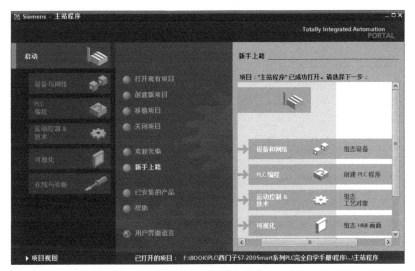

图 8-34　选择组态设备

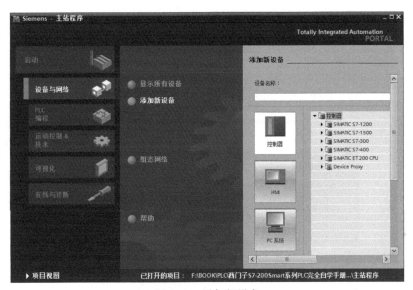

图 8-35　添加新设备

③ 添加控制器 CPU 1214C。在图 8-35 所示的添加新设备对话框中执行命令"控制器"→"SIMATIC S7-1200"→"CPU"→"CPU 1214C DC/DC/Rly"，添加新设备为 CPU 1214C，如图 8-36 所示。

④ 进入硬件组态。在图 8-36 的右下角点击"添加"按钮，将进入如图 8-37 所示的硬件组态界面。在此界面中，可以看到机架 Rack_0 的第 1 槽为 CPU 模块。

⑤ 展开槽位。在图 8-37 中，点击 CPU 模块左上侧的倒三角，展开 101～103 槽位，如图 8-38 所示。

⑥ 添加 RS-485 模块。在硬件组态界面选中 101 槽位，然后在右侧执行"硬件目录"→

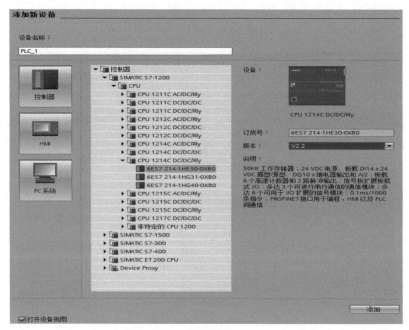

图 8-36　添加 CPU 1214C

图 8-37　进入硬件组态

"通信模块"→"点到点"→"CM 1241（RS-485）"，添加 RS-485 模块到 101 槽位，如图 8-39 所示。

⑦ 启动系统时钟。先选中 CPU 1214C，再在"属性"的"常规"选项卡中选中"系统和时钟存储器"，将"时钟存储器位"的"允许使用时钟存储器字节"勾选，并在"时钟存储器字节的地址"中输入 20，则 M20.1 位表示 5Hz 的时钟。如图 8-40 所示。

⑧ 点击"保存项目"按钮，硬件组态操作完成。

图 8-38　展开槽位

图 8-39　添加 RS-485 模块

（3）S7-1200 PLC 的 Modbus 通信相关指令

在 TIA Protal 编辑软件的指令库中，专为 S7-1200 PLC 的 Modbus 通信提供了 3 条指令：MB_COMM_LOAD、MB_MASTER 和 MB_SLAVE。

① MB_COMM_LOAD 指令　MB_COMM_LOAD 指令的功能是将 CM1241 模块的端口配置成 Modbus 通信协议的 RTU 模式。此指令只在程序运行时执行一次，其指令格

图 8-40　启用系统时钟

式如表 8-16 所示。表中 UINT 为 16 位无符号整数类型；UDINT 为 32 位无符号整数类型；VARIANT 是 1 个可以指向各种数据类型或参数类型变量的指针。

表 8-16　MB_COMM_LOAD 指令格式

LAD	参数	数据类型	操作数
	REQ	BOOL	I、Q、M、D、L
	PORT	UDINT	I、Q、M、D、L 或常数
	BAUD	UDINT	I、Q、M、D、L 或常数
"MB_COMM_LOAD_DB"	PARITY	UINT	I、Q、M、D、L 或常数
MB_COMM_LOAD	FLOW_CTRL	UINT	I、Q、M、D、L 或常数
EN　　　　　ENO	RTS_ON_DLY	UINT	I、Q、M、D、L 或常数
REQ　　　　DONE	RTS_OFF_DLY	UINT	I、Q、M、D、L 或常数
PORT　　　ERROR	RESP_TO	UINT	I、Q、M、D、L 或常数
BAUD　　　STATUS	MB_DB	VARIANT	D
PARITY	DONE	BOOL	I、Q、M、D、L
FLOW_CTRL	ERROR	BOOL	I、Q、M、D、L
RTS_ON_DLY	STATUS	WORD	I、Q、M、D、L
RTS_OFF_DLY			
RESP_TO			
MB_DB			

EN：使能端。

REQ：通信请求端。0 表示无请求；1 表示有请求，上升沿有效。

PORT：通信端口的 ID。在设备组态中插入通信模块后，端口 ID 就会显示在 PORT 框连接的下拉列表中。也可以在变量表的"常数"（Constants）选项卡中引用该常数。

BAUD：波特率设置端。波特率可设定为 1200bps、2400bps、4800bps、9600bps、19200bps、38400bps、57600bps 或 115200bps，其它值无效。

PARITY：校验设置端。0 表示无校验；1 表示奇校验；2 表示偶校验。

FLOW＿CTRL：流控制选择。0 表示无流控制；1 表示通过 RTS 实现的硬件流控制始终开启（不适用于 RS-485 端口）；2 表示通过 RTS 切换实现硬件流控制。默认情况下，该值为 0。

RTS＿ON＿DLY：RTS 延时选择。0 表示到传送消息的第 1 个字符之前，激活 RTS 无延时；1～65535 表示传送消息的第 1 个字符之前，"激活 RTS"以 ms 为单位的延时（不适用于 RS-485 端口）。默认情况下，该值为 0。

RTS＿OFF＿DLY：RTS 关断延时选择。0 表示到传送最后 1 个字符到"取消激活 RTS"之前没有延时；1～65535 表示传送消息的最后 1 个字符到"取消激活 RTS"之间以 ms 为单位的延时（不适用于 RS-485 端口）。默认情况下，该值为 0。

RESP＿TO：响应超时。设定从站对主站的响应超出时间，取值范围为 5～65535ms。

MB＿DB：在同一程序中调用 MB＿MASTER 或 MB＿SLAVE 指令时的背景数据块的地址。

DONE：完成位。初始化完成，此位会自动置 1。

ERROR：出错时返回的错误代码。0 表示无错误；8180 表示端口 ID 的值无效（通信模块的地址错误）；8181 表示波特率设置错误；8182 表示奇偶校验值无效；8183 表示流控制值无效；8184 表示响应超时值无效；8185 表示参数 MB＿DB 指向 MB＿MASTER 或 MB＿SLAVE 指令时的背景数据块的指针不正确。

② MB＿MASTER 指令　MB＿MASTER 指令的功能是将主站上的 CM1241 模块（RS-485 或 RS-232）的通信口建立与一个或者多个从站的通信，其指令格式如表 8-17 所示。表中 USINT 为 8 位无符号整数类型。

表 8-17　MB＿MASTER 指令格式

LAD	参数	数据类型	操作数
	REQ	BOOL	I、Q、M、D、L
	MB_ADDR	UINT	I、Q、M、D、L 或常数
"MB_MASTER_DB" MB_MASTER EN ENO REQ DONE MB_ADDR BUSY MODE ERROR DATA_ADDR STATUS DATA_LEN DATA_PTR	MODE	USINT	I、Q、M、D、L 或常数
	DATA_ADDR	VARIANT	I、Q、M、D、L 或常数
	DATA_LEN	UINT	I、Q、M、D、L 或常数
	DATA_PTR	VARIANT	M、D
	DONE	BOOL	I、Q、M、D、L
	BUSY	BOOL	I、Q、M、D、L
	ERROR	BOOL	I、Q、M、D、L
	STATUS	WORD	I、Q、M、D、L

REQ：通信请求端。0 表示无请求；1 表示请求将数据发送到 Modbus 从站。

MB＿ADDR：通信对象 Modbus RTU 从站的地址。默认地址范围为 0～247；扩展地址范围为 0～65535。

MODE：模式选择控制端。可选择读、写或诊断。

DATA_ADDR：Modbus 从站中通信访问数据的起始地址。

DATA_LEN：请求访问数据的长度为位数或字节数。

DATA_PTR：用来存取 Modbus 通信数据的本地数据块的地址。多次调用 MB_MASTER 时，可使用不同的数据块，也可以各自使用同一个数据块的不同地址区域。

DONE：完成位。初始化完成，此位会自动置 1。

BUSY：通信忙。0 表示当前处于空闲状态；1 表示当前处于忙碌状态。

ERROR：出错时返回的错误代码。

STATUS：执行条件代码。

③ MB_SLAVE 指令　MB_SLAVE 指令使串口作为 Modbus 从站响应 Modbus RTU 主站的数据请求，其指令格式如表 8-18 所示。

表 8-18　MB_SLAVE 指令格式

LAD	参数	数据类型	操作数
"MB_SLAVE_DB"　MB_SLAVE　EN　ENO　MB_ADDR　NDR　MB_HOLD_REG　DR　ERROR　STATUS	MB_ADDR	USINT	I、Q、M、D、L
	MB_HOLD_REG	VARIANT	D
	NDR	BOOL	I、Q、M、D、L
	DR	BOOL	I、Q、M、D、L
	ERROR	BOOL	I、Q、M、D、L
	STATUS	WORD	I、Q、M、D、L

MB_ADDR：通信对象 Modbus RTU 从站的地址。

MB_HOLD_REG：指向 Modbus 保持寄存器数据块的地址。

NDR：新数据准备好。

DR：读数据标志。

ERROR：出错时返回的错误代码。

STATUS：故障代码。

（4）编写 S7-1200 PLC 的主站程序

在 TIA Protal 编程软件中完成硬件组态后，可按以下步骤进行程序的编写。

① 添加数据块 Modbus_Data。首先在 TIA Protal 编程软件的"启动"项中选择"PLC 编程"，接着选择"添加新块"，然后选择"数据块"，并将名称改为"Modbus_Data"，如图 8-41 所示。设置完后，点击右下角的"添加"按钮，即可添加数据块 Modbus_Data。

② 新建数组。在数据块 Modbus_Data 中新建数组 data，数组的数据类型为字。其中 data [0] 和 data [1] 的初始值均为 16♯0ffff，如图 8-42 所示。

③ 添加启动组织块 OB100，并编写程序。新建数组后，点击左下角的"Portal 视图"按钮，选择"添加新块"，然后在"组织块"中选择"Startup"，如图 8-43 所示。双击"Startup"，将进入如图 8-44 所示的组织块 OB100 编辑界面。在此界面中编写如图 8-45 所示的程序。此程序只在启动时才运行一次，对主站进行 Modbus 初始化。在程序中，每当 M20.1 发生上升沿跳变时请求将数据发送到 Modbus 从站（REQ 连接 M20.1 的上升沿）；选择 CM-1241 通信模块的 RS-485 通信，其通信端口 ID 为 267（PORT＝267）；波特率设置

图 8-41　添加数据块 Modbus＿Data

图 8-42　新建数组 data

为 9600（BAUD＝9600）；进行奇校验（PARITY＝1）；数据块为"MB＿MASTER＿DB"。

图 8-43　添加启动组织块

图 8-44　进入组织块 OB100 编辑界面

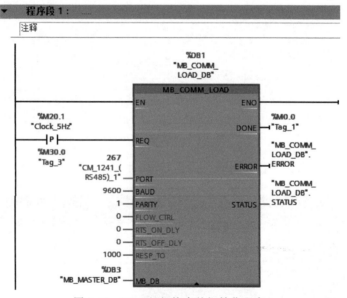

图 8-45　B100 组织块中的初始化程序

④ 进入 Main，编写 OB1 组织块程序。在 TIA Protal 编程软件的"项目树"中，单击"主站程序"→"PLC_1"→"程序块"→"Main〔OB1〕"，进入 Main 主程序的编辑界面，并在界面中编写如图 8-46 所示的 OB1 组织块程序。程序中，每当 M20.1 发生上升沿跳变时请求将数据发送到 Modbus 从站（REQ 连接 M20.1 的上升沿）；从站地址设置为 2（MB_ADDR＝2）；对从站执行写操作（MODE＝1）；Modbus 从站中通信访问数据的起始地址为 10001（DATA_ADDR＝10001），即将主站 S7-1200 PLC 的 I0.0 起始位状态传送到从站 S7-200 SMART PLC 中，10001 对应为数字输入量 I0.0；数据的长度为 2 字节长

（DATA _ LEN＝2）；发送"Modbus _ Data.data"数组的数据。

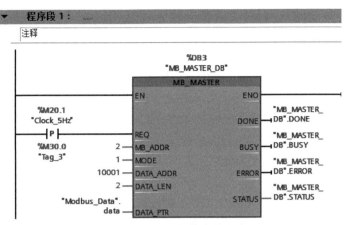

图 8-46　OB1 组织块中的程序

（5）编写 S7-200 SMART PLC 从站程序

在 STEP 7-Micro/WIN SMART 中编写的从站程序如表 8-19 所示。PLC 一上电，程序
段 1 执行从站 Modbus 通信初始化操作，将通信波特率设置为 9600bps（Baud＝9600），进
行奇校验（Parity＝1），使用端口 0（Port＝0），延时时间为 0s（Delay＝0），最大 I/O 位为
256（MaxIQ＝256），最大 AI 字数为 56（MaxAI＝56），最大保持寄存器区为 1000
（MaxHold＝1000），数据指针为 VB10（HoldStart＝&VB10），即从站 V 存储区为 VW10
和 VW11，完成位为 M0.0，错误代码存储于 MB1 中。同时，程序段 2 在每个循环周期内执
行 Modbus 从站协议。

表 8-19　例 8-3 的从站程序

程序段	LAD	STL
程序段 1	首次循环内初始化Modbus从站协议 SM0.1 —[ ]— MBUS_INIT EN 1 — Mode　　Done — M0.0 2 — Addr　　Error — MB1 9600 — Baud 1 — Parity 0 — Port 0 — Delay 256 — MaxIQ 56 — MaxAI 1000 — MaxHold &VB10 — HoldSt~	LD　　SM0.1 CALL　MBUS_ INIT：SBR1，1， 2，9600，1，0，0，256，56，1000， &VB10，M0.0，MB1
程序段 2	在每个循环周期内执行Modbus从站协议 SM0.0 —[ ]— MBUS_SLAVE EN Done — M0.1 Error — MB2	LD　　SM0.0 CALL　MBUS_ SLAVE：SBR2， M0. 1，MB2

8.5 西门子 S7-200 SMART PLC 的自由口通信

所谓自由口通信协议就是没有标准的通信协议，用户可以自己规定的通信协议。S7-200 SMART PLC 具有自由端口功能，它是基于 RS-485 通信基础的半双工通信。第三方设备（如变频器、自动化仪表等）大多支持 RS-485 串口通信，S7-200 SMART PLC 可以通过自由口通信模式控制串口通信。

自由口通信实现的关键是特殊寄存器及相应的指令。

8.5.1 自由口控制寄存器

在 S7-200 SMART PLC 中，使用 SMB30（对于端口 0，即 CPU 本身集成的 RS-485 口）和 SMB130（对于端口 1，即通信信号板 SB CM01）控制寄存器定义自由端口或 PPI 通信协议的工作模式，该控制寄存器各位的定义如表 8-20 所示。

表 8-20 自由端口控制寄存器各位的定义

位号	7　6	5	4　3　2	1　0
标志符	pp	d	bbb	mm
标志	pp＝00,不校验 pp＝01,奇校验 pp＝10,不校验 pp＝11,偶校验	d＝0,每字符 8 位数据 d＝1,每字符 7 位数据	bbb＝000,38400bit/s bbb＝001,19200bit/s bbb＝010,9600bit/s bbb＝011,4800bit/s bbb＝100,2400bit/s bbb＝101,1200bit/s bbb＝110,600bit/s bbb＝111,300bit/s	mm＝00,PPI/从站模式 mm＝01,自由端口模式 mm＝10,PPI/主站模式 mm＝11,保留

在自由端口模式下，通信协议完全由用户程序来控制，对端口 0 和端口 1 分别通过 SMB30 和 SMB130 来设置波特率及奇偶校验。在执行连接到接收字符中断程序之前，接收到的字符存储在自由端口模式的接收字符缓冲区 SMB2 中，奇偶状态存储在自由端口模式的奇偶校验错误标志 SM3.0 中。奇偶校验出错时丢弃接收到的信息或产生一个出错的返回信息。端口 0 和端口 1 共用 SMB2 和 SMB3。

8.5.2 自由口发送和接收数据指令

XMT/RCV 指令常用于自由口通信模式，控制通信端口发送或接收数据，其指令格式如表 8-21 所示。

表 8-21 自由口发送和接收指令格式

指令	LAD	STL	TABLE 操作数	PORT 操作数
发送	XMT EN　ENO TBL PORT	XMT　TBL,PORT	VB,IB,QB,MB,SMB, SB,＊VD,＊AC,＊LD	常数(0 或 1)

指令	LAD	STL	TABLE 操作数	PORT 操作数
接收	RCV EN ENO TBL PORT	RCV TBL,PORT	VB,IB,QB,MB,SMB, SB,＊VD,＊AC,＊LD	常数(0 或 1)

在自由口模式下，发送指令 XMT 激活时，数据缓冲区 TBL 中的数据（1～255 个字符）通过指令指定的通信端口发送出去，发送完时端口 0 将产生一个中断事件 9，端口 1 产生一个中断事件 26，数据缓冲区的第一个数据指明了要发送的字节数。

如果将字符数设置为 0，然后执行 XMT 指令时，以当前的波特率在线路上产生一个 16 位的间断条件。SM4.5 或 SM4.6 反映 XMT 的当前状态。

在自由口模式下，接收指令 RCV 激活时，通过指令指定的通信端口接收信息（最多可接收 255 个字符），并存放于接收数据缓冲区 TBL 中，发送完成时端口 0 将产生一个中断事件 23，端口 1 产生一个中断事件 24，数据缓冲区的第一个数据指明了接收的字节数。

当然，也可以不通过中断，而通过监控 SMB86（对于端口 0）或者 SMB186（对于端口 1）的状态来判断发送是否完成，如果状态为非零，说明完成。通过监控 SMB87（对于端口 0）或者 SMB187（对于端口 1）的状态来判断接收是否完成，如果状态为非零，说明完成。SMB86 和 SMB186 的各位含义如表 8-22 所示；SMB87 和 SMB187 的各位含义如表 8-23 所示。

表 8-22　SMB86 和 SMB186 的各位含义

对于端口 0	对于端口 1	控制字节各位的含义
SM86.0	SM186.0	由于奇偶校验出错而终止接收信息,1 有效
SM86.1	SM186.1	因已到最大字符数而终止接收信息,1 有效
SM86.2	SM186.2	因已超过规定时间而终止接收信息,1 有效
SM86.3	SM186.3	为 0
SM86.4	SM186.4	为 0
SM86.5	SM186.5	收到信息的结束符
SM86.6	SM186.6	由于输入参数错误或缺少起始和结束条件而终止接收信息,1 有效
SM86.7	SM186.7	由于用户使用禁止命令而终止接收信息,1 有效

表 8-23　SMB87 和 SMB187 的各位含义

对于端口 0	对于端口 1	控制字节各位的含义
SM87.0	SM187.0	为 0
SM87.1	SM187.1	使用中断条件为 1;不使用中断条件为 0
SM87.2	SM187.2	0 与 SMW92 无关;1 为若超出 SMW92 确定的时间而终止接收信息。
SM87.3	SM187.3	0 为字符间定时器;1 为信息间定时器
SM87.4	SM187.4	0 与 SMW90 无关;1 由 SMW90 中的值来检测空闲状态
SM87.5	SM187.5	0 与 SMB89 无关;1 为结束符由 SMB89 设定
SM87.6	SM187.6	0 与 SMB88 无关;1 为起始符由 SMB88 设定
SM87.7	SM187.7	0 禁止接收信息;1 允许接收信息

与自由口通信相关的其它重要特殊控制字/字节如表 8-24 所示。

表 8-24　其它重要特殊控制字/字节

对于端口 0	对于端口 1	控制字节或控制字的含义
SMB88	SMB188	起始符
SMB89	SMB189	结束符
SMW90	SMW190	空闲时间间隔的毫秒数
SMW92	SMW192	字符间/信息间定时器超时值(毫秒数)
SMW94	SMW194	接收字符的最大数(1～255)

8.5.3　获取和设置通信口地址指令

S7-200 SMART PLC 获取和设置通信口地址的指令如表 8-25 所示。获取通信口地址指令用来读取 PORT 指定的 CPU 口地址，并将数据放入 ADDR 指定的地址中。设置通信口地址指令用来将通信口站地址 PORT 设置为 ADDR 指定的数值。

表 8-25　S7-200 SMART PLC 获取和设置指令

指令	LAD	STL	ADDR 操作数	PORT 操作数
获取通信口地址	GET_ADDR EN　ENO ADDR PORT	GPA　ADDR,PORT	IB、QB、VB、MB、QB、MB、 SMB、SB、* VD、* AC、常数	常数(0 或 1)
设置通信口地址	SET_ADDR EN　ENO ADDR PORT	SPA　ADDR,PORT	IB、QB、VB、MB、QB、MB、 SMB、SB、* VD、* AC、常数	常数(0 或 1)

8.5.4　西门子 S7-200 SMART PLC 的自由口通信应用举例

例 8-4　S7-200 SMART PLC 与 PC 机的自由口通信。使用一台个人计算机（PC）监控某生产线上物品的生产数量，要求每生产一个物品时，产生一个脉冲信号送入 CPU ST30 中进行计数，然后通过 PC 机的 Hyper Terminal（超级终端）接收来自 CPU ST30 发送来的数据，并在超级终端上进行显示。

（1）硬件配置

S7-200 SMART PLC 与 PC 机的自由口通信时，可以使用 RS-232C/PPI 电缆将 PC 的 COM1 端口与 CPU ST30 的端口 0 进行硬件连接，其硬件配置如图 8-47 所示。硬件主要包括 1 根 RS-232C/PPI 电缆（本例的计算机端为 RS-232C 接口）、1 台计算机、1 台 CPU ST30。

图 8-47　例 8-4 的硬件配置

（2）编写 PLC 程序

S7-200 SMART PLC 与 PC 机的自由口通信时，需要在 STEP7-Micro/WIN SMART 中编写 1 个主程序、2 个子程序和 1 个中断子程序。其中主程序指定发送字节数、调用子程序 0 和子程序 1，程序如表 8-26 所示；子程序 0 负责自由端口通信协议设置及中断子程序的定义；子程序 1 设置端口 0 为 PPI 模式；中断子程序负责对外部脉冲计数并将计数值进行 ASCII 转换后将其发送出去。

表 8-26　S7-200 SMART PLC 与 PC 机的自由口通信程序

程序	程序段	LAD	STL

主程序	程序段 1		LD　　SM0.1
			//指定发送字节数为 20
			MOVB　20,VB200
			//发送"回车"的十六进制码
			MOVB　16♯0A,VB214
			//发送结束字符
			MOVB　16♯0D,VB213
			//将脉冲计数清零
			MOVD　0,VD300

	程序段 2		LD　SM0.7 O　　SM0.1 EU //初始化自由端口 CALL　SBR_0:SBR0
	程序段 3		LD　　SM0.7 ED //恢复普通 PPI 通信口设置 CALL　SBR_1:SBR1

SBR_0	程序段 1		LD　　SM0.0
			//定义自由通信口参数
			MOVB 16♯09,SMB30
			//定义中断周期为 250
			MOVB 250,SMB34
			//指定中断号为 10
			ATCH INT_0:INT0,10
			//开启中断
			ENI

程序	程序段	LAD	STL
SBR_1	程序段 1	SM0.0 ┤├ —— MOV_B [EN ENO] 16#08—IN OUT—SMB30	LD　　SM0.0 //设置 Port 0 为 PPI 模式 MOVB　16#08,SMB30

INT_0	程序段 1	I0.0 ┤├ —— ADD_DI [EN ENO] 1—IN1 OUT—VD300 VD300—IN2
		DTA [EN ENO] VD300—IN OUT—VB200 0—FMT
		XMT [EN ENO] VB200—TBL 0—PORT
			LD　　I0.0
			//每检测 1 个脉冲 VD300
			加 1
			+D　　1,VD300
			//将计数值转换为 ASCII 码
			DTA　VD300,VB200,0
			//发送缓冲区中的内容
			XMT　VB200,0

（3）设置 Hyper Terminal（超级终端）

除了在 STEP7-Micro/WIN SMART 中编写相应程序外，在 PC 中还需对 Hyper Terminal 进行相应设置。在 Windows XP 系统的附件中集成了 Hyper Terminal，而 Windows 7 的 32 位和 64 位系统的附件中没有集成 Hyper Terminal，所以使用 Windows 7 系统时，要完成本操作需要到 Hyper Terminal 的官方网站上下载最新的 Hyper Terminal Private Edition。打开超级终端 Hyper Terminal，设置串行通信接口为 COM1，数据传输速率为 9600bps（与 CPU ST30 的通信速率保持一致），数据流控制方式为"无"。通过这些设置后，即可实现 S7-200 SMART PLC 与 PC 机的自由端口通信。

例 8-5　两台 S7-200 SMART PLC 的自由口通信应用。两台 S7-200 SMART PLC 分别为 CPU ST30 和 CPU ST20，其中 CPU ST30 模块控制电动机 M1，CPU ST20 模块控制电动机 M2。要求使用自由口通信由 CPU ST30、CPU ST20 实现电动机 M1 和 M2 的正反转控制。

（1）硬件配置

两台 S7-200 SMART PLC 的硬件配置如图 8-48 所示，其硬件主要包括 1 根 PC/PPI 电缆、1 台 CPU ST30、1 台 CPU ST20、1 根 PROFIBUS 网络电缆（含 2 个网络连接器）。注意，自由口通信的通信线缆最好使用 PROFIBUS 网络电缆和网络连接器，如果要求不高，为了节省开支可使用 DB9 接插件，再将这两个接插件的 3 脚和 8 脚对连即可。

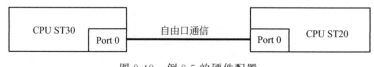

图 8-48　例 8-5 的硬件配置

CPU ST30 的 I0.0 外接停止按钮 SB0，I0.1 外接正转启动按钮 SB1，I0.2 外接反转启动按钮 SB2，Q0.0 外接 KM1 控制电动机 M1 的正转，Q0.1 外接 KM2 控制电动机 M1 的反转；CPU ST20 的 Q0.2 外接 KM3 控制电动机 M2 的正转，Q0.3 外接 KM4 控制电动机 M2 的反转。两台 S7-200 SMART PLC 的接线如图 8-49 所示。

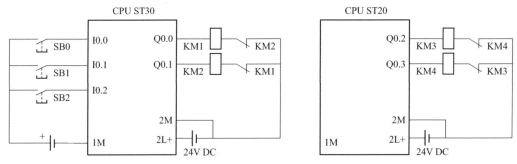

图 8-49　例 8-5 的 PLC 接线

（2）编写 PLC 程序

CPU ST30 的自由口通信程序编写如表 8-27 所示，它由主程序和中断子程序构成。主程序的程序段 1 主要是完成 CPU ST30 自由口通信参数的设置；程序段 2 是设置定时中断 0，并启动该中断；程序段 3 和程序段 4 实现电动机的正反转，并将正反转控制的信息存储到 M0.0 和 M0.1 中。中断子程序中是将 MB0（包含 M0.0 和 M0.1）中的信息通过端口 0 发送出去。

表 8-27　CPU ST30 的自由口通信程序

	程序段	LAD	STL

主程序
（MAIN）
	程序段 1	CPU ST30 通信参数设置
		
		SM0.1
		
		MOV_B
		EN　ENO
		16#09 — IN　OUT — SMB30
		
		MOV_B
		EN　ENO
		16#B0 — IN　OUT — SMB87
		
		MOV_B
		EN　ENO
		16#0D — IN　OUT — SMB89
		
		MOV_W
		EN　ENO
		5 — IN　OUT — SMW90
		
		MOV_B
		EN　ENO
		50 — IN　OUT — SMB94
			//CPU ST30 通信参数设置
			LD　　SM0.1
			//设置自由口模式 SMB30
			MOVB　16#09,SMB30
			//设置接收参数 SMB87
			MOVB　16#B0,SMB87
			//定义 SMB89 结束字符为"0D"
			MOVB　16#0D,SMB89
			//定义 SMW90 的空闲时间 5ms
			MOVW　5,SMW90
			//定义 SMB94 最多接收 50 个字符
			MOVB　50,SMB94

	程序段	LAD	STL

主程序（MAIN）	程序段 2	定义中断
		
		SM0.1 ─┤ ├─ MOV_B
		EN ENO
		50─IN OUT─SMB34
		
		ATCH
		EN ENO
		INT_0: INT0─INT
		10─EVNT
		
		（ENI）
			//定义中断
			LD SM0.1
			//设置中断 0 的间隔时间为 50ms
			MOVB 50,SMB34
			//设置为定时中断 0（中断号为 10）
			ATCH INT_0,INT0,10
			//启用中断
			ENI

	程序段 3	电动机正转控制 I0.1 I0.0 I0.2 M0.1 M0.0 ─┤ ├─┬─┤/├─┤/├─┤/├─( ) M0.0 │ ─┤ ├─┘ Q0.0 ( )	LD I0.1 O M0.0 AN I0.0 AN I0.2 AN M0.1 = M0.0 = Q0.0
	程序段 4	电动机反转控制 I0.2 I0.0 I0.1 M0.0 M0.1 ─┤ ├─┬─┤/├─┤/├─┤/├─( ) M0.1 │ ─┤ ├─┘ Q0.1 ( )	LD I0.2 O M0.1 AN I0.0 AN I0.1 AN M0.0 = M0.1 = Q0.1

中断子程序（INT_0）	程序段 1	发送
		
		SM0.0 ─┤ ├─ MOV_B
		EN ENO
		2─IN OUT─MB0
		
		MOV_B
		EN ENO
		16#0D─IN OUT─MB2
		
		XMT
		EN ENO
		MB0─TBL
		0─PORT
			//发送控制
			LD SM0.0
			//设置接收字节长度为 2
			MOVB 2,MB0
			//结束字符为"0D"
			MOVB 16#0D,MB2
			//通过端口 0 发送 MB0 中的信息
			XMT MB0,0

　　CPU ST20 的自由口通信程序编写如表 8-28 所示，它也由主程序和中断子程序构成。主程序的程序段 1 主要是完成 CPU ST20 自由口通信参数的设置；程序段 2 定义通信口 0 接收中断；程序段 3 将端口 0 接收到的信息存储到 MB0 中，并根据 M0.0 或 M0.1 的状态控制电动机 M2 的正反转。中断子程序中是通过端口 0 将接收到的信息存储到 MB0 中。

表 8-28　CPU ST20 的自由口通信程序

程序段		LAD	STL

主程序
（MAIN）
	程序段 1	CPU ST20通信参数设置
		
		SM0.1
		MOV_B
		EN ENO
		16#09—IN OUT—SMB30
		
		MOV_B
		EN ENO
		16#B0—IN OUT—SMB87
		
		MOV_B
		EN ENO
		16#0D—IN OUT—SMB89
		
		MOV_W
		EN ENO
		5—IN OUT—SMW90
		
		MOV_B
		EN ENO
		50—IN OUT—SMB94
			//CPU ST20 通信参数设置
			LD　　SM0.1
			//设置自由口模式 SMB30
			MOVB　16#09,SMB30
			//设置接收参数 SMB87
			MOVB　16#B0,SMB87
			//定义 SMB89 结束字符为"0D"
			MOVB　16#0D,SMB89
			//定义 SMW90 的空闲时间 5ms
			MOVW　5,SMW90
			//定义 SMB94 最多接收 50 个字符
			MOVB　50,SMB94

	程序段 2	定义中断
		
		SM0.1
		ATCH
		EN ENO
		INT_0: INT0—INT
		23—EVNT
		
		—(ENI)
			LD　　SM0.1
			//通信口 0 接收信息完成中断
			ATCH INT_0;INT0,23
			//启动中断
			ENI

	程序段 3	接收信息
		
		SM0.0
		RCV
		EN ENO
		MB0—TBL
		0—PORT
		
		M0.0　　　　　Q0.2
		—| |—　　—( )
		
		M0.1　　　　　Q0.3
		—| |—　　—( )
			LD　　SM0.0
			LPS
			//端口 0 接收的信息存储在 MB0
			RCV　　MB0,0
			//接收到 M0.0 为 ON,Q0.2 输出
			A　　　M0.0
			=　　　Q0.2
			LPP
			//接收到 M0.1 为 ON,Q0.3 输出
			A　　　M0.1
			=　　　Q0.3

中断 子程序 （INT_0）	程序段 1	接收 SM0.0 RCV EN ENO MB0—TBL 0—PORT	LD　　SM0.0 //端口 0 接收中断 RCV　　MB0,0

例 8-6 S7-200 SMART PLC 与 S7-1200 PLC 间的自由口通信。CPU ST30 模块控制电动机 M1，CPU 1214C 模块控制电动机 M2。要求使用自由口通信由 CPU ST30、CPU 1214C 实现电动机 M1 和 M2 的启停控制。

（1）硬件配置

S7-200 SMART PLC 与 S7-1200 PLC 的硬件配置如图 8-50 所示，其硬件主要包括 1 根 PC/PPI 电缆、1 台 CPU ST30、1 台 CPU 1214C、1 根 PROFIBUS 网络电缆、1 台 CM1241（RS-485）。

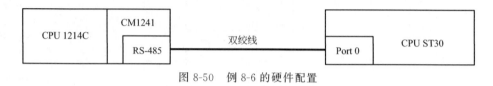

图 8-50　例 8-6 的硬件配置

CPU ST30 的 I0.0 外接停止按钮 SB0，I0.1 外接启动按钮 SB1，Q0.0 外接 KM1 控制电动机 M1 的运行。CPU 1214C 本身集成了 14 个数字量输入、10 个数字量输出，所以本例中不需要外扩数字量输入/输出模块。CPU 1214C 的 Q0.1 外接 KM2 控制电动机 M2 的运行。S7-200 SMART PLC 与 S7-1200 PLC 的接线如图 8-51 所示。

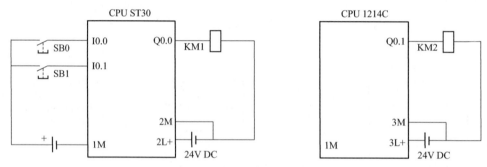

图 8-51　例 8-6 的 PLC 接线

（2）S7-1200 PLC 硬件组态

在 TIA Protal 编程软件中，对 CPU 1214C 按以下步骤进行硬件组态。

① 启动 TIA Protal 软件，先创建主站项目，然后在"项目树"中点击添加新设备。在添加新设备对话框中执行命令"控制器"→"SIMATIC S7-1200"→"CPU"→"CPU 1214C DC/DC/DC"，添加新设备为 CPU 1214C。

② 在硬件组态界面选中 101 槽位，然后再在右侧执行"硬件目录"→"通信模块"→"点到点"→"CM 1241（RS-485）"，添加 RS-485 模块到 101 槽位。

③ 启动系统时钟。先选中 CPU 1214C，再在"属性"的"常规"选项卡中选中"系统和时钟存储器"，将"系统存储器位"的"允许使用系统存储器字节"勾选，并在"系统存储器字节的地址"中输入 10，则 M10.2 位表示始终为 1，相当于 S7-200 SMART 中的 SM0.0。如图 8-52 所示。

④ 点击"保存项目"按钮，硬件组态操作完成。

（3）S7-1200 PLC 的自由口通信相关指令

RCV_PTP 是自由口通信的接收指令，该指令可检查通信模块 CM1241 中已接收的消

图 8-52　启用系统时钟

息。如果有消息，则会将其从 CM1241 中传送到 CPU 的 BUFFER 中。如果发生错误，则会返回相应的 STATUS 值。指令格式如表 8-29 所示。

表 8-29　RCV_PTP 指令格式

LAD	参数	数据类型	操作数
	EN_R	BOOL	I,Q,M,D,L 或常数
"RCV_PTP_DB"	PORT	UDINT	I,Q,M,D,L 或常数
RCV_PTP	MODE	USINT	I,Q,M,D,L 或常数
EN　　　ENO	BUFFER	VARIANT	I,Q,M,D,L 或常数
EN_R　　NDR	NDR	BOOL	I,Q,M,D,L
PORT　　ERROR	ERROR	BOOL	I,Q,M,D,L
BUFFER　STATUS	STATUS	WORD	I,Q,M,D,L
LENGTH	LENGTH	UINT	I,Q,M,D,L

EN_R：接收消息信号端。当 EN_R 端为 1 时，通信模块接收消息，接收到的数据传送到 CPU 的数据存储区 BUFFER 中。

PORT：通信端口的 ID。在设备组态中插入通信模块后，端口 ID 就会显示在 PORT 框连接的下拉列表中。也可以在变量表的"常数"（Constants）选项卡中引用该常数。

BUFFER：接收缓冲地区的起始位置。该缓冲区应该足够大，可以接收最大长度的信息。

NDR：指示是否接收新数据。新数据就绪且操作无错误地完成时，在 1 个扫描周期内该引脚输出为 TRUE。

ERROR：提示是否有错。操作已完成，但出现错误时，在 1 个扫描周期内该引脚输出为 TRUE。

STATUS：出错时返回的错误代码。

LENGTH：接收到消息中包含字节数。

（4）编写 S7-1200 PLC 的程序

在 TIA Protal 编程软件中完成硬件组态后，可按以下步骤进行程序的编写。

① 添加数据块 DB2。首先在 TIA Protal 编程软件的"启动"项中选择"PLC 编程"，接着选择"添加新块"，然后选择"数据块"，并将名称改为"DB2"。设置完后，点击右下角的"添加"按钮，即可添加数据块 DB2。

② 新建数组 A。在数据块 DB2 中新建数组 A，数组的数据类型为 Bool。其中 A［0］和 A［1］的初始值均为 false，如图 8-53 所示。

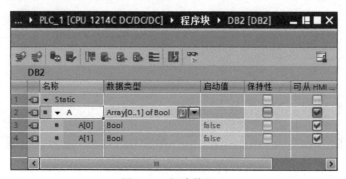

图 8-53 新建数组 A

③ 进入 Main，编写 OB1 组织块程序。在 TIA Protal 编程软件的"项目树"中，单击"主站程序" → "PLC_1" → "程序块" → "Main［OB1］"，进入 Main 主程序的编辑界面，并在界面中编写如图 8-54 所示的 OB1 组织块程序。程序段 1 中，将接收到的消息存储到"DB2.A"数组中。在程序段 2 中，根据接收到的消息状态决定 Q0.1 线圈是否得电输出。

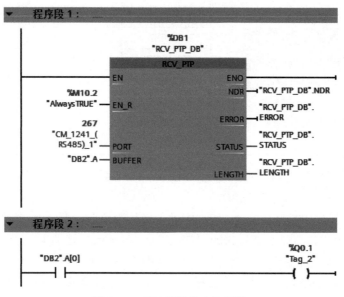

图 8-54 OB1 组织块中的程序

（5）编写 S7-200 SMART PLC 的程序

在 STEP7-Micro/WIN SMART 中编写 CPU ST30 的程序如表 8-30 所示。

表 8-30　CPU ST30 的自由口通信程序

程序段		LAD	STL

主程序
（MAIN）
	程序段 1	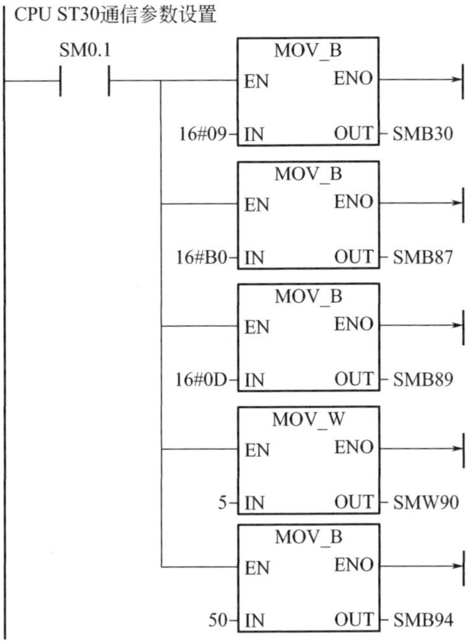 CPU ST30通信参数设置
		
			//CPU ST30 通信参数设置
			LD　　SM0.1
			//设置自由口模式 SMB30
			MOVB　16♯09,SMB30
			//设置接收参数 SMB87
			MOVB　16♯B0,SMB87
			//定义 SMB89 结束字符为"0D"
			MOVB　16♯0D,SMB89
			//定义 SMW90 的空闲时间 5ms
			MOVW　5,SMW90
			//定义 SMB94 最多接收 50 个字符
			MOVB　50,SMB94

	程序段 2	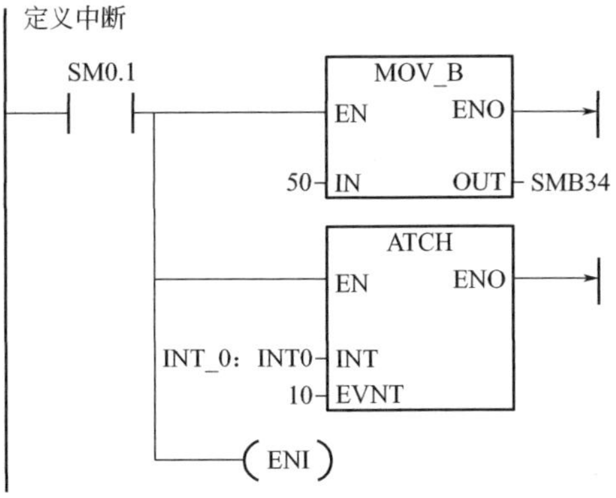 定义中断
		
			//定义中断
			LD　　SM0.1
			//设置中断 0 的间隔时间为 50ms
			MOVB　50,SMB34
			//设置为定时中断 0（中断号为 10）
			ATCH　INT_0:INT0,10
			//启用中断
			ENI

	程序段 3	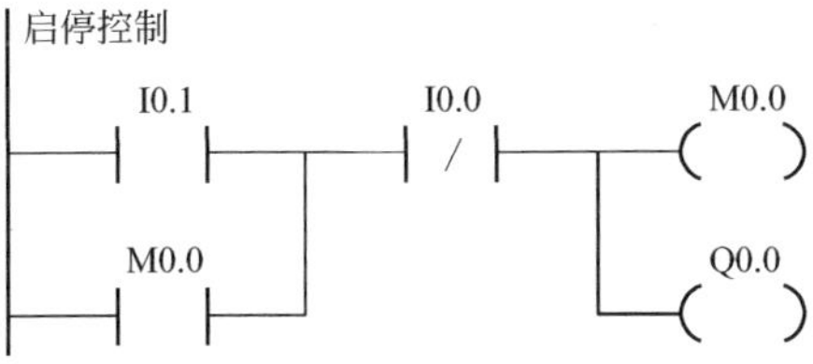 启停控制 	LD　　I0.1 O　　　M0.0 AN　　I0.0 =　　　M0.0 =　　　Q0.0

程序段		LAD	STL

中断
子程序
(INT_0)
	程序段 1	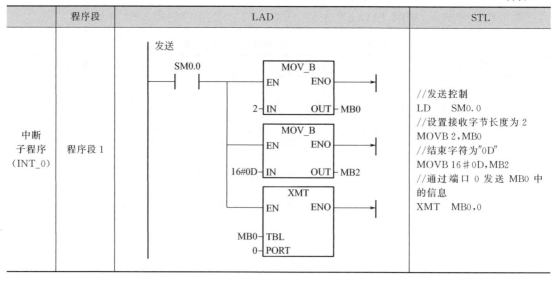	//发送控制
			LD SM0.0
			//设置接收字节长度为 2
			MOVB 2,MB0
			//结束字符为"0D"
			MOVB 16#0D,MB2
			//通过端口 0 发送 MB0 中
			的信息
			XMT MB0,0

8.6 西门子 S7-200 SMART PLC 的 MPI 通信

MPI 是一种使用 SIEMENS 专用协议的专用于 SIMATIC S7、M7 和 C7 系列 PLC 设备链接的现场总线系统。

8.6.1 MPI 的通信方式

通过 MPI 实现 PLC 之间通信有三种方式：全局数据通信方式、无组态连接通信方式和组态连接通信方式。

（1）全局数据通信方式

全局数据（GD，Global Data）通信是集成在 S7-300/400CPU 操作系统中的一种简单通信方式。全局数据通信方式仅限于同一 MPI 网络系列 PLC 的 CPU，通过 MPI 接口在 CPU 间循环交换数据。

全局数据块（GD 块）是 MPI 网上两个或多个 QU 共享的数据，分别定义在发送方和接收方 CPU 的存储器中，定义在发送方的数据块为发送 GD 块，定义在接收方的数据块为接收 GD 块。发送方 CPU 按照设定的扫描速率自动地周期性地将指定地址中的数据发送到接收方指定的地址区中。接收方 CPU 定期接收数据。GD 块为发送方和接收方的存储器建立了映射关系。MPI 网络中各 CPU 间需要交换的数据存放的地址区和通信速率用 STEP7 中的全局数据表进行组态，通信是自动实现的，不需要用户编程。

全局数据通信方式的通信数据包长度为：S7-300 最大为 22 字节，S7-400 最大为 54 字节。

在一个 S7-300/400 PLC 组成的 MPI 网络中，参与全局数据包交换的 CPU 构成全局数据环，同一个 GD 环中的 CPU 可以向环中的其它 CPU 发送或接收数据。在一个 S7-300/400 PLC 的 MPI 网络中，每个 CPU 最多只能参与 4 个或 8 个（与 CPU 的型号有关）不同的 GD 环。

（2）无组态连接通信方式

无组态连接通信方式适合于 S7-300 与 S7-400、S7-200、S7-200 SMART 之间，并通过调用 SFC65～SFC69 来实现的一种 MPI 通信方式。在进行无组态连接通信方式时，不能与全局数据通信方式混合使用。

通过调用 SFC65～SFC69 来实现无组态连接的通信又可分为两种方式：双边通信方式和单边通信方式。

① 双边通信方式　双边通信方式就是本地与远程双方都需要编写通信程序，其中发送方通过调用 SFC65（X_SEN）进行发送数据；接收方通过调用 SFC66（X_RCV）进行接收数据。由于这些系统功能（SFC65、SFC66）只在 STEP 7 中才有，因此双边通信方式只能在 S7-300/400 中进行，不能与 S7-200、S7-200 SMART 通信。

② 单边通信方式　与双边通信方式时两方都需要编写发送和接收块不同，单边通信方式只对一方的 CPU 编写通信程序，而另一方不需编写通信程序，好像客户机与服务器的关系。编写程序一方的 CPU 作为客户机，没有编写程序一方的 CPU 作为服务器。客户机调用 SFC 通信块对服务器的数据进行读写操作，这种通信方式适合 S7-200/S7-200 SMART/S7-300/400 之间通信。通常 S7-300/400 的 CPU 可以同时作为客户机和服务器，而 S7-200/S7-200 SMART 的 CPU 只能作为服务器。SFC67（X_GET）用来读回服务器指定数据区中的数据并存储到本地的数据区中，SFC68（X_PUT）用来写本地数据区中的数据到服务器中指定的数据区中。

（3）组态连接通信方式

如果交换的信息量较大时，可采用组态连接通信方式。组态连接通信方式只适用于 S7-300 与 S7-400 或者 S7-400 与 S7-400 之间的通信。如果采用 S7-300 与 S7-400 之间进行组态连接通信时，由于 S7-300CPU 中不能调用 SFB12（BSEND）、SFB13（BRCV）、SFB14（GET）、SFB15（PUT），不能主动发送和接收数据，只能进行单向通信，因此 S7-300PLC 只能作为一个数据的服务器，S7-400PLC 可以作为客户机对 S7-300PLC 的数据进行读写操作。如果采用 S7-400 与 S7-400 之间进行通信时，由于 S7-400PLC 可以调用 SFB14、SFB15，使其既可以作为数据的服务器同时也可以作为客户机进行单向通信，除此外，S7-400PLC 还可以调用 SFB12、SFB13，能主动发送和接收数据以进行双向通信。因此，S7-400 与 S7-400 之间进行组态连接通信时，任意一个 CPU 都可作为服务器或客户机，既可进行单向通信，也可进行双向通信。

8.6.2　西门子 S7-200 SMART PLC 的 MPI 通信应用举例

例 8-7　使用 CPU 412-2DP 和 CPU ST30 通过 MPI 实现无组态单边通信控制。要求设备 1 上的 CPU 412-2DP 发出信号灯的启停控制命令，设备 2 的 CPU ST30 接收到命令后，对设备 2 的信号灯进行亮/灭控制，同时设备 1 上的 CPU 412-2DP 监控设备 2 的运行状态。

（1）硬件配置

要实现 CPU 412-2DP 和 CPU ST30 的 MPI 无组态单边通信时，CPU ST30 需要外接 EM DP01 模块，其配件配置如图 8-55 所示。硬件主要包括 1 台 CPU ST30、1 台 EM DP01 模块、1 台 CPU 412-2DP、1 根 MPI 电缆（含两个网络总线连接器）等。

系统需要 3 个输入点和 1 个输出点，输入/输出地址分配如表 8-31 所示。

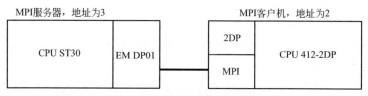

图 8-55 例 8-7 的硬件配置

表 8-31 输入/输出分配表

输入			输出		
功能	元件	PLC 地址	功能	元件	PLC 地址
停止按钮	SB1	I0.0	指示灯	HL	Q0.0
启动按钮	SB2	I0.1			
启动通信	SB3	I0.2			

由于 CPU412-2DP 内部没有集成数字 I/O，使用时需要外接数字量输入模块，如 SM421（DI32×DC 24V）。本例需要 3 个输入点和 1 个输出点，其 I/O 接线如图 8-56 所示。

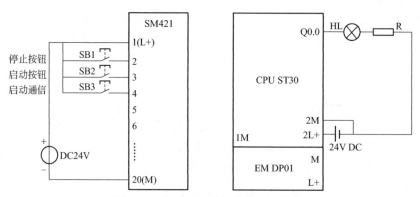

图 8-56 无组态单边通信的 I/O 接线

（2）S7-200 SMART PLC 硬件组态

S7-200 SMART PLC 系统中需根据 EM DP01 模块所在的实际位置而在系统块中添加 EM DP01 模块，但添加的 EM DP01 模块不需要再进行其它设置。本例中 EM DP01 模块紧邻 CPU 模块（如图 8-57 所示），MPI 地址通过 EM DP01 模块外部拨码开关进行调节。

（3）S7-400 PLC 硬件组态

S7-400 PLC 在编程前，应进行相应的硬件组态。在 TIA Protal 编程软件中，对于初学者来说，可按以下步骤完成 CPU412-2DP 的硬件组态。

① 新建主站项目。启动 TIA Protal 软件，选择"创建新项目"，并输入项目名称和设置项目的保存路径。

② 添加控制器 CPU412-2DP。在图 8-58 所示的添加新设备对话框中执行命令"控制器"→"SIMATIC S7-400"→"CPU"→"CPU 412-2DP"，添加新设备为 CPU 412-2DP，如图 8-59 所示。

③ 添加数字量输入模块 SM421。在硬件组态界面选中第 3 槽位，然后在右侧执行"硬件目录"→"DI"→"DI 16×24 VDC"→"6ES7 421-7BH01-0AB0"，添加数字量输入模

块到第 3 槽位，如图 8-60 所示。

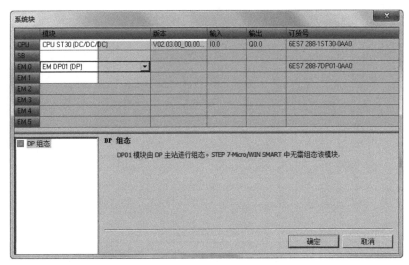

图 8-57　S7-200 SMART PLC 的硬件组态

图 8-58　添加新设备

④ 设置 MPI 通信参数。选中 CPU 412-2DP 模块，然后在"属性"的"常规"选项卡中对"MPI/DP 接口 [X1]"进行相关设置，如"MPI 地址"中的子网选择为 MPI_1，接口类型选择"MPI"，地址为"2"，最高地址和传输率为默认值，"时间同步"中的同步类型为"作为从站"，如图 8-61 所示。

⑤ 点击"保存项目"按钮，硬件组态操作完成。

（4）S7-400 PLC 的 MPI 通信相关指令

无组态单边通信方式是通过调用 X_GET 和 X_PUT 指令来实现的一种 MPI 通信方式。

① X_GET 指令　X_GET 为接收数据指令，该指令可以读取本地 S7 站内的通信伙伴

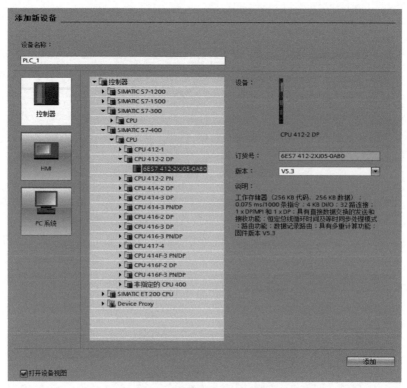

图 8-59　添加 CPU 412-2DP

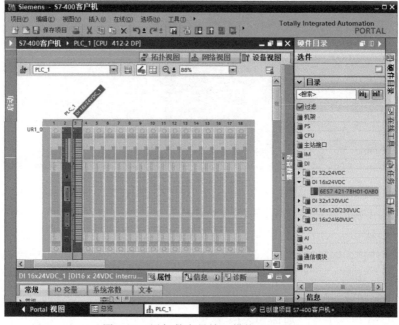

图 8-60　添加数字量输入模块 SM 421

的数据。通信伙伴上，没有相应的指令。在通过 REQ＝1 调用该指令后，启动读取操作。此后，可以继续调用该指令，直至数据 BUSY＝0 指示数据接收为止。

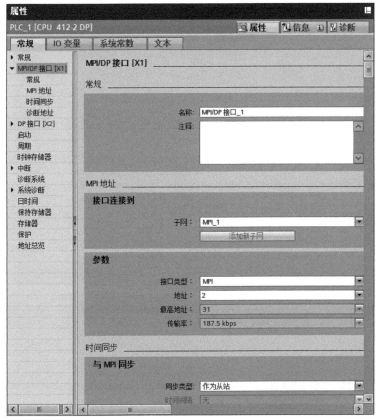

图 8-61 设置 MPI 通信参数

必须要确保由 RD 参数定义的接收区（在接收 CPU 上）至少和由 VAR＿ADDR 参数定义的要读取的区域（在通信伙伴上）一样大。RD 的数据类型还必须和 VAR＿ADDR 的数据类型相匹配。X＿GET 指令格式如表 8-32 所示，表中 ANY 表示任意数据类型。

表 8-32　X＿GET 指令格式

LAD	参数	数据类型	操作数
	REQ	BOOL	I,Q,M,D,L
	CONT	BOOL	I,Q,M,D,L
X_GET EN　　　　ENO REQ　　　RET_VAL CONT　　　BUSY DEST_ID　　RD VAR_ADDR	DEST_ID	WORD	I,Q,M,D,L 或常数
	VAR_ADDR	ANY	I,Q,M,D
	RET_VAL	INT	I,Q,M,D,L
	BUSY	BOOL	I,Q,M,D,L
	RD	ANY	I,Q,M,D

REQ：通信请求端。0 表示无请求；1 表示接收请求，建立通信动态连接，上升沿有效。

CONT：接收结束之后是否 "继续" 保持与对方的连接。CONT＝0，不保持与对方的连接；CONT＝1，继续保持与对方的连接，接收的数据是一个整体不能分割。

DEST＿ID：通信对方的 MPI 地址。

VAR_ADDR：对方发送的数据存储区。指向发送方 CPU 上要从中发送数据的区域，必须选择发送方支持的数据类型。

RET_VAL：返回的工作状态或错误代码。

BUSY：接收是否完成。BUSY＝0，接收仍未完成；BUSY＝1，接收已完成，或者没有激活的接收操作。

RD：指向本地 CPU 的接收数据区。接收区 RD 不得小于通信伙伴上的读取区域 VAR_ADDR。RD 和 VAR_ADDR 的数据类型也必须相互匹配。接收区的容量最大为 76 个字节。

② X_PUT 指令　X_PUT 为发送数据指令，该指令可以将数据写入本地 S7 站之外的通信伙伴。在通信伙伴上，没有相应系统功能块。在通过 REQ＝1 调用该指令后，激活写操作。此后，可以继续调用该指令，直至数据 BUSY＝0 指示接收到应答为止。

必须要确保由 SD 参数定义的发送区（在发送 CPU 上）和由 VAR_ADDR 参数（在通信伙伴上）定义的接收区长度相同。SD 的数据类型还必须和 VAR_ADDR 的数据类型相匹配。X_PUT 指令格式如表 8-33 所示，表中 ANY 表示任意数据类型。

表 8-33　X_PUT 指令格式

LAD	参数	数据类型	操作数
	REQ	BOOL	I、Q、M、D、L
	CONT	BOOL	I、Q、M、D、L
X_PUT　EN　ENO　REQ　RET_VAL　CONT　BUSY　DEST_ID　VAR_ADDR　SD	DEST_ID	WORD	I、Q、M、D、L 或常数
	VAR_ADDR	ANY	I、Q、M、D
	SD	ANY	I、Q、M、D
	RET_VAL	INT	I、Q、M、D、L
	BUSY	BOOL	I、Q、M、D、L

REQ：通信请求端。0 表示无请求；1 表示发送请求，建立通信动态连接，上升沿有效。

CONT：发送结束之后是否"继续"保持与对方的连接。CONT＝0，不保持与对方的连接；CONT＝1，继续保持与对方的连接，发送的数据是一个整体不能分割。

DEST_ID：通信对方的 MPI 地址。

VAR_ADDR：对方接收的数据存储区。指向接收方 CPU 上要从中读取数据的区域，必须选择接收方支持的数据类型。

SD：指向本地 CPU 的发送数据区。发送区 SD 不得小于通信伙伴上的接收区域 VAR_ADDR。SD 和 VAR_ADDR 的数据类型也必须相互匹配。发送区的容量最大为 76 个字节。

RET_VAL：返回的工作状态或错误代码。

BUSY：发送是否完成。BUSY＝0，发送仍未完成；BUSY＝1，发送已完成，或者没有激活的发送操作。

（5）编写客户机程序

客户机 CPU 412-2DP 的程序编写如表 8-34 所示，而服务器 CPU ST30 不需要编写程序。在程序段 1 中，将 M0.0 和 M0.1 置位，允许发送和接收。程序段 2 启动和停止信息。程序段 3 将 M10.0 中存储的信息发送到地址为 3 的 Q0.0 中。程序段 4 是将地址为 3 的

Q0.0 中的信息接收回来，并存储到本机的 Q0.0 中。

表 8-34　客户机 CPU 412-2DP 的程序

程序段	LAD	STL
程序段 1	MOVE EN　ENO b#16#7 — IN %MB0 OUT1 — "Tag_1"	L　　b#16#7 T　　%MB0 NOP　0
程序段 2	%I0.0 "Tag_2" — %I0.1 "Tag_3" — %M10.0 "Tag_4" %M10.0 "Tag_4"	A(O　　%I0.0 O　　%M10.0) AN　%I0.1 =　　%M10.0
程序段 3	X_PUT EN　ENO %M0.1 "Tag_5" — REQ %M0.2 "Tag_6" — CONT w#16#3 — DEST_ID P#Q0.0 BYTE 1 — VAR_ADDR P#M10.0 BYTE 1 — SD RET_VAL — %MW6 "Tag_7" BUSY — %M4.1 "Tag_8"	A　　%M0.1 =　　%L0.0 BLD　103 A　　%M0.2 =　　%L0.1 BLD　103 CALL　X_PUT REQ　　　:=%L0.0 CONT　　:=%L0.1 DEST_ID　:=w#16#3 VAR_ADDR:=P#Q0.0 BYTE 1 SD　　　:=P#M10.0 BYTE 1 RET_VAL　:=%MW6 BUSY　　:=%M4.1 NOP　　0
程序段 4	X_GET EN　ENO %M0.0 "Tag_9" — REQ %M0.2 "Tag_6" — CONT w#16#3 — DEST_ID P#Q0.0 BYTE 1 — VAR_ADDR RET_VAL — %MW2 "Tag_10" BUSY — %M4.0 "Tag_11" RD — P#Q0.0 BYTE 1	A　　%M0.0 =　　%L0.0 BLD　103 A　　%M0.2 =　　%L0.1 BLD　103 CALL　X_GET REQ　　　:=%L0.0 CONT　　:=%L0.1 DEST_ID　:=w#16#3 VAR_ADDR:=P#Q0.0 BYTE 1 RET_VAL　:=%MW2 BUSY　　:=%M4.0 RD　　　:=P#Q0.0 BYTE 1 NOP　0

8.7 西门子 S7-200 SMART PLC 的 USS 通信

USS 协议（Universal Serial Interface Protocol，通用串行接口协议）是 SIEMENS 公司所有传动产品的通用通信协议，它是一种基于串行总线进行数据通信的协议。

8.7.1 USS 协议的基本知识

（1）USS 协议简介

USS 协议是主-从结构的协议，规定了在 USS 总线上可以有 1 个主站和最多 31 个从站；总线上的每个从站都有 1 个站地址（在从站参数中设定），主站依靠它识别每个从站；每个从站也只对主站发来的报文作出响应并回送报文，从站之间不能直接进行数据通信。另外，还有一种广播通信方式，主站可以同时给所有从站发送报文，从站在接收到报文并信出相应的响应后可不回送报文。

USS 提供了一种低成本的，比较简易的通信控制途径，由于其本身的设计，USS 不能用在对通信速率和数据传输量有较高要求的场合。在这些对通信要求高的场合，应当选择实时性更好的通信方式，如 PROFIBUS-DP 等。

USS 协议的基本特点主要有：①支持多点通信（因而可以应用在 RS-485 等网络上）；②采用单主站的"主-从"访问机制；③一个网络上最多可以有 32 个节点（最多 31 个从站）；④简单可靠的报文格式，使数据传输灵活高效；⑤容易实现，成本较低；⑥对硬件设备要求低，减少了设备之间的布线；⑦无需重新连线就可以改变控制功能；⑧可通过串行接口设置或改变传动装置的参数；⑨可实时地监控传动系统。

USS 的工作机制是，通信总是由主站发起，USS 主站不断循环轮询各个从站，从站根据收到的指令，决定是否以及如何响应。从站永远不会主动发送数据。如果接收到的主站报文没有错误，并且本从站在接收到主站报文中被寻址，从站将进行应答响应。否则，从站不会作任何响应。对于主站来说，从站必须在接收到主站报文之后的一定时间内发回响应，否则主站将视为出错。

（2）通信报文结构

USS 通信是以报文传递信息的，其报文简洁可靠、高效灵活。USS 通信报文由一连串的字符组成，其结构如图 8-62 所示。从图中可以看出，每条报文都是以字符 STX（默认为 02H）开始，接着是报文长度的说明（LEG）和从站地址及报文类型（ADR），然后是采用的数据字符报文以数据块的检验符（BCC）结束。

图 8-62 通信报文结构

在 ADR 和 BCC 之间的数据字符，称为 USS 的净数据，或有效数据块。有效数据块分成两个区域，即 PKW 区（参数识别 ID-数值区）和 PZD 区（过程数据），有效数据字符如图 8-63 所示。

PKW区						PZD区			
PKE	IND	PWE1	PWE2	......	PWEn	PZD1	PZD2	......	PZDn

图 8-63　有效数据字符

PKW 区说明参数识别 ID-数值（PKW）接口的处理方式。PKW 接口并非物理意义上的接口，而是一种机理，这一机理确定了参数在两个通信伙伴之间（例如控制器与变频器）的传输方式，例如参数数值的读和写。其中，PKE 为参数识别 ID，包括代表主站指令和从站响应的信息，以及参数号等；IND 为参数索引，主要用于与 PKE 配合定位参数；PWEn 为参数值数据。

PZD 区用于在主站和从站之间传递控制和过程数据。控制参数按设定好的固定格式在主、从站之间对应往返。其中，PZD1 为主站发给从站的控制字/从站返回主站的状态字；PZD2 为主站发给从站的给定/从站返回主站的实际反馈。

根据传输的数据类型和驱动装置的不同，PKW 和 PZD 区的数据长度都不是固定的，它们可以灵活改变以适应具体的需要。但是，在用于与控制器通信的自动控制任务时，网络上的所有节点都要按相同的设定工作，并且在整个工作过程中不能随意改变。

注意：对于不同的驱动装置和工作模式，PKW 和 PZD 的长度可以按一定规律定义。一旦确定就不能在运行中随意改变。PKW 可以访问所有对 USS 通信开放的参数；而 PZD 仅能访问特定的控制和过程数据。PKW 在许多驱动装置中是作为后台任务处理，因此 PZD 的实时性要比 PKW 好。

8.7.2　西门子 S7-200 SMART PLC 的 USS 协议指令

在 STEP 7-Micro/WIN SMART 中，提供了专用于 USS 协议的指令，如 USS _ INIT、USS _ CTRL、USS _ RPM _ x、USS _ WPM _ x。

（1）USS _ INIT 指令

USS _ INIT 指令用于启用、初始化或禁止变频器通信。在使用任何其它 USS 协议指令之前，必须执行 USS _ INIT 指令，且没有错误。一旦该指令完成后，立即置位"完成"位，才能继续执行下一条指令。USS _ INIT 指令格式如表 8-35 所示。

表 8-35　USS _ INIT 指令格式

LAD	参数	数据类型	操作数
USS_INIT EN Mode　Done Baud　Error Port Active	Mode	BYTE	VB、IB、QB、MB、SB、SMB、LB、AC、常数、＊VD、＊AC、＊LD
	Baud	DWORD	VD、ID、QD、MD、SD、SMD、LD、AC、常数、＊VD、＊AC、＊LD
	Port	BYTE	VB、IB、QB、MB、SB、SMB、LB、AC、常数、＊VD、＊AC、＊LD
	Active	DWORD	VD、ID、QD、MD、SD、SMD、LD、AC、常数、＊VD、＊AC、＊LD
	Done	BOOL	I、Q、M、S、SM、T、C、V、L
	Error	BYTE	VB、IB、QB、MB、SB、SMB、LB、AC、＊VD、＊AC、＊LD

EN：使能控制端。EN 输入有效，在每次扫描时执行该指令。仅限为通信状态的每次改动执行一次 USS _ INT 指令。使用边沿检测指令，以脉冲方式打开 EN 输入。

Mode：通信协议选择端。Mode＝1 时，将端口分配给 USS 协议并启用该协议；Mode＝0 时，将端口分配给 PPI 协议并禁用 USS 协议。

Baud：波特率设置端。波特率可设定为 1200bps、2400bps、4800bps、9600bps、19200bps、38400bps、57600bps 或 115200bps，其它值无效。

Port：端口号。为 0 选择 CPU 模块集成的 RS-485 通信口，即选择端口 0；为 1 选择 CM01 通信信号板，即选择端口 1。

Done：完成位。初始化完成，此位会自动置 1。

Error：出错时返回的错误代码。

Active：表示将要激活的变频器站号。站号的具体计算如表 8-36 所示。D0～D31 代表 32 台变频器，要激活某一台变频器，就将该位置 1。表中将 0 号变频器激活，其十六进制表示为 16♯00000001。如果要将所有 32 台变频器都激活，则 Active 为 16♯FFFFFFFF。

表 8-36　站号的具体计算

D31(MSB)	D30	D29	D28	……	D19	D18	D17	D16	……	D3	D2	D1	D0(LSB)
0	0	0	0		0	0	0	0		0	0	0	1

（2）USS_CTRL 指令

USS_CTRL 指令用于控制激活变频器，该指令将所选命令放置到通信缓冲区中，然后送至编址的变频器，条件是已在 USS_INIT 指令的 Active 参数中选择该变频器。仅限为每台变频器指定一条 USS_CTRL 指令。USS_CTRL 指令格式如表 8-37 所示。

表 8-37　USS_CTRL 指令格式

LAD	参数	数据类型	操作数
	RUN	BOOL	I、Q、M、S、SM、T、C、V、L、能流
	OFF2	BOOL	I、Q、M、S、SM、T、C、V、L、能流
	OFF3	BOOL	I、Q、M、S、SM、T、C、V、L、能流
	F_ACK	BOOL	I、Q、M、S、SM、T、C、V、L、能流
	DIR	BOOL	I、Q、M、S、SM、T、C、V、L、能流
	Drive	BYTE	VB、IB、QB、MB、SB、SMB、LB、AC、常数、＊VD、＊AC、＊LD
	Type	BYTE	VB、IB、QB、MB、SB、SMB、LB、AC、常数、＊VD、＊AC、＊LD
	Speed_SP	REAL	VD、ID、QD、MD、SD、SMD、LD、AC、＊VD、＊AC、＊LD、常数
	Resp_R	BOOL	I、Q、M、S、SM、T、C、V、L
	Error	BYTE	VB、IB、QB、MB、SB、SMB、LB、AC、＊VD、＊AC、＊LD
	Status	WORD	VW、IW、QW、MW、SW、SMW、LW、AC、＊VD、＊AC、＊LD
	Speed	REAL	VD、ID、QD、MD、SD、SMD、LD、AC、＊VD、＊AC、＊LD
	Run_EN	BOOL	I、Q、M、S、SM、T、C、V、L
	D_Dir	BOOL	I、Q、M、S、SM、T、C、V、L
	Inhibit	BOOL	I、Q、M、S、SM、T、C、V、L
	Fault	BOOL	I、Q、M、S、SM、T、C、V、L

LAD 部分图示（USS_CTRL 功能块）：EN、RUN、OFF2、OFF3、F_ACK、DIR、Drive、Type、Speed_SP 为输入端；Resp_R、Error、Status、Speed、Run_EN、D_Dir、Inhibit、Fault 为输出端。

EN：使能控制端。EN 有效时，才能启用 USS_CTRL 指令，该位应当始终启用。

RUN：指示变频器是处于接通还是关闭状态。RUN=1，表示变频器处于接通状态；RUN=0，表示变频器处于断开状态。当 RUN=1 时，变频器收到一条命令，以指定速度和方向开始运行。为使变频器运行，必须符合 3 个条件：变频器在 USS_INIT 中必须选为"激活"（Active）、"OFF2"和"OFF3"必须设置为 0、"故障"（Fault）和"禁止"（Inhibit）必须为 0。

当 RUN=0 时，会向变频器发送一条命令，将速度降低，直至电机停止。

OFF2：用于允许变频器自然停止。

OFF3：用于命令变频器快速停止。

F_ACK：确认变频器发生故障的位。当 F_ACK 由 0 变为 1 时，变频器将清除故障。

DIR：变频器移动方向的位。

Drive：变频器的地址。表示接收 USS_CTRL 命令的变频器地址，有效地址为 0～31。

Type：选择变频器的类型。

Speed_SP：变频器速度设定值，作为全速百分比的速度。设定范围为 -200.0%～200.0%，其中负值将导致变频器转变其旋转方向。

Resp_R：收到应答。

Error：出错时返回的错误代码。

Status：变频器返回状态字的原始数值。

Speed：变频器速度输出值，作为全速百分比的速度，范围为 -200.0%～200.0%。

Run_EN：指示变频器的运行状态。Run_EN=1，表示变频器正在运行；Run_EN=0，表示变频器已停止。

D_Dir：表示变频器的旋转方向。

Inhibit：表示变频器上的禁止位状态。Inhibit=1，表示已禁止；Inhibit=0，表示未禁止。若要清除 Inhibit 禁止位状态，Fault、RUN、OFF2、OFF3 这些位也必须断开。

Fault：表示故障位状态。Fault=1，表示有故障；Fault=0，表示无故障。若要清除 Fault 故障位状态，必须纠正引起故障的原因，并打开 F_ACK 位。

（3）USS_RPM_x 指令

USS_RPM_x 为 USS 协议的读取指令。根据读取数据类型的不同，又分为 USS_RPM_W、USS_RPM_D、USS_RPM_R 这 3 条指令。其中，USS_RPM_W 用于读取无符号字参数；USS_RPM_D 用于读取无符号双字参数；USS_RPM_R 用于读取浮点参数。这 3 条指令的指令格式基本相同，USS_RPM_x 的指令格式如表 8-38 所示。

表 8-38 USS_RPM_x 指令格式

LAD	参数	数据类型	操作数
	XMT_REQ	BOOL	I,Q,M,S,SM,T,C,V,L,能流
	Drive	BYTE	VB、IB、QB、MB、SB、SMB、LB、AC、常数、*VD、*AC、*LD
	Param	WORD	VW、IW、QW、MW、SW、SMW、LW、T、C、AC、AIW、*VD、*AC、*LD、常数
USS_RPM_x EN XMT_REQ Drive Done Param Error Index Value DB_Ptr	Index	WORD	VW、IW、QW、MW、SW、SMW、LW、T、C、AC、AIW、*VD、*AC、*LD、常数
	DB_Ptr	DWORD	&VB
	Done	BOOL	I,Q,M,S,SM,T,C,V,L
	Error	BYTE	VB、IB、QB、MB、SB、SMB、LB、AC、*VD、*AC、*LD
	Value	WORD	VW、IW、QW、MW、SW、SMW、LW、T、C、AC、AQW、*VD、*AC、*LD
		DWORD、REAL	VD、ID、QD、MD、SD、SMD、LD、*VD、*AC、*LD

XMT_REQ：传送请求位。如果此位接通，在每次扫描时会向变频器发送 USS_RPM_x 请求。

Drive：要接收 USS_RPM_x 命令的变频器地址。各变频器的有效地址为 0～31。

Param：参数编号。

Index：要读取参数的索引值。

DB_Ptr：16 字节缓冲区的地址。USS_RPM_x 指令使用该缓冲区存储发送到变频器命令的结果。

Done：完成位。当 USS_RPM_x 指令完成后接通。

Error：出错时返回的错误代码。

Value：参数值已恢复。

（4）USS_WPM_x 指令

表 8-39　USS_WPM_x 指令格式

LAD	参数	数据类型	操作数
	XMT_REQ	BOOL	I、Q、M、S、SM、T、C、V、L，受上升沿检测控制的能流
	EEPROM	BOOL	I、Q、M、S、SM、T、C、V、L，能流
USS_WPM_x EN XMT_REQ EEPROM Drive　　Done Param　　Error Index Value DB Ptr	Drive	BYTE	VB、IB、QB、MB、SB、SMB、LB、AC、常数、*VD、*AC、*LD
	Param	WORD	VW、IW、QW、MW、SW、SMW、LW、T、C、AC、AIW、*VD、*AC、*LD、常数
	Index	WORD	VW、IW、QW、MW、SW、SMW、LW、T、C、AC、AIW、*VD、*AC、*LD、常数
	Value	WORD	VW、IW、QW、MW、SW、SMW、LW、T、C、AC、AQW、*VD、*AC、*LD
		DWORD、REAL	VD、ID、QD、MD、SD、SMD、LD、*VD、*AC、*LD
	DB_Ptr	DWORD	&VB
	Done	BOOL	I、Q、M、S、SM、T、C、V、L
	Error	BYTE	VB、IB、QB、MB、SB、SMB、LB、AC、*VD、*AC、*LD

USS_WPM_x 为 USS 协议的写入指令。根据写入数据类型的不同，又分为 USS_WPM_W、USS_WPM_D、USS_WPM_R 这 3 条指令。其中，USS_WPM_W 用于写入无符号字参数；USS_WPM_D 用于写入无符号双字参数；USS_WPM_R 用于写入浮点参数。这 3 条指令的指令格式基本相同，USS_WPM_x 的指令格式如表 8-39 所示。

XMT_REQ：传送请求位。如果此位接通，在每次扫描时会向变频器发送 USS_WPM_x 请求。

EEPROM：输入接通时可写入到变频器的 RAM 和 EEPROM，关闭时只能写入到 RAM。

Drive：USS_WPM_x 命令要发送的变频器地址。各变频器的有效地址为 0～31。

Param：参数编号。

Index：要写入参数的索引值。

Value：要写入到变频器 RAM 的参数值。

DB_Ptr：16 字节缓冲区的地址。USS_WPM_x 指令使用该缓冲区存储接收到变频器命令的结果。

Done：完成位。当 USS_WPM_x 指令完成后接通。

Error：出错时返回的错误代码。

8.7.3 西门子 S7-200 SMART PLC 的 USS 通信应用举例

例 8-8 使用 CPU SR40 对 V20 变频器进行 USS 无级调速控制。已知电动机技术参数，功率为 0.06kW，额定转速为 1440r/min，额定电压为 380V，额定电流为 0.35A，额定功率为 50Hz。

（1）硬件配置

要实现 CPU SR40 对 V20 变频器进行 USS 无级调速控制，应将 CPU SR40 的 RS-485 端口中的 3、8 引脚与 V20 的 P＋、N-端子通过双绞线进行连接，如图 8-64 所示。CPU SR40 需要外接 5 个按钮，其 I/O 分配如表 8-40 所示，这些常开按钮分别与 I0.0～I0.4 进行连接。

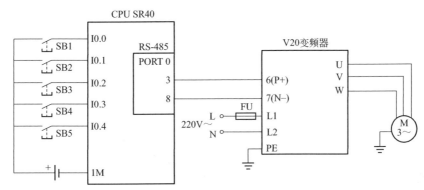

图 8-64　CPU SR40 与 V20 的连接

表 8-40　I/O 分配表

功能	元件	PLC 地址	功能	元件	PLC 地址
启动按钮	SB1	I0.0	清除变频器故障按钮	SB4	I0.3
自然停止按钮	SB2	I0.1	改变方向按钮	SB5	I0.4
快速停止按钮	SB3	I0.2			

（2）V20 变频器通信参数设置

首先对变频器恢复出厂设置，设置 P0010＝30，P0970＝21，再选择连接宏 Cn010-USS 控制，并设置 P0003＝3（专家级），修改 P0214＝0，最后依次在变频器中根据表 8-41 所示设定参数。

表 8-41　V20 变频器设定参数

序号	变频器参数	出厂值	Cn010 设定值	功能说明
1	P0304	400	380	电动机的额定电压（380V）
2	P0305	1.86	0.35	电动机的额定电流（0.35A）
3	P0307	0.75	0.06	电动机的额定功率（0.06kW）

序号	变频器参数	出厂值	Cn010 设定值	功能说明
4	P0310	50.00	50.00	电动机的额定频率(50Hz)
5	P0311	1395	1400	电动机的额定转速(1400r/min)
6	P0700	2	5	选择命令源(RS-485 上的 USS)
7	P1000	1	5	频率设定值选择(RS-485 上的 USS＋固定频率)
8	P2010	8	8	USS 波特率设为 38400bps
9	P2011	0	2	变频器 USS 站点地址设置为从站 2

（3）编写 PLC 程序

在 STEP7-Micro/WIN SMART 中编写程序如表 8-42 所示。程序段 1 是进行 USS 初始化，设定变频器的站地址为 1，波特率为 38400bps。程序段 2 中，I0.0 常开触点闭合，启动变频器；I0.1 常开触点闭合，变频器自然停止；I0.2 常开触点闭合，变频器快速停止；I0.3 常开触点闭合，清除变频器故障；I0.4 常开触点闭合，改变变频器方向。

表 8-42　CPU SR40 对 V20 变频器进行 USS 无级调速控制程序

程序段	LAD	STL
程序段 1	SM0.1 — USS_INIT: EN; 1—Mode, Done—V100.0; 38400—Baud, Error—VB102; 0—Port; 2—Active	LD　　SM0.1 CALL USS_INIT：SBR1，1，38400，0，2，V100.0，VB102
程序段 2	SM0.0 — USS_CTRL: EN; I0.0—RUN; I0.1—OFF2; I0.2—OFF3; I0.3—F_ACK; I0.4—DIR; 1—Drive, Resp_R—V100.1; 1—Type, Error—VB103; VD10—Speed~, Status—VW104; Speed—VD16; Run_EN—V100.2; D_Dir—V100.3; Inhibit—V100.4; Fault—V100.5	LD　　SM0.0 ＝　　L60.0 LD　　I0.0 ＝　　L63.7 LD　　I0.1 ＝　　L63.6 LD　　I0.2 ＝　　L63.5 LD　　I0.3 ＝　　L63.4 LD　　I0.4 ＝　　L63.3 LD　　L60.0 CALL USS＿CTRL：SBR5，L63.7，L63.6，L63.5，L63.4，L63.3，1，1，VD10，V100.1，VB103，VW104，VD16，

在调用了 USS 指令库的指令后，还要对库存储器进行分配，若不分配，则即使编写的程序没有语法错误，程序编译后也会显示一些错误。分配库存储器的方法：在【文件】→【库】组选中"存储器"，将弹出"库存储器分配"对话框，在此对话框中进行设置即可，如图 8-65 所示。

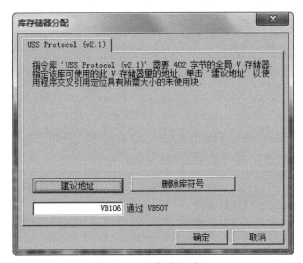

图 8-65　库存储器分配

第**9**章

西门子S7-200 SMART PLC 的安装维护与系统设计

西门子 S7-200 SMART PLC 可靠性较高，能适应恶劣的外部环境。为了充分利用 PLC 的这些特点，实际应用时要注意正确的安装、接线。

9.1 PLC 的安装和拆卸

9.1.1 PLC 安装注意事项

（1）安装环境要求

为保证可编程控制器工作的可靠性，尽可能地延长其使用寿命，在安装时一定要注意周围的环境，其安装场合应该满足以下几点：

① 环境温度在 0～50℃的范围内；

② 环境相对湿度在 35%～95% 范围内；

③ 不能受太阳光直接照射或水的溅射；

④ 周围无腐蚀和易燃的气体，例如氯化氢、硫化氢等；

⑤ 周围无大量的金属微粒及灰尘；

⑥ 避免频繁或连续的振动，振动频率范围为 10～55Hz、幅度为 0.5mm（峰-峰）；

⑦ 超过 15g（重力加速度）的冲击。

（2）安装注意事项

除满足以上环境条件外，安装时还应注意以下几点。

① 可编程控制器的所有单元必须在断电时安装和拆卸。

② 为防止静电对可编程控制器组件的影响，在接触可编程控制器前，先用手接触某一接地的金属物体，以释放人体所带静电。

③ 注意可编程控制器机体周围的通风和散热条件，切勿将导线头、铁屑等杂物通过通风窗落入机体内。

9.1.2 西门子 S7-200 SMART 设备的安装方法及安装尺寸

（1）S7-200 SMART 设备的安装方法

S7-200 SMART 设备既可以安装在控制柜背板上（面板安装），也可以安装在标准导轨上（DIN 导轨安装）；既可以水平安装，也可以垂直安装，如图 9-1 所示。

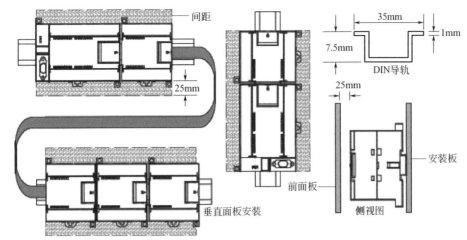

图 9-1　S7-200 SMART 设备安装方式、方向和间距

（2）S7-200 SMART 设备的安装尺寸

S7-200 SMART 系列的 CPU 和扩展模块都有安装孔，可以很方便地安装在背板上，其安装尺寸如表 9-1 所示。

表 9-1　S7-200 SMART 设备的安装尺寸

S7-200 SMART 模块		宽度 A	宽度 B
CPU 模块	CPU SR20、CPU ST20 和 CPU CR20	90mm	45mm
	CPU SR30、CPU ST30 和 CPU CR30	110mm	55mm
	CPU SR40、CPU ST40 和 CPU CR40	125mm	62.5mm
	CPU SR60、CPU ST60 和 CPU CR60	175mm	37.5mm
扩展模块	EM 4AI、EM 8AI、EM 2AQ、EM 4AQ、EM 8DI、EM 16DI、EM 8DQ RLY、EM 16DQ RLY 以及 EM 16DQ 晶体管	45mm	22.5mm
	EM 8DI/8DQ 和 EM 8DI/8DQ RLY	45mm	22.5mm
	EM 16DI/16DQ 和 EM 16DI/16DQ RLY	70mm	35mm
	EM 2AI/1AQ 和 EM 4AI/2AQ	45mm	22.5mm

S7-200 SMART 模块		宽度 A	宽度 B
扩展模块	EM 2RTD、EM 4RTD	45mm	22.5mm
	EM 4TC	45mm	22.5mm
	EM DP01	70mm	35mm

9.1.3　CPU 模块的安装和拆卸

CPU 模块可以很方便地安装到标准 DIN 导轨或面板上，如图 9-2 所示。采用导轨安装时，可通过卡夹将设备固定到 DIN 导轨上。面板安装时，将卡夹掰到一个伸出位置，然后通过螺钉将其固定到安装位置。

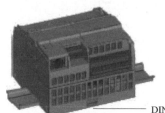

DIN导轨卡夹处于锁紧位置

DIN导轨安装

卡夹处于伸出位置

面板安装

图 9-2　在 DIN 导轨或面板上安装 CPU 模块

CPU 模块安装到 DIN 导轨或面板上时的注意事项如下。

① 对于 DIN 导轨安装，要确保 CPU 模块的上部 DIN 导轨卡夹处于锁紧位置，而下部 DIN 导轨卡夹处于伸出位置。

② 将设备安装到 DIN 导轨上后，将下部 DIN 导轨卡夹推到锁紧位置以将设备锁定在 DIN 导轨上。

③ 对于面板安装，确保将 DIN 导轨卡夹推到伸出位置。

（1）面板上安装 CPU 模块

在面板上安装 CPU 模块时，首先按照表 9-1 所示的尺寸进行定位、钻安装孔，并确保 CPU 模块和 S7-200 SMART 设备与电源断开连接，然后用合适的螺钉（M4 或美国标准 8 号螺钉）将模块固定在背板上。若再使用扩展模块，则将其放在 CPU 模块旁，并一起滑动，直至连接器牢固连接。

（2）在 DIN 导轨上安装 CPU 模块

在 DIN 导轨上安装 CPU 模块时，首先每隔 75mm 将导轨固定到安装板上，然后"咔嚓"一声打开模块底部的 DIN 夹片［如图 9-3（a）所示］，并将模块背面卡在 DIN 导轨上，最后将模块向下旋转至 DIN 导轨，"咔嚓"一声闭合 DIN 夹片［如图 9-3（b）所示］。

（3）在 DIN 导轨上拆卸 CPU 模块

在 DIN 导轨上拆卸 CPU 模块时，首先切断 CPU 模块和连接的所有 I/O 模块的电源，接着断开连接到 CPU 模块的所有线缆，然后拧下安装螺钉或"咔嚓"一声打开 DIN 夹片。如果连接了扩展模块，则向左滑动 CPU 模块，将其从扩展模块连接器脱离。最后，卸下 CPU 模块即可。

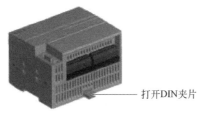
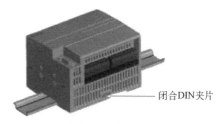

(a) 打开DIN夹片 ———— 打开DIN夹片

(b) 闭合DIN夹片 ———— 闭合DIN夹片

图 9-3 DIN 导轨安装 CPU 模块

9.1.4 信号板与电池板的安装和拆卸

在 S7-200 SMART PLC 中，经济型 CPU 模块是不支持使用扩展模块、信号板或电池板，所以只有在标准型 CPU 模块中才能安装信号板或电池板。

（1）在标准型 CPU 模块中安装信号板或电池板

在标准型 CPU 模块中安装信号板或电池板时，其步骤如下。

① 确保 CPU 模块和所有 S7-200 SMART 设备与电源断开连接。

② 卸下 CPU 模块上部和下部的端子板盖板。

③ 将螺丝刀插入 CPU 模块上部接线盒背面的槽中。

④ 轻轻将盖撬起并从 CPU 模块上卸下，如图 9-4(a) 所示。

⑤ 将信号板或电池板直接向下放入 CPU 模块上部的安装位置中，如图 9-4(b) 所示。

⑥ 用力将模块压入该位置直到卡入就位。

⑦ 重新装上端子块盖板。

(a) 卸下信号板或电池板

(b) 信号板或电池板向下放入

图 9-4 安装信号板或电池板

（2）在标准型 CPU 模块中拆卸信号板或电池板

在标准型 CPU 模块中拆卸信号板或电池板时，其步骤如下。

① 确保 CPU 模块和所有 S7-200 SMART 设备与电源断开连接。

② 卸下 CPU 模块上部和下部的端子板盖板。

③ 将螺丝刀插入 CPU 模块上部接线盒背面的槽中。

④ 轻轻将盖撬起使其与 CPU 模块分离。

⑤ 将模块直接从 CPU 模块上部的安装位置中取出。

⑥ 将盖板重新装到 CPU 模块上。

⑦ 重新装上端子块盖板。

9.1.5 端子块连接器的安装和拆卸

（1）端子块连接器的拆卸

通过卸下 CPU 模块的电源并打开连接器上的盖子，准备从系统中拆卸端子块连接器时，其步骤如下。

① 确保 CPU 模块和所有 S7-200 SMART 设备与电源断开连接。

② 查看连接器的顶部并找到可插入螺丝刀头的槽。

③ 将小螺丝刀插入槽中，如图 9-5(a) 所示。

④ 轻轻撬起连接器顶部使其与 CPU 模块分离，使连接器从夹紧位置脱离，如图 9-5(b) 所示。

⑤ 抓住连接器并将其从 CPU 模块上卸下。

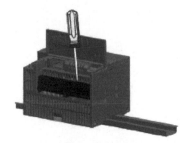 

(a) 小螺丝刀插入槽中   (b) 撬起连接器顶部

图 9-5　拆卸端子块连接器

（2）端子块连接器的重新安装

断开 CPU 模块电源并打开连接器上的盖子，准备安装端子块连接器时，其步骤如下。

① 确保 CPU 模块和所有 S7-200 SMART 设备与电源断开连接。

② 连接器与单元上的插针对齐。

③ 将连接器的接线边对准连接器座沿的内侧。

④ 用力按下并转动连接器直到卡入到位。

9.1.6 扩展模块的安装和拆卸

在 S7-200 SMART PLC 中，只有标准型 CPU 模块中支持使用扩展模块或信号板。

（1）扩展模块的安装

在安装好 CPU 模块之后，才能单独安装扩展模块。扩展模块的安装步骤如下。

① 确保 CPU 模块和所有 S7-200 SMART 设备与电源断开连接。

② 卸下 CPU 模块右侧的 I/O 总线连接器盖。

③ 将小螺丝刀插入盖上方的插槽中。

④ 将其上方的盖轻轻撬出并卸下盖。

（2）扩展模块与 CPU 模块的连接

将扩展模块与 CPU 模块进行连接时，其步骤如下。

① 拉出下方的 DIN 导轨卡夹以便将扩展模块安装到导轨上。

② 将扩展模块放置在 CPU 右侧。

③ 将扩展模块挂到 DIN 导轨上方。

④ 向左滑动扩展模块，直至 I/O 连接器与 CPU 模块右侧的连接器完全啮合，并推入下方的卡夹将扩展模块锁定到导轨上。

（3）扩展模块的拆卸

扩展模块的拆卸可按以下步骤进行。

① 确保 CPU 模块和所有 S7-200 SMART 设备与电源断开连接。

② 将 I/O 连接器和接线从扩展模块上卸下，然后拧松所有 S7-200 SMART 设备的 DIN 导轨卡夹。

③ 向右滑动扩展模块。

9.2 接线及电源的需求计算

9.2.1 接线注意事项

① PLC 应远离强干扰源，如电焊机、大功率硅整流装置和大型动力设备，不能与高压电器安装在同一个开关柜内。

② 动力线、控制线以及 PLC 的电源线和 I/O 线应该分别配线，隔离变压器与 PLC 和 I/O 之间应采用双绞线连接。将 PLC 的 I/O 线和大功率线分开走线，如果必须在同一线槽内，分开捆扎交流线、直流线。如果条件允许，最好分槽走线，这不仅能使其有尽可能大的空间距离，并能将干扰降到最低限，如图 9-6 所示。

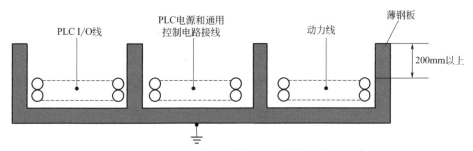

图 9-6　在同一电缆沟内铺设 I/O 接线和动力电缆

③ PLC 的输入与输出最好分开走线，开关量与模拟量也要分开敷设。模拟量信号的传送应采用屏蔽线，屏蔽层应一端或两端接地，接地电阻应小于屏蔽层电阻的 1/10。

④ 交流输出线和直流输出线不要用同一根电缆，输出线应尽量远离高压线和动力线，避免并行。

⑤ I/O 端的接线。

a.输入接线。输入接线一般不要太长，但如果环境干扰较小，电压降不大时，输入接线可适当长些。尽可能采用常开触点形式连接到输入端，使编制的梯形图与继电器原理图一致，便于阅读。

b.输出接线。输出端接线分为独立输出和公共输出。在不同组中，可采用不同类型和电压等级的输出电压，但在同一组中的输出只能用同一类型、同一电压等级的电源。由于 PLC 的输出元件被封装在印制电路板上，并且连接至端子板，若将连接输出元件的负载短路，将烧毁印制电路板，导致整个 PLC 的损坏。采用继电器输出时，所承受的电感性负载的大小，会影响到继电器的使用寿命，因此，使用电感性负载时应合理选择或加隔离继电器。PLC 的输出负载可能产生干扰，因此要采取措施加以控制，如直流输出的续流管保持，交流输出的阻容吸收电路，晶体管及双向晶闸管输出的旁路电阻保持。

9.2.2　安装现场的接线

（1）交流安装现场接线

交流安装现场的接线方法如图 9-7 所示，图中，①是用一个单刀切断开关将电源与 CPU、所有的输入电路和输出（负载）电路隔离开；②是用一台过流保护设备来保护 CPU 的电源、输出点以及输入点，用户也可以为每个输出点加上熔丝或熔断器以扩大保护范围；③是当用户使用 Micro 24V DC 传感器电源时，由于该传感器具有短路保护，所以可以取消输入点的外部过流保护；④是将 S7-200 SMART 的所有地线端子与最近接地点相连接，以获得最好的抗干扰能力；⑤是本机单元的直流传感器电源可用来作为本机单元的输入；⑥和⑦是扩展 DC 输入以及扩展继电器线圈供电，这一传感器电源具有短路保护功能；在大部分的安装中，常将⑧的传感器的供电 M 端子接到地上以获得最佳的噪声抑制。

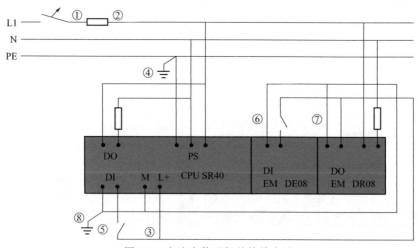

图 9-7　交流安装现场的接线方法

（2）直流安装现场接线

直流安装现场的接线方法如图 9-8 所示，图中，①是用一个单刀切断开关将电源与 CPU、所有的输入电路和输出（负载）电路隔离开；②是用过流保护设备保护 CPU 电源；③是用过流保护设备保护输出点；④是用过流保护设备保护输入点；用户可以在每个输出点加上熔丝或熔断器进行过流防护，若用户使用 Micro 24V DC 传感器电源时，可以取消输入点的外部过流保护，因为传感器电源内部带有限流功能；⑤是加上一个外部电容，以确保 DC 电源有足够的抗冲击能力，从而保证在负载突变时，可以维持一个稳定的电压；⑥是在大部分的应用中，把所有的 DC 电源接到地可以得到最佳的噪声抑制；⑦是在未接地的 DC 电源的公共端与保护地之间并联电阻与电容，其中电阻提供了静电释放通路，电容提供高频噪声通路，它们的典型值是 $1M\Omega$ 和 4700pF；⑧是将 S7-200 SMART 所有的接地端子与最近接地点连接，以获得最好的抗干扰能力。

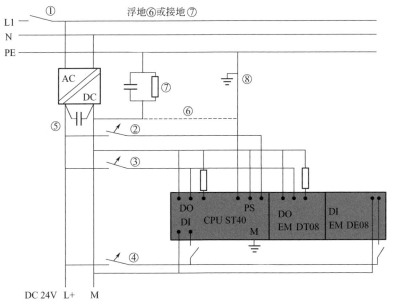

图 9-8　直流安装现场的接线方法

9.2.3　电源的需求计算

（1）电源的需求计算概述

S7-200 SMARTCPU 模块有一个内部电源，可以为 CPU 模块、扩展模块和信号板的正常工作进行供电。

对于经济型 CPU 模块而言，不支持信号板以及连接扩展模块，而标准型 CPU 模块可连接扩展模块和信号板。当连接扩展模块时，标准型 CPU 模块通过总线为扩展模块提供 DC 5V 电源，要求所有扩展模块消耗的 DC 5V 不得超出 CPU 模块本身的供电能力，所以，标准型 CPU 模块连接扩展模块的个数受 CPU 模块的 DC 5V 电源预算限制。通常，标准型 CPU 模块最多可连接 6 个扩展模块和 1 个信号板。

每个标准型 CPU 模块都有 1 个 DC 24V 电源（L＋、M），它可以为本机和扩展模块的输入点和输出回路继电器线圈提供 DC 24V 电源，因此，要求所有输入点和输出回路继电器线圈耗电不得超出 CPU 模块本身 DC 24V 电源的供电能力。

基于以上两点考虑，在设计 PLC 控制系统时，有必要对 S7-200 SMART PLC 电源的需求进行计算。计算的理论依据是：CPU 供电能力表格和扩展模块电流消耗表格，上述两个表格如表 9-2 和表 9-3 所示。

表 9-2　CPU 供电能力

CPU 型号	电流供应	
	DC 5V	DC 24V（传感器电源）
CPU SR20/ST20	1400mA	300mA
CPU SR30/ST40	1400mA	300mA
CPU SR60/ST60	1400mA	300mA
CPU CR40/CR60	—	300mA

表 9-3　扩展模块的耗电情况

模块类型	CPU 型号	电流供应	
		DC 5V	DC 24V（传感器电源）
数字量扩展模块	EM DE08	105mA	8×4mA
	EM DT08	120 mA	—
	EM DR08	120 mA	8×11mA
	EM DT16	145mA	输入：8×4mA；输出：—
	EM DR16	145mA	输入：8×4mA；输出：8×11mA
	EM DT32	185mA	输入：16×4mA；输出：—
	EM DR32	180mA	输入：16×4mA；输出：16×11mA
模拟量扩展模块	EM AE04	80mA	40mA（无负载）
	EM AE08	80mA	70mA（无负载）
	EM AQ02	60mA	50mA（无负载）
	EM AQ04	60mA	75mA（无负载）
	EM AM03	60mA	30mA（无负载）
	EM AM06	80mA	60mA（无负载）
RTD，TC 扩展模块	EM AR02	80mA	40mA
	EM AR04	80mA	40mA
	EM AT04	80mA	40mA
信号板	SB AQ01	15mA	40mA（无负载）
	SB DT04	50mA	2×4mA
	SB RS485/RS232	50mA	不适用
	SB AE01	50mA	不适用
通信扩展模块	EM DP01	150mA	通信激活时为 30mA；通信端口加 90mA/5V 负载时为 60mA；通信端口加 120mA/24V 负载时为 180mA

（2）电源的需求计算举例

某系统有 CPU SR30 模块 1 台，2 个数字量输出模块 EM DR08，3 个数字量输入模块 EM DE08，1 个模拟量输入模块 EM AE08，试计算电流消耗，看是否能用传感器电源 DC 24V 供电。

解：该系统安装后，共有 42 点输入、28 点输出。CPU SR30 模块已分配驱动 CPU 内部继电器线圈所需的功率，因此计算消耗的电流时不需要包括内部继电器线圈所消耗的电流。

计算过程如表 9-4 所示。经计算，DC 5V 总电流差额＝1400－635＝765mA＞0mA，DC 24V 总电流差额＝300－384＝－84mA＜0mA，CPU 模块提供了足够 DC 5V 的电流，但是传感器电源不能为所有输入和扩展继电器线圈提供足够的 DC 24V 电流。因此，这种情况下，DC 24V 供电需外接直流电源，实际工程中干脆由外接 DC 24V 直流电源供电，就不用 CPU 模块上的传感器电源了，以免出现扩展模块不能正常工作的情况。

表 9-4　某系统扩展模块耗电计算

CPU 电流计算	电流供应		
	DC 5V	DC 24V(传感器电源)	备注
CPU SR30	1400mA	300mA	
减去			
CPU SR30,18 点输入	—	72mA	18×4mA
插槽 0:EM DR08	120mA	88mA	8×11mA
插槽 1:EM DR08	120mA	88mA	8×11mA
插槽 2:EM DE08	105mA	32mA	8×4mA
插槽 3:EM DE08	105mA	32mA	8×4mA
插槽 4:EM DE08	105mA	32mA	8×4mA
插槽 5:EM AE04	80mA	40mA	
系统总要求	635mA	384mA	
等于			
总电流差额	765mA	−84mA	

9.3　PLC 的维护和检修

9.3.1　定期检修

　　PLC 的主要构成元器件是以半导体器件为主体，考虑到环境的影响，随着使用时间的增加，元器件总是要老化的。因此定期检修与做好日常维护是非常必要的。要有一支具有一定技术水平、熟悉设备情况、掌握设备工作原理的检修队伍，做好对设备的日常维护。对检修工作要制定一个制度，按期执行，保证设备运行状况最优。每台 PLC 都有确定的检修时间，一般以每 6 个月～1 年检修一次为宜。当外部环境条件较差时，可以根据情况把检修间隔缩短。定期检修的内容见表 9-5。

表 9-5　PLC 定期检修内容

序号	检修项目	检修内容	判断标准
1	供电电源	在电源端子处测量电压波动范围是否在标准范围内	电压波动范围：85%～110%供电电压
2	运行环境	环境温度	0～50℃
		环境湿度	35%～95%RH,不结露
		积尘情况	不积尘
		振动频率	频率:10～55Hz 幅度:0.5mm
3	输入输出用电源	在输入/输出端子处所测电压变化是否在标准范围内	以各输入输出规格为准
4	安装状态	各单元是否可靠固定	无松动
		电缆的连接器是否完全插紧	无松动
		外部配线的螺钉是否松动	无异常
5	寿命元件	电池、继电器、存储器	以各元件规格为准

9.3.2 硬件故障诊断

硬件故障诊断是判断设备故障的重要途径。当 CPU 不能正常工作时，除了检查 CPU 内部的逻辑外还需要判断是否由 CPU 硬件故障而造成的。

CPU 提供了多种硬件故障诊断方法，如通过模块指示灯、S7-200 SMART CPU 信息、读取 S7-200 SMART CPU 特殊寄存器（SM）的数值。

（1）模块指示灯

S7-200 SMART CPU 有一个 ERROR 状态指示灯，EM 扩展模块有一个 DIAG 状态指示灯，SB 电池信号板上有一个 Alarm 指示灯。这些指示灯都具有故障报警功能，如图 9-9 所示。

(a) CPU模块ERROR指示灯   (b) 扩展模块DIAG指示灯

图 9-9   模块指示灯

硬件模块上的指示灯可以提示 CPU、EM 模块、SB 信号板是否有故障，但并不能直接判断模块的故障是什么，因为能导致模块指示灯提示故障的原因不止一个。

（2）S7-200 SMART CPU 信息

S7-200 SMART CPU 具有一定的自诊断功能，通过查看 CPU 信息的方式能快速有效地得到 CPU 的状态信息。

首先将 CPU 模块与计算机连接，然后在 STEP 7-Micro/WIN SMART 软件的【PLC】→【信息】组件中单击 "PLC"，可打开相应的 CPU 信息。在 CPU 信息中，除了能够得到 CPU 的硬件信息、运行状态，还可以得到当前程序的扫描周期等其它有用信息，如图 9-10 所示。

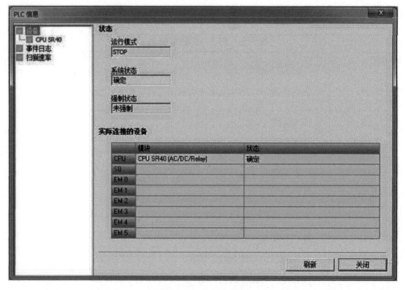

图 9-10   PLC 信息

从 CPU 的错误信息窗口中可以得到 CPU 致命错误、非致命错误、当前 IO 错误的信息提示以及 CPU 的产品序列号和固件版本等信息，如图 9-11 所示。

从 CPU 的事件日志窗口里可以得到 CPU 的事件列表。其列表是根据时间先后顺序记录 CPU 事件的，用户可以查看列表的内容判断 CPU 的状态，如图 9-12 所示。

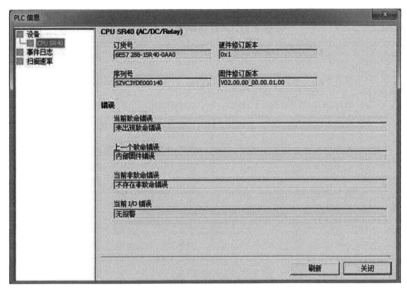

图 9-11　CPU 错误信息

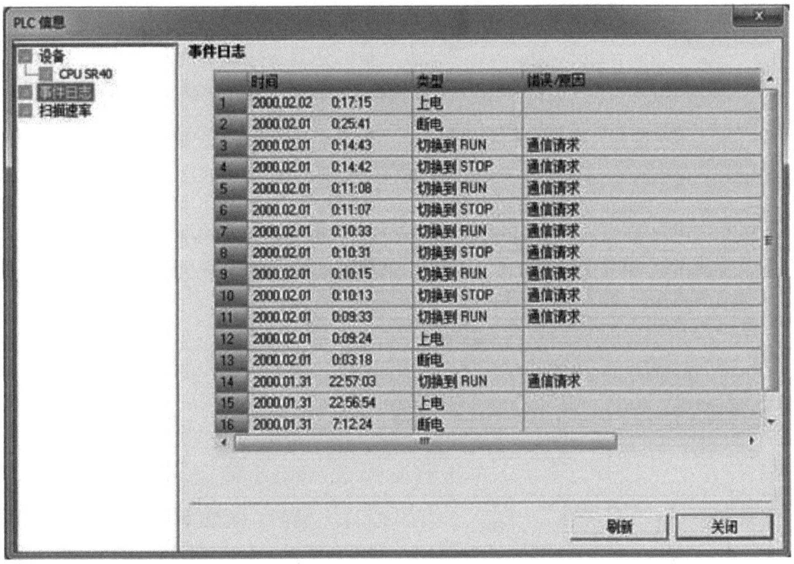

图 9-12　CPU 事件日志

（3）读取 S7-200 SMART CPU 特殊寄存器（SM）的数值

S7-200 SMART CPU 内部有特殊寄存器 SM，用户可以查看或是更改 CPU 的系统参数。其中有一些 SM 区域用来表示 CPU 硬件状态，包括 CPU 订货号、序列号、硬件版本、CPU 故障信息，以及 EM 扩展模块和 SB 信号板的订货号、序列号、硬件版本、故障信息等，具体可参考附录 2。通过在线监控相应 SM 的数值可以得到信息参数来诊断硬件故障。

9.3.3 硬件故障排除

PLC 是一种可靠性、稳定性极高的控制器。只要按照其技术规范安装和使用，出现故障的概率极低。但是，一旦出现了故障，一定要按表 9-6 所示步骤进行检查、处理。特别是检查由于外部设备故障造成的损坏。一定要查清故障原因，待故障排除以后再试运行。

表 9-6　硬件故障排除指南

问题	故障原因	解决方法
输出不工作	被控制的设备损坏	当接到感性负载时(例如电机或继电器)，需要接入一个抑制电路
	程序错误	修改程序
	接线松动或不正确	检查接线，如果不正确，要改正
	负载过大	检查负载是否超出触点所承受的额定值
	输出点被强制	检查 CPU 是否有被强制的 I/O
CPU 模块上的 ERROR 灯亮(红色)	电气干扰	控制面板良好接地并且高压接线不能与低压接线并行走线
	组件损坏	更换或维修硬件
CPU 模块上的 LED 灯全部不亮	保险丝烧断	使用线路分析器并监视输入电源，以检查过压尖峰的幅值和持续时间。根据此信息向电源接线添加类型正确的避雷器设备
	24V 电源线接反	重新接入
	供电电压不正确	接入正确的供电电压
电气干扰问题	不合适的接地	正确接地
	在控制柜内交叉配线	把 DC 24V 传感器电源的 M 端子接到地。控制面板良好接地并且高压接线不能与低压接线并行走线
	输入滤波器的延时太短	增加系统数据块中的输入滤波器的延迟时间
当连接一个外部设备时，串行通信(RS-232 或 RS-485)会造成损坏。外部设备上的端口或 CPU 模块上的端口会造成损坏	如果所有的非隔离设备(例如 PLC、计算机或其它设备)连到一个网络，而该网络没有共同的参考点，通信电缆提供了意外电流通路。这些意外电流可以造成通信错误或损坏电路	使用隔离型电缆。当连接没有公共电位参考点的设备时，使用隔离型 RS-485 到 RS-485 中继器

9.3.4 错误代码

S7-200 SMART PLC 的错误可分为非致命错误和致命错误两大类。非致命错误可能降低 PLC 的某些性能，但不会导致 PLC 无法执行用户程序或更新 I/O，例如 PLC 编译器错误、程序编译错误、运行时编程错误、I/O 错误等就属于非致命错误。致命错误导致 PLC 停止执行程序。根据错误严重程度的不同，致命错误可能会导致 PLC 无法执行任一或全部功能。每个错误均有相应代码，且这些代码都有一定的含义，如表 9-7 所示。

表 9-7　S7-200 SMART PLC 错误代码

类型	错误代码	描述
致命错误代码	0000	不存在致命错误

类型	错误代码	描述
致命错误代码	0001	系统固件校验错误
	0002	编译后的用户程序错误
	0004	永久存储器出现错误
	0005	用户程序发生永久存储器错误
	0006	系统块发生永久存储器错误
	0007	强制数据发生永久存储器错误
	0009	用户数据 DB1 发生永久存储器错误
	000A	存储卡出现故障
	000B	用户程序发生存储卡错误
	000C	系统块发生存储卡错误
	000D	强制数据发生存储卡错误
	000F	用户数据 DB1 发生存储卡错误
	0010	内部固件错误
	0015	上电时,用户程序发生编译错误
	0016	上电时,用户数据发生编译错误
	0017	上电时,系统块发生编译错误
	0018	CPU 组态标识数据不能用或损坏
	0019	组态看门狗超时错误
运行时编程错误代码（非致命）	0000	不存在致命错误
	0001	在执行 HDEF 指令前启用 HSC 指令
	0002	已将输入中断点分配给 HSC
	0003	已将 HSC 输入点分配给输入中断或其它 HSC
	0004	中断例程中不允许使用指令
	0005	同时执行 HSC/PLS/运动指令
	0006	间接寻址错误
	0007	日时钟指令数据错误
	0008	超出最大用户子例程嵌套级别
	0009	在端口 0 上同时执行 XMT/RCV 指令
	000A	执行之前组态的 HSC 的 HDEF 指令
	000B	在端口 1 上同时执行 XMT/RCV 指令
	000D	试图在脉冲输出有效时重新定义它
	000E	PTO 包络段数已设置为 0
	000F	在比较触点指令中遇到非法数字值
	0013	PID 回路表非法
	0014	数据日志错误： ①一次程序扫描中存在过多的 DATx_WRITE 子程序执行过程。每秒只能持续执行 10～15 个数据日志写操作。当每秒执行的 DATx_WRITE 操作过多时,已分配的存储器会满,并且将在一小段时间内不会存储任何新的数据日志记录 ②在未事先通过数据日志向导组态数据日志的情况下执行数据日志写入子程序

类型	错误代码	描述
运行时编程错误代码（非致命）	0016	已将 HSC 或中断输入点分配给运动指令
	0017	PTO/PWM 输出点已分配给运动功能
	0019	"信号板"不存在或未组态
	001A	扫描看门狗超时
	001B	尝试在启用的 PWM 上更改时基
	001C	扩展模块或信号板出现严重硬件错误
	0090	操作数非法
	0091	操作数范围错误，应检查操作数的范围
	0092	计数操作数非法，应验证计数操作数的大小
	0098	在 RUN 模式下执行非法程序编辑
	009A	在用户中断例程中尝试切换到自由端口模式
	009B	字符串操作的索引非法（用户请求索引＝0）
PLC 程序编译错误代码（非致命）	0080	该程序对 CPU 而言过大，应减小程序的大小
	0081	逻辑堆栈下溢，应将该程序段分成多个程序段
	0082	非法指令，需检查指令助记符
	0083	主程序结束前的指令非法，应删除错误指令
	0085	FOR/NEXT 的组合非法，应添加 FOR 指令或删除 NEXT 指令
	0086	FOR/NEXT 的组合非法，应添加 NEXT 指令或删除 FOR 指令
	0087	缺少标签或 POU，应添加相应标签
	0088	子例程结束前的指令非法，应在子程序末尾添加 RET 指令或者移除错误指令
	0089	中断例程结束前的指令非法，应在中断程序末尾添加 RETI 指令或者移除错误指令
	008B	SCR 段的跳转非法
	008C	标签或 POU 名称重复
	008D	超出了标签或 POU 的最大数量，应确保不超出允许的标签数
	0090	操作数非法
	0091	存储器范围错误，应检查操作数范围
	0092	计数操作数非法，应验证最大计数大小
	0093	超出 FOR/NEXT 的嵌套级别
	0095	缺少 LSCR 指令
	0096	缺少 SCRE 指令或 SCRE 前的指令非法
	0099	受密码保护的 POU 过多
	009B	字符串操作的索引非法
	009D	在系统块中检测到非法参数
	009F	程序组织非法
禁止切换到 RUN 模式代码	0070	由于插入存储卡而禁止运行
	0071	由于缺少组态设备而禁止运行
	0072	由于设备组态不匹配而禁止运行，此错误也包括设备参数化错误

类型	错误代码	描述
禁止切换到 RUN 模式代码	0073	由于更新固件而禁止运行
	0074	因扩展模块或信号板出现严重硬件错误,导致运行被禁止

9.4 PLC 应用系统的设计与调试

从应用角度来看,运用 PLC 技术进行 PLC 应用系统的软件设计与开发,不外乎需要两方面的知识和技能,首先要学会 PLC 硬件系统的配置,其次要掌握编写程序。对于一个较为复杂的控制系统,PLC 的应用设计主要包括硬件设计、软件设计、施工设计和安装调试等内容。

9.4.1 系统设计的基本步骤

不论是用 PLC 组成集散控制系统,还是独立控制系统,PLC 控制系统设计的基本步骤如图 9-13 所示。

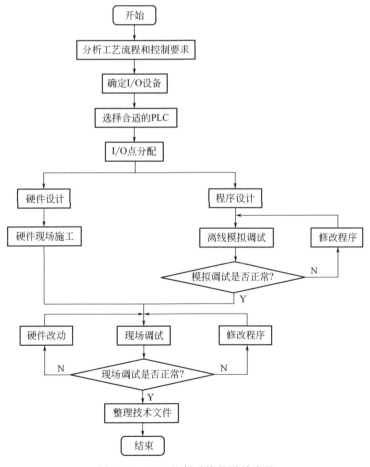

图 9-13 PLC 控制系统的设计步骤

（1）分析工艺流程和控制要求

详细分析被控对象的工艺过程及工作特点，了解被控对象机、电、液之间的配合，提出被控对象对 PLC 控制系统的控制要求，确定控制方案，拟定设计任务书。被控对象就是受控的机械、电气设备、生产线或生产过程。控制要求主要指控制的基本方式、应完成的动作、自动工作循环的组成、必要的保护、联锁和报警等。

（2）确定输入/输出（I/O）设备

根据系统的控制要求，确定系统所需的全部输入设备（如按钮、位置开关、转换开关及各种传感器等）和输出设备（如接触器、电磁阀、信号指示灯及其它执行器等），从而确定与 PLC 有关的输入/输出设备，以确定 PLC 的 I/O 点数。

（3）选择合适的 PLC

根据已确定的用户 I/O 设备，统计所需的输入信号和输出信号的点数，选择合适的 PLC 类型。PLC 类型的选择主要从以下几个方面考虑：①PLC 机型和容量的选择；②开关输入量的点数和输入电压；③开关输出量的点数及输出功率；④模拟量输入/输出（I/O）的点数；⑤系统的特殊要求，如远程 I/O、通信网络等。

（4）I/O 点数的分配

分配 PLC 的 I/O 点数，画出 PLC 的 I/O 端子与 I/O 设备的连接图或分配表。在连接图或分配表中，必须指定每个 I/O 对应的模块编号、端子编号、I/O 地址、I/O 设备等。

（5）设计硬件及软件

此步骤是进行 PLC 程序设计和 PLC 控制柜等硬件的设计及现场施工。由于程序设计与硬件设计施工可同时进行，因此 PLC 控制系统的设计周期可大大缩短。

1）硬件设计及现场施工的一般步骤

① 设计控制柜布置图、操作面板布置图和接线端子图等。

② 设计控制系统各个部分的电气图。

③ 根据图纸进行现场施工。

2）PLC 程序设计的一般步骤　根据系统的控制要求，采用合适的设计方法来设计 PLC 程序。程序要以满足系统控制要求为主线，逐一编写实现各控制功能或各个任务的程序，逐步完善系统指定的功能。除此之外，程序通常还应包括以下内容。

① 初始化程序。在 PLC 上电后，一般都要做一些初始化的操作，为启动做必要的准备，避免系统发生误动作。初始化程序的主要内容有：对某些数据区、计数器等进行清零，对某些数据区所需数据进行恢复，对某些继电器进行置位或复位，对某些初始状态进行显示等。

② 检测、故障诊断和显示等程序。这些程序相对独立，一般在程序设计基本完成时再添加。

③ 保护和联锁程序。保护和联锁是程序中不可缺少的部分，必须认真加以考虑。它可以避免由于非法操作而引起的控制逻辑混乱。

（6）离线模拟调试

① 程序编写完成后，将程序输入 PLC。如果使用手持式编程器输入，需要先将梯形图转换为助记符，然后输入。

② 程序输入 PLC 后，用按钮和开关模拟数字量，电压源和电流源代替模拟量，进行模拟调试，使控制程序基本满足控制要求。

（7）现场调试

离线模拟调试和控制柜等硬件施工完成后，就可以进行整个系统的现场联机调试。现场联机调试是将通过模拟调试的程序结合现场设备进行联机调试。通过现场调试，可以发现在模拟调试中无法发现的实际问题。现场联机调试过程应循序渐进，从 PLC 只连接输入设备、再连接输出设备、再接上实际负载等逐步进行调试。如不符合要求，则对硬件或程序作调整。如果控制系统是由几个部分组成，则应先作局部调试，然后再进行整体调试。如果控制程序的步骤较多，则可先进行分段调试，然后再连接起来总体调试。

全部调试完毕后，交付试运行。经过一段时间运行，如果工作正常，程序不需要修改，应将程序固化到 EPROM 中，以防程序丢失。

（8）整理技术文件

系统调试好后，应根据调试的最终结果，整理出完整的系统技术文件。系统技术文件包括说明书、电气原理图、电气布置图、电气元件明细表、PLC 梯形图。

9.4.2　系统调试方法和步骤

PLC 为系统调试程序提供了强大的功能，充分利用这些功能，将使系统调试简单、迅速。系统调试时，应首先按要求将电源、I/O 端子等外部接线连接好，然后将已经编写好的梯形图送入 PLC，并使其处于监控或运行状态。调试流程如图 9-14 所示。

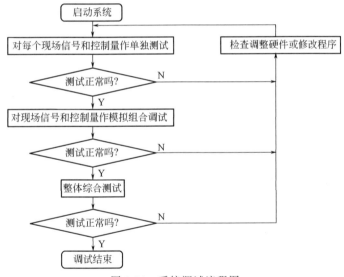

图 9-14　系统调试流程图

（1）对每个现场信号和控制量作单独测试

对于一个系统来说，现场信号和控制量一般不止一个，但可以人为地使各个现场信号和控制量一个一个单独满足要求。当一个现场信号和控制量满足要求时，观察 PLC 输出端和相应的外部设备的运行情况是否符合系统要求。如果出现不符合系统要求的情况，可以先检查外部接线是否正确，当接线准确时再检查程序，修改控制程序中的不当之处，直到对每一个现场信号和控制量单独作用时，都满足系统要求为止。

（2）对现场信号和控制量作模拟组合测试

通过现场信号和控制量的不同组合来调试系统，也就是认为的使两个或多个现场信号和控制量同时满足要求，然后观察 PLC 输出端以及外部设备的运行情况是否满足系统的控制要求。一旦出现问题（基本上属于程序问题），应仔细检查程序并加以修改，直到满足系统要求为止。

（3）整个系统综合调试

整个系统的综合调试是对现场信号和控制量按实际要求模拟运行，以观察整个系统的运行状态和性能是否符合系统的控制要求。若控制规律不符合要求，绝大多数是因为控制程序有问题，应仔细检查并修改控制程序。若性能指标不满足要求，应该从硬件和软件两个方面加以分析，找出解决方法，调整硬件或软件，使系统达到控制要求。

9.4.3　PLC 应用系统设计实例

PLC 控制系统具有较好的稳定性、控制柔性、维修方便性。随着 PLC 的普及和推广，其应用领域越来越广泛，特别是在许多新建项目和设备的技术改造中，常常采用 PLC 作为控制装置。在此，通过实例讲解 PLC 应用系统的设计方法。

9.4.3.1　行车自动往返循环控制

（1）控制要求

用 PLC 控制行车自动往返运行，行车的前进、后退由异步电动机拖动。行车的运行示意如图 9-15 所示。行车自动往返循环控制的要求如下：①按下启动按钮，行车自动循环运行；②按下停止按钮，行车停止运行；③具有点动控制（供调试用）；④8 次循环运行。

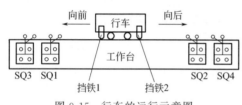

图 9-15　行车的运行示意图

（2）控制分析

① 行车的前进、后退可以由异步电动机的正、反转控制程序实现。

② 自动循环可以通过行程开关在电动机正、反转的基础上由联锁控制实现，即在前进（正转）结束位置，通过该位置上的行程开关（SQ1）切断正转程序的执行，并启动后退（反转）控制程序。在后退结束位置，通过该位置上的行程开关（SQ2）切断反转程序的执行，并启动正转控制程序。

③ 为防止行车前进、后退运行过程中 SQ1（或 SQ2）失灵时，行车向前（或向后）碰撞 SQ3（或 SQ4），可强行停止行车运行。

④ 点动控制通过解锁自锁环节来实现。

⑤ 8 次的运行通过计数器指令计数运行次数，从而决定是否终止程序的运行。

（3）I/O 端子资源分配与接线

根据控制要求及控制分析可知，需要 9 个输入点和 2 个输出点，输入/输出分配如表 9-8 所示，其 I/O 接线如图 9-16 所示。

表 9-8　行车自动往返循环控制的 I/O 分配表

输入			输出		
功能	元件	PLC 地址	功能	元件	PLC 地址
停止按钮	SB0	I0.0	正向控制接触器	KM1	Q0.0
正向启动按钮	SB1	I0.1	反向控制接触器	KM2	Q0.1

输入			输出		
功能	元件	PLC 地址	功能	元件	PLC 地址
反向启动按钮	SB2	I0.2			
正向转反向行程开关	SQ1	I0.3			
反向转正向行程开关	SQ2	I0.4			
正向限位开关	SQ3	I0.5			
反向限位开关	SQ4	I0.6			
自锁解除控制（调试使用）	K1	I0.7			
限位点动控制（调试使用）	K2	I1.0			

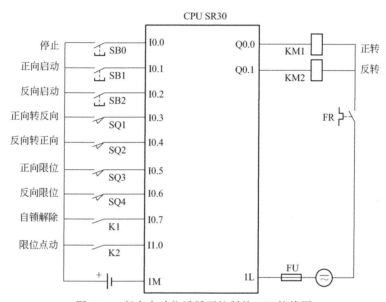

图 9-16　行车自动往返循环控制的 I/O 接线图

（4）编写 PLC 控制程序

根据行车自动往返循环控制的分析和 PLC 资源配置，设计出 PLC 控制行车自动往返的梯形图（LAD）及指令语句表（STL），如表 9-9 所示。

表 9-9　行车自动往返循环控制程序

程序段	LAD	STL
程序段 1	I1.0 I0.4 I0.0 Q0.1 I0.3 I0.5 C0 Q0.0 I0.7 Q0.0 I0.1	LDN　I1.0 A　　I0.4 LDN　I0.7 A　　Q0.0 OLD O　　I0.1 AN　 I0.0 AN　 Q0.1 AN　 I0.3 AN　 I0.5 AN　 C0 =　　Q0.0

程序段	LAD	STL
程序段 2	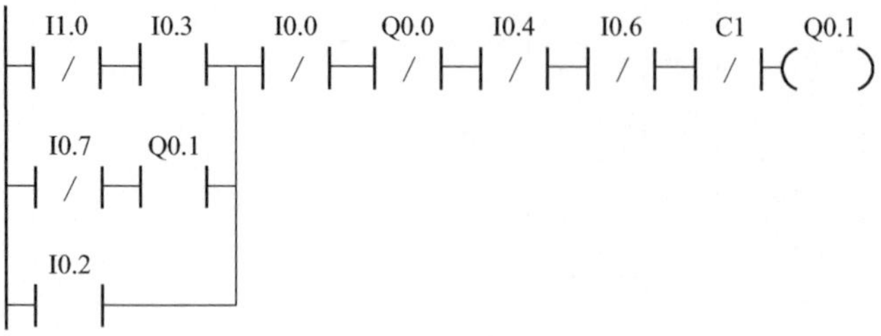	LDN I1.0 A I0.3 LDN I0.7 A Q0.1 OLD O I0.2 AN I0.0 AN Q0.0 AN I0.4 AN I0.6 AN C1 = Q0.1
程序段 3	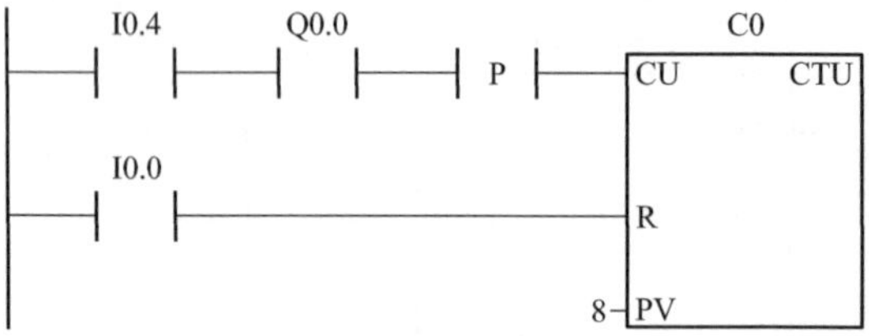	LD I0.4 A Q0.0 EU LD I0.0 CTU C0,8
程序段 4	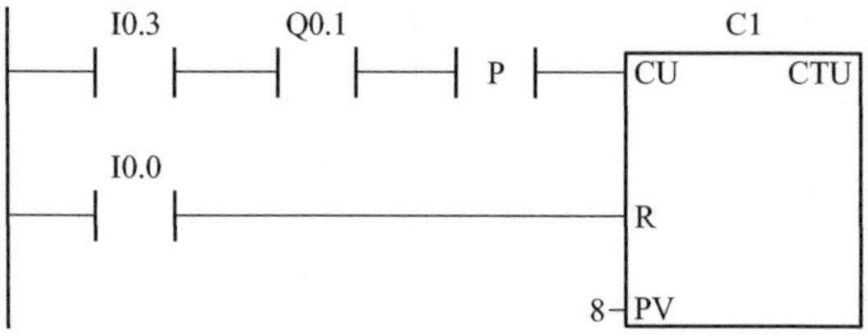	LD I0.3 A Q0.1 EU LD I0.0 CTU C1,8

（5）程序仿真

① 启动 STEP7-Micro/WIN SMART，创建一个新的项目，按照表 9-9 所示输入 LAD（梯形图）或 STL（指令表）中的程序。再在【文件】→【操作】组件中选择"导出"→"POU"，在弹出的"导出"对话框中输入导出的 ASCII 文本文件的文件名。

② 打开 S7-200 仿真软件，单击菜单"Configuration"→"CPU Type"，选择合适的 CPU 型号。

③ 单击菜单"Program"→"Load Program"或点击工具条中的第二个按钮 🗖，弹出"Load in CPU"对话框，按下"Accept"键后，在弹出的"打开"对话框中选择在 STEP7-Micro/WIN 项目中导出的 .awl 文件。

④ 在 S7-200 仿真软件中，执行菜单命令"PLC"→"RUN"，使 CPU 处于模拟运行状态。刚进入模拟运行状态时，线圈 Q0.0 和 Q0.1 均未得电。按下启动按钮 SB1，I0.1 触点闭合，Q0.0 线圈输出，控制 KM1 线圈得电，即行车执行前进操作，Q0.0 的常开触点闭合，形成自锁。强制 I0.3 为 1，则 Q0.0 线圈失电，Q0.1 线圈得电，控制 KM2 线圈得电，即行车执行后退操作，Q0.1 的常开触点闭合，形成自锁，同时 C1 计数 1 次。I0.3 强制为 0，I0.4 强制为 1，则 Q0.1 线圈失电，Q0.0 线圈得电，控制 KM1 线圈得电，即行车执行前进操作，Q0.0 的常开触点闭合，形成自锁，同时 C0 计数 1 次，仿真效果如图 9-17 所示。

9.4.3.2 PLC 在通用车床中的应用

C6140 是我国自行设计制造的普通车床，具有性能优越，结构先进、操作方便、外形美

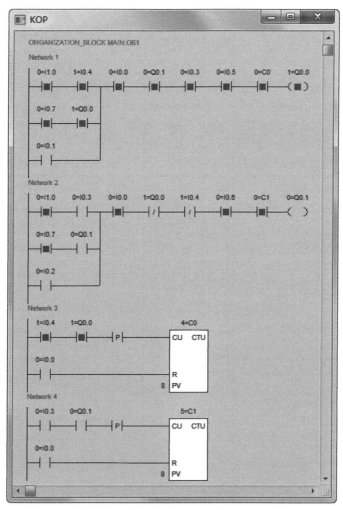

图 9-17　行车自动往返循环控制的仿真效果图

观等优点。C6140 普通车床主要是由床身、主轴变速箱、进给箱、溜板箱、刀架、尾架、丝杠和光杠等部分组成。

主轴变速箱用来支承主轴和传动其旋转，它包含主轴及其轴承、传动机构、启停及换向装置、制动装置、操纵机构及润滑装置。进给箱用来变换被加工螺纹和导程，以及获得所需的各种进给量，它包含变换螺纹导程和进给量的变速机构、变换螺纹种类的移换机构、丝杠和光杠转换机构及操作机构等部件。溜板箱用来将丝杠或光杠传来的旋转运动变为直线运动并带动刀架进给，控制刀架运动的接通、断开和换向等操作，刀架用来安装车刀并带动其作纵向、横向和斜向进给运动。

车床的切削运动包括卡盘或顶尖带动工件的旋转主运动和溜板带动刀架的直线进给运动。中小型普通车床的主运动和进给运动一般采用一台异步电动机进行驱动。根据被加工零件的材料性质、几何形状、工作直径、加工方式及冷却条件的不同，要求车床有不同的切削速度，因此车床主轴需要在相当大的范围内改变速度，普通车床的调速范围在 70r/min 以上，中小型普通车床多采用齿轮变速箱调速。车床主轴在一般情况下是单方向旋转的，但在车削螺纹时，要求主轴能正反转。主轴旋转方向的改变可通过离合器或电气的方法实现，

C6140 型车床的主轴单方向旋转速度有 24 种（10～1400r/min），反转速度有 12 种（14～1580r/min）。

（1）C6140 车床传统继电器-接触器电气控制线路分析

C6140 普通车床由三台三相笼式异步电动机拖动，即主轴电动机 M1、冷却泵电动机 M2 和刀架快速移动电动机 M3。主轴电动机 M1 带动主轴旋转和刀架进给运动；冷却泵电动机 M2 用以车削加工时提供冷却液；刀架快速移动电动机 M3 使刀具快速地接近或退离加工部位。C6140 车床传统继电器-接触器电气控制线路如图 9-18 所示，它由主电路和控制电路两部分组成。

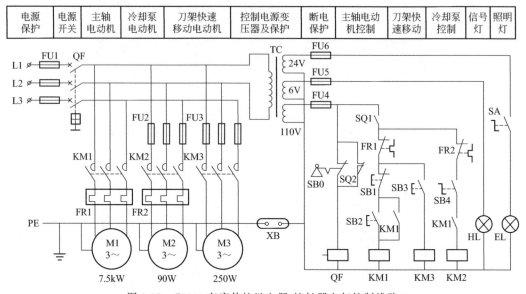

图 9-18　C6140 车床传统继电器-接触器电气控制线路

1）C6140 普通车床主电路分析　将钥匙开关 SB0 向右旋转，扳动断路器 QF 将三相电源引入。主电动机 M1 由交流接触器 KM1 控制，冷却泵电动机 M2 由交流接触器 KM2 控制，刀架快速移动电动机由 KM3 控制。热继电器 FR 作过载保护，FU 作短路保护，KM 作失压和欠压保护，由于 M3 是点动控制，因此该电动机没有设置过载保护。

2）C6140 普通车床控制电路分析　C6140 普通车床控制电源由控制变压器 TC 将 380V 交流电压降为 110V 交流电压作为控制电路的电源，降为 6V 电压作为信号灯 HL 的电源，降为 24V 电压作为照明灯 EL 的电源。在正常工作时，位置开关 SQ1 的常开触头闭合。打开床头皮带罩后，SQ1 断开，切断控制电路电源以确保人身安全。钥匙开关 SB0 和位置开关 SQ2 在正常工作时是断开的，QF 线圈不通电，断路器 QF 能合闸。打开配电盘壁龛门时，SQ2 闭合，QF 线圈获电，断路器 QF 自动断开。

① 主轴电动机 M1 的控制　按下启动按钮 SB2，KM1 线圈得电，KM1 的一组常开辅助触头闭合形成自锁，KM1 的另一组常开辅助触头闭合，为 KM2 线圈得电做好准备，KM1 主触头闭合，主轴电动机 M1 全电压下启动运行。按下停止按钮 SB1，电动机 M1 停止转动。当电动机 M1 过载时，热继电器 FR1 动作，KM1 线圈失电，M1 停止运行。因此，主轴电动机 M1 的控制函数为

$$KM1 = (SB2 + KM1) \cdot \overline{FR1} \cdot \overline{SB1} \cdot SQ1$$

② 冷却泵电动机 M2 的控制　主轴电动机 M1 启动运行后，合上旋转开关 SB4，KM2 线圈得电，其主触头闭合，冷却泵电动机 M2 启动运行。当 M1 电动机停止运行时，M2 也会自动停止运转。因此，冷却泵电动机 M2 的控制函数为

$$KM2 = KM1 \cdot SB4 \cdot \overline{FR2} \cdot SQ1$$

③ 刀架快速移动电动机 M3 的控制　刀架快速移动电动机 M3 的启动由按钮 SB3 和 KM3 组成的线路进行控制，当按下 SB3 时，KM3 线圈得电，其主触头闭合，刀架快速移动电动机 M3 启动运行。由于 SB3 没有自锁，所以松开 SB3 时，KM3 线圈电源被切断，电动机 M3 停止运行。因此，刀架快速移动电动机 M3 的控制函数为

$$KM3 = SB3 \cdot \overline{FR1} \cdot SQ1$$

④ 照明灯和信号灯控制　照明灯由控制变压器 TC 次级输出的 24V 安全电压供电，扳动转换开关 SA 时，照明灯 EL 亮，熔断器 FU6 作短路保护。

信号指示灯由 TC 次级输出的 6V 安全电压供电，合上断路器 QF 时，信号灯 HL 亮，表示车床开始工作。

（2）PLC 改造 C6140 车床控制线路的 I/O 端子资源分配与接线

PLC 改造 C6140 车床控制线路时，电源开启钥匙开关使用普通按钮开关进行替代，列出 PLC 的输入/输出分配表，如表 9-10 所示。I/O 接线如图 9-19 所示，图中，EL 和 HL 分别串联合适规格的电阻以降低其工作电压。

表 9-10　PLC 改造 C6140 车床的输入/输出分配表

输入			输出		
功能	元件	PLC 地址	功能	元件	PLC 地址
电源开启钥匙开关	SB0	I0.0	主轴电动机 M1 控制	KM1	Q0.0
主轴电动机 M1 停止按钮	SB1	I0.1	冷却泵电动机 M2 控制	KM2	Q0.1
主轴电动机 M1 启动按钮	SB2	I0.2	刀架快速移动电动机 M3 控制	KM3	Q0.2
快速移动电动机 M3 点动按钮	SB3	I0.3	机床工作指示	HL	Q0.3
冷却泵电动机 M2 旋转开关	SB4	I0.4	照明指示	EL	Q0.4
过载保护热继电器触点	FR1	I0.5			
	FR2	I0.6			
位置开关	SQ1	I0.7			
	SQ2	I1.0			
照明开关 SA	SA	I1.1			

（3）PLC 改造 C6140 车床控制线路的程序设计

使用 PLC 改造 C6140 车床控制线路时，可以使用两个程序段（程序段 1 和程序段 2）来实现单按钮电源控制。当按下 SB0 为奇数次时，电源有效（即扳动断路器 QF 将三相电源引入），各电动机才能启动运行，按下 SB0 为偶数次时，电源无效。同样，照明指示也可以使用两个程序段（程序段 7 和程序段 8）来实现单按钮控制，照明开关 SA 按下为奇数次时，EL 亮，照明开关 SA 按下为偶数次时，EL 熄灭。编写的梯形图（LAD）及指令语句表（STL），如表 9-11 所示。

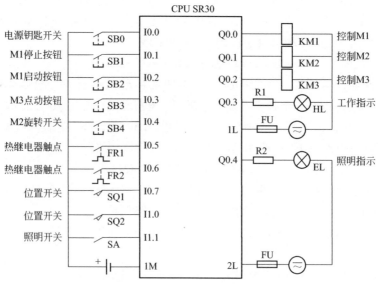

图 9-19　PLC 改造 C6140 车床控制线路的 I/O 接线

表 9-11　PLC 改造 C6140 车床控制线路程序

程序段	LAD	STL
程序段 1	I0.0　M0.1　I1.0　M0.0 I0.0　M0.0	LD　I0.0 AN　M0.1 LDN　I0.0 A　M0.0 OLD AN　I1.0 =　M0.0
程序段 2	I0.0　M0.0　M0.1 I0.0　M0.1	LDN　I0.0 A　M0.0 LD　I0.0 A　M0.1 OLD =　M0.1
程序段 3	I0.2　M0.0　I0.7　I0.5　I0.1　Q0.0 Q0.0	LD　I0.2 O　Q0.0 A　M0.0 A　I0.7 AN　I0.5 AN　I0.1 =　Q0.0
程序段 4	Q0.0　I0.4　I0.7　I0.6　Q0.1	LD　Q0.0 A　I0.4 A　I0.7 AN　I0.6 =　Q0.1
程序段 5	I0.3　M0.0　I0.7　I0.5　Q0.2	LD　I0.3 A　M0.0 A　I0.7 AN　I0.5 =　Q0.2

程序段	LAD	STL
程序段 6	M0.0 ── Q0.3 ─( )	LD M0.0 = Q0.3
程序段 7	I1.1 ── M0.2 ── M0.0 ── Q0.4 ─( ) I1.1 ── Q0.4	LD I1.1 AN M0.2 LDN I1.1 A Q0.4 OLD A M0.0 = Q0.4
程序段 8	I1.1 ── Q0.4 ── M0.2 ─( ) I1.1 ── M0.2	LDN I1.1 A Q0.4 LD I1.1 A M0.2 OLD = M0.2

（4）程序仿真

① 启动 STEP7-Micro/WIN SMART，创建一个新的项目，按照表 9-11 所示输入 LAD（梯形图）或 STL（指令表）中的程序。再在【文件】→【操作】组件中选择"导出"→"POU"，在弹出的"导出"对话框中输入导出的 ASCII 文本文件的文件名。

② 打开 S7-200 仿真软件，单击菜单"Configuration"→"CPU Type"，选择合适的 CPU 型号。

③ 单击菜单"Program"→"Load Program"或点击工具条中的第二个按钮 🔧，弹出"Load in CPU"对话框，按下"Accept"键后，在弹出的"打开"对话框中选择在 STEP7-Micro/WIN 项目中导出的 .awl 文件。

④ 在 S7-200 仿真软件中，执行菜单命令"PLC"→"RUN"，使 CPU 处于模拟运行状态。刚进入模拟运行状态时，M0.0、Q0.0～Q0.4 均处于 OFF 状态，奇数次强制 I0.0 为 1 时，M0.0 输出为 ON 状态；偶数次强制 I0.0 为 1 时，M0.0 输出为 OFF 状态。当 M0.0 输出为 ON 时，强制 I0.2、I0.7 为 1 时，Q0.0 输出为 ON，表示主轴电动机 M1 处于运行状态；M1 电机处于运行时，强制 I0.4 为 1，则 Q0.1 输出为 ON，表示冷却泵电机处于运行状态，仿真效果如图 9-20 所示。M0.0 为 ON 时，强制 I0.3、I0.7 为 1 时，Q0.2 输出为 ON，表示刀架快速移动电机处于运行状态。M0.0 为 ON 时，Q0.3 输出为 ON，表示机床信号灯处于点亮状态。M0.0 为 ON 时，奇数次强制 I1.1 为 1 时，Q0.4 输出为 ON 状态，表示点亮照明灯；偶数次强制 I1.1 为 1 时，Q0.4 输出为 OFF 状态，表示熄灭照明灯。

9.4.3.3 PLC 在汽车自动清洗装置中的应用

一台汽车自动清洗装置，清洗机的控制由按钮开关、车辆检测器、喷淋阀门、刷子电动机组成，如图 9-21 所示。

（1）控制要求

当按下启动按钮 SB1 时，清洗机开始工作，即清洗机开始移动，同时打开喷淋阀门；当检测到汽车进入刷洗距离时，启动刷子电动机运转进行刷洗，汽车离开停止刷车；当结束条件满足时，清洗结束，清洗机回到原位，停止移动并关闭喷淋阀门。

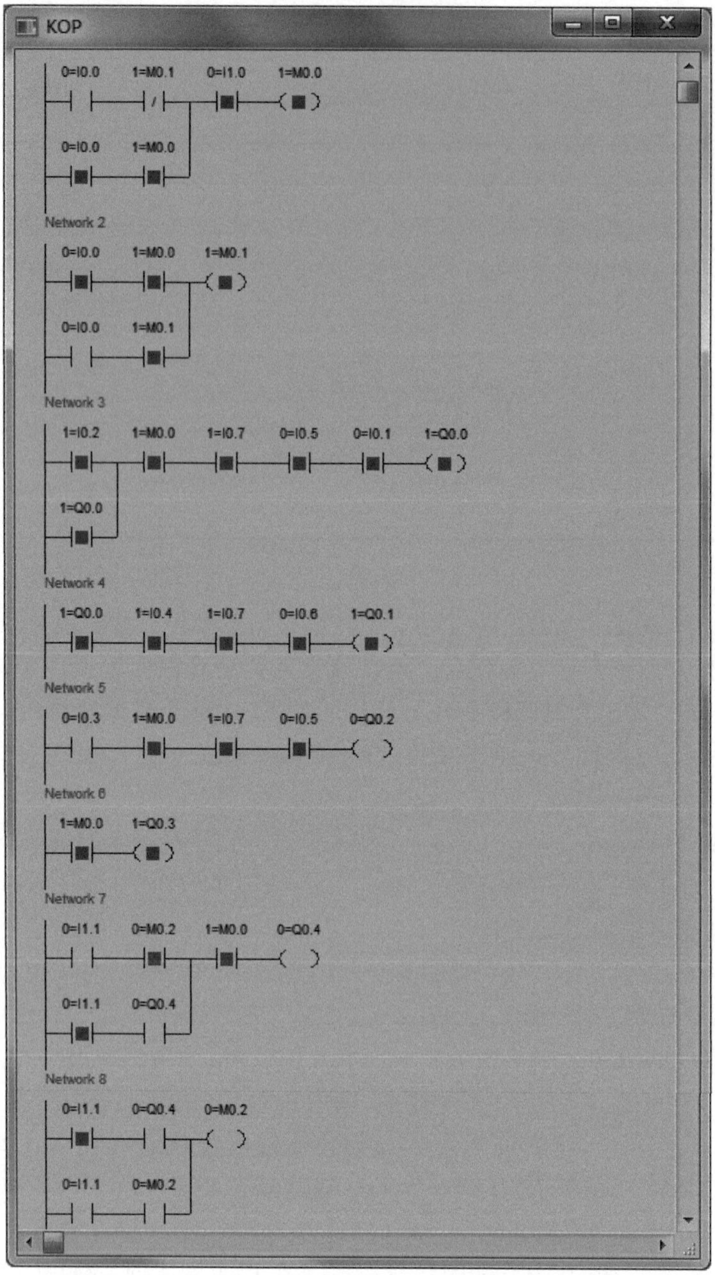

图 9-20　PLC 改造 C6140 车床控制线路的仿真效果图

（2）控制分析

由控制要求可知，汽车自动清洗装置的工作流程如图 9-22 所示。从流程图可看出，首先工作人员按下开启按钮，清洗机向前移动并同时打开喷淋阀门。当移动到汽车检测位置时，如果汽车检测开关没有检测到汽车，清洗机就暂时停止移动，并等待汽车进入到刷洗位置后，清洗机继续向前移动，同时启动刷子对汽车进行清洗。如果清洗机移动到汽车的另一端时，清洗机就立即返回，当返回到汽车检测位置时，汽车清洗完成，然后停止刷洗，喷淋阀门关闭。汽车离开，清洗机返回原点后停止工作。

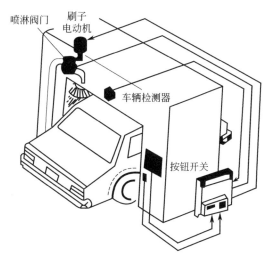

图 9-21　汽车自动清洗机

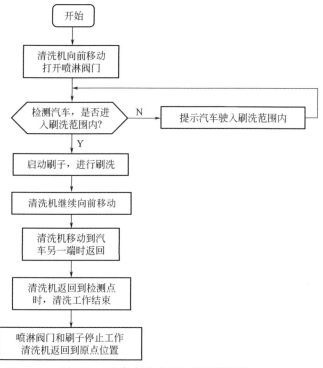

图 9-22　汽车自动清洗装置工作流程图

　　通常采用红外线检测汽车是否到达清洗范围，在此用按钮来替代是否检测到汽车，如果没检测到汽车，用常闭触点表示；检测到汽车，用常开触点表示。提示汽车驶入刷洗范围内，在此用一个信号灯进行表示。

　　（3）I/O 端子资源分配与接线

　　根据控制要求及控制分析可知，该系统需要 6 个输入点和 5 个输出点，输入/输出地址分配如表 9-12 所示，其 I/O 接线如图 9-23 所示。

表 9-12　汽车自动清洗装置的输入/输出分配表

输入			输出		
功能	元件	PLC 地址	功能	元件	PLC 地址
启动按钮	SB0	I0.0	清洗机前进	KM1	Q0.0
停止按钮	SB1	I0.1	清洗机后退	KM2	Q0.1
汽车检测开关	SB2	I0.2	启动刷子电机	KM3	Q0.2
汽车另一端检测开关	SB3	I0.3	喷淋阀门	YV	Q0.3
汽车检测开关位置	SQ1	I0.4	指示信号灯	HL	Q0.4
清洗机原点位置	SQ2	I0.5			

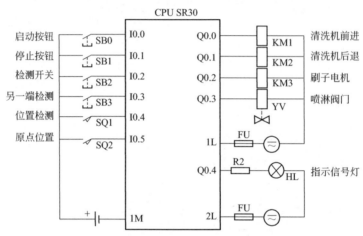

图 9-23　PLC 控制汽车自动清洗装置的 I/O 接线

（4）编写 PLC 控制程序

根据控制分析和 PLC 资源配置，设计出 PLC 控制汽车自动清洗装置的梯形图（LAD）及指令语句表（STL），如表 9-13 所示。

表 9-13　PLC 控制汽车自动清洗装置程序

程序段	LAD	STL
程序段 1	I0.1　Q0.0 ─┤ ├──(R) 　　　　5	LD　I0.1 R　Q0.0,5
程序段 2	I0.0　I0.1　Q0.0 ─┤ ├──┤/├──(S) 　　　　　　1 　　　　Q0.3 　　　　(S) 　　　　1	LD　I0.0 AN　I0.1 S　Q0.0,1 S　Q0.3,1
程序段 3	I0.4　I0.2　M1.3　　　Q0.0 ─┤ ├──┤/├──┤/├─P──(R) 　　　　　　　　　　1 　　　　　　　　Q0.4 　　　　　　　　(S) 　　　　　　　　1	LD　I0.4 AN　I0.2 AN　M1.3 EU R　Q0.0,1 S　Q0.4,1

程序段	LAD	STL
程序段 4	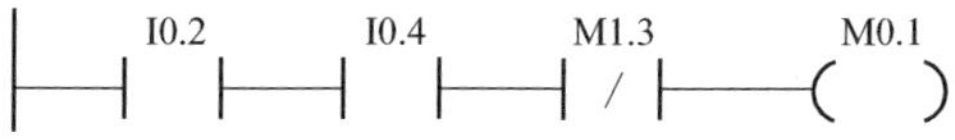 I0.2 —┤├— I0.4 —┤├— M1.3 —┤/├— M0.1 —( )—	LD I0.2 A I0.4 AN M1.3 = M0.1
程序段 5	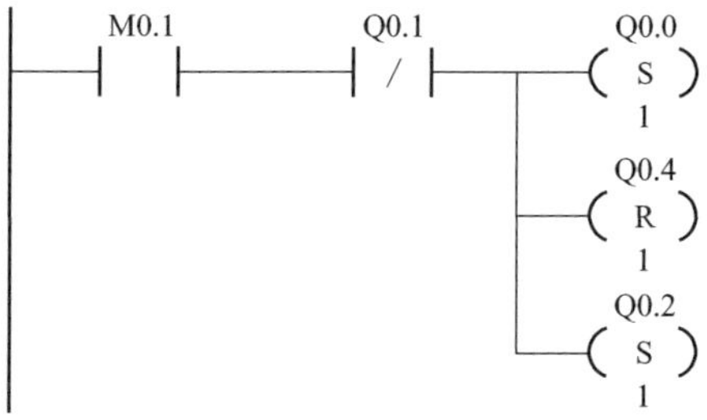 M0.1 —┤├— Q0.1 —┤/├— Q0.0 —(S)—1, Q0.4 —(R)—1, Q0.2 —(S)—1	LD M0.1 AN Q0.1 S Q0.0,1 R Q0.4,1 S Q0.2,1
程序段 6	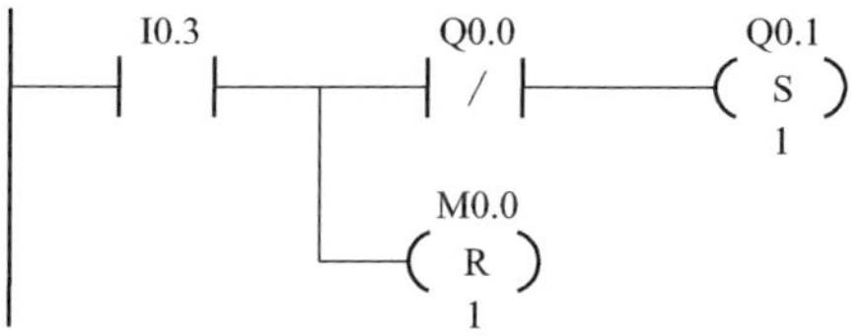 I0.3 —┤├— Q0.0 —┤/├— Q0.1 —(S)—1, M0.0 —(R)—1	LD I0.3 LPS AN Q0.0 S Q0.1,1 LPP R M0.0,1
程序段 7	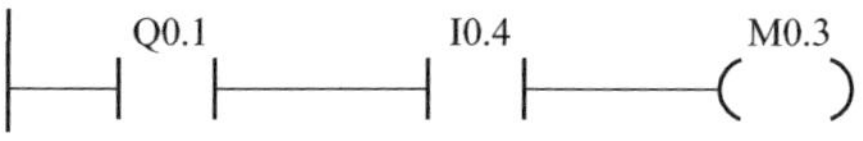 Q0.1 —┤├— I0.4 —┤├— M0.3 —( )—	LD Q0.1 A I0.4 = M0.3
程序段 8	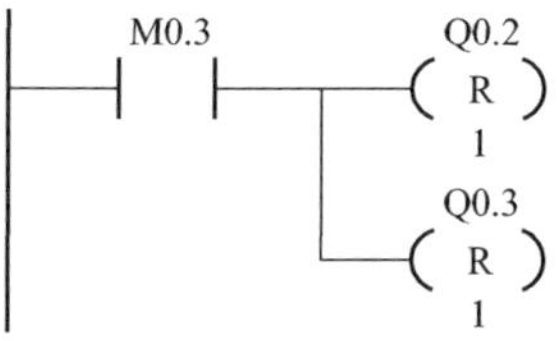 M0.3 —┤├— Q0.2 —(R)—1, Q0.3 —(R)—1	LD M0.3 R Q0.2,1 R Q0.3,1
程序段 9	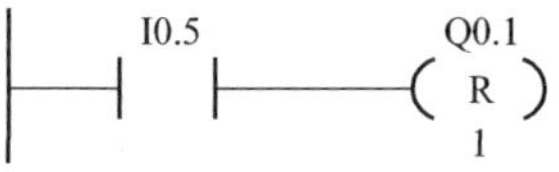 I0.5 —┤├— Q0.1 —(R)—1	LD I0.5 R Q0.1,1

（5）程序仿真

① 启动 STEP7-Micro/WIN SMART，创建一个新的项目，按照表 9-11 所示输入 LAD（梯形图）或 STL（指令表）中的程序。再在【文件】→【操作】组件中选择"导出"→"POU"，在弹出的"导出"对话框中输入导出的 ASCII 文本文件的文件名。

② 打开 S7-200 仿真软件，单击菜单"Configuration"→"CPU Type"，选择合适的 CPU 型号。

③ 单击菜单"Program"→"Load Program"或点击工具条中的第二个按钮  ，弹出"Load in CPU"对话框，按下"Accept"键后，在弹出的"打开"对话框中选择在 STEP7-Micro/WIN 项目中导出的 .awl 文件。

④ 在 S7-200 仿真软件中，执行菜单命令"PLC"→"RUN"，使 CPU 处于模拟运行状态。刚进入模拟运行状态时，Q0.0～Q0.4 均处于 OFF 状态。强制 I0.0 为 1，模拟按下启动按钮 SB0，此时 Q0.0 和 Q0.3 输出为 ON，表示清洗机向前移动，同时喷淋阀门打开，准备清洗汽车。强制 I0.2 和 I0.4 为 1，模拟检测到汽车，并进入到刷洗范围，此时，Q0.2 也输出为 ON，执行清洗汽车操作，仿真如图 9-24 所示。强制 I0.3 为 1，Q0.1 输出为 ON，

表示清洗机立即返回。返回到检测位置时，汽车清洗完成，停止刷洗，喷淋阀门关闭。

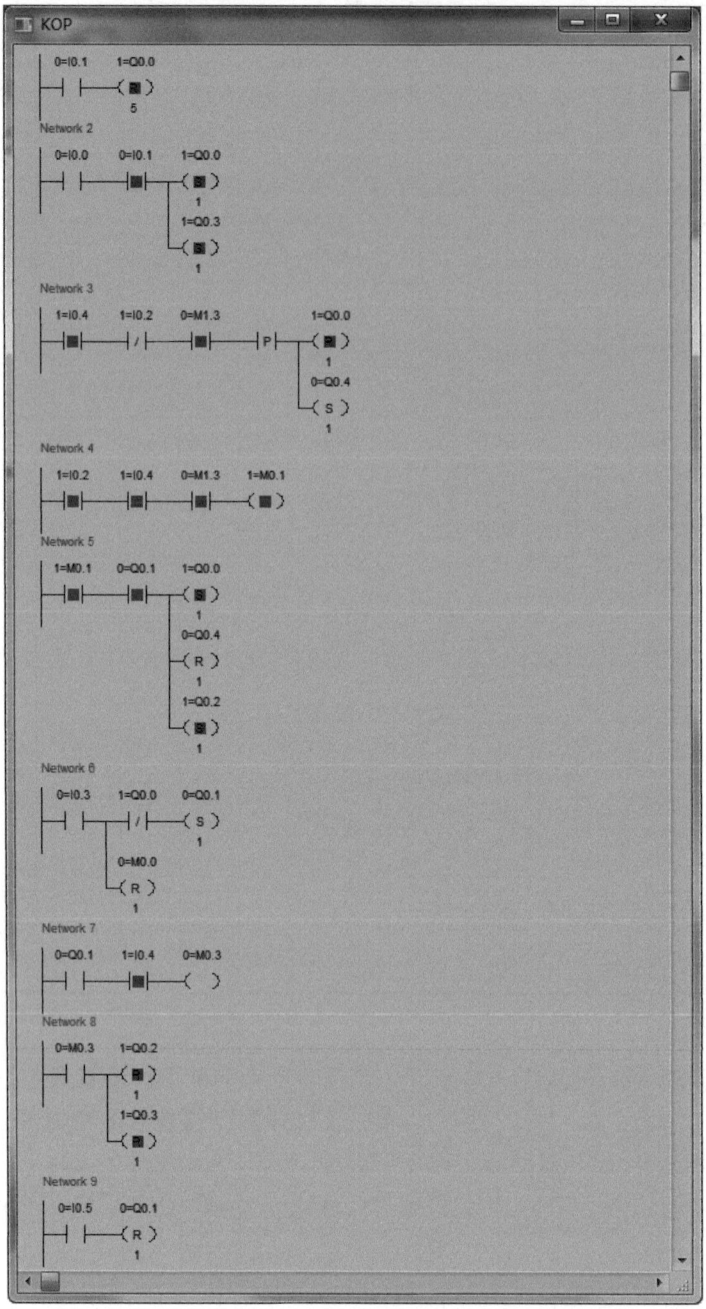

图 9-24　PLC 控制汽车自动清洗装置的仿真效果图

附　录

附录 1　西门子 S7-200 SMART PLC 指令速查表

类型		指令名称	指令描述
布尔指令	装载	LD<位地址>	装载(电路开始的常开触头)
		LDI<位地址>	立即装载
		LDN<位地址>	取反后装载(电路开始的常闭触点)
		LDNI<位地址>	取反后立即装载
	与	A<位地址>	与(串联常开触头)
		AI<位地址>	立即与
		AN<位地址>	取反后与(串联的常闭触头)
		ANI<位地址>	取反后立即与
	或	O<位地址>	或(并联常开触头)
		OI<位地址>	立即或
		ON<位地址>	取反后或(并联常闭触头)
		ONI<位地址>	取反后立即或
	比较	LDBx　IN1,IN2	装载字节的比较结果,IN1(x:<,<=,=,>,<>)IN2
		ABx　IN1,IN2	与字节比较的结果,IN1(x:<,<=,=,>,<>)IN2
		OBx　IN1,IN2	或字节比较的结果,IN1(x:<,<=,=,>,<>)IN2
		LDWx　IN1,IN2	装载字比较的结果,IN1(x:<,<=,=,>,<>)IN2
		AWx　IN1,IN2	与字比较的结果,IN1(x:<,<=,=,>,<>)IN2
		OWx　IN1,IN2	或字比较的结果,IN1(x:<,<=,=,>,<>)IN2
		LDDx　IN1,IN2	装载双字的比较结果,IN1(x:<,<=,=,>,<>)IN2
		ADx　IN1,IN2	与双字比较的结果,IN1(x:<,<=,=,>,<>)IN2
		ODx　IN1,IN2	或双字比较的结果,IN1(x:<,<=,=,>,<>)IN2
		LDRx　IN1,IN2	装载实数的比较结果,IN1(x:<,<=,=,>,<>)IN22
		ARx　IN1,IN2	与实数的比较结果,IN1(x:<,<=,=,>,<>)IN2
		ORx　IN1,IN2	或实数的比较结果,IN1(x:<,<=,=,>,<>)IN2
	取反	NOT	堆栈值取反
	检测	EU	上升沿检测
		ED	下降沿检测
	输出	=<位地址>	输出(线圈)
		=I<位地址>	立即输出

类型		指令名称	指令描述
布尔指令	置位	S＜位地址＞,N	置位一个区域
		SI＜位地址＞,N	立即置位一个区域
	复位	R＜位地址＞,N	复位一个区域
		RI＜位地址＞,N	立即复位一个区域
	字符串比较	LDSx IN1,IN2	装载字符串比较结果,IN1(x:＝,＜＞)IN2
		ASx IN1,IN2	与字符串比较结果,IN1(x:＝,＜＞)IN2
		OSx IN1,IN2	或字符串比较结果,IN1(x:＝,＜＞)IN2
	电路块	ALD	与装载(电路块串联)
		OLD	或装载(电路块并联)
	栈	LPS	逻辑入栈
		LRD	逻辑读栈
		LPP	逻辑出栈
		LDS N	装载堆栈
		AENO	对 ENO 进行与操作
数学增减1函数	加法	＋I IN1,OUT	整数加法,IN1＋OUT＝OUT
		＋D IN1,OUT	双整数加法,IN1＋OUT＝OUT
		＋R IN1,OUT	实数加法,IN1＋OUT＝OUT
	减法	－I IN1,OUT	整数减法,OUT-IN1＝OUT
		－D IN1,OUT	双整数减法,OUT-IN1＝OUT
		－R IN1,OUT	实数减法,OUT-IN1＝OUT
	乘法	MUL IN1,OUT	整数乘整数得双整数,IN1＊OUT＝OUT
		＊I IN1,OUT	整数乘法,IN1＊OUT＝OUT
		＊D IN1,OUT	双整数乘法,IN1＊OUT＝OUT
		＊R IN1,OUT	实数乘法,IN1＊OUT＝OUT
	除法	DIV IN1,OUT	整数除整数得双整数,OUT/IN1＝OUT
		/I IN1,OUT	整数除法,OUT/IN1＝OUT
		/D IN1,OUT	双整数除法,OUT/IN1＝OUT
		/R IN1,OUT	实数除法,OUT/IN1＝OUT
	平方根	SQRT IN,OUT	平方根
	自然对数	LN IN,OUT	自然对数
	自然指数	EXP IN,OUT	自然指数
	正弦数	SIN IN,OUT	正弦数
	余弦数	COS IN,OUT	余弦数
	正切数	TAN IN,OUT	正切数
	加1	INCB OUT	字节加1
		INCW OUT	字加1
		INCD OUT	双字加1

类型		指令名称	指令描述
数学增减1函数	减1	DECB OUT	字节减1
		DECW OUT	字减1
		DECD OUT	双字减1
	PID 回路	PID TBL,LOOP	PID 回路
定时器和计数器	定时器	TON Txxx,PT	接通延时定时器
		TOF Txxx,PT	断开延时定时器
		TONR Txxx,PT	保持型接通延时定时器
		BITIM OUT	启动间隔定时器
		CITIM IN,OUT	计算间隔定时器
	计数器	CTU Cxxx,PV	加计数器
		CTD Cxxx,PV	减计数器
		CTUD Cxxx,PV	加/减计数器
实时时钟	读/写时钟	TODR T	读实时时钟
		TODW T	写实时时钟
	扩展读/写时钟	TODRX T	扩展读实时时钟
		TODWX T	扩展写实时时钟
程序控制	程序结束	END	程序的条件结束
	切换 STOP	STOP	切换到 STOP 模式
	看门狗	WDR	看门狗复位
	跳转	JMP N	跳到指定的标号
		LBL N	定义一个跳转的标号
	调用	CALL N(N1…)	调用子程序,可以有 16 个可选参数
		CRET	从子程序条件返回
	循环	FOR INDX,INIT,FINAL NEXT	FOR/NEXT 循环
	顺控继电器	LSCR N	顺序继电器段的启动
		SCRT N	顺序继电器段的转换
		CSCRE	顺序继电器段的条件结束
		SCRE	顺序继电器段的结束
	诊断 LED	DLED IN	实时时钟
传送移位循环填充	传送	MOVB IN,OUT	字节传送
		MOVW IN,OUT	字传送
		MOVD IN,OUT	双字传送
		MOVR IN,OUT	实数传送
	立即读/写	BIR IN,OUT	立即读物理输入字节
		BIW IN,OUT	立即写物理输出字节
	块传送	BMB IN,OUT,N	字节块传送

类型		指令名称	指令描述
传送 移位 循环 填充	块传送	BMW IN,OUT,N	字块传送
		BMD IN,OUT,N	双字块传送
	交换	SWAP IN	交换字节
	移位	SHRB DATA,S_BIT,N	移位寄存器
		SRB OUT,N	字节右移 N 位
		SRW OUT,N	字右移 N 位
		SRD OUT,N	双字右移 N 位
		SLB OUT,N	字节左移 N 位
		SLW OUT,N	字左移 N 位
		SLD OUT,N	双字左移 N 位
		RRB OUT,N	字节循环右移 N 位
		RRW OUT,N	字循环右移 N 位
		RRD OUT,N	双字循环右移 N 位
		RLB OUT,N	字节循环左移 N 位
		RLW OUT,N	字循环左移 N 位
		RLD OUT,N	双字循环左移 N 位
	填充	FILL IN,OUT,N	用指定元素填充存储器空间
逻辑 操作	逻辑与	ANDB IN1,OUT	字节逻辑与
		ANDW IN1,OUT	字逻辑与
		ANDD IN1,OUT	双字逻辑与
	逻辑或	ORB IN1,OUT	字节逻辑或
		ORW IN1,OUT	字逻辑或
		ORD IN1,OUT	双字逻辑或
	逻辑异或	XORB IN1,OUT	字节逻辑异或
		XORW IN1,OUT	字逻辑异或
		XORD IN1,OUT	双字逻辑异或
	取反	INVB IN1,OUT	字节取反(1 的补码)
		INVW IN1,OUT	字取反
		INVD IN1,OUT	双字取反
字符串 指令	字符串长度	SLEN IN,OUT	求字符串长度
	连接字符串	SCAT IN,OUT	连接字符串
	复制字符串	SCPY IN,OUT	复制字符串
		SSCPY IN,INDX,N,OUT	复制子字符串
	查找字符串	CFND IN1,IN2,OUT	在字符串查找一个字符串
		SFND IN1,IN2,OUT	在字符串查找一个子字符串

类型		指令名称	指令描述
表查找转换指令	表取数	ATT　DATA,TBL	把数据添加到表格中
		LIFO　TBL,DATA	从表中取数据,后入先出
		FIFO　TBL,DTAT	从表中取数据,后入后出
	表查找	FND＝　TBL,PTN,INDX	从表 TBL 中查找等于比较条件 PTN 的数据
		FND＜＞ TBL,PTN,INDX	从表 TBL 中查找不等于比较条件 PTN 的数据
		FND＜　TBL,PTN,INDX	从表 TBL 中查找小于比较条件 PTN 的数据
		FND＞　TBL,PTN,INDX	从表 TBL 中查找大于比较条件 PTN 的数据
	BCD 码和整数转换	BCDI　IN,OUT	BCD 码转换成整数
		IBCD　IN,OUT	整数转换成 BCD 码
	字节和整数转换	BTI　IN,OUT	字节转换成整数
		ITB　IN,OUT	整数转换成字节
	整数和双整数转换	ITD　IN,OUT	整数转换成双整数
		DTI　IN,OUT	双整数转换成整数
	实数转换	DTR　IN,OUT	双整数转换成实数
		ROUND IN,OUT	实数四舍五入为双整数
		TRUNC IN,OUT	实数截位取整为双整数
	ASCII 码转换	ATH　IN,OUT,LEN	ASCII 码转换成 16 进制数
		HTA　IN,OUT,LEN	16 进制数转换成 ASCII 码
		ITA　IN,OUT,LEN	整数转换成 ASCII 码
		DTA　IN,OUT,LEN	双整数转换成 ASCII 码
		RTA　IN,OUT,LEN	实数转换成 ASCII 码
	编码/译码	DECO　IN,OUT	译码
		ENCO　IN,OUT	编码
		SEG　IN,OUT	7 段译码
	字符串转换	ITS　IN,FMT,OUT	整数转换为字符串
		DTS　IN,FMT,OUT	双整数转换为字符串
		STR　IN,FMT,OUT	实数转换为字符串
	子字符串转换	STI　IN,FMT,OUT	子字符串转换为整数
		STD　IN,FMT,OUT	子字符串转换为双整数
		STR　IN,FMT,OUT	子字符串转换为实数
中断	中断返回	CRETI	从中断程序有条件返回
	允许/禁止中断	ENI	允许中断
		DISI	禁止中断
	分配/解除中断	ATCH　INT,EENT	给中断事件分配中断程序
		DTCH　EVNT	解除中断事件
		CEVNT　EVNT	清除所有类型为 EVNT 的中断事件

类型		指令名称		指令描述
网络	发送/接收	XMT	TBL,PORT	自由端口发送
		RCV	TBL,PORT	自由端口接收
	读/写	GET		读取远程站数据
		PUT		向远程站写入数据
	获取/设置	GPA	ADDR,PORT	获取端口地址
		SPA	ADDR,PORT	设置端口地址
		GIP	ADDR,MAST,GATE	获取 CPU 地址、子网掩码及网关
		SIP	ADDR,MAST,GATE	设置 CPU 地址、子网掩码及网关
高速计数器	定义模式	HDEF	HSC,MODE	定义高速计数器模式
	激活计数器	HSC	N	激活高速计数器
	脉冲输出	PLS	X	脉冲输出

附录 2　西门子 S7-200 SMART PLC 特殊寄存器

特殊寄存器标志位提供了大量的状态和控制功能，特殊寄存器起到了 CPU 和用户程序之间交换信息和作用。特殊寄存器标志位能以位、字节、字或双字等形式使用。

（1）SMB0：系统状态位

特殊寄存器 SMB0 包含 8 个位（SM0.0～SM0.7），在各位扫描周期结束时，S7-200 SMART CPU 更新这些位。程序可以读取这些位的状态，然后根据位值作出决定。SMB0 各位说明如附表 2-1 所示。

附表 2-1　SMB0 各位说明

SM 地址	S7-200 SMART 符号名	说明
SM0.0	Always_On	PLC 运行时，此位始终为接通（即为 1）
SM0.1	First_Scan_On	PLC 首次扫描时为 1，然后断开。该位可以用于初始化子程序
SM0.2	Retentive_lost	在保持性数据丢失时，开启 1 个周期
SM0.3	Run_Power_Up	从上电或暖启动进入 RUN 模式时，接通 1 个扫描周期。该位可用于在开始操作之前给机器提供预热时间
SM0.4	Clock_60s	该位提供高低电平各 30s，周期为 1min 的时钟脉冲
SM0.5	Clock_1s	该位提供高低电平各 0.5s，周期为 1s 的时钟脉冲
SM0.6	Clock_Scan	该位是扫描周期时钟，本次扫描为接通，下次扫描为断开，在后续扫描中交替接通和断开，可作为扫描计数器的输入
SM0.7	RTC_Lost	如果实时时钟设备的时间被重置或丢失，则该位将接通 1 个扫描周期，该位可用作错误存储器或用来调用特殊启动顺序

（2）SMB1：系统状态位

特殊寄存器 SMB1 也包含 8 个位（SM0.0～SM0.7），提供各种指令的执行状态，例如表格的数学运算。执行指令时，由置位和复位指令来控制这些位。程序可以读取位值，然后根据位值做出决定。SMB1 各位说明如附表 2-2 所示。

附表 2-2　SMB1 各位说明

SM 地址	S7-200 SMART 符号名	说明
SM1.0	Result_0	零标志,当执行某些结果为 0 时,该位置 1
SM1.1	Overflow_Illegal	错误标志,当执行某些指令的结果为溢出或检测到非法数值时,该位置 1
SM1.2	Neg_Result	负数标志,当执行数学运算的结果为负数时,该位置 1
SM1.3	Divide_By_0	尝试除以零时,该位置 1
SM1.4	Table_Overflow	当执行 ATT(Add to Table)指令时超出表的范围,该位置 1
SM1.5	Table_Empty	执行 LIFO 或 FIFO 指令时,试图从空表读取数据,该位置 1
SM1.6	Not_BCD	把 1 个非 BCD 数转换成二进制时,该位置 1
SM1.7	Not_Hex	ASCII 码不能转换成有效的十六进制数时,该位置 1

（3）SMB2：自由端口接收字符缓冲区

SMB2 为自由端口接收的缓冲区,其符号名为 Receive _ Char。在自由端口模式下进行通信时,从 PLC 端口 0 或端口 1 接收到的每 1 个字符暂存于此。

（4）SMB3：自由端口字符错误

SMB3 为自由端口的字符错误位,其符号名为 Parity _ Err。自由端口模式下,在接收字符中检测到奇偶校验、帧、中断或超限错误时,SM3.0＝1（表示接收字符有误）,否则 SM3.0＝0（表示接收字符正确）。SM3.1～SM3.7 暂时保留。

（5）SMB4：队列溢出、运行时程序错误、中断启用、自由端口发送器空闲和强制值

特殊寄存器 SMB4 包含中断队列溢出位、一个指示中断是否启用的位、运行时程序错误指示位、自由端口发送器状态指示位、PLC 存储器值当前是否被强制指示位。SMB4 各位说明如附表 2-3 所示。注意,只能在中断子程序中使用状态位 SM4.0～SM4.2,队列为空闲时这些状态位复位,控制权返回到主程序。

附表 2-3　SMB4 各位说明

SM 地址	S7-200 SMART 符号名	说明
SM4.0	Comm_Int_Ovr	如果通信中断队列溢出时,该位置 1
SM4.1	Input_Int_Ovr	如果输入中断队列溢出时,该位置 1
SM4.2	Timed_Int_Ovr	如果定时中断队列溢出时,该位置 1
SM4.3	RUN_Err	在运行时检测到程序有非致命性错误,该位置 1
SM4.4	Int_Enable	该位为 1,中断已启用,否则中断禁止
SM4.5	Xmit0_Idle	该位为 1,表示端口 0 发送器空闲时,否则发送器正在传输
SM4.6	Xmit1_Idle	该位为 1,表示端口 1 发送器空闲时,否则发送器正在传输
SM4.7	Force_On	PLC 存储器值当前被强制时,该位置 1

（6）SMB5：I/O 错误状态

特殊寄存器 SMB5 的 SM5.0～SM5.2 位用于指示在 I/O 系统中是否检测到错误条件,而 SM5.3～SM5.7 暂时保留。SMB5 各位说明如附表 2-4 所示。

SM 地址	S7-200 SMART 符号名	说明
SM5.0	IO_Err	存在任何 I/O 错误时,该位置 1
SM5.1	Too_Many_D_IO	I/O 总线上连接了过多的数字量 I/O 点时,该位置 1
SM5.2	Too_Many_A_IO	I/O 总线上连接了过多的模拟量 I/O 点时,该位置 1

（7）SMB6：CPU 型号识别寄存器

特殊寄存器 SMB6 用于识别 CPU 型号,以及指示 CPU 组态是否发生错误。其中 SM6.7 位固定为 1,SM6.0、SM6.1 固定为 0。

SM6.2 为 CPU 报警诊断指示位。SM6.2=0 时,表示没有错误;SM6.2=1 时,表示有错误。

SM6.3 为组态/参数分配错误指示位。SM6.3=0 时,表示组态/参数分配正确;SM6.3=1 时,表示组态/参数分配错误。

SM6.6～SM6.4 用于识别 CPU 型号。SM6.6～SM6.4=000,为保留;SM6.6～SM6.4=001,表示 CPU 型号为 CPU CR40;SM6.6～SM6.4=010,表示 CPU 型号为 CPU CR60;SM6.6～SM6.4=011,表示 CPU 型号为 CPU SR20/ST20;SM6.6～SM6.4=100,表示 CPU 型号为 CPU SR40/ST40;SM6.6～SM6.4=101,表示 CPU 型号为 CPU SR60/ST60;SM6.6～SM6.4=110,为保留;SM6.6～SM6.4=111,表示 CPU 型号为 CPU SR30/ST30。

（8）SMB7：数字量 I/O 点数识别寄存器

特殊寄存器 SMB7 用于识别数字量 I/O 点数,其中高 4 位（SM7.7～SM7.4）识别数字量的输入点数;低 4 位（SM7.3～SM7.0）识别数字量的输出点数。这些点数是用 4 位二进制数进行表示的。

（9）SMB8～SMB19：I/O 模块标识与错误寄存器

SMB8～SMB19 以字节的形式用于 0～5 号扩展模块的 I/O 模块标识与错误寄存器,如附表 2-5 所示。从附表 2-5 中可以看出,偶数字节是扩展模块标识寄存器,用于标记模块的类型、I/O 类型、输入和输出的点数。奇数字节是模块错误标志寄存器,指示该模块 I/O 的错误。模块标识寄存器的各位功能如附表 2-6 所示;错误标志寄存器的各位功能如附表 2-7 所示。

附表 2-5　SMB8～SMB19 的说明

SM 地址	S7-200 SMART 符号名	说明
SMB8	EM0_ID	扩展模块 0 的标识寄存器
SMB9	EM0_Err	扩展模块 0 的错误寄存器
SMB10	EM1_ID	扩展模块 1 的标识寄存器
SMB11	EM1_Err	扩展模块 1 的错误寄存器
SMB12	EM2_ID	扩展模块 2 的标识寄存器
SMB13	EM2_Err	扩展模块 2 的错误寄存器
SMB14	EM3_ID	扩展模块 3 的标识寄存器
SMB15	EM3_Err	扩展模块 3 的错误寄存器
SMB16	EM4_ID	扩展模块 4 的标识寄存器

SM 地址	S7-200 SMART 符号名	说明
SMB17	EM4_Err	扩展模块 4 的错误寄存器
SMB18	EM5_ID	扩展模块 5 的标识寄存器
SMB19	EM5_Err	扩展模块 5 的错误寄存器

附表 2-6　扩展模块标识寄存器的各位功能

位号	7	6	5	4	3	2	1	0
标志位	M	0	0	A	I	I	Q	Q
标志	M＝0，模块已插入 M＝1，模块未插入	固定为 00		A＝0，数字量 I/O A＝1，模拟量 I/O	II＝00，无输入 II＝01，2AI 或 8DI II＝10，4AI 或 16DI II＝11，8AI 或 32DI		QQ＝00，无输出 AA＝01，8AQ 或 8DQ QQ＝10，4AQ 或 16DQ QQ＝11，8AQ 或 32DQ	

附表 2-7　错误标志寄存器的各位功能

位号	7	6	5	4	3	2	1	0
标志位	C	D	0	B	0	0	0	M
标志	C＝0，无错误 C＝1，组态/参数化错误	D＝0，无错误 D＝1，诊断报警	固定为 0	B＝0，无错误 B＝1，总线访问错误	固定为 000			M＝0，正常 M＝1，缺失已组态模块

（10）SMW22～SMW26：扫描时间

SMW22～SMW26 中分别以 ms 为单位的扫描时间，其说明如附表 2-8 所示。

附表 2-8　SMW22～SMW26 的说明

SM 地址	S7-200 SMART 符号名	说明
SMW22	Last_Scan	最后 1 次扫描的扫描时间
SMW24	Minimum_Scan	进入 RUN 方式后，所记录的最短扫描时间
SMW26	Maximum_Scan	进入 RUN 方式后，所记录的最长扫描时间

（11）SMB28 和 SMB29：信号板类型和错误标志寄存器

SMB28 的 S7-200 SMART 符号名为 SB_ID，该字节地址存储信号板的类型，各位的说明如附表 2-9 所示；SMB29 的 S7-200 SMART 符号名为 SB_Err，该字节地址存储信号板的错误状态，各位的说明如附表 2-10 所示。

附表 2-9　SMB28 各位的说明

位号	7	6	5	4	3	2	1	0
标志位	M	0	0	A	I	I	Q	Q
标志	M＝0，模块已插入 M＝1，模块未插入	固定为 00		A＝0，数字量 I/O A＝1，模拟量 I/O	II＝00，无输入 II＝01，2AI 或 8DI II＝10，4AI 或 16DI II＝11，8AI 或 32DI		QQ＝00，无输出 AA＝01，8AQ 或 8DQ QQ＝10，4AQ 或 16DQ QQ＝11，8AQ 或 32DQ	

附表 2-10　SMB29 各位的说明

位号	7	6	5	4	3	2	1	0
标志位	C	D	0	B	0	0	0	M
标志	C=0,无错误 C=1,组态/参数化错误	D=0,无错误 D=1,诊断报警	固定为 0	B=0,无错误 B=1,总线访问错误	固定为 000			M=0,正常 M=1,缺失已组态的信号板

（12）SMB30 和 SMB130：自由端口控制寄存器

SMB30 和 SMB130 分别控制自由端口 0 和 1 的通信方式，用于设置通信的波特率和奇偶校验等，如附表 2-11 所示，并提供选择自由端口方式或使用系统支持的 PPI 通信协议。在 PPI 模式下，将忽略 SM30.2～SM30.7（SM130.2～SM130.7）位。

附表 2-11　自由端口控制寄存器标志

位号	7　6	5	4　3　2	1　0
标志符	pp	d	bbb	mm
标志	pp=00,不校验 pp=01,偶校验 pp=10,不校验 pp=11,奇校验	d=0,每字符 8 个数据位 d=1,每字符 7 个数据位	bbb=000,38400bps bbb=001,19200bps bbb=010,9600bps bbb=011,4800bps bbb=100,2400bps bbb=101,1200bps bbb=110,115200bps bbb=111,57600bps	mm=00,PPI 从站模式 mm=01,自由端口模式 mm＝10,保留（默认为 PPI 从站模式） mm＝11,保留（默认为 PPI 从站模式）

（13）SMB34 和 SMB35：定时中断时间间隔寄存器

特殊存储器字节 SMB34 和 SMB35 分别控制定时中断 0 和定时中断 1 的时间间隔，其说明如附表 2-12 所示。

附表 2-12　SMB34、SMB35 的说明

SM 地址	S7-200 SMART 符号名	说明
SMB34	Time_0_Intrvl	定时中断 0 的时间间隔(增量为 1ms,取值范围为 1ms～255ms)
SMB35	Time_1_Intrvl	定时中断 1 的时间间隔(增量为 1ms,取值范围为 1ms～255ms)

（14）SMB36～SMB45、SMB46～SMB55、SMB56～SMB65、SMB136～SMB145：高速计数器 HSC0～HSC3 寄存器

这些特殊寄存器可为 HSC0～HSC3 提供高速计数器组态和操作，其说明如附表 2-13 所示。表中未列出的位是暂时保留位，如 SM36.0～SM36.4。

附表 2-13　SMB36～SMB45、SMB46～SMB55、SMB56～SMB65、SMB136～SMB145 的说明

SM 地址	S7-200 SMART 符号名	说明
SMB36	HSC0_Status	HSC0 计数器状态
SM36.5	HSC0_Status_5	HSC0 当前计数方向位,1 为增计数
SM36.6	HSC0_Status_6	HSC0 当前计数等于预设值位,1 为相等
SM36.7	HSC0_Status_7	HSC0 当前计数大于预设值位,1 为大于
SMB37	HSC0_Ctrl	HSC0 计数器控制

SM 地址	S7-200 SMART 符号名	说明
SM37.0	HSC0_Reset_Level	HSC0 复位操作的有效电平控制位,0 为高电平复位有效;1 为低电平复位有效
SM37.2	HSC0_Rate	HSC0 的 AB 正交相计数器的计数速率选择,0 为 4x 计数速率;1 为 1x 计数速率
SM37.3	HSC0_Dir	HSC0 方向控制位,1 为加计数
SM37.4	HSC0_Dir_Update	HSC0 更新方向位,1 为更新方向
SM37.5	HSC0_PV_Update	HSC0 更新预设值,1 将新预设值写入 HSC0 预设值
SM37.6	HSC0_CV_Update	HSC0 更新当前值,1 将新当前值写入 HSC0 当前值
SM37.7	HSC0_Enable	HSC0 使能位,0 为禁止;1 为允许
SMD38	HSC0_CV	SMD38 用于将 HSC0 当前值设置为用户所选择的任何值。要更新当前值,可将所需的新当前值先写入 SMD38,并将 SM37.6 设置为 1,然后执行该 HSC 指令,这样新的当前值将写入 HSC0 的当前计数寄存器
SMD42	HSC0_PV	SMD42 用于将 HSC0 预设值设置为用户所选择的任何值。要更新预设值,可将所需的新设值先写入 SMD42,并将 SM37.5 设置为 1,然后执行该 HSC 指令,这样新的预设值将写入 HSC0 的预设寄存器
SMB46	HSC1_Status	HSC1 计数器状态
SM46.5	HSC1_Status_5	HSC1 当前计数方向位,1 为增计数
SM46.6	HSC1_Status_6	HSC1 当前计数等于预设值位,1 为相等
SM46.7	HSC1_Status_7	HSC1 当前计数大于预设值位,1 为大于
SMB47	HSC1_Ctrl	HSC1 计数器控制
SM47.3	HSC1_Dir	HSC1 方向控制位,1 为加计数
SM47.4	HSC1_Dir_Update	HSC1 更新方向位,1 为更新方向
SM47.5	HSC1_PV_Update	HSC1 更新预设值,1 将新预设值写入 HSC1 预设值
SM47.6	HSC1_CV_Update	HSC1 更新当前值,1 将新当前值写入 HSC1 当前值
SM47.7	HSC1_Enable	HSC1 使能位,0 为禁止;1 为允许
SMD48	HSC1_CV	SMD48 用于将 HSC1 当前值设置为用户所选择的任何值。要更新当前值,可将所需的新当前值先写入 SMD48,并将 SM47.6 设置为 1,然后执行该 HSC 指令,这样新的当前值将写入 HSC1 的当前计数寄存器
SMD52	HSC1_PV	SMD52 用于将 HSC1 预设值设置为用户所选择的任何值。要更新预设值,可将所需的新设值先写入 SMD52,并将 SM47.5 设置为 1,然后执行该 HSC 指令,这样新的预设值将写入 HSC1 的预设寄存器
SMB56	HSC2_Status	HSC1 计数器状态
SM56.5	HSC2_Status_5	HSC2 当前计数方向位,1 为增计数
SM56.6	HSC2_Status_6	HSC2 当前计数等于预设值位,1 为相等
SM56.7	HSC2_Status_7	HSC2 当前计数大于预设值位,1 为大于
SMB57	HSC2_Ctrl	HSC2 计数器控制
SM57.0	HSC2_Reset_Level	HSC2 复位操作的有效电平控制位,0 为高电平复位有效;1 为低电平复位有效
SM57.2	HSC2_Rate	HSC2 的 AB 正交相计数器的计数速率选择,0 为 4x 计数速率;1 为 1x 计数速率
SM57.3	HSC2_Dir	HSC2 方向控制位,1 为加计数

SM 地址	S7-200 SMART 符号名	说明
SM57.4	HSC2_Dir_Update	HSC2 更新方向位,1 为更新方向
SM57.5	HSC2_PV_Update	HSC2 更新预设值,1 将新预设值写入 HSC2 预设值
SM57.6	HSC2_CV_Update	HSC2 更新当前值,1 将新当前值写入 HSC2 当前值
SM57.7	HSC2_Enable	HSC2 使能位,0 为禁止;1 为允许
SMD58	HSC2_CV	SMD58 用于将 HSC1 当前值设置为用户所选择的任何值。要更新当前值,可将所需的新当前值先写入 SMD58,并将 SM57.6 设置为 1,然后执行该 HSC 指令,这样新的当前值将写入 HSC2 的当前计数寄存器
SMD62	HSC1_PV	SMD62 用于将 HSC1 预设值设置为用户所选择的任何值。要更新预设值,可将所需的新设值先写入 SMD62,并将 SM57.5 设置为 1,然后执行该 HSC 指令,这样新的预设值将写入 HSC2 的预设寄存器
SMB136	HSC3_Status	HSC3 计数器状态
SM136.5	HSC3_Status_5	HSC3 当前计数方向位,1 为增计数
SM136.6	HSC3_Status_6	HSC3 当前计数等于预设值位,1 为相等
SM136.7	HSC3_Status_7	HSC3 当前计数大于预设值位,1 为大于
SMB137	HSC3_Ctrl	HSC3 计数器控制
SM137.3	HSC3_Dir	HSC3 方向控制位,1 为加计数
SM137.4	HSC3_Dir_Update	HSC3 更新方向位,1 为更新方向
SM137.5	HSC3_PV_Update	HSC3 更新预设值,1 将新预设值写入 HSC0 预设值
SM137.6	HSC3_CV_Update	HSC3 更新当前值,1 将新当前值写入 HSC0 当前值
SM137.7	HSC3_Enable	HSC3 使能位,0 为禁止;1 为允许
SMD138	HSC3_CV	SMD138 用于将 HSC3 当前值设置为用户所选择的任何值。要更新当前值,可将所需的新当前值先写入 SMD138,并将 SM137.6 设置为 1,然后执行该 HSC 指令,这样新的当前值将写入 HSC3 的当前计数寄存器
SMD142	HSC3_PV	SMD142 用于将 HSC3 预设值设置为用户所选择的任何值。要更新预设值,可将所需的新设值先写入 SMD142,并将 SM137.5 设置为 1,然后执行该 HSC 指令,这样新的预设值将写入 HSC3 的预设寄存器

（15）SMB66～SMB85、SMB166～SMB169、SMB176～SMB179、SMB566～SMB579：监控脉冲输出 PTO 和脉宽调制 PWM 功能

这些特殊寄存器可用来监视与控制脉冲串输出（PTO0～PTO2）和脉宽调制输出（PWM0～PWM2），其说明如附表 2-14 所示。表中未列出的位是暂时保留位，如 SM66.0～SM66.3。

附表 2-14　SMB66～SMB85、SMB166～SMB169、SMB176～SMB179、SMB566～SMB579 的说明

SM 地址	S7-200 SMART 符号名	说明
SMB66	PTO0_Status	PTO0 状态
SM66.4	PLS0_Abort_AE	PTO0 包络因相加错误而中止:0 表示未中止;1 表示中止
SM66.5	PLS0_Disable_UC	用户在 PTO0 的 PTO 包络运行期间手动将其禁止:0 表示未中止;1 表示手动禁止
SM66.6	PLS0_Ovr	PTO0 管道上溢/下溢,管道已满时装载管道或传输空管道:0 表示未上溢;1 表示管道上溢/下溢

SM 地址	S7-200 SMART 符号名	说明
SM66.7	PLS0_Idle	PTO0 空闲位:0 表示 PTO0 进行中;1 表示 PTO0 空闲
SMB67	PLS0_Ctrl	为 Q0.0 监视和控制 PTO0(脉冲串输出)及 PWM0(脉宽调制)
SM67.0	PLS0_Cycle_Update	PTO0/PWM0 更新周期时间或频率值:0 表示未更新;1 表示写入新周期时间/频率
SM67.1	PWM0_PW_Update	PWM0 更新脉宽值:0 表示未更新;1 表示写入新脉宽
SM67.2	PTO0_PC_Update	PTO0 更新脉冲计数值:0 表示未更新;1 表示写入新脉冲计数
SM67.3	PWM0_TimeBase	PWM0 时基:0 表示 $1\mu s$/刻度;1 表示 1ms/刻度
SM67.5	PTO0_Operation	PTO0 选择单/多段操作:0 表示单段;1 表示多段
SM67.6	PLS0_Select	PTO0/PWM0 模式选择
SM67.7	PLS0_Enable	PTO0/PWM0 使能控制端:0 表示禁止;1 表示启用
SMW68	PLS0_Cycle	PWO0 周期时间值(2 ~ 65535 单位的时基)/PTO0 频率值(1 ~ 65535Hz);字数据类型
SMW70	PWM0_PW	PWM0 脉宽值(0~65535 单位的时基),字数据类型
SMD72	PTO0_PC	PTO0 脉冲计数值($1 \sim 2^{31}-1$),双字数据类型
SMB166	PTO0_Seg_Num	PTO0 包络中当前执行的段号,字节数据类型
SMW168	PTO0_Profile_Offset	PTO0 包络表的起始单元(相对于 V0 的字节偏移量),字数据类型
SMB76	PTO1_Status	PTO1 状态
SM76.4	PLS1_Abort_AE	PTO0 包络因相加错误而中止:0 表示未中止;1 表示中止
SM76.5	PLS1_Disable_UC	用户在 PTO0 的 PTO 包络运行期间手动将其禁止:0 表示未中止;1 表示手动禁止
SM76.6	PLS1_Ovr	PTO0 管道上溢/下溢,管道已满时装载管道或传输空管道:0 表示未上溢;1 表示管道上溢/下溢
SM76.7	PLS1_Idle	PTO1 空闲位:0 表示 PTO1 进行中;1 表示 PTO1 空闲
SMB77	PLS1_Ctrl	为 Q0.1 监视和控制 PTO1(脉冲串输出)及 PWM1(脉宽调制)
SM77.0	PLS1_Cycle_Update	PTO1/PWM1 更新周期时间或频率值:0 表示未更新;1 表示写入新周期时间/频率
SM77.1	PWM1_PW_Update	PWM1 更新脉宽值:0 表示未更新;1 表示写入新脉宽
SM77.2	PTO1_PC_Update	PTO1 更新脉冲计数值:0 表示未更新;1 表示写入新脉冲计数
SM77.3	PWM1_TimeBase	PWM1 时基:0 表示 $1\mu s$/刻度;1 表示 1ms/刻度
SM77.5	PTO1_Operation	PTO1 选择单/多段操作:0 表示单段;1 表示多段
SM77.6	PLS1_Select	PTO1/PWM1 模式选择
SM77.7	PLS1_Enable	PTO1/PWM1 使能控制端:0 表示禁止;1 表示启用
SMW78	PLS1_Cycle	PWO1 周期时间值(2 ~ 65535 单位的时基)/PTO1 频率值(1 ~ 65535Hz);字数据类型
SMW80	PWM1_PW	PWM1 脉宽值(0~65535 单位的时基),字数据类型
SMD82	PTO1_PC	PTO1 脉冲计数值($1 \sim 2^{31}-1$),双字数据类型
SMB176	PTO0_Seg_Num	PTO1 包络中当前执行的段号,字节数据类型
SMW178	PTO0_Profile_Offset	PTO1 包络表的起始单元(相对于 V0 的字节偏移量),字数据类型
SMB566	PTO2_Status	PTO2 状态

SM 地址	S7-200 SMART 符号名	说明
SM566.4	PLS2_Abort_AE	PTO2 包络因相加错误而中止：0 表示未中止；1 表示中止
SM566.5	PLS2_Disable_UC	用户在 PTO2 的 PTO 包络运行期间手动将其禁止：0 表示未中止；1 表示手动禁止
SM566.6	PLS2_Ovr	PTO2 管道上溢/下溢，管道已满时装载管道或传输空管道：0 表示未上溢；1 表示管道上溢/下溢
SM566.7	PLS2_Idle	PTO2 空闲位：0 表示 PTO0 进行中；1 表示 PTO2 空闲
SMB567	PLS2_Ctrl	为 Q0.3 监视和控制 PTO2(脉冲串输出)及 PWM2(脉宽调制)
SM567.0	PLS2_Cycle_Update	PTO2/PWM2 更新周期时间或频率值：0 表示未更新；1 表示写入新周期时间/频率
SM567.1	PWM2_PW_Update	PWM2 更新脉宽值：0 表示未更新；1 表示写入新脉宽
SM567.2	PTO2_PC_Update	PTO2 更新脉冲计数值：0 表示未更新；1 表示写入新脉冲计数
SM567.3	PWM2_TimeBase	PWM2 时基：0 表示 $1\mu s$/刻度；1 表示 1ms/刻度
SM567.5	PTO2_Operation	PTO2 选择单/多段操作：0 表示单段；1 表示多段
SM567.6	PLS2_Select	PTO2/PWM2 模式选择
SM567.7	PLS2_Enable	PTO2/PWM2 使能控制端：0 表示禁止；1 表示启用
SMW568	PLS2_Cycle	PWO2 周期时间值（2～65535 单位的时基）/PTO2 频率值（1～65535Hz），字数据类型
SMW570	PWM2_PW	PWM2 脉宽值(0～65535 单位的时基)，字数据类型
SMD572	PTO2_PC	PTO2 脉冲计数值（1～2^{31}−1），双字数据类型
SMB576	PTO2_Seg_Num	PTO2 包络中当前执行的段号，字节数据类型
SMW578	PTO2_Profile_Offset	PTO2 包络表的起始单元(相对于 V0 的字节偏移量)，字数据类型

（16）SMB86～SMB94、SMB186～SMB194：接收信息控制

特殊寄存器 SMB86～SMB94、SMB186～SMB194 用于端口 0、端口 1 的控制和读取 RCV（接收消息）指令的状态，它们的说明如附表 2-15 所示。

附表 2-15　SMB86～SMB94、SMB186～SMB194 的说明

SM 地址	S7-200 SMART 符号名	说明
SMB86	P0_Stat_Rcv	端口 0 的接收消息状态
SM86.0	P0_Stat_Rcv_0	端口 0 通信时，若发生奇偶校验、组帧、中断或超限错误，则接收消息终止且该位为 1，否则该位为 0
SM86.1	P0_Stat_Rcv_1	端口 0 通信时，若接收消息达到最大字符数，则接收消息终止且该位为 1，否则该位为 0
SM86.2	P0_Stat_Rcv_2	端口 0 通信时，若定时器终止，则接收消息终止且该位为 1，否则该位为 0
SM86.5	P0_Stat_Rcv_5	端口 0 通信时，若接收到结束字符，则该位为 1，否则该位为 0
SM86.6	P0_Stat_Rcv_6	端口 0 通信时，若未定义开始条件、字符计数为 0 或在传送激活情况下执行消息接收，则接收消息终止且该位为 1，否则该位为 0

SM 地址	S7-200 SMART 符号名	说明
SM86.7	P0_Stat_Rcv_7	端口 0 通信时,若接收消息被用户禁用命令终止,则该位为 1,否则该位为 0
SMB87	P0_Ctrl_Rcv	端口 0 的接收消息控制字节
SM87.1	P0_Ctrl_Rcv_1	端口 0 通信时,表示忽略中断条件;1 表示使用中断条件作为消息检测的开始
SM87.2	P0_Ctrl_Rcv_2	端口 0 通信时,0 表示忽略 SMW92;1 表示在超出 SMW92 的时长时终止接收;
SM87.3	P0_Ctrl_Rcv_3	端口 0 通信时,0 表示定时器中是字符间定时器;1 表示定时器是消息定时器
SM87.4	P0_Ctrl_Rcv_4	端口 0 通信时,0 表示忽略 SMW90;1 表示使用 SMW90 的值检测空闲条件
SM87.5	P0_Ctrl_Rcv_5	端口 0 通信时,0 表示忽略 SMB89;1 表示使用 SMB89 的值检测消息的结束
SM87.6	P0_Ctrl_Rcv_6	端口 0 通信时,0 表示忽略 SMB88;1 表示使用 SMB88 的值检测消息的开始
SM87.7	P0_Ctrl_Rcv_7	端口 0 通信时,0 表示禁用接收消息功能;1 表示启用接收消息功能
SMB88	P0_Start_Char	端口 0 通信的消息开始字符
SMB89	P0_End_Char	端口 0 通信的消息结束字符
SMW90	P0_Idle_Time	端口 0 通信时,空闲时间段以毫秒为单位指定,空闲时间过后接收到的首个字符为新消息的起始字符,字数据类型
SMW92	P0_Timeout	端口 0 通信时,以毫秒为单位指定字符间/消息定时器的超时值。如果超出该时间段,则终止接收消息
SMB94	P0_Max_Char	端口 0 通信时,要接收的最大字符数(1~255 个字节)
SMB186	P1_Stat_Rcv	端口 1 的接收消息状态
SM186.0	P1_Stat_Rcv_0	端口 1 通信时,若发生奇偶校验、组帧、中断或超限错误,则接收消息终止且该位为 1,否则该位为 0
SM186.1	P1_Stat_Rcv_1	端口 1 通信时,若接收消息达到最大字符数,则接收消息终止且该位为 1,否则该位为 0
SM186.2	P1_Stat_Rcv_2	端口 1 通信时,若定时器终止,则接收消息终止且该位为 1,否则该位为 0
SM186.5	P1_Stat_Rcv_5	端口 1 通信时,若接收到结束字符,则该位为 1,否则该位为 0
SM186.6	P1_Stat_Rcv_6	端口 1 通信时,若未定义开始条件、字符计数为 0 或在传送激活情况下执行消息接收,则接收消息终止且该位为 1,否则该位为 0
SM186.7	P1_Stat_Rcv_7	端口 1 通信时,若接收消息被用户禁用命令终止,则该位为 1,否则该位为 0
SMB187	P1_Ctrl_Rcv	端口 1 的接收消息控制字节
SM187.1	P1_Ctrl_Rcv_1	端口 1 通信时,表示忽略中断条件;1 表示使用中断条件作为消息检测的开始

SM 地址	S7-200 SMART 符号名	说明
SM187.2	P1_Ctrl_Rcv_2	端口 1 通信时,0 表示忽略 SMW192;1 表示在超出 SMW192 的时长时终止接收;
SM187.3	P1_Ctrl_Rcv_3	端口 1 通信时,0 表示定时器中是字符间定时器;1 表示定时器是消息定时器
SM187.4	P1_Ctrl_Rcv_4	端口 1 通信时,0 表示忽略 SMW190;1 表示使用 SMW190 的值检测空闲条件
SM187.5	P1_Ctrl_Rcv_5	端口 1 通信时,0 表示忽略 SMB189;1 表示使用 SMB189 的值检测消息的结束
SM187.6	P1_Ctrl_Rcv_6	端口 1 通信时,0 表示忽略 SMB188;1 表示使用 SMB188 的值检测消息的开始
SM187.7	P1_Ctrl_Rcv_7	端口 1 通信时,0 表示禁用接收消息功能;1 表示启用接收消息功能
SMB188	P1_Start_Char	端口 1 通信的消息开始字符
SMB189	P0_End_Char	端口 1 通信的消息结束字符
SMW190	P0_Idle_Time	端口 1 通信时,空闲时间段以毫秒为单位指定,空闲时间过后接收到的首个字符为新消息的起始字符,字数据类型
SMW192	P0_Timeout	端口 1 通信时,以毫秒为单位指定字符间/消息定时器的超时值。如果超出该时间段,则终止接收消息
SMB194	P0_Max_Char	端口 1 通信时,要接收的最大字符数(1~255 个字节)

(17) SMW98：I/O 扩展总线错误计数器

特殊寄存器 SMW98 为 I/O 扩展总线错误计数器,在 S7-200 SMART 中的符号名 EM_Parity_Err。当扩展总线出现奇偶校验错误时,该字的值加 1;系统得电或用户写入零时,该字将清零。

(18) SMW100~SMW114：系统报警寄存器

特殊寄存器 SMW100~SMW114 为 CPU 模块、SB(信号板)和 EM(扩展模块)提供报警和诊断错误代码,如附表 2-16 所示。SMW100~SMW114 中存储的是字类型的诊断错误代码,每个诊断错误代码包含 b15~b0 共 16 位,各位的含义如附表 2-17 所示,附表中未列出 b7~b0 的位状态,表示该状态为保留。

附表 2-16　SMW100~SMW114 的说明

SM 地址	S7-200 SMART 符号名	说明
SMW100	CPU_Alarm	CPU 诊断报警代码
SMW102	SB_Alarm	信号板诊断报警代码
SMW104	EM0_Alarm	扩展模块总线插槽 0 诊断报警代码
SMW106	EM1_Alarm	扩展模块总线插槽 1 诊断报警代码
SMW108	EM2_Alarm	扩展模块总线插槽 2 诊断报警代码
SMW110	EM3_Alarm	扩展模块总线插槽 3 诊断报警代码

SM 地址	S7-200 SMART 符号名	说明
SMW112	EM4_Alarm	扩展模块总线插槽 4 诊断报警代码
SMW114	EM5_Alarm	扩展模块总线插槽 5 诊断报警代码

附表 2-17　诊断错误各位代码的含义

	位	含义
报警位置	b15	0 表示输入通道或其他非 I/O 模块；1 表示输出通道
报警范围	b14	0 表示在单个通道上；1 表示在整个通道上
通道号	b13～b8	如果 b14＝0，则 b13～b8 的值表示受影响的通道；如果 b14＝1，则 b13～b8＝000000
报警类型	b7～b0	b7～b0＝00000000，无报警
		b7～b0＝00000001，短路
		b7～b0＝00000110，断路
		b7～b0＝00000111，超出上限
		b7～b0＝00001000，超出下限
		b7～b0＝00010000，参数化错误
		b7～b0＝00010001，传感器或负载电压缺失
		b7～b0＝00100000，内部错误（MID 问题）
		b7～b0＝00100001，内部错误（IID 问题）
		b7～b0＝00100011，组态错误
		b7～b0＝00100101，固件损坏或缺失
		b7～b0＝00101011，电池的电压低

（19）SMB480～SMB515：数据日志状态寄存器

SMB480～SMB515 为只读特殊寄存器，用于指示数据日志的操作状态，其说明如附表 2-18 所示。

附表 2-18　SMB480～SMB515 的说明

SM 地址	S7-200 SMART 符号名	说明
SMB480	DL0_InitResult	数据日志 0 的初始化结果代码，00H 表示数据日志正常；01H 表示正在初始化；02H 表示未找到数据日志文件；03H 表示数据日志初始化出错；FFH 表示数据日志未组态
SMB481	DL1_InitResult	数据日志 1 的初始化结果代码，00H 表示数据日志正常；01H 表示正在初始化；02H 表示未找到数据日志文件；03H 表示数据日志初始化出错；FFH 表示数据日志未组态
SMB482	DL2_InitResult	数据日志 2 的初始化结果代码，00H 表示数据日志正常；01H 表示正在初始化；02H 表示未找到数据日志文件；03H 表示数据日志初始化出错；FFH 表示数据日志未组态
SMB483	DL3_InitResult	数据日志 3 的初始化结果代码，00H 表示数据日志正常；01H 表示正在初始化；02H 表示未找到数据日志文件；03H 表示数据日志初始化出错；FFH 表示数据日志未组态
SMW500	DL0_Maximum	数据日志 0：允许最大记录数的组态值

SM 地址	S7-200 SMART 符号名	说明
SMW502	DL0_Current	数据日志 0：允许最大记录数的实际值
SMW504	DL1_Maximum	数据日志 1：允许最大记录数的组态值
SMW506	DL1_Current	数据日志 1：允许最大记录数的实际值
SMW508	DL2_Maximum	数据日志 2：允许最大记录数的组态值
SMW510	DL2_Current	数据日志 2：允许最大记录数的实际值
SMW512	DL3_Maximum	数据日志 3：允许最大记录数的组态值
SMW514	DL3_Current	数据日志 3：允许最大记录数的实际值

（20）其余特殊寄存器

特殊寄存器 SMB600～SMB749 为轴（0、1 和 2）开环运动控制，通过向导生成的程序代码会读写这些寄存器中的数据。SMB1000～SMB1049 为 CPU 模块硬件/固件 ID 的特殊寄存器，在 PLC 上电或热重启切换后，此 CPU 将信息写入这些特殊寄存器中。SMB1050～SMB1099 为 SB（信号板）硬件/固件 ID 的特殊寄存器，在 PLC 上电或热重启切换后，此 CPU 将信号板信息写入这些特殊寄存器中。SMB1100～SMB1399 为 EM（扩展模块）硬件/固件 ID 的特殊寄存器，在 PLC 上电或热重启切换后，此 CPU 将扩展模块信息写入这些特殊寄存器中。SMB1400～SMB1699 为 EM（扩展模块）模块特定数据的特殊寄存器，CPU 为每个扩展模块保留额外的 50 个字节，用于模块特定的只读数据。

参 考 文 献

［1］ 陈忠平.西门子 S7-200 PLC 从入门到精通［M］.北京：中国电力出版社，2015.

［2］ 陈忠平.西门子 S7-200 系列 PLC 自学手册［M］.北京：人民邮电出版社，2008.

［3］ 陈忠平.电气控制与 PLC 原理及应用［M］.第 2 版.北京：中国电力出版社，2013.

［4］ 陈忠平.欧姆龙 CP1H 系列 PLC 完全自学手册［M］.第 2 版.北京：化学工业出版社，2018.

［5］ 陈忠平，侯玉宝.三菱 FX_{2N} PLC 从入门到精通［M］.北京：中国电力出版社，2015.

［6］ 向晓汉，陆彬.西门子 PLC 工业通信网络应用案例精讲［M］.北京：化学工业出版社，2011.

［7］ 吴志敏，阳胜峰.西门子 PLC 与变频器、触摸屏综合应用教程［M］.北京：中国电力出版社，2009.

［8］ 韩相争.西门子 S7-200 SMART PLC 编程技巧与案例［M］.北京：化学工业出版社，2017.

［9］ 刘华波，刘丹，赵岩岭等.西门 S7-1200 PLC 编程与应用［M］.北京：机械工业出版社，2011.